Licht – Zeigerpflanzen

Wolfgang Licht

Zeigerpflanzen

Erkennen und Bewerten

3., korrigierte und ergänzte Auflage

Quelle & Meyer Verlag Wiebelsheim

Die Angaben in diesem Buch sind vom Autor und dem Verlag sorgfältig erwogen und geprüft, dennoch kann keine Garantie übernommen werden. Eine Haftung des Autors bzw. des Verlags und seiner Beauftragten für Personen-, Sach- und Vermögensschäden ist ausgeschlossen.

Bibliografische Information der Deutschen Nationalbibliothek
Die Deutsche Nationalbibliothek verzeichnet diese Publikation in der Deutschen Nationalbibliografie; detaillierte bibliografische Daten sind im Internet über http://dnb.d-nb.de abrufbar.

3., korrigierte und ergänzte Auflage

www.quelle-meyer.de

Druck und Verarbeitung: Print Consult GmbH
Printed in Germany/Imprimé en Allemagne
ISBN 978-3-494-01877-5

Inhaltsverzeichnis

Vorwort zur 2. Auflage

Wenn ein Buch nach so kurzer Zeit erneut aufgelegt werden muss, ist dies für den Autor selbstverständlich sehr erfreulich. Ebenso erfreulich waren die weit überwiegend positiven Rezensionen. Viele der Ergänzungsvorschläge habe ich aufgegriffen (so z. B. in Kap. 2.4.1), dabei aber stets im Auge zu behalten versucht, „nicht weiter in die Tiefe [zu dringen], als man es für den Zweck des Buches braucht", wie es ein Rezensent treffend formuliert hat. In anderen Fällen habe ich wenigstens auf Internet-Adressen verwiesen. Auf „grundlegende Konzepte der Ökologie" einzugehen erschien mir hingegen nicht Aufgabe eines einführenden, auf die Praxis ausgerichteten Buches.
An der Untergliederung in Kap. 4 (soziologische Kennarten) und 5 (ökologische Kennarten) habe ich festgehalten. Die Begründung dafür ist – wie so häufig in diesem Buch – eher didaktisch als wissenschaftlich: es soll verdeutlicht werden, dass es nun mal Arten gibt, die einen Faktorenkomplex (d. h. „Lebensraum") und solche, die eher nur einen bestimmten Faktor (weitgehend unabhängig vom Lebensraum) anzeigen. Das Problem der Grenzziehung ist natürlich offenkundig und wird im Text auch mehrfach explizit angesprochen, z. B. in der Einleitung zu Kap. 5.
Kap. 3.4 wurde insgesamt überarbeitet. Einige „Steckbriefe" sind hinzugekommen, auch die Zahl der Arten, die unter „Bemerkungen" genannt werden, ist größer geworden: Kap. 4 behandelt nun 749 Pflanzenarten, davon 504 in Form von Steckbriefen; Kap. 5 nennt 133 (bzw. 85) Arten.

Im „offiziellen" Naturschutz zeigt sich eine bedauerliche Tendenz zu Bürokratisierung und schematischen Abläufen. Er wird zunehmend von Luftbildinterpretation, Formblättern, Datenverarbeitung und Textbausteinen geprägt (inwieweit dies der professionellen Landespflege in Anbetracht ihrer üblichen Entlohnung anzulasten ist, ist eine andere Frage). Vielleicht kann dieses Buch ja dazu beitragen, den Kontakt zur Vegetation wieder unmittelbarer zu machen.

Vorbemerkung zur 3. Auflage

Diese Auflage beschränkt sich darauf, Unstimmigkeiten der 2. Auflage – z.B. fehlerhafte Querverweise – zu bereinigen; Herr Brudler hat hierzu freundlicherweise zahlreiche Anmerkungen gemacht. Ansonsten ist nur die Nomenklatur aktualisiert (unter Beibehaltung der „alten" alphabetischen Reihenfolge), einige Kleinigkeiten sind ergänzt, Literatur und www-Adressen sind überprüft. Das Kapitel „Invasive Arten" wurde um 6 Steckbriefe erweitert.

W. L. (wlicht@outlook.de)

Zu diesem Buch

Es gab drei Anlässe, dieses Buch zu schreiben:
1. Die universitäre Ausbildung zum Biologen hat sich im Lauf des letzten Jahrzehnts inhaltlich und organisatorisch sehr verändert. Aspekte der Biologie, die früher eher randliche Beachtung fanden (wie Mikrobiologie, Genetik oder Biophysik), sind stärker in den Vordergrund getreten. Hinzu kommt die neue Strukturierung des Studiengangs, der bereits nach sechs Semestern einen qualifizierten Abschluss vorsieht. Beides führt zu einer starken Einschränkung dessen, was man vielleicht mit „Freilandbiologie" bezeichnen könnte: Artenkenntnis und Vertrautheit mit grundlegenden Zusammenhängen „im Gelände"; Letzteres umso mehr, als sich auch die Ökologie immer stärker mit Einzelprozessen oder der Entwicklung von Modellen beschäftigt (selbstverständlich immer unter dem Aspekt des globalen Klimawandels), wobei der „reale Standort" zunehmend ins Hintertreffen gerät. Kurz: Die Möglichkeiten, sich im Rahmen seines Studiums mit der Zusammensetzung und Struktur eines realen Biotops und deren Bedingtheit – also mit „Vegetationskunde" im eigentlichen Wortsinn – zu beschäftigen, sind begrenzt.
Eine Folge des soeben umrissenen Umstandes ist naturgemäß eine nicht zufriedenstellende vegetationskundliche Ausbildung von Lehrkräften für Universitäten und Schulen – mangelndes Verständnis für vegetationskundliche Zusammenhänge tradiert sich gewissermaßen. Diesen Mangel – wenn man ihn denn als solchen bezeichnen will – versucht dieses Buch auszugleichen, indem es eine erste, grundlegende Anleitung geben will, vorgefundene Vegetation zu benennen sowie ökologisch und pflanzensoziologisch zu interpretieren.
2. Eine wichtige Funktion der Biologie ist ihr Mitwirken in der Landespflege. Dieser Begriff wird hier der Einfachheit halber im weitesten Sinn verstanden und umfasst alle planerischen Vorhaben wie auch die daraus folgenden Maßnahmen, „die Natur" (etwa einen Trockenhang) und/oder deren traditionelle Nutzung (z. B. extensive Beweidung) innerhalb einer vorgegebenen Fläche zu erhalten oder doch zumindest „unvermeidliche Beeinträchtigungen" möglichst gering zu halten. Damit umgreift sie auch die Begriffe Landschaftsplanung und Naturschutz.
Es versteht sich von selbst, dass die vegetationskundliche Bestandsaufnahme eines Biotops und deren Interpretation (zu welcher neben Analyse und Bewertung des Istzustandes auch eine Aussage über die Entwicklungsmöglichkeit gehört) wesentlicher Teil jeder landespflegerischer Tätigkeit sein sollte. Die Erfahrung hat nun gezeigt, dass die Qualifikation für solche Gutachten häufig autodidaktisch erworben wird bzw. erworben werden musste; für die Nahtstelle zwischen Artenkenntnis und standortökologischen Grundtatsachen einerseits und der landespflegerischen Praxis andererseits fühlen sich immer weniger (Fach-)Hochschulen zuständig.
Damit keine Missverständnisse entstehen: Auch dieses Buch sieht sich dafür nicht „zuständig"; es möchte lediglich – nicht nur dem Biologen – den Einstieg in die praktische Anwendung vegetationskundlichen Wissens erleichtern bzw. umgekehrt dazu beitragen, landespflegerische Maßnahmen aus vegetationskundlicher Sicht besser zu begründen.

3. Während die bisher genannten Anlässe mehr oder weniger mit der beruflichen Orientierung des potenziellen Lesers zu tun haben, bleibt als Letztes noch die große Gruppe derer, die sich mit Vegetationskunde aus reiner Liebhaberei befassen. Man macht häufig die Erfahrung, dass Leute, die eine gewisse Artenkenntnis haben, nun auch wissen wollen, „warum" die Pflanze gerade dort wächst, wo sie wächst. Interessant dabei ist allerdings, dass die Frage der Pflanzen*vergesellschaftung* häufig *nicht* gestellt wird; der Umstand also, dass z. B. Margerite und Schafgarbe oft zusammen vorkommen, wird als eigenständiges, interpretierfähiges Faktum zunächst nicht erkannt. Hat man jedoch gelernt, auf Vergesellschaftungen zu achten (wie sie in diesem Buch beschrieben werden), und findet man solche erwarteten Vergesellschaftungen dann auch tatsächlich vor, so vermittelt dies ein befriedigendes Gefühl, seine Umwelt „verstanden" zu haben.

Mit diesen drei „Anlässen" ist auch der potenzielle Leserkreis umschrieben, den man nach dem Gesagten durchaus als heterogen bezeichnen darf. Unter diesen Umständen war es nicht einfach, eine repräsentative Auswahl an Objekten zusammenzustellen, eine für alle Nutzer geeignete Methode der Beschreibung zu finden und diesen Beschreibungen einleitende Kapitel passenden Inhalts voranzustellen. Didaktische Überlegungen hatten denn auch meist Vorrang vor einer konsequent wissenschaftlichen Strukturierung des Inhalts, der Grundtenor des Buches ist eher pragmatisch als theoretisch. Im Übrigen wurde darauf geachtet, dass es keiner großen Vorkenntnisse bedarf, um mit diesem Buch zu arbeiten. Ein gewisses floristisches Grundwissen ist sicher nützlich, ansonsten werden lediglich die zur Verwendung eines Bestimmungsbuches erforderlichen Kenntnisse vorausgesetzt.

Teile der Kap. 2 und 3 sowie ein Großteil der Tabellen in Kap. 4 gehen auf Unterrichtsmaterialien zurück, die für universitäre Lehrveranstaltungen und für Seminare innerhalb der Erwachsenenbildung zusammengestellt wurden. Die wissenschaftliche Benennung der Pflanzengesellschaften – die syntaxonomische Nomenklatur – wurde neueren Zusammenstellungen angepasst, ohne jedoch die „klassischen" Bezeichnungen, wie sie in der Praxis noch verbreitet sind, zu vernachlässigen. Diese Anpassungen sind zweifellos ärgerlich, weil sie dem Ungeübten die Annäherung an die Pflanzensoziologie zusätzlich erschweren und zudem – für die Praxis – fast durchweg rein formal und ohne jeden Erkenntnisgewinn sind; sie ließen sich aber wohl nicht vermeiden. Im Übrigen sei schon jetzt ausdrücklich vermerkt, dass dieses Buch keine Ambitionen hat, als ein Lehr- oder Nachschlagebuch für Pflanzensoziologie zu gelten.

Was die Abbildungen betrifft, so konnte ich auf den Fundus des Quelle & Meyer-Verlages zurückgreifen. Zahlreiche Bilder habe ich durch eigene ersetzt, wenn mir die Wiedergabe bestimmter Merkmale wichtig erschien; dass sie technisch sicher nicht immer befriedigend sind – sie sind mit einer Taschenkamera aufgenommen – wird dabei in Kauf genommen. Weitere Fotografien stammen von anderen Autoren; sie sind am Schluss des Buches im Einzelnen angeführt.

Herrn Klink vom Quelle & Meyer Verlag danke ich für die technische Durchführung dieser Auflage. Meiner Frau verdanke ich informative Einblicke in aktuelle Kartiermethoden, die sich insbesondere im Kap. 3.2.3 und 3.4 niedergeschlagen haben.

1. Einführung

1. Unter „Zeigerpflanzen“ (oder Zeigepflanzen) werden Taxa (meist Arten, seltener auch Unterarten) verstanden, deren Anwesenheit eine spezifische Beschaffenheit des Standorts kundtut; es sind *diagnostisch einsetzbare Pflanzentaxa.*
Solche spezifische Eigenschaften können unterschiedlichster Natur sein, z. B.

a) spezielle **Bodenverhältnisse**: Bodenart (z. B. „Sandzeiger“), Nährstoffverhältnisse (z. B. „Stickstoffzeiger“), pH-Wert (z. B. „Säurezeiger“), Humusform (z. B. „Mullbodenpflanze“), Durchlüftung (z. B. „Verdichtungszeiger“) usw.
b) regionale und/oder standörtliche **Klimabedingungen**: Temperaturverhältnisse (z. B. „Wärmezeiger“), Niederschläge (z. B. „Trockenzeiger“), klimatischer Jahresablauf (z. B. „ozeanisch“) usw.
c) spezielle **Stressfaktoren**: Mahd, Beweidung, Salzgehalt des Bodens usw.
d) **Dynamik**. Sie kann linear sein (z. B. Verbrachung) oder oszillierend (z. B. Wechselnässe).

Ferner gilt:

e) Viele Pflanzen zeigen die spezielle Ausprägung **mehrerer Faktoren** an (z. B. Feuchte- *und* Basenzeiger, vgl. dazu die „ökologischen Gruppen“ in Kap. 2.3.2, Punkt 6). Dies kann aber auch daran liegen, dass sich manche Faktoren gegenseitig bedingen und aus diesem Grund „die gleichen Zeigerpflanzen“ haben (z. B. Verdichtung → Wechselfeuchte).
f) Eine bestimmte Kombination ökologischer Verhältnisse bedingt häufig eine bestimmte Vergesellschaftung von Pflanzen ähnlicher ökologischer Präferenz. Zeigerarten für die betreffenden ökologischen Verhältnisse sind somit häufig auch Kennarten oder „charakteristische Begleiter“ bestimmter **Biotoptypen** oder definierter **Pflanzengesellschaften** (z. B. feuchteliebend + schattenertragend + Nährstoff-anspruchsvoll → „Auwaldpflanze“).

Wir kommen in Kap. 2.1 darauf zurück.

2. Das Prinzip „Zeigerpflanze“ ist wahrscheinlich sehr alt. Schon früh werden z. B. die Bewohner einer Steppe gelernt haben, aus der Anwesenheit bestimmter Pflanzen auf das Vorkommen von Wasser in geringer Tiefe zu schließen. Später dürften sie an der Vegetation erkannt haben, ob ein Landstrich gute Ernten zu liefern imstande ist. Seit Anfang des 19. Jahrhunderts begann man, Pflanzenarten gezielt als Zeigerorganismen einzusetzen, zunächst – aus praktischen Bedürfnissen – im Ackerbau[1]. Wenig später beschäftigte man sich auch in der „reinen Wissenschaft“ mit dieser Frage, zunächst mit dem auffälligen Phänomen, dass es in den Alpen vikariierende (d. h. sich gegenseitig ersetzende) Artenpaare auf Kalk bzw. saurem Gestein gibt (z. B. innerhalb der Gattungen Alpenrose oder Enzian)[2], man also umgekehrt aus dem Vorkommen der jeweiligen Art auf den Untergrund schließen konnte.

1 G.E.W. Crome (1812): Der Boden und seine Verhältnisse zu den Gewächsen.
2 F. Unger (1836): Über den Einfluss des Bodens auf die Vertheilung der Gewächse ... ; der Autor setzt sich in diesem Buch auch kritisch mit älteren Hinweisen zu diesem Thema auseinander.

Im 20. Jahrhundert wurde der Gedanke fortgeführt, zunächst in der Forstwirtschaft; eine mustergültige Zusammenstellung forstlicher Fakten bietet etwa AICHINGER[3]. In der Landwirtschaft waren es KLAPP[4] und vor allem ELLENBERG, der in den frühen Fünfzigerjahren des vorigen Jahrhunderts damit begann, die Aussagekraft von Pflanzen gegenüber einem ökologischen Faktor zu quantifizieren, also den Zeiger*pflanzen* auch Zeiger*werte* zuzuweisen[5]. Merkwürdigerweise blieb dieser quantifizierende Ansatz zunächst weithin unbeachtet; erst mit seiner Broschüre „Zeigerwerte der Gefäßpflanzen Mitteleuropas" (1974), dem Vorläufer von ELLENBERG & al. (2001), trat er gewissermaßen eine Lawine los. Wer nicht *mit* Zeigerwerten arbeitete, äußerte wenigstens Bedenken *gegen* ihre Anwendungen. Unbestritten ist heute, dass sie einen raschen Überblick geben über das ökologische Verhalten einer Art und damit – in der Summe – über die Ökologie eines Standorts. Sie spielen daher in diesem Buch eine wesentliche Rolle zur Charakterisierung der Taxa. In Kap. 2.3 kommen wir ausführlicher auf das Thema zurück.

Eine gewisse Quantifizierung war natürlich schon vor der Anwendung von Zeigerwerten möglich, z. B. durch Verwendung adverbialer Zusätze wie „mäßig", „sehr" usw. Auch Begriffe wie „*halb*schattig" sind heute noch üblich. Bei Wiesen und Weiden dienen die abgestuften Bezeichnungen „trocken – frisch – feucht – nass" nach wie vor zur Untergliederung von Grünland.

3. In diesem Buch werden zwar Einzelpflanzen beschrieben, Bezugsebene ist aber meist eine Vegetationseinheit (Pflanzengesellschaft). Der Begriff „Pflanzengesellschaft" kann dabei verstanden werden als das gemeinsame Vorkommen bestimmter Arten, das in ähnlicher Zusammensetzung unter gewissen Umständen regelhaft auftritt (also z. B. in einem bodensauren Buchenwald). In der Vegetationskunde wird der Begriff heute meist enger gesehen; man spricht nur dann von „Gesellschaft", wenn dieses „gemeinsame Vorkommen" genauer definiert und quantifiziert ist. Dies wird durch die Vergabe eines wissenschaftlichen Namens (hier: „Luzulo-Fagenion" für „bodensaurer Buchenwald") verdeutlicht. Mit diesen Dingen beschäftigt sich die Pflanzensoziologie (vgl. 2.4). In den anderen Fällen, wo es nur um eine beliebige Ansammlung verschiedener Pflanzen geht, ohne dass bei deren Beschreibung pflanzensoziologische Kriterien einfließen, kann man von Pflanzen*gemeinschaft* sprechen. Wichtig ist dabei (schon jetzt) der Hinweis, dass für die Definition einer „Gesellschaft" im engen Sinn ausschließlich die daran beteiligten Taxa sind, während bei der Benennung einer „Gemeinschaft" auch physiognomische Kriterien eine Rolle spielen können. Wir werden in Kap. 2.4 darauf zurückkommen.
Diese Unterscheidung von pflanzensoziologisch definierten Gesellschaften und eher „freihändig" benannten realen Vegetationsbeständen ist im Prinzip sinnvoll, in unserem Zusammenhang aber häufig nicht erforderlich. Denn in diesem Buch steht nicht eine (real vorliegende) Pflanzen*vergesellschaftung* im Vordergrund (ganz gleich, ob der Vegetationsbestand pflanzensoziologisch definiert ist oder nicht), sondern das, was uns eine bestimmte *Einzelpflanze* über diesen realen Bestand sagen kann. Dies kann zwar eine Aussage über die pflanzensoziologische Zugehörigkeit des betreffenden Bestandes sein (dies

3 E. AICHINGER (1967): Pflanzen als forstliche Standortsanzeiger.
4 z. B. E. KLAPP: Lehrbuch des Acker- und Pflanzenbaues. 1. Aufl. 1941, 6. Aufl. 1967.
5 H. ELLENBERG: Unkrautgemeinschaften als Zeiger für Klima und Boden (1950) *sowie:* Wiesen und Weiden und ihre standörtliche Bewertung (1952).

wäre in unserem Buchenwald-Beispiel *(351)*[6] *Luzula luzuloides*), genauso gut aber auch nur ein Hinweis auf einen ökologischen Faktor (z. B. der gesellschaftsvage Säurezeiger *(540) Deschampsia flexuosa*). Überspitzt kann man formulieren: Finde ich in einem Wald *Luzula luzuloides*, handelt es sich um ein Luzulo-Fagenion, finde ich *Deschampsia flexuosa*, handelt es sich um einen Wald auf saurem Gestein. Dass in diesem Fall – vorausgesetzt, ich erkenne die Buche – beides letztlich auf das Gleiche hinausläuft, nämlich auf einen bodensauren Buchenwald, ist in diesem Zusammenhang ohne Belang.
Die Verwendung pflanzensoziologischer Termini bei der Bezeichnung von Vegetationseinheiten ist sicher ein Punkt, der dem einen oder anderen Leser anfänglich ungewohnt ist, vielleicht sogar abschreckend wirkt. Sie lässt sich aber nicht vermeiden: Den Informationsgehalt eines wissenschaftlichen Gesellschaftsnamens kann man mit einer deutschen Bezeichnung nicht erreichen; wir werden in Kap. 2.4 ausführlich darauf eingehen. Das begriffliche Gerüst der Pflanzensoziologie wird deshalb in diesem Buch immer wieder als Gliederungshilfe herangezogen.
4. Gelegentlich wird im Zusammenhang mit der Verwendung von Zeigerpflanzen auch der Begriff „Bioindikation" gebraucht. Dies sollte man nicht tun, da nach heute üblichem Sprachgebrauch unter „Bioindikation" hauptsächlich der Einsatz von Testorganismen (*hier:* Pflanzen) zur Feststellung oder sogar Quantifizierung von Schadwirkungen geht. Dabei kann ich vorhandene Pflanzen heranziehen – etwa beim „Waldzustandsbericht" – oder ich kann geeignete Pflanzen bestimmten Standortbedingungen aussetzen, um dann am Verhalten der Pflanze (also z. B. am Grad ihrer Schädigung) abzulesen, inwieweit sich diese Bedingungen auswirken.
Zum sinnverwandten Begriff *Biomonitoring* vgl. Kap. 3.2.2.

6 Die eingeklammerten Zahlen *(nnn)* beziehen sich auf die fortlaufende Zählung der Objekte in Kap. 4 bzw. 5

2. Grundlagen

2.1 Zur Kapiteleinteilung

Der Terminus „Zeigerpflanze" wurde einleitend in Kap. 1 definiert. Genau genommen ist nun aber jede Pflanze eine „Zeigerpflanze", die Frage ist nur „wofür" und/oder „mit welcher Aussageschärfe". In der Praxis ist gerade Letzteres von entscheidender Bedeutung, denn als diagnostische Art für einen bestimmten Sachverhalt ist sie natürlich umso besser geeignet, je enger der Rahmen ist, in dem sie diesen Sachverhalt anzeigt. Wir wollen also unsere Definition von Kap. 1 erweitern: „Zeigerpflanzen" sind diagnostisch einsetzbare Pflanzentaxa *mit hinreichender Aussageschärfe*.

Auch die Faktoren, die von bestimmten Pflanzen angezeigt werden, sind in Kap. 1 bereits zusammengefasst. Für dieses Buch wollen wir die behandelten Zeigerpflanzen wie folgt gruppieren:

a) Arten (oder Unterarten), die bestimmte Pflanzengesellschaften kennzeichnen (z. B. Arten bodensaurer Buchenwälder)
b) Arten, die einen bestimmten ökologischen Faktor anzeigen, ansonsten aber häufig gesellschaftsvag sind (z. B. Säurezeiger)
c) Arten, die auf einen vegetationskundlich und/oder landespflegerisch bedeutsamen Vorgang hinweisen (z. B. Ruderalisierung oder Verbrachung)
d) Arten, mithilfe derer sich ein bestimmter, realer Biotop „bewerten" lässt (vgl. 3.4).

Kap. 4 und 5, die den wesentlichen Teil des Buches bilden, greifen diese unterschiedlichen diagnostischen Möglichkeiten auf: In Kap. 4 steht die Aussagekraft der einzelnen Art bezüglich der Zuordnung eines vorliegenden, realen Pflanzenbestandes zu einer definierten Pflanzengesellschaft im Vordergrund (Punkt a. in der Aufzählung), im Kap. 5 der ökologische (b., c.) bzw. landespflegerische Aspekt (c.). Insbesondere die Punkte a. und b. überschneiden sich dabei: Vom Unterwuchs eines Luzulo-Fagenion[7] kann ich erwarten, dass es sich um Säurezeiger handelt, und wenn ich in einem Buchenwald nur Säurezeiger finde, kann ich von einem Luzulo-Fagenion ausgehen. Andererseits sind Arten der Röhrichte natürlich auch Nässezeiger, nicht aber Nässezeiger automatisch Röhricht-Arten usw. – Im Zweifelsfall wurde die entsprechende Zeigerart im Zusammenhang mit einer bestimmten Pflanzengesellschaft behandelt; dies erklärt das starke Übergewicht von Kap. 4 (mit 749 erwähnten Pflanzenarten[8], davon 504 in Form von Steckbriefen) gegenüber Kap. 5 (mit 138 erwähnten Arten, davon 90 in Form von Steckbriefen). Auf diese Weise werden Arten, die man mit gewisser Wahrscheinlichkeit nebeneinander finden kann, im Zusammenhang behandelt. Außerdem kommt damit zum Ausdruck, dass eine bestimmte Gesellschaft in

7 Die wissenschaftlichen Namen von Pflanzengesellschaften erhalten keine Deklinationsendungen, also auch kein Genetiv-s.

8 Hinzu kommen noch einige wenige Arten, die in den Tabellen als „Diagnostische Arten" genannt, in den Steckbriefen aber nicht weiter behandelt werden.

der Regel auch durch eine bestimmte *Kombination* ökologischer Gegebenheiten gekennzeichnet ist, für welche die (krautigen) Vertreter ebenfalls charakteristisch sein können; so sind die in Kap. 4.13.2.2 zusammengestellten Taxa nicht nur Kennarten der pflanzensoziologischen Einheit „Waldmeister-Buchenwälder (Galio-Fagenion)", sondern damit auch typisch für Mullboden, ± Schatten, mittlere Feuchteverhältnisse usw. Dieser von einer Pflanze angezeigte Faktorenkomplex wird durch die Angabe einer Pflanzengesellschaft viel knapper und anschaulicher dargestellt als durch eine wiederholte Erwähnung der Art in Einzelkapiteln wie „Mullzeiger", „Schattenzeiger" usw. (vgl. auch 2.4.2).

Nicht so recht in die Kapiteleinteilung passt das unter d. erwähnte Kriterium der Bewertung. Dabei wäre es durchaus möglich, Taxa zusammenzustellen, deren Hauptfunktion es ist, einen nach Maßgabe von Kap. 3.4 „wertvollen" Biotop zu kennzeichnen. Interessant ist dieser Aspekt, weil es ganze Gattungen gibt, deren Vertreter durchaus unterschiedlich (und nicht immer zuverlässig) in ihrer soziologischen und/oder ökologischen Aussagekraft sein können, *insgesamt als Gattung* aber einen Biotop aufwerten (und dabei gut kenntlich sind); hier wären etwa *Eleocharis, Oenanthe, Orobanche, Pedicularis, Thalictrum*, manche Farngattungen, kleinwüchsige, annuelle Doldenblütler usw. zu nennen. Damit müssten wir den Rahmen der zu behandelnden Taxa aber doch ein wenig zu sehr erweitern. Gegebenenfalls wird bei der Behandlung einer zu einer solchen Gattung gehörigen Art auf diesen Umstand hingewiesen; vgl. etwa *(39) Oenanthe aquatica* oder *(52) Thalictrum flavum*.

2.2 Zur Auswahl der Pflanzen

Wenn man die – zugegebenermaßen etwas überspitzte – Formulierung von Kap. 2.1 zugrunde legt, dass jede Pflanze eine Zeigerpflanze ist, muss man bei der Zusammenstellung eines Buches über dieses Thema natürlich eine Auswahl treffen. Dafür gab es – neben der bereits erwähnten „hinreichenden Aussageschärfe" – einige weitere Kriterien:

- Gut abgrenzbare Regionen mit eigenständiger, außerhalb dieser Region nicht vertretenen Vegetation, die durch ausreichende Darstellungen (auch allgemein verständlicher Art) gut zugänglich sind, sind nicht berücksichtigt. Dies betrifft die Meeresküste, die Alpen oberhalb der hochmontanen Stufe und Sonderstandorte, die z. B. durch den Schwermetallgehalt des Bodens geprägt sind (Schwermetall-Vegetation).
- Eine gute Zeigerart sollte nicht zu häufig sein – sie soll ja besonders typische Umstände anzeigen. Sie soll aber auch nicht zu selten sein – man will sie ja in der Praxis möglichst oft einsetzen. Diese Kriterien sind allerdings nicht immer anwendbar: Viele gute Zeigerarten sind nun mal weit verbreitet, wenn der betreffende Biotoptyp es ist, und manche Gesellschaften – und damit ihre Kennarten – sind nun mal selten, ohne dass man sie übergehen könnte. Immerhin wurde im Zweifelsfall einer Art mit M7 einer Art mit M9 bzw. M5 der Zahl M2 der Vorzug gegeben (zur Bedeutung dieser Zahlen vgl. 2.3.1.2).
- Arten, die man nun wirklich als bekannt voraussetzen kann, werden nicht berücksichtigt, sondern allenfalls im entsprechenden Kontext erwähnt (Brennnessel, Gänseblümchen, Maiglöckchen ...).

- Die Arten sollten möglichst (!) gut erkennbar sein. Dies ist ein gewisses Problem bei Gräsern und Grasartigen, auf die man natürlich nicht verzichten kann, die aber aus diesem Grund unterrepräsentiert sind. Aus ähnlichen Motiven wird auch immer wieder auf verwechslungsträchtige Arten hingewiesen, unabhängig davon, ob der betreffende „Doppelgänger" als Zeigerart ebenfalls eine Rolle spielt (wie z. B. *(323) Viola riviniana* und *(336) V. reichenbachiana*) oder nicht (z. B. *(186) Prunella grandiflora* vs. *P. vulgaris*).
- Unterrepräsentiert sind auch Zeigerpflanzen für bestimmte Faktoren, die in der Praxis nicht so wichtig sind (z. B. das Geoelement) oder die auch ohne Zeigerpflanze evident sind (z. B. Beschattung), soweit der betreffende Faktor nicht auch als pflanzensoziologischer Gruppenbildner von Bedeutung ist; so werden Geröllpflanzen durchaus als eigene Einheit berücksichtigt, obwohl man „Geröll" natürlich auch ohne Zeigerpflanzen als solches erkennt.
- Letztendlich ist die Auswahl aber auch subjektiv; im Zweifelsfall greift man dann doch auf diejenigen Arten zurück, die man selbst kennt bzw. als „Zeigerart" nutzt. Dies bedeutet in unserem Fall leider auch eine gewisse Bevorzugung des süddeutschen Raumes. Quellenstudium ersetzt in der Vegetationskunde nun mal nicht die Erfahrung „vor Ort".

2.3 Die Zeigerwerte nach Ellenberg

Zeigerwerte stellen den Versuch dar, die Aussagekraft von Pflanzen gegenüber einem ökologischen Faktor zu quantifizieren (vgl. Kap. 1). Dies wird durch eine Zahl von 1 bis 9 (beim Wasserfaktor 1 bis 12) ausgedrückt. Dabei bedeutet 1 das geringste, 9 das größte Ausmaß des betreffenden Faktors. Die behandelten Faktoren sind Licht (L), Temperatur (T), Kontinentalität (K), Wasser (Feuchtigkeit, F) sowie Basengehalt (Reaktionszahl, R) und Nährstoffgehalt (N) des Bodens. Ferner wird die Salzverträglichkeit (S) quantifiziert (vgl. 2.3.1.1). Indifferenz gegenüber einem Faktor wird mit „x" gekennzeichnet. Insgesamt sind in Ellenberg & al. (2001) 2726 Gefäßpflanzentaxa bewertet (auf die Bewertung der *Rubus*-Sippen – zu diesen vgl. 4.11.3 –, sowie von Moosen und Flechten wird in diesem Buch nicht weiter eingegangen).
Die Zahlenfolge 1 bis 9 (bzw. 1 bis 12) ist dabei nicht kardinal, sondern ordinal, d. h. die Abstände zwischen den Ziffern sind nicht definiert und damit nicht zwangsläufig konstant; eine Pflanze mit der Nährstoffzahl 8 benötigt also nicht etwa die doppelte Menge an Nährstoffen wie eine Pflanze mit der Nährstoffzahl 4. Dies bedeutet u. a., dass Durchschnitts-Berechnungen, wie sie häufig durchgeführt werden, eigentlich mathematisch nicht korrekt sind (vgl. aber 2.3.2).
Die Zeigerwerte beziehen sich auf das Verhalten der Pflanze am Standort, also auf die synökologischen, nicht auf die autökologischen (ökophysiologischen) Ansprüche. Die meisten Pflanzen würden im „mittleren" Bereich am besten gedeihen und werden nur durch die Konkurrenz am Standort in ihrer Verbreitung eingeengt oder in Randbereiche abgedrängt. *Diese* Bereiche, in denen die Pflanze ungeachtet ihrer physiologischen Ansprüche tatsächlich wächst, sind es, die sich in den Zeigerwerten widerspiegeln.

Um ein Beispiel zu bringen: Wenn wir sagen, der Fuchsschwanz (*129; Alopecurus pratensis*) hat höhere Feuchteansprüche als die Trespe (*196; Bromus erectus*), so bedeutet dies, dass sich unter Konkurrenzbedingungen – also auf der Wiese – *Alopecurus* bevorzugt auf feuchten, *Bromus* auf trockenen Standorten findet, weil sie jeweils dort konkurrenzfähiger sind. In Reinkultur – also ohne Konkurrenz – wachsen sie beide am besten unter ähnlichen, mittleren Bedingungen. Auf der Wiese kommen sie unter mittleren Bedingungen aber nur selten vor, weil sie dort aus ihrem autökologischen Optimum vom Glatthafer (*141; Arrhenatherum elatius*) verdrängt werden – *Alopecurus* ins Feuchte, *Bromus* ins Trockene.

Die Werte sind sehr unterschiedlich abgesichert. Die F-Zahl ist durch Messungen wahrscheinlich am besten begründet, über die R-Zahl liegen sehr viele Einzelbeobachtungen vor. Die N-Zahlen (außer den Extremwerten) sieht Ellenberg selbst „nur als Versuch". Die T-Zahl ist weitgehend eine „Übersetzung" der für die Art kennzeichnenden Höhenstufe. Die K-Zahl ist unbefriedigend, weil sie lediglich einen Einblick in die Temperaturspanne (Winterkälte) gibt, nicht in das pflanzengeografisch ebenso bedeutsame Niederschlagsregime; auf die T- und K-Zahl kommen wir deshalb in Kap. 5.10 kurz zurück.

Das Konzept der Zeigerwerte erwies sich als so erfolgreich, dass es mehrfach erweitert oder übernommen wurde. Was vergleichbare Zusammenstellungen für andere Gebiete betrifft, so ist hier vor allem Landolt (2010) zu nennen. Das Tabellenwerk umgreift die Schweiz und die gesamten Alpen und bietet zudem Informationen, die in Ellenberg nicht berücksichtigt sind, z. B. zu weiteren edaphischen Faktoren („Humuszahl", „Durchlüftungszahl"), genaueren Angaben zum Lebensraum usw. Es werden auch „Kleinarten" berücksichtigt. Das Buch kann also durchaus als Ergänzung zu den Ellenbergschen Zeigerwerten dienen. Direkt kompatibel sind die Angaben aber erst nach „Umrechnung", weil Landolt eine – je nach Faktor – 2- bis 9-(zumeist 5-)stufige Skala verwendet.

Interessant ist eine Zusammenstellung von Zeigerwerten der italienischen Flora[9]. Sie entspricht im Schema völlig Ellenberg, erweitert die Skala bei Licht und Temperatur aber auf 1 bis 12, um den speziellen Verhältnissen am Mittelmeer Rechnung zu tragen.

2.3.1 Die einzelnen Faktoren

Im Folgenden werden die Zahlen für die einzelnen Faktoren definiert. Es werden – mit Ausnahme der Kontinentalitätszahlen – nur die ungeraden Werte genannt, bei den geraden handelt es sich jeweils um Zwischenstufen. Die Definitionen sind (verkürzt) aus Ellenberg & al. (2001) übernommen.

2.3.1.1 Ökologische Faktoren

Hierunter sind Faktoren zu verstehen, die die ökologischen Verhältnisse des Pflanzenstandortes prägen. Es sind gewissermaßen die „klassischen Ellenberg-Zahlen", wie sie in vielfältiger Weise zur summarischen ökologischen Kennzeichnung von Pflanzengesellschaften, Biotopen usw. herangezogen werden. Drei dieser Faktoren betreffen das Klima, vier den Boden des Standortes.

9 Pignatti, S. (2005) Valori di bioindicazione …; Braun-Blanquetia **39**. 97 S.

Maßgebend für die **Lichtzahl (L)** sind die Beleuchtungsverhältnisse während der Vegetationszeit, also bei belaubter Vegetation. – Die Werte für Bäume gelten für den Jungwuchs, der lichtbedürftig oder schattenertragend sein kann; die Zahlen stehen daher in Klammern. Im erwachsenen Zustand sind fast alle Bäume ± „Lichtholzarten" (vgl. auch 4.10.2). Bei den Krautigen sind die Lichtzahlen in gewisser Weise auch Kennzahlen für die Luftfeuchtigkeit, die die Pflanze beansprucht. Es ist nicht plausibel, dass Pflanzen den Schatten als solchen bevorzugen; wahrscheinlich vermeiden sie nur die mit hoher Lichtintensität verbundene Lufttrockenheit. – Die Skala ist wie folgt definiert:

1 Tiefschattenpflanze
3 Schattenpflanze
5 Halbschattenpflanze
7 Halblichtpflanze
9 Volllichtpflanze

Die **Temperaturzahl (T)** bezieht sich auf die Jahres-Durchschnittstemperatur und gibt im Wesentlichen die Höhenstufe wieder, in der sich die Pflanze findet. Durch besondere Umstände können sich bestimmte Temperaturverhältnisse aber auch außerhalb der „planmäßigen" Stufe finden, z. B. auf einem südexponierten Hang, in einem durch Temperaturinversion entstandenen „Kälteloch" oder in großflächigen Moorlandschaften.

1 Kältezeiger (alpin und nival)
3 Kühlezeiger (subalpin)[10]
5 Mäßigwärmezeiger (± submontan-temperat)
7 Wärmezeiger (planar-collin)
9 extreme Wärmezeiger (planare Lagen in Wärmegebieten)

T1–T2 sind in diesem Buch nicht vertreten.

Die **Kontinentalitätszahl (K)** definiert die Position der Pflanze bzw. deren klimatisch bedingtes Areal im Kontinuum ozeanisch[11] („westlich") → kontinental („östlich") (vgl. auch 5.10). Je kontinentaler das Klima, desto größer ist der Temperaturunterschied zwischen Sommer und Winter. – Hier müssen aus begrifflichen Gründen vor allem gerade Zahlen definiert werden (Näheres dazu in Ellenberg & al. 2001, S. 15 und in Landolt 2010, S. 17).

1 euozeanisch[12]
2 ozeanisch
4 subozeanisch
6 subkontinental
8 kontinental
9 eukontinental

Die Kontinentalitätszahl ist also, um dies zu wiederholen, eine Aussage zum Klima; sie ist zunächst keine pflanzengeografische Aussage. Eine solche könnte sich nämlich nicht auf einen West-Ost-Gradienten beschränken, sondern müsste auch die Nord-Süd-Achse berücksichtigen (vgl. Kap. 5.10); über diese gibt die K-Zahl aber nur unzureichend Auskunft.

10 Zu diesen Höhenstufen-Angaben vgl. auch Kap. 5.10

11 „Ozeanisch" bedeutet natürlich „vom nahen Ozean beeinflusst". Da dieser Ozean bei uns der Atlantik ist, wird in Mittel- und West-Europa auch der Begriff „atlantisch" verwendet.

12 *eu-* („gut") bezeichnet eine Einschränkung auf jeweils besonders ausgeprägte und/oder besonders typische Verhältnisse, *sub-* („unterhalb") schwächt den Begriff ab.

Bei der **Feuchtezahl (F)** sind zwei Gruppen zu unterscheiden: F1 bis F9 bezieht sich auf Land- und Sumpfpflanzen, F10 bis F12 auf Wasserpflanzen.

1 Starktrockniszeiger
3 Trockniszeiger
5 Frischezeiger (d. h. auf mittelfeuchten Böden)
7 Feuchtezeiger
9 Nässezeiger
10 Wasserpflanze, die längere Zeiten ohne Wasserbedeckung des Bodens erträgt
11 wurzelnde Wasserpflanze, die zumindest zeitweilig mit Blättern über dessen Oberfläche aufragt *oder* Schwimmpflanze, die auf der Wasseroberfläche flottiert
12 Unterwasserpflanze

Spezielle Verhältnisse, einen *Wechsel* der Wasserverhältnisse betreffend, werden wie folgt angezeigt:

~ die Feuchtigkeitsverhältnisse am Standort ändern sich von Zeit zu Zeit deutlich
z. B. 3~: Wechseltrockenzeiger (d. h. die Dauer der Trockenphase im Boden überwiegt die der Feuchtephase)
7~: Wechselfeuchtezeiger
9~: Wechselnässezeiger (vgl. dazu 5.1)
= Überschwemmungszeiger (auf ± regelmäßig überschwemmten Böden)

In Landolt (2010) wird das Ausmaß der Wechselfeuchte in einer 3-stufigen Skala quantifiziert.

Die **Reaktionszahl (R)** kennzeichnet den Basengehalt des Bodens. Diese Zahlen gründen zwar auf einer großen Datenmenge, sind aber trotzdem problematisch. In vielen Fällen bleibt z. B. unklar, ob mit einer hohen Zahl *Basen*- oder *Kalk*zeiger gemeint sind. Zudem ist der pH-Wert nicht nur vom Standort, sondern auch vom Bodenhorizont abhängig, in dem die Pflanze wurzelt (vgl. hierzu 5.4).

1 Starksäurezeiger
3 Säurezeiger
5 Mäßigsäurezeiger
7 Schwachsäure- bis Schwachbasenzeiger
9 Basen- und Kalkzeiger; die ergänzende Angabe in Ellenberg „stets auf kalkreichen Böden" trifft nicht zu (vgl. 5.4).

Die **Nährstoffzahl (N)** heißt eigentlich „Stickstoffzahl". Nun bedingt der Gehalt des Bodens an Mineralstickstoff zweifellos diese Zahl weitaus am stärksten, weshalb bei den unten stehenden Definitionen auch nur vom Stickstoff die Rede ist. Inwieweit aber die Zahl auch als Maßstab für eine allgemeine Nährstoffversorgung herangezogen werden kann, ist im Einzelfall nicht entschieden; für Wasserpflanzen, wo der Phosphatgehalt des Wassers eine wesentliche Rolle spielt, scheint es so zu sein. Auch bei den „Unkräutern" (vgl. 4.16 und 4.17) sind einige „Phosphatzeiger" (gemeint ist das wasserlösliche Phosphat) bekannt; dies ist bei den betreffenden Arten vermerkt. – Die N-Zahlen schwanken innerhalb einer Vegetationsfläche am stärksten; es kann durchaus sein, dass an einem Standort ein Großteil der Skala von N1 bis N9 vertreten ist.

1 stickstoffärmste Standorte anzeigend
3 auf stickstoffarmen Standorten häufiger
5 mäßig stickstoffreiche Standorte anzeigend

7 an stickstoffreichen Standorten häufiger
9 an übermäßig stickstoffreichen Standorten konzentriert

Die **Salzzahl (S)** wird in Ellenberg sogar quantifiziert: In Klammern ist der Prozentgehalt der Cl^--Ionen in der Bodenlösung angegeben. – Nur die wenigsten Taxa weisen naheliegenderweise überhaupt eine Salzzahl auf. (Zur Verwendung der Zahl in diesem Buch vgl. 5.7.)
1 salzertragend, auch auf salzfreien Böden vorkommend (0–0,1 %)
3 β-mesohalin (geringer Chlorid-Gehalt: 0,3–0,5 %)
5 α-mesohalin (mäßiger Chlorid-Gehalt: 0,7–0,9 %)
7 polyhalin (hoher Chloridgehalt: 1,2–1,6 %)
9 euhalin bis hyperhalin (sehr hoher, in Trockenzeiten extremer Chloridgehalt: > 2,3 %)

Ergänzend zu diesen soeben aufgezählten, in Ellenberg & al. (2001) behandelten ökologischen Faktoren gibt es auch Zusammenstellungen von Zeigerwerten weiterer Faktoren. So gibt es Listen, die über die Mahd- und die Beweidungs- bzw. Trittverträglichkeit von Grünlandpflanzen Auskunft geben. Diese Listen liefern somit Informationen bezüglich der Nutzungsintensität und helfen sehr, die Qualität von Grünlandbeständen zu beurteilen. Sie sind besonders auch in der landespflegerischen Praxis gut einzusetzen (vgl. dazu 4.5).

2.3.1.2 Häufigkeit und Gefährdung

Zu wenig beachtet werden die in Ellenberg vorgeschlagenen Zahlen zur Messtischblattfrequenz und Änderungstendenz. Obwohl nur die „alte BRD" berücksichtigend, sind sie ein hervorragendes und schnelles Mittel, landespflegerischen Stellenwert und naturschutzfachliche Bedeutung einer Fläche zu beurteilen, erheblich besser jedenfalls als die in zunehmendem Maß weit überschätzten Roten Listen (vgl. 3.4, Punkt 2).
Die **Messtischblattfrequenz** (M-Zahl) bezieht sich auf die Zahl der Rasterfelder der „alten" BRD, in denen die Art nachgewiesen ist. Ein Rasterfeld entspricht einem Blatt der Topografischen Karte 1:25000, zumeist kurz „Messtischblatt" oder auch nur „MTB" genannt. Ein solches Feld hat die Größe von etwa 10 x 10 km. Die M-Zahlen sind wie folgt definiert:
1 äußerst selten, nur in wenigen Rasterfeldern vertreten
3 selten, in etwa 5 % der Felder vorkommend
5 weder selten noch häufig (in etwa 25 % der Felder)
7 häufig (etwa 50 %)
9 fast überall, nur in wenigen Feldern fehlend

Andere Arten unterliegen – unabhängig von ihrer derzeitigen Verbreitung – einem ± starken Rückgang. Dies wird durch die **Änderungstendenz** (Ä-Zahl) verdeutlicht. Mit dieser Zahl lässt sich also das florendynamische Verhalten der betreffenden Art ausdrücken:
1 verschwunden oder fast verschwunden und weiter abnehmend
3 schwindend, aber nicht überall oder nicht stark
5 keine Änderung in der Messtischblattfrequenz erkennbar (eine Ab- oder Zunahme *innerhalb eines Messtischblattes* ist natürlich möglich)

7 sich ausbreitend oder gelegentlich verwildernd
9 sich stark ausbreitend oder vielerorts verwildernd

Bei beiden Parametern kann man bei einem Wert von 1 bis 3 davon ausgehen, dass die betreffende Art aufgrund ihrer Seltenheit (M-Zahl) und/oder[13] Gefährdung (Ä-Zahl) schützenswert ist und damit auch der Biotop, in dem sie vorkommt. Es muss aber nochmals betont werden, dass sich die Zahlen auf die alte Bundesrepublik beziehen und sich, wenn man die neuen Bundesländer mitberücksichtigt, deutliche Änderungen ergeben können. So muss man z. B. bei einer K-Zahl von 5 oder höher damit rechnen, dass die Art im Osten weiter verbreitet und die angegebene M-Zahl, bezogen auf Gesamt-Deutschland, zu niedrig ist. Im Zweifelsfall lohnt sich ein Blick auf die Karten in Netzwerk Phytodiversität (2013) oder in FloraWeb (vgl. Literaturverzeichnis), die ebenfalls auf MTB-Raster basieren, aber die gesamte BRD berücksichtigen. Außerdem bekommt man im Netz auch gleich alle aktuellen Informationen zu Roten Listen (auch zu denen der einzelnen Bundesländer). Weiterhin ist zu berücksichtigen, dass Arten mit geringer M- bzw. Ä-Zahl *regional* durchaus häufig sein können, wie umgekehrt aus einer relativ hohen M-Zahl nicht zwingend auf eine weite Verbreitung *innerhalb der Messtischblätter* geschlossen werden darf. In diesen Fällen kann es zu einer gegenüber der M- bzw. Ä-Zahl abweichenden Einschätzung der Schutzbedürftigkeit der Art kommen. Diese Überlegung zeigt einmal mehr, wie bedenklich schematische Bewertungen sind und dass es nicht genügt, nur sein Untersuchungsgebiet zu kennen.

Ellenberg beschreibt mit einer **Dominanzzahl (D)** noch die Häufung der Art am Ort des Vorkommens. Die Skala reicht von 1 (immer nur in einzelnen Exemplaren) bis 9 (fast immer in großen Herden flächendeckend). Dieses unterschiedliche Verhalten ist bis zu einem gewissen Grad taxonspezifisch – Rhizompflanzen z. B. treten naturgemäß zumindest in Gruppen auf. Für Sukzessionsuntersuchungen oder -prognosen kann diese Information nützlich sein; ansonsten sind diese Werte nicht so wichtig.

2.3.2 Anwendung

1. Sollen Zeigerwerte (im Folgenden mit ZW abgekürzt) zum Einsatz kommen, prüft man natürlich als Erstes, welche Werte man überhaupt braucht. Ebenso einleuchtend ist, dass dies von der Fragestellung abhängt. Auf die S- und K-Zahl wird man meist verzichten können. Auch L und T bringen häufig wenig, außer vielleicht bei der Untersuchung von Biotop-Komplexen (z. B. Wald *vs.* Lichtung) oder Sukzessionsflächen (z. B. Abnahme der L-Zahl mit fortschreitender Verbuschung).
2. Man überträgt die entsprechenden Werte auf die protokollierte Pflanzenliste. Je länger die Liste, desto zuverlässiger wird das Ergebnis sein. In Waldgesellschaften empfiehlt es sich, die Bäume nicht zu berücksichtigen oder zumindest getrennt zu behandeln, da deren Zusammensetzung oft ± stark anthropogen beeinflusst ist; außerdem ist die Aussagekraft vieler Bäume ohnehin nicht groß.

13 Niedrige M- bzw. Ä-Zahlen sind häufig korreliert.

3. Man nennt die Spanne und errechnet den Durchschnitt und/oder gibt den Median an. Empfehlenswert ist eine grafische Darstellung der Spanne.
   Wegen der mathematischen Inkorrektheit der Mittelwertbildung ist die Angabe des Medians oft besser. Ausreißer verlieren dadurch an Gewicht, die Aussage wird jedoch gröber. Beim Vergleich nah verwandter Gesellschaften wird man deshalb einen Mittelwert berechnen müssen; man begnüge sich dabei aber mit *einer* Stelle hinter dem Komma, um nicht eine Genauigkeit vorzutäuschen, die nicht vorhanden ist.
   Was nun die „mathematische Inkorrektheit" betrifft, so sollte man diese nicht überbewerten. Es existieren zahlreiche Arbeiten, die mit der Errechnung von Durchschnittswerten sinnvolle und plausible Ergebnisse erzielt haben. Außerdem beruhen ja viele Einschätzungen durchaus auf Messungen im Gelände[14]. Insofern sieht sich Ellenberg berechtigt, seine ZW (mit Ausnahme der L-Zahl) als „quasi-kardinal" zu bezeichnen.
4. Es ist eine alte Streitfrage, ob die Zahlen *gewichtet* werden sollen oder nicht. In diesem Fall fließen die Werte aller Taxa in gleicher Weise in die Berechnungen ein, im ersten Fall wird die Häufigkeit der Art mitberücksichtigt; dies bietet sich v. a. bei der Auswertung soziologischer Tabellen an. Dafür gibt es viele Vorschläge. So wird z. B. empfohlen, die Werte einer Art, die zwischen 50 und 75 Prozent der Fläche deckt, mit achtfacher Gewichtung in die Berechnung eingehen zu lassen, verglichen mit einer Art, die nur in Einzelexemplaren vorhanden ist (Einzelheiten lese man in Ellenberg & al. 2001, Kap. 1.221 nach). Normalerweise ist der Erkenntnisgewinn solcher Umrechnungen gering und steht in keinem Verhältnis zum Mehraufwand. Sollen jedoch dynamische Vorgänge beobachtet werden (z. B. der Erfolg einer neu eingesetzten, nunmehr regelmäßigen landespflegerischen Maßnahme wie Mahd), ist eine Gewichtung sinnvoll, da der Erfolg der Maßnahme oft darin bestehen soll, dass sich – bereits vorhandene! – erwünschte Arten ausbreiten.
   Von den M- und Ä-Zahlen können wegen der stark unterschiedlichen Abstände zwischen den Werten (den Klassen) keine Mittelwerte errechnet werden. Hier gibt man am besten die Spanne an, nennt den Schwerpunkt oder zählt auf, wie viel Prozent der Arten der jeweiligen Klasse zuzuordnen sind.
5. Liegen die Ergebnisse vor, „interpretiert" man diese (vgl. dazu 2.3.4).
6. Unabhängig von 1. bis 5. kann man – bei ausreichend langen Listen – Arten mit ähnlichen ZW zu Gruppen zusammenfassen. Dabei empfiehlt sich eine getrennte Betrachtung der klimatischen Faktoren (*hier:* L und T) einerseits und der Bodenfaktoren (F, R, N) andererseits. Man erhält dann ökologische Gruppen von Pflanzen ähnlichen Verhaltens, die nach einer Leitart benannt werden können. So besiedeln z. B. innerhalb der Laubwälder die Arten einer *Ficaria*-Gruppe mäßig feuchte, basenreiche Böden: Sie alle haben F7 und R8. Solche Gruppen lassen sich auch regional erstellen und können bei großflächigen Kartierungen sehr nützlich sein (dies wird in 3.2.2 näher ausgeführt).

Zu weiteren Anwendungs- und Darstellungsmöglichkeiten vgl. das Kap. 1.3 in Ellenberg & al. (2001).

14 Vgl. Ellenberg & al. Kap. 1.22. – Der bislang umfangreichste Versuch einer Parallelisierung von Messwerten und ZW wurde in der Schweiz durchgeführt. Näheres unter http://www.wsl.ch/forest/soil/products/zeiger/start/startseite.php

2.3.3 Vor- und Nachteile der Methode

Die Vorteile der Verwendung von Zeigerwerten liegen auf der Hand:

- Sie sind leicht zu handhaben.
- Es besteht die Möglichkeit zu rechnerischen Operationen (Mittelwert usw., vgl. 2.3.2).
- Die Ergebnisse solcher Berechnungen sind anschaulich.
- Es handelt sich um eine „integrierende" Betrachtung: Die Pflanze integriert über längere Zeitabschnitte ökologische Bedingungen unter Berücksichtigung der wichtigen Extremwerte (z. B. bezüglich Temperatur oder Niederschlag).
- Insgesamt lassen sich damit (ohne eigene Messungen, die zudem meist nur punktuell sind) Pflanzengesellschaften ökologisch kennzeichnen.

Die Anwendung von Zeigerwerten birgt jedoch Gefahren:

- Zeigerwerte sind keine (absoluten) Messwerte, sondern relative Einordnungen in ein Kontinuum.
- Die Zuordnung zu einem bestimmten ZW innerhalb einer 9-stufigen Skala ist eigentlich nur bei stenöken[15] Pflanzen möglich. Im Falle euryöken Verhaltens müsste eine Spanne angegeben sein, z. B. „L2–4". Diese Möglichkeit ist aber nicht vorgesehen, angegeben ist in diesem Fall „L3"; es wird also eine enge ökologische Einnischung vorgetäuscht, die gar nicht vorhanden ist. Diese Einschränkung der Aussagekraft betrifft vor allem den jeweiligen ZW 5, der häufig eine viel weitere Spanne umfasst als nur eine Stufe. Erst bei einer sehr weiten Spanne (vielleicht L2–6) wird „Lx" vermerkt.
  Hier bietet LANDOLT (2010) (wie auch in Bezug auf die Wechselfeuchte, vgl. 2.3.1.1) ergänzende Informationen. Die Sten- bzw. Euryökie, den jeweiligen Faktor betreffend, wird nämlich in einer 3-stufigen Skala angegeben. So hat z. B. *(270) Anemone sylvestris* auf der 5-stufigen L-Skala L4 (was der ELLENBERG-Zahl L7 in etwa entspricht) mit dem Zusatz „v [für *Variationsbreite*] I", d. h. die Zuordnung ist ± eng; *(339) Anemone ranunculoides* (ELLENBERG-Zahl: L3 auf der 9-stufigen Skala) dagegen hat L2 mit dem Zusatz v II, d. h. sie kommt von L1 bis L3 vor (nach ELLENBERG „umgerechnet" also etwa L2 bis L5 oder L6). Für die praktische Arbeit mit Zeigerwerten – z. B. Durchschnittsberechnungen – ist diese Angabe der Spanne allerdings (leider) nicht verwendbar. – Die dritte Stufe („indifferent") wird deutlich seltener als bei ELLENBERG eingesetzt.
- Ist die Artenliste ausreichend lang, kann sich diese „vorgetäuschte Stenökie" in gewisser Weise ausgleichen. Will man sich dagegen (umgekehrt) eine Artenliste für eine Pflanzung (z. B. für die Anlage eines naturnahen Gartens) erstellen und greift man dabei auf Zeigerwerte zurück – was durchaus sinnvoll ist –, soll man sich von diesen Werten nicht allzu sehr einengen lassen; die weitaus meisten Pflanzen mit dem ZW „5" vertragen auch „4" und/oder „6", zumal bei herabgesetzter Konkurrenz (was in einem Garten normalerweise der Fall ist). Genauere Angaben zur Bandbreite der Toleranz kann man in LANDOLDT nachschlagen, vgl. den vorigen Punkt.

15 *stenök* (sten-ök): Bezüglich eines bestimmten Faktors (oder insgesamt) eng angepasst. Gegensatz: *euryök* (die Ausprägung des Faktors in weiter Spanne tolerierend).

- Der ZW einer Pflanze kann regional stark abweichen. Dies im Einzelnen nachzuweisen, ist allerdings in der Regel ziemlich aufwändig. Solche lokalen Besonderheiten („gebietsspezifische ZW") werden deshalb meist nicht berücksichtigt.
- Wegen der leichten Handhabbarkeit erfolgt oft ein unkritischer Einsatz.
- Die Ergebnisse täuschen mathematische Genauigkeit vor.
- Die Methode bewertet gesellschaftstypische Arten und „Zufallsgäste" gleichermaßen. Letztere sind zwar – z. B. durch zufällige Keimung – am Ort vorhanden (stehen also auf der zu bearbeitenden Liste), können aber im Biotop keine Population aufbauen, weil die Umstände dort für sie ungeeignet sind. Kurz: Sie repräsentieren nicht die Verhältnisse am Standort, fließen aber in dessen Bewertung ein.
- Der oben erwähnte Vorteil der „integrierenden Betrachtung" lässt sich auch negativ formulieren: Dynamische Aspekte werden nicht berücksichtigt. Da die Pflanzen – insbesondere Mehrjährige – verzögert reagieren, können sie bei plötzlichen, weitreichenden Veränderungen (z. B. Düngung oder Kahlschlag) ein veraltetes Bild vortäuschen (auf dem durchsonnten Kahlschlag wächst z. B. ein Aronstab mit L3). Der aktuelle Zustand allein, der z. B. beim Erstellen von Pflegeplänen oft wichtig ist, kommt in diesen Fällen nicht zum Ausdruck.

2.3.4 Zur Interpretation

Bei der Interpretation der Ergebnisse halte man sich stets die im vorigen Kapitel genannten Gefahren vor Augen. Im Übrigen hängt sie natürlich von der Fragestellung ab. Einige Dinge sollte man vorab aber grundsätzlich wissen:

- Wenn die Verteilung der Ziffern jeweils für den T-, K-, R- und N-Wert annähernd einer Gauß-Kurve entspricht (auch einer schiefen), wirft eine relativ weite Spanne meist keine Interpretationsprobleme auf. Bei N ist sie sogar die Regel.
- Zweigipfelige Kurven lassen auf eine Nutzungsänderung oder einen sonstigen schwerwiegenden Eingriff (oft schon vor längerer Zeit) schließen. Gelegentlich spiegelt sie auch eine extreme Horizontierung des Bodens wider (z. B. R-Wert: saure Humusauflage mit flachwurzelnden Säurezeigern über Kalk, vgl. 5.4).
- Stark variierende L- und F-Werte zeigen häufig einen „ungesättigten" Biotop an, also mangelnde Konkurrenz (beispielsweise bei einer erst beginnenden Wiederbesiedlung gestörter Standorte). Dies gilt besonders bei einem hohen Prozentsatz an Einjährigen.
- Ein geringer Prozentsatz von „Ausreißern" ist normal („Zufallsgäste", vgl. 2.3.3), insbesondere bei Einjährigen. Mehrjährige Ausreißer müssen geprüft werden. Möglicherweise handelt es sich um „Reliktpflanzen" früherer ökologischer Bedingungen. Oder die Pflanze ist extrem euryök (der ZW also zu eng); oder der Zeigerwert ist (regional) falsch (vgl. 2.3.3).
- Plötzliche Änderungen der ökologischen Bedingungen lassen sich meist nur durch aktuelle Messungen, nicht durch Zeigerwertanalysen nachweisen.

Kurz: Das Prinzip der Zeigerwerte hat sich bewährt, solange man die Grenzen kennt und berücksichtigt. Sie sind eher eine heuristische[16] als eine wissenschaftlich-exakte Methode, aber in der Praxis wertvoll. Die Methode ist zeitsparend, billig und erfordert keinen technischen Aufwand. Sie ist plausibel in der Anwendung und liefert in vielen – nicht allen – Fällen ausreichend plausible Informationen. Gerade diese Plausibilität führt nur leider dazu, dass mitunter die Methode „an falscher Stelle" eingesetzt wird oder die gewonnenen Ergebnisse überstrapaziert werden.

2.4 Pflanzensoziologie

2.4.1 Der Begriff „Syntaxon"

Pflanzen treten normalerweise nicht allein, sondern in Vergesellschaftung auf. Diese ist keineswegs zufällig und findet sich regelhaft ähnlich auf jeweils entsprechenden Standorten. Anders ausgedrückt: Wenn ich auf einer Wiese den *(216)* Knolligen Hahnenfuß vorfinde, kann ich damit rechnen, dass die *(196)* Aufrechte Trespe ebenfalls vorhanden ist, und wenn ich in einem Schluchtwald eine *(376)* Berg-Ulme sehe, ist ein *(372)* Spitz- oder *(373)* Berg-Ahorn sicher nicht weit; einen Knolligen Hahnenfuß hingegen werde ich dort bestimmt nicht finden.

Mit diesen regelhaften Vergesellschaftungen bestimmter Taxa beschäftigt sich die Pflanzensoziologie. Sie „destilliert" aus einer größeren Zahl hinreichend ähnlicher Einzelbestände abstrakte Vergesellschaftungs-Typen, sog. *Pflanzengesellschaften* oder *Syntaxa*[17]. Diese sollten sich im Einzelfall, also im realen Bestand, wiedererkennen lassen, müssen aber durchaus nicht „rein" verwirklicht sein. Diese Syntaxa werden nun nach bestimmten Regeln definiert und mit einer wissenschaftlichen Bezeichnung versehen (*Syntaxonomie*; vgl. 2.4.2) und in ein bestimmtes System gebracht (*Synsystematik*; die beiden Begriffe gehen also von einem anderen Blickwinkel aus, lassen sich aber begrifflich nicht scharf trennen). Dieses System beruht darauf, dass sich die Syntaxa in Gruppen abgestufter Ähnlichkeit hierarchisch anordnen lassen (ähnlich wie in der klassischen Sippentaxonomie: Art – Gattung – Familie usw.). Wir werden das gleich an einem Beispiel erläutern, müssen zuvor aber noch einige theoretische Begriffe einführen.

1. Syntaxa werden durch Arten(kombinationen) definiert. Dabei unterscheidet man:
- *Charakter-* oder *Kennarten* des betreffenden Syntaxons;
- Charakterarten der höheren Syntaxa, zu denen das betreffende Syntaxon gehört;
- *Differenzialarten*: Diese kennzeichnen häufig ökologisch unterschiedliche Unter-Syntaxa und sind deshalb häufig auch ökologische Zeigerarten;

16 *heuristisch:* Der Erkenntnisfindung dienend.

17 *Syn-* („zusammen"), weil eine ganze Pflanzen*gesellschaft* das Thema ist, nicht ein einzelnes Taxon (wie in der sog. Sippentaxonomie). Ähnlich werden auch andere Begriffe mittels der Vorsilbe *syn-* (bzw. *sym-*) in die Pflanzensoziologie übernommen. Vgl. auch *Synökologie* vs. *Autökologie*.

- *Begleiter:* Diese können in einem anderen, nicht näher verwandten Syntaxon durchaus dessen Charakterart sein.

Charakter- und Differenzialarten sowie kennzeichnende, d. h. regelmäßig auftretende („stete") Begleiter werden auch als *diagnostische Arten* zusammengefasst.

2. Man unterscheidet vier Stufen (Ränge) innerhalb der Syntaxonomie:
- Grundeinheit ist die **Assoziation**. Sie ist durch das Suffix *-etum* am wissenschaftlichen Gattungsnamen der namensgebenden Art gekennzeichnet. Die Charakterart(en) wird/werden mit „**AC**" (Assoziations-Charakterart) markiert.
- Assoziationen ähnlicher Artenzusammensetzung werden zu einem **Verband** zusammengefasst. Auch dieser ist durch (meist mehrere) Arten gekennzeichnet (**„VC"**), die also in allen Assoziationen des Verbandes vorkommen (können), außerhalb des Verbandes jedoch zumindest deutlich seltener sind. Verbände enden auf *-ion*.
- Es folgen **Ordnung** (-etalia) und **Klasse** (-etea), wieder jeweils mit gemeinsam (möglichen) Arten („**OC**", „**KC**").
- Zwischenstufen werden ebenfalls verwendet: **Unterklasse** (*-enea*) und **Unterverband** (*-enion*) sind in der Praxis nur in wenigen Fällen erforderlich; die **Subassoziation** (*-etosum*) spielt eine gewisse Rolle bei der syntaxonomischen Analyse kleinerer geografischer Räume.

Nicht in dieses hierarchische Schema passt der Begriff der **Synusie**. Er bezeichnet einzelne, ökologisch unterschiedlich geprägte Teilräume, wie sie innerhalb einer Gesellschaft (also z. B. einer Assoziation) auftreten können; er wird vor allem in der Kryptogamensoziologie verwendet und bezeichnet dort z. B. die Gemeinschaft der einen Baumstamm besiedelnden Moose innerhalb eines Luzulo-Fagetum. – Auch der Ausdruck **(ökologische) Nische** – er spielt in der Zoologie eine größere Rolle als in der Botanik – bezieht sich auf einen Teil-Lebensraum. Während aber „Synusie" eine reale topografische Flächenzuordnung bezeichnet, ist „Nische" mehr eine allgemeine (abstrakte) ökologische Aussage, die Ansprüche des Organismus' (hier also: der Pflanze) betreffend. So sind z. B. kalkhaltige Felsen in feucht-schattigem Umfeld die typische Nische für *(257) Asplenium scolopendrium*; es kann deshalb in der Synusie „Felsen" innerhalb eines realen Tilio-Acerion vorkommen, muss aber nicht.

Häufig – besonders bei artenarmen Gesellschaften – ist es nicht möglich, über Kennarten zwei oder mehr syntaxonomische Einheiten innerhalb einer höheren Einheit zu unterscheiden; es gibt also Verbände, die nur eine Assoziation beinhalten oder Ordnungen, die nur aus einem Verband bestehen. In diesem Fall sind natürlich AC und VC bzw. VC und OC identisch.

Ein anderer – keineswegs seltener – Fall liegt vor, wenn in einem realen Pflanzenbestand Assoziations-Kennarten überhaupt fehlen. In vielen Fällen lassen sich aber wenigstens Kennarten höherer Ränge, z. B. die einer Ordnung finden. Solche *Fragmentgesellschaften* können dann nach einer häufigen Art mit dem Zusatz des ermittelten höheren Syntaxons (in unserem Beispiel: der Ordnung) benannt werden. Ein Bestand, der z. B. von *(574) Galeopsis tetrahit* geprägt wird, aber auch einige Chenopodietalia-Arten enthält, kann somit als „Galeopsis tetrahit-Chenopodietalia-Gesellschaft" bezeichnet werden. – Zu ranglosen Gesellschaften vgl. auch den letzten Absatz dieses Kapitels.

Ein Beispiel: Eine kurze Liste, auf einem Acker zusammengestellt, enthält:

AC *(426) Papaver argemone* (Sand-Mohn)
VC *(424) Aphanes arvensis* (Ackerfrauenmantel)
OC *(427) Scleranthus annuus* (Einjähriger Knäuel)
UKC *(422) Viola arvensis* (Acker-Stiefmütterchen)

D *(569) Trifolium arvense* (Hasen-Klee)
B *(494) Poa annua* (Einjähriges Rispengras)

Dieser Liste kann ich entnehmen:
Es handelt sich um eine Sandmohn-Gesellschaft[18] oder Papaveretum argemone (AC *Papaver argemone*). Diese Assoziation gehört zum Verband Aperion (vgl. 4.16.2.1), der neben dem Papaveretum auch z. B. eine Ackerfrauenmantel-Kamillen-Gesellschaft (Alchemillo-Matricarietum) enthält und der durch die VC *Aphanes arvensis* gekennzeichnet ist. *Scleranthus* ist OC der Sperguletalia. Dass es sich um eine Wildkrautgesellschaft des (Winter-) Getreides handelt, sieht man an *Viola arvensis*, die in diesen Getreide-Gesellschaften allgemein verbreitet ist und deshalb als Kennart der ganzen Unterklasse Violenea (vgl. 4.16) gilt, über deren weitere Gliederung auch die Tabelle 4.16.b Aufschluss gibt. – *Trifolium* hingegen ist keine typische Pflanze der Getreideäcker; sie markiert hier nur die Basenarmut des Bodens. Dieser Faktor unterscheidet die Sperguletalia von der anderen Ordnung der Violenea, den nach dem Klatsch-Mohn benannten Papaveretalia rhoeadis (vgl. Tab. 4.16.b). *Trifolium arvense* ist deshalb als Differenzialart der Sperguletalia gegenüber den Papaveretalia rhoeadis zu werten. – *Poa annua* schließlich hat in diesem Zusammenhang keine syntaxonomische Aussagekraft und gilt deshalb als „Begleiter".
Wenn man – wie in diesem Buch – nicht bis zur Assoziation differenzieren will, kann man auch sagen: *Papaver argemone* ist Charakterart einer (nicht näher genannten) Assoziation *innerhalb* des Aperion („AC im Aperion").

Nun könnte man natürlich unter *(494) Poa annua* bzw. in Kap. 4.17.4 nachschauen und fragen, warum sich die oben angeführte Liste nicht auf einen Trittrasen bezieht, für die *Poa* Kennart wäre; dann wären eben der Mohn usw. die „Begleiter". Fragen dieser Art sind gar nicht selten und nicht immer so eindeutig zu beantworten wie hier. Dazu muss man wissen, dass sich eine Assoziation (*hier:* das Papaveretum argemone) nicht nur durch eine oder mehrere AC definiert, sondern stets auch Kennarten höherer Syntaxa (*hier:* Aperion usw.) enthalten sollte. Ist dies nicht der Fall, sollte man einfach nur von einer „Gesellschaft" sprechen, ohne dieser einen syntaxonomischen Rang zuzubilligen. Besonders wichtig ist dies bei artenarmen Massenbeständen einer Art, beispielsweise von *(593) Filipendula ulmaria* oder *(516) Scirpus sylvaticus* auf einer Nassbrache, wo man auch nicht gleich von einem „Filipendulion" bzw. „Scirpetum sylvaticae" sprechen sollte, ohne die gesamte Artengarnitur geprüft zu haben. Sie werden am besten nach einer auffälligen oder nach der dominierenden Art benannt, hier also z. B. „Filipendula ulmaria-Gesellschaft", „Dominanz-Gesellschaft (oder Dominanz-Bestand) von *Scirpus sylvaticus*" oder ähnlich. Solche ranglosen Gesellschaften können, ähnlich wie die oben erwähnten Fragmentgesellschaften, in stark anthropogen überprägten Biotopen eine wesentliche Rolle spielen.

2.4.2 Benennung der Syntaxa

Wie oben bereits erwähnt, haben die Syntaxa wissenschaftliche Namen mit vorgegebenen Endungen. Für die Vergabe und weitere Verwendung dieser Namen gibt es strenge

18 Um eine Häufung von Bindestrichen zu vermeiden, wird der Artname bei den deutschen Gesellschaftsnamen zusammengeschrieben („Sandmohn", nicht „Sand-Mohn").

Regeln, die in etwa denen der nomenklatorischen Behandlung von Taxa (der Sippentaxonomie) entsprechen – mit den gleichen sich daraus ergebenden Problemen. Darauf können wir hier nicht weiter eingehen. Ein spezielles Problem ist in der Syntaxonomie aber die Umbenennung namensgebender Taxa. So hieß die *(90)* Wiesen-Segge früher *Carex fusca*, die entsprechenden Gesellschaften danach Caricetum fuscae, Caricetalia fuscae usw. Seit längerem heißt die Segge *C. nigra*, eine entsprechende Umbenennung in *Caricetum nigrae* erfolgt erst zögerlich. Der Name des oben erwähnten Alchemillo-Matricarietum stammt noch aus einer Zeit, als *Aphanes arvensis* noch zur Gattung *Alchemilla* zählte (das Syntaxon wird denn auch inzwischen häufig als Aphano-Matricarietum bezeichnet) usw.
Eine weitere Schwierigkeit entsteht – gerade beim Anfänger – dann, wenn auch das Art-Epitheton[19] des namensgebenden Taxons im Namen der Gesellschaft enthalten ist (vgl. oben Papaveretalia rhoeadis). Dieses (*hier: rhoeas*) steht bei der Benennung eines Syntaxons nämlich im Genetiv (*hier: rhoeadis*), und dieser kann sehr verschieden gebildet werden (oder „überhaupt nicht", wie bei *Papaveretum argemone*) – man muss ihn in vielen Fällen einfach auswendig lernen.
Allerdings ist die Nennung des Epithetons oberhalb der Assoziation auch nur in wenigen Fällen wirklich erforderlich, dann nämlich, wenn es andere Namen von Syntaxa gibt, die vom selben Gattungsnamen, aber einer anderen Art gebildet werden, z. B. bei den soeben genannten Mohnarten. Den eigentlich korrekten Verbandsnamen *Aperion spicae-venti* kann man dagegen unbesorgt auf „Aperion" verkürzen, da keinerlei Verwechslungsgefahr besteht[20]. Hier in diesem Buch wird der korrekte Name (vgl. Zusammenstellung in Kap. 6) verwendet, vernachlässigbare Epitheta sind aber eingeklammert. Im laufenden Text begnügen wir uns zumeist mit der Kurzfassung.

Die Autoren der Gesellschaftsnamen sind hier grundsätzlich weggelassen. Für die Praxis sind sie in den seltensten Fällen erforderlich. Außerdem sind sie gelegentlich mehr als unhandlich: Die hier normalerweise „Polygono-Poetea annuae" (vgl. 4.17.4) genannte – und mit diese Bezeichnung eindeutig angesprochene – Trittgesellschaft z. B. heißt korrekt *Polygono arenastri-Poetea annuae Rivas-Martínez 1975 corr. Rivas-Martínez et al. 1991.*

Ein gesondertes Problem sind die deutschen Gesellschaftsbezeichnungen. Da nicht wenige wissenschaftliche Namen wahre Zungenbrecher sind (z. B. „Potamogetonetalia"), besteht oft der naheliegende Wunsch nach deutschen Namen. Wie im Laufe des Kap. 4 noch deutlich wird, ist dies aber leider nicht immer plausibel zu bewerkstelligen (vgl. etwa die Anmerkung zu „Fagetalia" in Kap. 4.13). Insbesondere Unkrautgesellschaften haben meist keine griffigen (und allgemein verstandenen) deutschen Namen. Eine Übersetzung des syntaxonomischen Begriffs – also z. B. Eselsdistelgesellschaften für Onopordion – empfiehlt sich nicht immer, da die jeweils namensgebende Art sehr oft gar nicht vorhanden ist. Namen wie „Schleier- und Flussspülsaumgesellschaften" oder „Uferstauden und Säume ± nasser Standorte" für Convolvuletalia sind ziemlich umständlich. Hinzu kommt, dass man einem deutschen Namen die Rangstufe des Syntaxons nicht ansieht (es sei denn,

19 Der wissenschaftliche Name einer Pflanzenart besteht aus zwei Teilen: dem Gattungsnamen (*hier: Papaver*) und dem *Epitheton* („Beiwort") (*rhoeas*), mithilfe dessen die Art innerhalb der Gattung bezeichnet wird.

20 Der Name lautete früher *Agrostion spicae-venti*, weil *Apera* damals noch nicht als eigene Gattung geführt war. Da weitere Syntaxa auch nach anderen *Agrostis*-Arten benannt sind (vgl. 4.4.7), war der Zusatz *spicae-venti* damals erforderlich.

man fügt ihn hinzu: Arrhenatherion = *Verband der* Glatthaferwiesen). Kurz: die wissenschaftlichen Bezeichnungen der Syntaxa sind unersetzlich.

Konsequent bemüht um deutsche Namen durch alle syntaxonomischen Kategorien bis zur Assoziation sind Runge, Schubert & al. sowie Rennwald, der für viele Gesellschaften sogar mehrere Namen bereithält. Die deutschen Namen in Ellenberg & Leuschner (2010, S. 1137–1146) oder in Oberdorfer (2001) gehen bis zum Verband.

2.4.3 Pflanzensoziologie, Formationsbiologie, Biotop- und Nutzungstypen

Grundlage der Synsystematik ist einzig und allein die Artenzusammensetzung des Vegetationsbestandes. Weder dessen Physiognomie noch Ökologie sind zugelassene Kriterien für die Kennzeichnung der Syntaxa, wenngleich auch beides als beschreibendes Element einer solchen Kennzeichnung häufig hinzugefügt wird.
Dies hat unter anderem zwei Konsequenzen:

- Wer pflanzensoziologisch arbeiten oder auch nur mit pflanzensoziologischen Begriffen hantieren will, muss mit der betreffenden Flora (also der Gesamtheit der Arten des betreffenden Gebietes) hinreichend vertraut sein.
  Umgekehrt enthält der Name eines Syntaxons in unübertroffener Kürze quasi eine virtuelle Artenliste: Der Begriff „Berberidion" z. B. ersetzt mindestens ein halbes Dutzend Pflanzennamen. Und wenn ich höre, *(271) Anthericum ramosum* sei eine Geranion-Art, habe ich mit diesem einen Begriff eine recht präzise Vorstellung von dem Biotop dieser Pflanze und anderen, dort möglicherweise vorkommenden Arten, ohne *Anthericum* je am Standort gesehen zu haben.
- Floristische (d. h. auf einem gemeinsamen Artengrundstock beruhende) Ähnlichkeit und damit synsystematische Verwandtschaft kann sich über physiognomisch unterschiedliche Pflanzengemeinschaften erstrecken; dies gilt z. B. für die Klasse Nardo-Callunetea (vgl. 4.6 und Tab. 4.6.a), die Rasengesellschaften und Zwergstrauchheiden umfasst. Andererseits kann auch umgekehrt physiognomisch und/oder topografisch untrennbar Verbundenes auseinandergerissen werden; dies gilt z. B. für Moore, deren Vegetation sich auf drei Klassen verteilt (vgl. 4.3). Beides ist wissenschaftlich natürlich korrekt, ist aber jemandem, der nur eine Gliederungshilfe der einheimischen Vegetation sucht, schwer zu vermitteln. Es ist auch der Grund dafür, dass wir im Kap. 4 recht freizügig die syntaxonomischen Kategorien wechseln werden (d. h. mal eine Klasse, mal einen Verband besprechen), wenn die Anschaulichkeit dies nahelegt.

Der zweite der genannten Punkte war denn auch mehrfach Anlass, die streng floristisch definierten Klassen zu **Klassengruppen** zusammenzufassen (vgl. dazu Kap. 6). Diese Klassengruppen sind *nicht* floristisch definiert und damit keine pflanzensoziologische Einheit; sie beruhen vielmehr auf physiognomischen und ökologischen, in geringerem Maße auch auf topografischen Kriterien. Sie ähneln insofern der Kategorie **Formation**. Darunter versteht man in sich ± einheitliche Vegetationstypen mit kennzeichnender Physiognomie. Auch hier lässt sich ein abgestuftes System von Begriffen aufstellen, z. B. „Wald" → „Laubwald" *vs.* „Nadelwald"; „Laubwald" → „sommergrüner Laubwald" *vs.* „immergrüner Laubwald" usw. Die an der Vegetation beteiligten Taxa oder Syntaxa werden dabei (zunächst) nicht berücksichtigt; theoretisch kann man eine flächendeckende Vegetationskarte großer Gebiete nach Formationen erstellen, ohne eine einzige Pflanze zu kennen. Dies macht den Formationsbegriff im weltweiten Maßstab so wertvoll. In kleinen Bezugsräumen ist er dagegen von geringerer Bedeutung, weil meist nicht von ausreichender Trennschärfe. – Formationsbiologie und Pflanzensoziologie haben also sehr verschiedene methodische Ansätze, aber die Kriterien der Formationsbiologie machen es leichter, die syntaxonomischen Einheiten plausibel zu gruppieren. Wir werden deshalb in Kap. 6 darauf zurückkommen.

Nun muss noch der Begriff **Biotoptyp** genannt werden. Er umfasst, wie der Name schon sagt, alle Einzelflächen (Biotope), die durch bestimmte ökologische, vegetationskundliche und/oder zoologische Eigenheiten definiert sind. Zur Kennzeichnung der Typen können pflanzensoziologische, ökologische wie auch formationskundliche Kriterien herangezogen werden. Dabei sind innerhalb eines Biotoptyps oft mehrere Syntaxa vertreten, im Typ „Felstrockenwälder" z. B. thermophile Eichenwälder (Quercetalia pubescentis, vgl. 4.12.1), Trockengebüsche (Berberidion, vgl. 4.11.4) und thermophile Säume (Geranion, vgl. 4.10.1.2). – Biotoptypen, bzw. die zu einem solchen Typ zu zählenden Einzelflächen, sind im Gelände meist nachvollziehbar und spielen deshalb bei Kartierungen (vgl. 3.2.3) und in der landespflegerischen Raumplanung eine entscheidende Rolle. – Ein sehr weitgehendes, hierarchisch gestaffeltes System der Biotoptypen bieten Haeupler & Muer (2007, auch in Schubert & al. enthalten; vgl. Kap. 6); es berücksichtigt auch rein anthropogene Typen wie „Bauerngärten", „Dämme" oder „Brunnenschächte" und kann damit auch für Kartierungen im besiedelten Bereich herangezogen werden. Außerdem „übersetzt" die Zusammenstellung (wo dies möglich ist) die Biotoptypen in Syntaxa. – Noch mehr ins Einzelne gehend ist die Aufstellung in „AG Naturschutz der Landesämter ..." (vgl. dazu das Literaturverzeichnis).

Der Begriff „Biotoptyp" sollte – trotz sprachlicher Synonymie – nicht verwechselt werden mit dem Begriff **„Lebensraumtyp"**. Während ersterer allgemein anwendbar ist (die Einschränkung des Begriffs auf naturschutzbezogene Fragen ist zu eng), ist jeder „Lebensraumtyp" innerhalb der EU (gemäß Anhang I der sog. „Fauna-Flora-Habitat-Richtlinie, FFH-RL") eine inhaltlich streng definierter „natürlicher und naturnaher Lebensraum von gemeinschaftlichem Interesse" und deshalb besonders zu schützen; insofern ist er auch ein juristischer Begriff. Er kann gegebenenfalls mehrer Biotoptypen enthalten. – In der EU gibt es 231 solcher Lebensraumtypen, in Deutschland deren 91 oder 92. Wer sich näher informieren will, kann das bei Wikipedia tun (unter „Lebensraumtyp" und „Liste der FFH-Lebensraumtypen"); informativ sind auch die Seiten der Landesanstalt für Umwelt, Messungen und Naturschutz Baden-Württemberg (vgl. Lit.).

Auf die landespflegerische Praxis weitgehend beschränkt ist letztlich der Begriff der **Nutzungstypen**, den wir hier nur kurz ausführen wollen. Er definiert Einheiten nach der Art der Nutzung, ohne sich (zunächst) auf die damit korrelierte Ausprägung der Vegetation zu kümmern. Er unterscheidet also z. B. *Wiese* von *Weide*, nicht aber – innerhalb der Wiesen – eine Glatthaferwiese von einer Goldhaferwiese. Auch hier gibt es eine abgestufte

Gruppenbildung: Wiese und Weide können einerseits auch unter *Grünland* zusammengefasst und beispielsweise dem *Ackerland* gegenübergestellt werden; andererseits können Wiese und Weide jeweils nach der Intensität der Nutzung weiter unterteilt sein. – Reine Nutzungskartierungen sind selten sinnvoll. In der Regel fließt die Nutzung in die Definition der unterschiedenen Biotoptypen ein, gegebenenfalls in Form von Zusätzen oder „Untertypen" (Typ Mähwiese mittlerer Standorte, Nutzung intensiv *vs.* Mähwiese mittlerer Standorte, Nutzung extensiv).

Die oben erwähnte präzise Kürze, die syntaxonomischen Bezeichnungen innewohnt, ist auch der Grund, warum in diesem Buch immer wieder auf solche Namen zurückgegriffen wird. Die vorstehenden Erläuterungen sollten genügen, die in diesem Buch verwendeten pflanzensoziologischen *termini technici* (es handelt sich ja meist nur um Gesellschaftsnamen und deren Rangstufe) zu verstehen und richtig einzuschätzen – z. B. insofern, als man *(354) Festuca altissima* als *Verbands*-Charakterart eine schärfere pflanzensoziologische Aussage zubilligt als den weniger Trennschärfe zeigenden *Ordnungs*-Charakterarten *(346) Pulmonaria obscura* und *(346*) P. officinalis.*

Die Einführungen in die Grundlagen der Pflanzensoziologie, wie sie beispielsweise in Wilmanns (1998), Pott (1995) oder Pfadenhauer (1993) geboten werden, gehen noch etwas darüber hinaus und sind, soweit verfügbar, eine wertvolle Ergänzung. – Wer sich schließlich mit Methoden und Technik der Pflanzensoziologie grundsätzlich befassen will, kann auf Dierssen (1990) oder Dierschke (1994) zurückgreifen. In vielen Fällen genügt auch ein kurzer Blick ins Internet[21]. Für das Verständnis des vorliegenden Textes ist dieses Wissen unerheblich.

21 Beispiele: die Wikipedia-Artikel „Pflanzensoziologie", „Pflanzengesellschaft", „Vegetationsaufnahme".

3. Praxis

3.1 Aufgaben und Ziele

Anlässe, sich analytisch mit der Vegetation auseinanderzusetzen, sind sehr unterschiedlich, entsprechend unterschiedlich ist der Blickwinkel. Die Frage kann z. B. lauten: Hier wächst ein Wiesen-Storchschnabel. Was sagt mir das? Nun, gemäß dem Steckbrief *(144)* kann ich vermuten: Ich befinde mich auf einer Glatthaferwiese (Arrhenatherion), auf einem aus Gründen der Höhenlage oder Geländemorphologie eher warmen Standort (T6) mit gut durchfeuchtetem Boden (F6), auf basenreichem, relativ nährstoffreichem Untergrund (R8, N7). Die Wiese wird ein- bis zweimal im Jahr gemäht, der erste Schnitt ist relativ spät (Mahdzahl 5[22]). – Diese taxonspezifischen Angaben gelten natürlich grundsätzlich, d. h. ich könnte sie – mit Erfolg – auch der Planung eines naturnahen Gartens zugrunde legen.

Ein anderer Blickwinkel geht von der Analyse einer realen, vegetationsbestandenen Fläche aus. Hier könnten die Fragen lauten: Um welchen Biotoptyp (oder auch: um welche Pflanzengesellschaft) handelt es sich? Welche der dafür kennzeichnenden Arten – außer dem Wiesen-Storchschnabel – sind tatsächlich vorhanden? Welche ökologischen Rahmenbedingungen kann ich aus der Arten*garnitur* ableiten? Kurz: Man möchte den Vegetationsbestand der vorliegenden, „realen" Fläche gewissermaßen in seiner Gesamtheit *interpretieren*.

Ein dritter Ansatz geht der Frage nach: Welche Bedeutung hat der vorliegende Pflanzenbestand? Handelt es sich um einen artenreichen (reich an *typischen* Arten, vgl. 3.4), d. h. wertvollen Biotop? Ist er „rein" entwickelt und typisch strukturiert, oder ist er gestört? Welche Rolle spielt er aus biozönotischer Sicht innerhalb der näheren und weiteren Umgebung? Kurz: man möchte den Vegetationsbestand *bewerten*.

Diese unterschiedlichen Blickwinkel gelten grundsätzlich, ganz gleich, ob man sich mit der Vegetation aus reinem Interesse – also als „Hobby" – beschäftigt, oder ob dieser Beschäftigung ein landespflegerischer Auftrag zugrunde liegt. Bei einem solchen Auftrag muss es sich übrigens nicht unbedingt um einen (bezahlten) Auftrag seitens eines Planungsbüros oder einer Behörde handeln; er kann sich z. B. auch aus dem Engagement in einer Bürgerinitiative ergeben.

Betreibt man Vegetationskunde als Hobby, ist man natürlich völlig frei in der Wahl seines Themas und der Art, wie und mit welcher „Tiefenschärfe" man dieses Thema behandelt. Im Falle eines Auftrags im soeben definierten Sinn sollte man allerdings (auch als Laie) mit einigen grundlegenden Dingen vertraut sein. Sie sind das Thema der folgenden Abschnitte.

22 Diese Angabe wird im Einleitungstext zu Kap. 4.5 erläutert.

3.2 Erfassung und Kartierung der Vegetation

Unter *Vegetationserfassung* verstehen wir hier ganz allgemein die Erfassung der Vegetation eines bestimmten Gebietes, deren Katalogisierung und Typisierung. Erfolgt eine räumliche Zuordnung dieser Vegetationstypen, sprechen wir näherhin von *Vegetationskartierung*.

Vielfach wird die gesamte Vegetationserfassung als Kartierung bezeichnet. Da mit diesem Wort aber – gerade beim Anfänger – die Assoziation mit einer kartografischen Darstellung der Vegetation unvermeidlich ist, sollen hier diese beiden Schritte begrifflich getrennt werden.

3.2.1 Vegetationserfassung

Um die Vegetation eines Untersuchungsgebietes (UG) zu erfassen, gibt es mehrere Möglichkeiten:

1. Man erstellt eine Artenliste; eine solche sagt allerdings wenig aus, es sei denn, man kann mit Besonderheiten aufwarten. Etwas besser sind Artenlisten mit Häufigkeitsangaben. Dabei sollte man beachten:
   - Es ist wichtig, sich erst einen Überblick zu verschaffen.
   - Man sollte drei Komponenten berücksichtigen: *Zahl* und *Verteilungsmuster der Individuen* sowie gegebenenfalls die *physiognomische Prägung des UG* durch die Art; Letzteres deckt sich nicht unbedingt mit der Zahl der Individuen: Ein Baum prägt die Landschaft bekanntermaßen stärker als eine Glockenblume.
   - Bei der Angabe zur Zahl haben sich vier bis fünf Stufen bewährt, mehr ist nicht sinnvoll – Übergänge gibt es immer. Wichtig ist vor allem, Extreme hervorzuheben („sehr selten" bzw. „deckend").
   - Erstreckt sich die Untersuchung auf zwei oder mehr Vegetationsperioden, kann man Jahreslisten oder eine *kumulative Artenliste* erstellen. Diese Liste wird naturgemäß von Jahr zu Jahr umfangreicher, was zu der irrigen Annahme verleiten könnte, die reale Artenzahl des UG nähme laufend zu. Diese Schlussfolgerung ist jedoch natürlich nicht zwingend: Arten, die man erst im zweiten Jahr – z. B. im Jahr 2010 – findet, können durchaus 2009 nur übersehen worden sein. Umgekehrt stehen natürlich Arten, die in der initialen Phase einer Sukzession im Jahr 2009 gefunden wurden, inzwischen (2010) aber wieder verschwunden sind, trotzdem noch auf der Liste. Der Nachweis nämlich, dass eine Art in einem Gebiet wirklich „ausgestorben" (und nicht nur übersehen) ist, ist außerordentlich schwierig zu führen. Aber auch der definitive Nachweis, dass eine Art z. B. 2010 im Gebiet nicht mehr in Erscheinung trat, besagt keineswegs, dass sie nicht z. B. 2012 wieder da sein kann; vielleicht war es ihr 2010 nur zu trocken. – Insofern ist eine kumulative Artenliste weniger ein Überblick über die Pflanzenarten eines bestimmten Jahres als vielmehr der Ausdruck einer zumindest zeitweise verwirklichten floristischen Potenz.

2. Man erstellt Artenlisten und ordnet sie wahlweise nach *Biotoptypen, Formationen* oder *Syntaxa* (zu diesen Begriffen vgl. 2.4.3), gegebenenfalls auch in *ökologische Gruppen* (zu diesen vgl. 3.2.2), wobei man die jeweils häufigen und/oder typischen Arten besonders kennzeichnet. Eine solche Liste genügt normalerweise, um ein hinreichendes Bild von der Vegetation eines UG zu vermitteln, insbesondere, wenn man Biotoptypen als Gliederungseinheit zugrunde legt.
   Zur Verwendung vorgegebener („vorgedruckter") biotopspezifischer Artenlisten vgl. Kap. 3.4, Punkt 7.
3. Artenlisten wie bei 2., aber nicht mit Bezug auf das gesamte UG, sondern für Einzelbiotope, die auf einer Karte abgegrenzt sind. Dies vermittelt einen Eindruck von der räumlichen Verteilung kennzeichnender Arten und ist Voraussetzung für die Bewertung einzelner Biotope (vgl. 3.4).
4. Man erstellt soziologische Aufnahmen.

Dabei ersetzen sich 2. bzw. 3. einerseits und 4. andererseits nicht (außer, man erstellt sehr viele Aufnahmen).
Welche dieser Möglichkeiten genutzt wird, hängt von der Fragestellung, von der verfügbaren Zeit und von den persönlichen Vorkenntnissen ab.

3.2.2 Auswertung

Gesamtartenlisten (vgl. 3.2.1, Punkt 1.) lassen sich nun in unterschiedlicher Weise weiter bearbeiten. Zu empfehlen sind zumindest Kurzkommentare zu einzelnen Arten (z. B. Hinweise auf Seltenheit oder ökologischen Zeigerwert). Man kann sie auch im Nachhinein bestimmten Syntaxa oder Biotoptypen zuordnen, indem man etwa auf Ellenberg oder Oberdorfer zurückgreift. Die sich daraus ergebenden biotopbezogenen Listen sind aber nicht unproblematisch, weil sie – im Gegensatz zu Biotoplisten gemäß Punkt 2. oder 3. – regionale Gegebenheiten nur ungenügend berücksichtigen. – Man kann auch die Zeigerwerte heranziehen, um allgemeine Aussagen zu den ökologischen Verhältnissen des Untersuchungsgebietes zu machen. Dies ist jedoch nur möglich, wenn es in sich homogen (d. h. in den meisten Fällen: sehr klein) ist; lediglich T- und (vor allem) K-Zahl lassen eine beschränkte Aussage auch über größere Gebiete zu. Eine Aussage ist ebenfalls möglich, wenn sich ein Faktor insgesamt als relativ homogen herausstellt (z. B. die R-Zahl in einem Buntsandstein-Gebiet).
„Vor Ort" erstellte biotopbezogene Gesamtlisten (Punkt 2.) kann man dazu nutzen, einen sog. *Kartierschlüssel* zu entwickeln, mithilfe dessen man anhand weniger Kriterien eine reale Fläche einem bestimmten Biotoptyp (bzw. einem bestimmten Syntaxon) zuordnet. Ein solches Kriterium kann z. B. ein bestimmtes Taxon sein („Leitart"); genauer ist die Verwendung „ökologischer Gruppen": dabei werden Arten ähnlichen ökologischen Verhaltens zu einer Gruppe zusammengefasst und diese Gruppe als charakterisierende Einheit verwendet (vgl. 2.3.2, Punkt 6.). Der Vorteil dabei: Die Vollständigkeit dieser Gruppe am speziellen Standort ist ein gutes Maß für die Bewertung des betreffenden Biotops. So kann man innerhalb von Laubwäldern auf basenreichen, mäßig feuchten Böden in (sub)montaner

Lage *(337) Adoxa, (341) Circaea lutetiana, (345) Paris quadrifolia, Ranunculus ficaria, (501*) Elymus caninus, (553) Aegopodium* und andere Arten mit F6 + R7 zu einer „*Ficaria*-Gruppe" zusammenfassen; sie umfasst bei Ellenberg & Leuschner 17 Arten (zuzüglich 2 Moose), welche, wie das Beispiel zeigt, auch demselben Syntaxon angehören können, aber nicht müssen (*Elymus* und *Aegopodium* sind im Gegensatz zu den vier Erstgenannten keine Querco-Fagetea-Arten). Je mehr dieser Arten nun am betreffenden Standort zu finden sind, desto typischer ist der Biotop – aus ökologischer, nicht unbedingt auch aus pflanzensoziologischer Sicht (vgl. oben) – ausgebildet[23]. – Solche induktiv gewonnenen Schlüssel können also deduktiv angewandt werden, sie sind aber meist nur innerhalb eines Naturraumes zuverlässig; man wird z. B. – bei R7 – naturgemäß in einem Kalkgebiet wie der Schwäbischen Alb höhere Ansprüche an die Vollständigkeit der oben genannten Gruppe richten als beispielsweise auf Schiefer.
Einzelerhebungen (Punkte 3. und 4.) lassen sich zu sog. *Stetigkeitstabellen* zusammenstellen. Damit lässt sich verdeutlichen, wie biotop- bzw. gesellschaftstreu eine Art ist (zumindest im regionalen Rahmen). Umgekehrt kann man dann aus dem Vorkommen dieser Art(en) auf einer bestimmten Fläche auf die Qualität dieser Fläche schließen (vgl. 3.4).
Soziologische Aufnahmen (Punkt 4.) schließlich lassen sich auch wissenschaftlich auswerten und können z. B. zur Beschreibung neuer Syntaxa führen, vor allem freilich in der Kategorie „Subassoziation" oder tiefer. Wie das im Einzelnen zu bewerkstelligen ist, entnehme man der Literatur (Hinweise in Kap. 2.4.3). In der praktischen Landespflege ist ein solches Vorgehen nicht üblich, und für den Laien bringen soziologische Aufnahmen nur selten einen Erkenntnisgewinn.

Mit einer Ausnahme: Da soziologische Aufnahmen halbquantitativ sind, sind sie geeignet, Vegetations*veränderungen* zu dokumentieren, beispielsweise natürliche Sukzessionen nach dem Brachfallen von Nutzland (vgl. Kap. 5.12), Veränderungen der Vegetation nach dem einmaligen oder periodischen Einsatz landespflegerischer Maßnahmen oder nach schwerwiegenden Eingriffen wie z. B. Grundwasserentnahme („Biomonitoring"). Solche Untersuchungen laufen in der Regel über mehrere Jahre und beziehen sich stets auf die gleichen Probeflächen („Dauerquadrate"), die natürlich entsprechend auch dauerhaft markiert sein müssen. Es empfiehlt sich, die entsprechende Erhebung immer zum gleichen Zeitpunkt durchzuführen, da sich Mengenanteile der einzelnen Arten im Laufe einer Vegetationsperiode ändern (können).

3.2.3 Vegetationskartierung

Unter „Vegetationskartierung" verstehen wir gemäß dem einleitenden Abschnitt zu Kap. 3.2 die räumliche Zuordnung vegetationskundlicher Strukturen (einzelner Arten, Biotoptypen, Syntaxa …). Diese „räumliche Zuordnung" wird im Regelfall auch kartografisch protokolliert.

23 In der Praxis wird das Prinzip kennzeichnender ökologischer Gruppen vor allem bei der Benennung von Laubwäldern verwendet (vgl. etwa http://www.hswt.de/person/joerg-ewald.html, dort Links zu Zeigerarten-Ökogrammen und Artenliste). Es lässt sich aber auch im Grünland zur Gruppenbildung gut verwenden. Weitere Beispiele in Dirschke (1994) S. 214 ff.

Was und wie kartiert wird, ist in der Praxis v. a. eine Frage des Zwecks, der verfügbaren Zeit und auch des verfügbaren Materials (z. B. der Art der verfügbaren Karten oder dem Vorliegen älterer Erhebungen).
Es gibt mehrere **thematische Möglichkeiten** der Kartierung. Wir müssen deshalb zunächst festlegen, wie wir vorgehen wollen. Eine *flächendeckende Kartierung* orientiert sich:

- An Biotoptypen („Hainbuchen-Niederwald" oder „hygrische Hochstaudenflur") bzw. deren Komplexe („Hainbuchen-Niederwald mit Schneisen, Tümpeln und Feuchtstellen"). Dies ist der (praxisgerechte) Regelfall. Dabei ist es in den meisten Fällen möglich, auch Nutzungsformen hinreichend zu berücksichtigen.
- An Formationen. Eine solche Kartierung ist fast immer zu grob.
- (Ausschließlich) an pflanzensoziologischen Einheiten (Syntaxa). Dies ist nur in den seltensten Fällen praxisgerecht zu verwirklichen, weil sich die Vegetation im Normalfall nicht ungezwungen flächendeckend syntaxonomisch zuordnen lässt. Meist ist es erforderlich, auch mit ranglosen Gesellschaften oder allgemeinen Bezeichnungen zu arbeiten (vgl. z. B. oben die „hygrische Hochstaudenflur"). – An einer zu starren Fixierung an Syntaxa als Kartiergrundlage kranken manche standardisierende Erhebungsbögen.
- An der sog. *potenziellen natürlichen Vegetation* (pnV). Darunter versteht man den Vegetationstyp, der sich entwickeln würde, wenn der Einfluss des Menschen schlagartig aufhören würde[24]. Dies zu erkennen setzt allerdings eine Berücksichtigung von Faktoren voraus, wie sie im Gelände selten durchzuführen ist (z. B. Bodentyp oder Überschwemmungsregime). Sie ist damit ein Sonderfall für den Spezialisten und soll hier nicht behandelt werden.

Bei einer *selektiven Kartierung* wird zwar ebenfalls die gesamte Fläche abgegangen, aber nur die erwünschte Kartiereinheit wird eingetragen, die Karte ist also zuletzt nicht vollständig ausgefüllt. Selektive Kartierungen sind natürlich in besonderem Maße zielabhängig. Kartiereinheiten können z. B. sein:

- spezielle (seltene) Arten (sehr beliebt sind z. B. Orchideen);
- „wertvolle" Biotope („Biotopkartierung", z. B. zur Sicherstellung für Naturschutzzwecke oder als potenzielle Ausgleichsfläche[25]);
- besondere Biotoptypen (z. B. „Flugsande"), meist über größere Räume, mit der Absicht, übergreifende Schutzkonzepte zu entwickeln;
- spezielle soziologische Einheiten (z. B. eine bestimmte Wiesen-Assoziation in größeren Grünlandgebieten).

Die *Transekt-Kartierung* schließlich wird vorwiegend eingesetzt, wenn die Untersuchungsfläche einen deutlichen ökologischen Gradient aufweist, eine Hanglage etwa oder einen Feuchtegradient (z. B. Nasswiese → Frischwiese). Der Verlauf dieses Transekts orientiert

24 Die pnV ist also nicht (zwangsläufig) die ursprüngliche Vegetation, denn der Mensch kann den Standort ja inzwischen verändert haben (beispielsweise durch Grundwasserabsenkung). In diesem Fall kann die pnV beträchtlich von der ursprünglichen Vegetation abweichen. Es ist aus diesem Grund auch überflüssig, von „Heutiger pnV (hpnV)" zu sprechen. Die pnV ist *immer* eine hpnV. – Zur pnV als Bewertungskriterium vgl. Punkt **8** in Kap. 3.4.

25 Zu diesem Begriff vgl. Punkt **6** in Kap. 3.4.

sich natürlich am Faktorengefälle. Seine Breite richtet sich nach dem Biotoptyp (bei Grünland z. B. 2 m). Entlang dieses Transekts werden in regelmäßigen Abständen (je nach Transektlänge; es sollten mindestens etwa 10 Beobachtungspunkte vorliegen) alle vorkommenden Pflanzen mit oder ohne nähere Mengenangabe notiert. Es empfiehlt sich, zumindest zwei solcher Transekte zu bearbeiten, um zufällige Unregelmäßigkeiten berücksichtigen zu können.

Die kartografische Dokumentation erfolgt dabei als *Punkt-* oder *Rasterkartierung*. Im ersten Fall wird die Kartiereinheit als Punkt (z. B. bei Artenkartierungen) bzw. Fläche (bei Biotopkartierungen) in genauer Lage bzw. Ausdehnung auf der Karte eingetragen; bei der Rasterkartierung wird über die Karte ein Netz von Koordinaten gelegt und der Fund einem solchen Netzfeld zugewiesen. Dies geht schneller und ist für statistische Auswertungen meist besser geeignet, erschwert aber natürlich das Wiederfinden der Art bzw. der Fläche im Gelände. Einer solchen Kartierung liegt z. B. der M-Zahl in Ellenberg zugrunde (vgl. 2.3).

Wichtig für eine erfolgreiche Dokumentation von Kartierungsdaten ist auch die Wahl des **Kartenmaterials**. „Standard" ist hier die Topografische Karte 1:25000, das sog. *Messtischblatt* (MTB). Eine ausgezeichnete Arbeitshilfe für Kartierungen ist die *Grundkarte* 1:5000, die es in unterschiedlicher Informationsdichte gibt. Kartierungen in landwirtschaftlich genutzten Gebieten beispielsweise werden sehr erleichtert, wenn auf der Karte die Parzellengrenzen[26] eingetragen sind. Auf *Flurkarten* sind oft nur diese Parzellen eingezeichnet, was die Orientierung im Gelände erschweren kann. Außerdem sind sie oft groß (1:2000 oder sogar 1:1000) und damit unhandlich. Neben diesen sozusagen offiziellen Karten kann man sich natürlich auch Karten aus dem Internet zusammenstellen.[27] – Für Biotoptypen-Kartierungen werden heute zumeist *Luftbilder* eingesetzt, auf denen schon viele Biotoptypen zu erkennen und abzugrenzen sind; zumindest ermöglichen sie einen ersten guten Überblick (wozu mit einiger Erfahrung allerdings auch das Messtischblatt dienen kann). Sie ersparen auch die genaue Einmessung von Einzelstrukturen. Voraussetzung dafür ist natürlich, dass der Maßstab bekannt ist. Auch hier gibt es neben den „offiziellen" Luftbildern – meist im Maßstab 1:5000 oder 1:10000 – die Möglichkeit, das Internet zu nutzen. – Eine Biotopkartierung nach dem Luftbild *allein* wird gelegentlich für ausreichend erachtet; es wird sogar die Meinung vertreten, ein Biotop, der auf dem Luftbild nicht erkenn- und abgrenzbar sei, sei überhaupt kein „Biotop". Nun sind in der Tat gerade farbige Luftbilder sehr detailreich, insbesondere sog. Colorinfrarot (CIR)-Luftbilder. Sie können aber die Inaugenscheinnahme des Geländes nicht immer ersetzen, vor allem natürlich dann nicht, wenn auch Arten protokolliert werden sollen.

Die **Vorgehensweise** bei der Kartierung hängt naturgemäß von den Vorgaben ab bzw. davon, welche der oben angegebenen „thematischen Möglichkeiten" gewählt wird. Wichtig ist allerdings immer, sich zuerst einen Überblick zu verschaffen: Manches an einer

26 Eine Parzelle ist ein Stück Land mit behördlich festgelegten Grenzen. Sie ist einem Eigentümer zugeordnet und meist durch einheitliche Nutzung gekennzeichnet.

27 Vgl. Literaturverzeichnis

Kartierung ist nämlich relativ, d. h. ± nur auf den vorgegebenen Raum zu beziehen, z. B. die Einschätzung der Qualität eines bestimmten Biotops (vgl. dazu 3.4).

Einen originellen methodischen Ansatz zur Kartierung, der auf der Transektmethode beruht, bieten die sog. „Kennartenprogramme", wie sie in der Schweiz und in einigen deutschen Bundesländern durchgeführt werden. Sie sind zwar für das Grünland konzipiert, im Prinzip aber wohl allgemein einsetzbar. Ihr Vorteil ist, dass man mit sehr geringen Artenkenntnissen und in kurzer Zeit plausible Vor-Ergebnisse erzielt. Im Einzelnen sind die Kartierungsvorgaben von Bundesland zu Bundesland etwas unterschiedlich[28]. In diesen Broschüren werden mittels Fotos gut kenntliche Arten (z. B. „Echtes Labkraut") einzeln vorgestellt, weniger gut kenntliche als Gruppe zusammengefasst (z. B. „Nelken, rotblühend" oder „Orchideen"). Die Arten(gruppen) werden 3 Feuchtestufen zugeordnet. Die Erfassung selbst beschränkt sich auf einen 2 m breiten Streifen entlang einer in 3 Abschnitte geteilten Flächen-Diagonale. Finden sich pro Diagonalen-Drittel mindestens 4 der in der Broschüre genannten (und abgebildeten) Arten(gruppen), gilt eine Wiese aus landespflegerischer Sicht als förderungswürdig, bei mindestens 8 zusätzlich als „artenreich".

Der technische Ablauf der Kartierung richtet sich nach der Struktur des Untersuchungsgebietes, der verfügbaren Zeit bzw. deren Einteilung (vgl. dazu auch das folgende Kapitel) – und er ist ein wenig Temperamentsache. Nach diesen Vorgaben richtet sich auch der Einsatz eines Pkw. Nicht ganz einfach ist das Kartieren größerer Wälder, weil dort Landmarken weitgehend fehlen, Luftbilder nur vermindert Informationen liefern und auch ein GPS-Gerät, so man denn mit einem solchen arbeitet, gelegentlich streikt.
Bei der **Auswertung** der Geländeerhebungen werden dann die kartierten Biotope auf eine geeignete Karte übertragen. Bei professionellem Vorgehen nutzt man dabei den Computer, in dem die verwendete Geländekarte bzw. das Luftbild als Datei gespeichert ist. Mithilfe entsprechender GIS-Programme (**G**eo**I**nformations**S**ystem) werden dann die erzielten Ergebnisse digitalisiert und in einer vom Kartierungsziel abhängigen Weise visualisiert. Gleichzeitig sind sie einer weiteren zielabhängigen Analyse zugänglich. – Im Einzelnen können wir hier auf diese professionellen Möglichkeiten nicht eingehen.

3.3 Zeitpunkt der Erhebung

Die grundsätzliche vegetationskundliche Einschätzung eines Biotops oder auch eines größeren Untersuchungsgebietes ist, zumal bei einiger Erfahrung, oft schon bei einmaliger Begehung möglich. Man wird sich dabei auf die Angabe einer höheren syntaxonomischen Einheit oder der Formation (vgl. 2.4) zufriedengeben müssen und in vielen Fällen natürlich auch keine annähernd vollständige Artenliste aufstellen können; man wird aber – bei der Untersuchung größerer Gebiete – differenzieren können zwischen „besseren" und „weniger guten" Biotopen eines Untersuchungsgebietes und wohl auch die meisten derjenigen Standorte erkennen, die weiterer Untersuchung würdig wären. Diese einmalige Begehung kann von Anfang Mai bis Ende September erfolgen, in vielen Fällen auch schon früher oder noch später (das hängt von der vegetationskundlichen Substanz des

28 Das hier verwendete Beispiel entstammt der „Kennartenbroschüre" von Rheinland-Pfalz von 2015, die im www nicht mehr aufzufinden ist.

Untersuchungsgebietes ab). In Zweifelsfällen ist der spätere Termin vorzuziehen, weil sich, vereinfacht ausgedrückt, abgewelkte Pflanzen meist eher erkennen lassen als frisch austreibende.
Empfehlenswert ist diese Beschränkung auf eine einmalige Begehung jedoch normalerweise nicht. Ein zuverlässiges vegetationskundliches Urteil ist allenfalls bei Wäldern und Grünland möglich, wenn der Untersuchungszeitpunkt günstig ist (vgl. unten), aber auch da gibt es Einschränkungen: Eine Nasswiese oder ein Seggenried nach einmaliger Begehung richtig einzuschätzen, bedarf viel Erfahrung und gründlicher floristischer Kenntnisse.
Wenn man die Möglichkeit hat, den Untersuchungszeitpunkt innerhalb der Vegetationsperiode frei zu wählen (was bei Auftragsarbeiten in der Landespflege nicht immer gewährleistet ist), empfiehlt sich folgende Planung:
März bis Mitte April: Laubwälder und Auenlandschaften müssen auf Frühjahrsblüher untersucht werden, deren Vorhandensein oder Fehlen von hohem diagnostischen Wert ist (vgl. 4.13 und 4.14). In den Auen blühen zudem die Weiden, die man allerdings auch vegetativ ansprechen können sollte. Zeitlich begrenzender Faktor ist hier vor allem *(348) Scilla*, die rasch unkenntlich wird; auch *(342) Corydalis* zieht bald ein.
(Mitte und) Ende April: Wer an einer umfassenden Bearbeitung eines bestimmten Gebietes interessiert ist, sollte jetzt großflächig die Formationsklassen („Grünland", „Laubwald", „Acker" …) erfassen. Ökologisch bedeutsame, aber floristisch einfache Strukturen (Streuobstwiesen, Hecken …) können ebenfalls jetzt kartiert werden, zumal viele Obstgehölze und Heckensträucher gerade blühen. April ist auch der richtige Zeitpunkt, um die Vegetation von Sandrasen (vgl. 4.8) und ähnlicher lückig bewachsener Biotope auf leicht erwärmbaren (Roh-) Böden (vgl. 4.9) zu protokollieren; im Gegensatz zu anderen Rasengesellschaften zeigen diese nämlich häufig einen speziellen Frühjahrsaspekt, der zur Beurteilung des Biotops von Bedeutung ist. Ähnliches gilt für Ackerwildkrautgesellschaften (vgl. 4.16).
Mai (und Anfang Juni) ist der richtige Zeitpunkt zum Erfassen von Mähwiesen und anderen Grünländereien mittlerer Standorte (vgl. 4.5). Vielfach wird man zu diesem Zeitpunkt schon gemähte Wiesen vorfinden, aber um diese ist es gewissermaßen nicht schade: Wiesen, die im April bereits gemäht werden, sind normalerweise aus floristischer Sicht uninteressant – zumindest dann, wenn diese Intensivnutzung schon einige Jahre durchgeführt worden ist. Ansonsten aber kann Grünlandkartierung schon ziemlich stressig werden – man weiß ja nicht, wo als Nächstes gemäht wird. Der Günlandanteil kann so durchaus der begrenzende Faktor für die Größe eines Untersuchungsgebietes sein, das ein einzelner Kartierer innerhalb einer Vegetationsperiode bearbeiten kann.
Steht man unter Zeitdruck oder will man ohnehin nur „besseres" Grünland kartieren, kann man quasi im Vorbeifahren eine gewisse Vorauswahl treffen: „Gute" Wiesen erkennt man häufig an der homogenen Struktur (die Wiese besteht sozusagen aus regelmäßig verteilten einzelnen Halmen), einer eher grau- oder olivgrünen (nicht saftig grünen) Farbe und zahlreichen, ebenfalls ± gleichmäßig verteilten und häufig blau oder rot blühenden Wiesenkräutern.
(Ende Mai), Juni und Juli ist der beste Zeitpunkt zum Erkunden extensiv (oder gar nicht) genutzter Offenlandgesellschaften außerhalb der Nass-Standorte, also von Borstgrasra-

sen (vgl. 4.6.2), (Halb-)Trockenrasen (vgl. 4.7.3.3), Säumen (vgl. 4.10.1) usw. – Gesellschaften also, die in dieser Zeit in voller Blüte stehen.
Im *Juli* ist weiterhin ein erneutes Aufsuchen von Laubwäldern und von gegebenenfalls vorhandenen Sandrasen sowie ähnlichen Biotopen, von denen bereits ein Frühjahrsprotokoll vorliegt (vgl. oben), angebracht, um auch den Sommeraspekt zu erfassen. Er kann vom Frühjahrsprotokoll wesentlich abweichen.
Ab Juli kann man die Gesellschaften nasser Standorte, vor allem das Nassgrünland (vgl. 4.4) bearbeiten. Es empfiehlt sich zwar, auch schon vor Juli gelegentlich einen Blick auf die entsprechenden Parzellen geworfen und vorgefundene Pflanzen notiert zu haben; die meisten wichtigen Elemente dieses Biotoptyps blühen jedoch spät oder man braucht Früchte zum Bestimmen, so vielfach bei Sauergräsern. Dass die Süßgräser schon verblüht sind, ist normalerweise kein Problem, da sich deren bestimmungswichtige Merkmale auch noch nach der Blüte zeigen, solange noch die Blütenspelzen an der Pflanze sind. – Ebenfalls ab Juli sollte man noch einmal sein Untersuchungsgebiet flächendeckend kontrollieren und auf spät blühende Arten (z. B. Korb- oder Doldenblütler) prüfen. In seltenen Fällen können auch Stoppeläcker interessante Aspekte bieten.
Nicht so recht in dieses Ablaufschema passt eine Reihe von Biotoptypen, die man aus diesem Grund gewissermaßen die ganze Vegetationsperiode über im Auge behalten sollte. Hierzu gehören z. B. Gewässer und ihre Ufer (vgl. 4.1 und 4.2), Ruderalgesellschaften (vgl. 4.17), ebenso die (Hoch-)Moore (vgl. 4.3), die aber wegen ihrer speziellen Kartierbedingungen ohnehin ein Sonderfall sind.
Gebüsche (vgl. 4.11) lassen sich den ganzen Sommer über kartieren, weil die maßgeblichen Sträucher jederzeit ansprechbar sind; dies gilt nicht für Brombeeren, falls sie sachgemäß kartiert werden sollen (was in der Praxis jedoch nicht die Regel ist, vgl. 4.11.3) und für das Berberidion, dessen krautiger Unterwuchs am besten zusammen mit den Säumen protokolliert wird, mit denen es ohnehin meist vergesellschaftet ist (vgl. 4.11.4).
Ende Juli oder Anfang September ist das Untersuchungsjahr normalerweise abgeschlossen. Wenn möglich, sollte aber bald mit der Auswertung begonnen werden; irgendwelche Unklarheiten werden im Laufe dieser Ausarbeitung *immer* auftauchen, und dann ist es gut, wenn man diesen Umstand noch vor einem möglicherweise anstehenden herbstlichen Pflegeschnitt (oder vor dem ersten Frost) klären kann.

3.4 Bewertung

Ein wichtiger Bestandteil der Vegetationsanalyse ist die *Bewertung* eines Pflanzenfundes, eines Pflanzenbestandes oder eines anderen vegetationskundlichen Sachverhalts. In der landespflegerischen Praxis ist eine Bewertung häufig gewissermaßen die Quintessenz vorangegangener Erhebungen und Analysen.
Dabei sind verschiedene Ansätze möglich:

1. Entscheidend ist es, den geografischen **Bezugsraum** zu definieren. Bei den folgenden Beispielen wird der Bezugsraum immer größer:
   - Ein Obstgebiet wird Bauland. Eine Parzelle davon soll als Grünfläche erhalten bleiben. Welche Parzelle ist die wertvollste, die man demzufolge erhalten sollte?

- Wie hoch ist der Wert einer bestimmten Heidefläche innerhalb des Regierungsbezirks/des betreffenden Naturraums[29]/des betreffenden Bundeslandes/innerhalb Deutschlands zu veranschlagen?
- Wie hoch ist der Wert eines einheimischen Ackers mit Wildkräutern, wenn man die reiche Ausprägung der Ackervegetation in mediterranen Gebieten berücksichtigt? „Lohnt" sich deren Schutz in Mitteleuropa überhaupt, oder sollte man die beschränkten Schutzressourcen nicht besser auf Biotoptypen verwenden, die für Mitteleuropa typischer sind? Diesen eher theoretischen Aspekt werden wir hier nicht weiter verfolgen.

Wir kommen auf das Problem des „Bezugsraumes" im Punkt 7 nochmals zurück.

2. Ebenso wichtig ist die Wahl der **Bewertungsgrundlage**. Solche können sein:

- *Floristische Besonderheiten*, d. h. seltene und/oder gefährdete Arten (dabei Bezugsraum angeben! Auch isolierte Vorkommen oder arealgeografische Randlagen großräumig durchaus häufiger Arten können kleinräumig eine „floristische Besonderheit" sein). Anhaltspunkte dafür sind z. B. die Häufigkeitsangaben in den Bestimmungsbüchern (bei ROTHMALER auch Hinweise auf „sich ausbreitend" bzw. „zurückgehend"); besser sind die M- bzw. Ä-Zahlen – auch wenn sie gelegentlich regional nicht zutreffen (vgl. dazu 2.3.1.2) – oder die präzisen Verbreitungskarten in NETZWERK PHYTODIVERSITÄT (2013) bzw. FLORAWEB.
  In diesem Buch sind Arten, deren Zeigerwert gewissermaßen (auch) darin besteht, dass sie eine (möglicherweise) wertvolle Fläche markieren, entsprechend gekennzeichnet: *Wertbildend* sind Pflanzen, die einen Biotop aufwerten, *wertbestimmend* sind Pflanzen, deren Vorkommen (im „richtigen" Biotop!) allein genügt, um die Fläche als „wertvoll" einzuschätzen. Diese Einschätzung erfolgt biotopspezifisch und ist insofern weitgehend unabhängig von der allgemeinen Häufigkeit der Art oder der Nennung in einer Roten Liste (vgl. unten). Im Übrigen ist sie naturgemäß subjektiv, und es kann sinnvoller sein, speziell für das UG oder auch nur für einen bestimmten Biotoptyp andere wertbildende bzw. -bestimmende Taxa festzulegen, um beispielsweise im oben erwähnten größeren Streuobstgebiet die „besseren" Parzellen definieren zu können.
- *Rote Listen* (RL) werden als Kriterium meist überschätzt. Es gibt darin „zu wenig Arten", um eine abgestufte Bewertung eines Raumes oder gar einzelner Flächen vornehmen zu können. Anders ausgedrückt: Eine Fläche kann außerordentlich wertvoll sein, ohne eine einzige Rote-Liste-Art zu enthalten. Wenn RL-Arten als wesentlicher Wertmaßstab vorgegeben sind (und das ist leider eher die Regel als die Ausnahme), besteht die eigentliche Gefahr also im Umkehrschluss: Keine RL-Art → nicht schonens- oder schützenswert.

29 Unter „Naturräumlicher Gliederung" versteht man eine hierarchisch abgestufte Gliederung geografischer Räume nach geomorphologischen, biogeografischen und anderen naturwissenschaftlichen, jedenfalls nicht nach administrativen Kriterien. Näheres in den WIKIPEDIA-Seiten „Naturräumliche Großregionen Deutschlands" und „Naturräumliche Haupteinheiten Deutschlands".

Verschärft wird dieser Aspekt, seit es die sog. „FFH-Richtlinien"[30] gibt. Der dortige „Anhang II" bzw. „IV"[31] enthält nämlich Listen „streng zu schützende[r] Tier- und Pflanzenarten", die, da den gesamten EU-Raum umgreifend, naturgemäß noch restriktiver in ihrer Auswahl sind, deutsche Arten betreffend[32].
Wenn erwartet wird, dass Rote Listen in die Bewertung einfließen, empfiehlt es sich zumindest, eine regionale Liste (z. B. auf Länderebene) zu verwenden; wünschenswert wären freilich naturräumliche (d.h. nicht administrativ umgrenzte) Rote Listen[33].
RL-Arten dürfen nicht mit „Geschützten Pflanzen" verwechselt werden; bei ihnen steht nicht die Seltenheit, sondern ihre Gefährdung (z. B. durch Sammeln oder Ausgraben) im Vordergrund; Näheres dazu findet man in der Regel im Bestimmungsbuch. Geschützte Pflanzen sind häufig „attraktiv", als Wertmaßstab sind sie aber nur bedingt geeignet. Gerade die – sämtlich geschützten – Orchideen werden hier gerne überschätzt. – In der Intention ähnlich ist Anhang V der FFH-Richtlinien.
Insgesamt kann man sagen: RL-Arten und geschützte Pflanzen sind eher ein juristisches als ein vegetationskundliches Argument.

- *Pflanzengesellschaften*, die innerhalb des Bezugsraums (!)
  - besonders selten sind,

    Auch hier kann man – wie bei den „seltenen Arten" – auf Rote Listen zurückgreifen, und auch hier gilt: Gesellschaften der RL sind zwar im Allgemeinen schutzwürdig, der Umkehrschluss gilt jedoch nicht zwingend. Insgesamt hat man aber den Eindruck, dass die RL der Pflanzengesellschaften praxisgerechter sind als die RL der Arten, insbesondere, wenn man die landesspezifischen Listen zu Rate zieht.

  - besonders gefährdet bzw. störanfällig sind,
  - (für den Naturraum) besonders typisch sind und/oder
  - besonders gut ausgebildet sind. Dies kann bedeuten,
    - dass die Gesellschaft großflächig entwickelt ist und/oder
    - dass die typische Artenkombination sehr vollständig ist. Diese „typische Artenkombination" kann syntaxonomisch oder ökologisch definiert sein; im ersten Fall wird die Vollständigkeit der Charakterarten (AC, VC, OC; vgl. Kap. 2.4.1) geprüft, im anderen Fall das Vorhandensein aussagekräftiger „ökologischer Gruppen" (zu diesen vgl. Kap. 3.2.2),
    - dass nichttypische Arten dagegen selten vertreten sind. Diese Differenzierung ist sehr wichtig, weil „Artenreichtum" *per se* oft fälschlicherweise als Wertmerkmal betrachtet wird. Tatsächlich können aber gestörte Bestände artenreicher sein als reine Bestände.

30 Abkürzung für „Fauna-Flora-Habitat-Richtlinien" (EG-Richtlinie 92/43/EWG); dabei handelt es sich um den für uns wesentlichen Teil des sog. *natura 2000*-Konzepts (der andere Teil betrifft den Vogelschutz).

31 Weitere Einzelheiten vgl. z.B. www.ffh-gebiete.de (ffh-gebiete.de)

32 Von den hier im Buch mit einem eigenen Steckbrief berücksichtigten Arten ist genau 1 in den FFH-Anhängen II und IV berücksichtigt: *(238) Jurinea cyanoides*.

33 Wie aussagekräftig naturraumspezifische Rote Listen sein können, zeigt z. B. die Rote Liste Oberösterreich (Hohla & al. in Stapfia **91**, 324 S. Linz 2009): Dort werden – neben einer RL-Einstufung für ganz Oberösterreich – auch Angaben zu Häufigkeit, Bestandstrend und Biotopgefährdung der einzelnen Taxa für jeden der drei Naturräume Oberösterreichs getrennt gemacht.

Potenzialflächen für bestimmte Gesellschaften können ebenfalls von Wert sein (vgl. unten).

- Seltene *Lebensraumtypen*. Hier sollte, dem oben erwähnten „FFH-Anhang II" bzw. „IV" entsprechend, „Anhang I" (unter der gleichen Internet-Adresse) zur Orientierung herangezogen werden; er ist bezüglich der Lebensraumtypen für Mitteleuropa ergiebiger als es die Listen für einzelne Arten sind.
- Reich strukturierte Lebensräume (*Biotopkomplexe* usw.).

In den beiden zuletzt genannten Fällen sollte stets auch der zoologische Aspekt beachtet werden.

- Sonstige Besonderheiten, z. B.
  - Altbäume,
  - Kulturdenkmäler (hierzu gehören auch traditionelle landwirtschaftliche Nutzungen!) oder
  - die Prägung des Landschaftsbildes.

3. Unter Umständen kann es sinnvoll sein, den Wert eines speziellen Biotops nicht isoliert, sondern im Zusammenhang mit anderen Biotopflächen des gleichen Typs zu betrachten. Solche **Biotopverbundsysteme** werden meist als insgesamt wertvoller betrachtet als eine bloße Summe von Einzelbiotopen, bzw. umgekehrt: eine Fläche innerhalb des Biotopverbundsystems gilt als wertvoller als eine biozönotisch ± identische, aber isolierte Fläche. Eine Voraussetzung ist dabei allerdings, dass die Einzelbiotope *vernetzt* sind, d. h. dass Pflanzen und Tiere einer Einzelfläche eine andere Einzelfläche direkt erreichen (z. B. Insektenflug) oder doch mit dieser zumindest in genetischen Austausch treten können (z. B. über Pollenflug); dies kann auch über kleine Zwischenstationen (*„Trittsteine"*, z. B. kleine Tümpel) oder über lineare Strukturen (*„Korridore"*, z. B. Hecken) geschehen.

Das Denken in Verbundsystemen ist seit etwa 3 Jahrzehnten ein weit verbreiteter methodischer Ansatz. Die diesem Denkansatz innewohnende Gefahr besteht allerdings gerade darin, dass er so plausibel klingt. Ein grundsätzlicher Fehler des Konzepts ist jedoch sein umfassender Anspruch: es gibt nämlich genau genommen keine „Vernetzung", sondern nur eine „Vernetzung *für* …". Man muss also, wenn man ein Verbundsystem plant oder bewertet, *Zielart(en)* im Auge haben und sollte die Ansprüche dieser Zielarten auch gut genug kennen, um eine effektive Vernetzung zu ermöglichen oder zu bewerten. Im Übrigen beschäftigt sich hauptsächlich die Zoologie mit dem Konzept des Biotopverbundes; in Anbetracht der insgesamt höheren Mobilität der Tiere gegenüber der der Pflanzen ist dies auch naheliegend.

4. Ein weiterer Ausgangspunkt ist die **Gesetzeslage**. Viele Biotoptypen sind per Gesetz pauschal geschützt; entsprechende Flächen *müssen* gewissermaßen deshalb hoch bewertet werden. Welche Typen das sind, ist landesspezifisch geregelt und auf den Homepages der jeweiligen Länder nachzulesen.

5. Auch **Planungsmöglichkeiten** sind zu beachten: Sind Eingriffe in die Natur geplant – beispielsweise durch Baumaßnahmen – muss normalerweise dafür Sorge getragen werden, dass die damit verbundenen Schäden an anderer Stelle wiedergutgemacht

werden. Dies kann durch *Ausgleichs-* oder durch *Ersatzmaßnahmen* geschehen. Im ersten Fall wird z. B. eine intensiv genutzte Wiese extensiviert, um die Zerstörung einer anderen Extensivwiese auszugleichen („Wiese für Wiese"). Bei einer Ersatzmaßnahme wird für den Wegfall der Extensivwiese z. B. eine Allee gepflanzt („Bäume für Wiese"). Es versteht sich von selbst, dass eine Ersatzmaßnahme nur ein Notbehelf ist. In der Praxis ist sie aber die Regel. Ausgleichsmaßnahmen dagegen werden fast immer zu günstig beurteilt; es dauert mindestens Jahrzehnte, bis, um bei unserem Beispiel zu bleiben, aus einer ehemaligen Intensivwiese eine Extensivwiese wird, deren Qualität jener der zerstörten Wiese entspricht. „Alter ist nicht herstellbar", wie man so treffend sagt.
Bei der Bewertung einer Biotopfläche muss man also berücksichtigen:

- Ist die Fläche ausgleichsfähig?
- Welche Ersatzmaßnahme(n) wäre(n) denkbar?

Beziehungsweise umgekehrt:

- Kommt die Fläche eventuell als Ausgleichs- oder Ersatzfläche in Betracht (vgl. dazu auch unten unter „Potenzialfläche")?

6. Unabhängig von der berücksichtigten Bewertungsgrundlage gemäß **1.** bis **5.** sollte eine Bewertung abgestuft sein. Ein solches **Wert-Klassen-System** ist gelegentlich vorgegeben; im anderen Fall könnte es lauten:

I. Besonders wertvoll: Erhaltung unbedingt erforderlich; Ausgleich oder Ersatz ist nicht möglich.

II. Wertvoll: Biotop schützenswert; Veränderungen oder Zerstörung nur notfalls, unter weitreichenden Ausgleichsmaßnahmen.

III. Bedingt wertvoll: Biotop schonenswert, Ausgleich oder Ersatz aber möglich. Kann oft auch aufgewertet werden und dann als Ausgleichsfläche dienen.

IV. Potenzialfläche: Wert der Fläche derzeit nicht erkennbar, wegen günstiger abiotischer Rahmenbedingungen aber vermutlich ± einfach zu erhöhen (und dann ebenfalls potenzielle Ausgleichsfläche).

(0. Wert nicht erkennbar).

7. Bei der Verwendung **standardisierter Erfassungsbögen** ergibt sich die Bewertung häufig „automatisch" durch Zusammenzählen von Punkten, die jeweils für einzelne Bewertungskriterien vergeben werden. Solche Kriterien können z. B. Artengarnitur, Zahl bzw. Vollständigkeit von Habitatstrukturen oder aktuelle Beeinträchtigung sein, die jeweils unabhängig voneinander bewertet werden. Mit einiger vegetationskundlicher Erfahrung kann man sich solche Erhebungsbögen, zugeschnitten auf ein spezielles UG – nachdem man sich dort gründlich umgesehen hat! –, selbst erstellen. Bei professionellen Kartierungen werden sie üblicherweise dem Bearbeiter jedoch vorgegeben. Solche „vorgedruckten" Erfassungs- bzw. Bewertungsblätter greifen auf die Literatur und/oder ± zahlreiche Daten aus älteren Kartierungen zurück und sind für den Einsatz in größeren Räumen gedacht; es ist nicht erforderlich, dass der Autor eines solchen Normblattes das reale, aktuell zu bearbeitende UG „persönlich" kennt. Solche Normblätter haben den vordergründigen Vorteil, einheitliche Bewertungskriterien zu schaffen; genau dies kann aber das Problem sein: Ähnlich den Roten Listen (vgl. **2.**) sind sie nämlich meist für administrative Räume (z. B. einzelne Bundesländer), nicht für Na-

turräume erstellt, die für die Bewertung eines vorgegebenen Biotops von vorrangiger Bedeutung sind. Dies betrifft vor allem auch die oft beigefügten Listen biotopspezifischer Pflanzen, deren Vorkommen auf einer realen Fläche geprüft werden soll, wobei der Wert der Fläche mit der Zahl der Nachweise der auf der Liste vorgegebenen Arten steigt; auch diese Listen lassen den notwendigen Bezug zu (kleineren) naturräumlichen Einheiten oft vermissen.
Ein anderer Ansatz der Bewertung einer bestimmten Fläche ist die Vergabe von biotoptypspezifischen **„Wertpunkten"**. Dies ist insbesondere sinnvoll, wenn Ausgleichsmaßnahmen bilanziert werden sollen. Die Berechnung erfolgt oft per qm, was bei hektargroßen Buchenwäldern zunächst ein wenig befremdlich anmutet.

8. Zum Abschluss noch einige **weitere Thesen** zum Thema „Bewertung":
- Die *potenzielle natürliche Vegetation* (pnV, vgl. 3.2.3) spielt für die Bewertung einer speziellen Fläche – entgegen einer weitverbreiten Ansicht – meist keine Rolle. Dass es in vielen Fällen für einen Kartierer gar nicht möglich ist, diese im Gelände fundiert zu erschließen wurde bereits gesagt[34]. Hinzu kommt, dass die pnV nicht (oder zumindest nicht grundsätzlich) Selbstzweck ist. Oft genug liegt ein Schutzgrund gerade darin, dass die pnV eben *nicht* verwirklicht ist (beispielsweise bei einem Halbtrockenrasen oder Seggenried). Schließlich muss betont werden, dass die pnV eine abstrakte Größe ist; sie ist eine Chiffre für aktuelle Standortpotenz und enthält insofern eine standortökologische, weniger eine vegetationskundliche Aussage. Als solche wird sie immer wieder missverstanden.
- Bewertung ist immer *objektspezifisch*: Für einen Buchenwald gelten andere Kriterien als für einen Trockenrasen (nicht nur wegen der anderen Pflanzenarten, sondern z. B. auch wegen der unterschiedlichen Anfälligkeit gegenüber Störungen), für einen Trockenrasen in Nord-Deutschland wiederum andere Argumente als für einen in der Schwäbischen Alb; vgl. das oben über den naturräumlichen Bezug einer Bewertung Gesagte.
- Die Bewertung sollte nie vom gegenwärtigen Zustand allein ausgehen, sondern Gefahren und Entwicklungspotenzen berücksichtigen.
- Eine Fläche, die von der Vegetationskunde nicht hoch eingeschätzt wird, kann dennoch *zoologisch* bedeutsam sein (der umgekehrte Fall ist eher selten). In diesem Fall liegt aber möglicherweise eine Potenzialfläche vor.
- Innerhalb eines Untersuchungsgebietes sollte ein bestimmter Biotoptyp (z. B. „Grünland") nur von *einem* Bearbeiter bewertet werden; sonst besteht die Gefahr nicht wirklich vergleichbarer Ergebnisse (vgl. unten). Dies gilt – wenn auch abgeschwächt – auch bei der Verwendung vorgedruckter Erfassungsbögen.

Eine Bewertung ist in den meisten Fällen also relativ, d. h. sie bezieht sich auf bestimmte Umstände, geografische Räume und/oder Objekte und könnte unter anderen Umständen auch anders ausfallen. Und: Eine Bewertung ist – trotz Punkt 7 – in gewisser Weise subjektiv und dann streng genommen keine wissenschaftliche Aussage, bestenfalls aus

34 Für manche administrativen Räume finden sich jedoch im Internet oft recht genaue Karten der pnV.

wissenschaftlichen Tatsachen (wie „Seltenheit" „Vollständigkeit der Artengarnitur" oder „Empfindlichkeit") abgeleitet. Insofern ist Bewertung in mancher Hinsicht auch ein intuitiver Vorgang. Punktevergaben und -additionen, wie sie unter 7. beschrieben sind, mögen nützlich für die Planung sein – entscheidend ist jedoch auch, wie vorher die Punkte zustande gekommen sind: sie können die Kompetenz des Kartierers nicht ersetzen.

4. Zeigerpflanzen für Pflanzengesellschaften

In diesem Kapitel werden 504 Taxa vorgestellt, die als diagnostische Arten für Pflanzengesellschaften herangezogen werden können, wie sie in dem in 2.2 umgrenzten Rahmen vorkommen. Damit können sie auch als Zeigerpflanzen für diejenigen ökologischen Faktoren verwendet werden, die diese jeweilige Pflanzengesellschaft kennzeichnen.
Diese Pflanzengesellschaften entsprechen jeweils einem Syntaxon. Da in diesem Buch – wie in Kap. 2.4.2 kurz begründet – die Pflanzensoziologie nur als Gliederungshilfe verwendet wird, ist die Rangstufe des Syntaxons dabei nicht einheitlich, sondern orientiert sich vor allem an der praktischen Notwendigkeit. Sie ist meist die eines Verbandes, öfter auch die einer Ordnung und nur selten die einer Klasse. Alle zumindest kurz besprochenen Syntaxa sind in Kap. 6 im Zusammenhang tabellarisch aufgelistet. – Assoziationen werden nur in Ausnahmefällen erwähnt, um den Text nicht unnötig terminologisch zu überfrachten.
Jedes Unterkapitel hat eine größere vegetationskundliche Einheit zum Thema, die in einem Einführungsabschnitt kurz gekennzeichnet wird; wo es didaktisch sinnvoll erschien, sind diese Einführungen gelegentlich auch länger und kapitelübergreifend.
Die Angaben zu den durchlaufend nummerierten 504 Taxa erfolgen in Form von „Steckbriefen". Ein solcher Steckbrief ist wie folgt gegliedert:

(Lfd. Nr.) *Wissenschaftlicher Name* (Deutscher Name)

Die Nomenklatur richtet sich nach Schmeil-Fitschen (2011). Die wichtigsten Synonyme sind in [eckigen Klammern] angegeben, insbesondere dann, wenn die in Schmeil-Fitschen verwendeten Namen noch sehr ungebräuchlich sind.
Der Zusatz (!!) besagt, dass es sich um eine Art der Roten Liste Deutschland handelt.

Kennzeichen: *Familie.* Auch hier wird die „klassische" Familienzugehörigkeit in Klammern angegeben, wenn dies in gängigen Floren noch vielfach so gehandhabt wird (z. B. bei den *Scrophulariaceae*). – Es folgen einige Merkmale der Pflanze. Hier wurde versucht, diagnostisch wichtige Merkmale zu berücksichtigen, die bereits im Gelände erfassbar sind, um in Verbindung mit dem Bild ein rasches Erkennen des Objekts zu ermöglichen (es geht *nicht* um eine „Beschreibung"). Bei etlichen Taxa ist dies allerdings schwierig (z. B. bei vielen Gräsern und Seggen; hier muss auf ein Bestimmungsbuch verwiesen werden). – Bei Krautigen werden zunächst die generativen, dann die vegetativen Merkmale genannt; es folgen Angaben zur Größe und Blütezeit, soweit diese Angaben diagnostisch von Bedeutung sind. Eine Angabe zur Lebensdauer bzw. -form erfolgt nur in Ausnahmefällen, weil es gerade dem Anfänger erfahrungsgemäß Schwierigkeiten macht, diese Merkmale diagnostisch einzusetzen. – Bei Bäumen (und Sträuchern) sowie bei Pteridophyten stehen die vegetativen Merkmale im Vordergrund.
Zeigercharakter: Angaben zur soziologischen Zuordnung unter Verwendung der in Kap. 2.4 eingeführten Abkürzungen AC, VC usw. „AC im Filipendulion" bedeutet, dass es sich um die Kennart einer Assoziation (die hier namentlich nicht genannt ist, vgl. oben) innerhalb

des Verbandes Filipendulion handelt. Entsprechend „VC in Molinietalia" usw. Die Angaben sind zumeist Oberdorfer (2001) entnommen oder entsprechen eigenen Erfahrungen. – Ferner sind hier ergänzende Angaben zur Ökologie der Pflanze gemacht, wenn sie (auch) in diesem Punkt als Zeigerart dienen kann. Da sich viele Angaben zum Zeigercharakter der Pflanze schon aus dem Kapitelzusammenhang, der soziologischen Zuordnung und/oder aus den Zeigerwerten ergeben, steht hier meist nicht viel ergänzender Text. Insbesondere, wenn sich der Zeigercharakter in einer besonders hohen oder niedrigen Ellenberg-Zahl gewissermaßen von selbst versteht, wird hier nur in Ausnahmefällen noch einmal darauf hingewiesen.

Ellenberg-Zahlen: Hier sind die Zeigerwerte nach Ellenberg & al. (2001) zitiert. Zu deren Aussagekraft und Interpretation vgl. 2.3. In den seltenen Fällen, wo unter der laufenden Nummer eine ganze Gattung zu verstehen ist, ist zumeist die Spanne der Werte angegeben; dabei wird aus technischen Gründen zwischen ± gesicherten und fraglichen Werten nicht unterschieden. – Kritische Anmerkungen zu einzelnen Werten beschränken sich auf Ausnahmefälle.

Bemerkungen: Hier werden vor allem ähnliche Arten angeführt. „Ähnlich" heißt dabei in den meisten Fällen sowohl habituell als auch im soziologischen Verhalten und in den ökologischen Ansprüchen „ähnlich"; die Taxa sehen also nicht nur ähnlich aus, sie kommen auch auf ähnlichen Standorten (d. h. möglicherweise nebeneinander) vor. Divergieren die verwechslungsträchtigen Taxa im standörtlichen Verhalten beträchtlich, wird gegebenenfalls auf stärker abweichende diagnostische Aussagen hingewiesen. – Diese unter **Bemerkungen** zusätzlich genannten Arten werden im Text unter der betreffenden Steckbrief-Nr. mit * zitiert. *(580*) Trifolium hybridum* bedeutet also, dass *T. h.* unter *(580) T. repens* erwähnt wird.

Die Steckbriefe folgen innerhalb der Kapitelabschnitte in alphabetischer Reihenfolge des wissenschaftlichen Namens, bei den Wäldern getrennt in Baum-/Strauch- und Krautschicht. Unter *„Weitere Art(en)"* sind Taxa genannt, die in anderem Zusammenhang oder erst in Kap. 5 besprochen werden, die aber auch in den betreffenden syntaxonomischen Kontext des Kap. 4 gestellt werden könnten.

4.1 Wasserpflanzen

Hierzu gehören drei ökologisch wie soziologisch unterschiedliche Gruppen:

- 4.1.1 Frei im oder auf ruhigem Wasser treibende Pflanzen (**Wasserlinsen-Gesellschaften**; Lemnetea im weitesten Sinn)
- 4.1.2 Im Schlamm stehender oder fließender Gewässer durch Wurzeln oder Sprossabschnitte fixierte Pflanzen mit meist umfangreichem Unterwasser-Blattwerk, die jedoch oft auch Schwimmblätter ausbilden (hier „**wurzelnde Wasserpflanzen-Gesellschaften**" genannt; Potamogetonetea)
- 4.1.3 Im Flachwasser oder auch amphibisch lebende niedrigwüchsige, rasenähnliche Gesellschaften auf Sandböden (**Flachwasserrasen**; Littorelletea)

Eine Sonderstellung nehmen **Moorgewässer** ein (zu diesen vgl. 4.3.3).

Wasserpflanzen werden gerne als Indikatororganismen gesehen, um die Qualität des Wassers (insbesondere den Trophie-Grad) einzuschätzen, ohne physikochemische Messungen vornehmen zu müssen; sie gelten sogar vielfach als geeigneter, weil sie über längere Zeiträume gewissermaßen mitteln, während punktuellen Messungen immer etwas Zufälliges anhaftet.

Im Prinzip ist das richtig (wenn auch nicht unbestritten). Wie in Tab. 4.1.a am Beispiel von *Potamogeton* dargestellt, ist die Spanne der tolerierten Nährstoffbelastung allerdings häufig recht groß. Nur wenige der hier genannten Taxa – z. B. innerhalb der Gattungen *Potamogeton* und *Utricularia* oder *(12*) Myriophyllum alterniflorum* – sind obligat ± oligotroph[35]; die übrigen sind so selten, dass sie in diesem Buch gar nicht erst nicht erwähnt werden. Auch bei den Algen, so bei den Armleuchteralgen, gibt es gute Zeigerorganismen, insbesondere für oligotrophe Verhältnisse. Im Übrigen vergleiche man die N-Zahlen. – Taxa, die verhältnismäßig sauberes Wasser anzeigen, sind entsprechend gekennzeichnet (vgl. auch die Anmerkung zu *(7) Callitriche*). – Als Kennarten für belastetes Wasser können *(10) Potamogeton pectinatus*, *(10*) Zannichellia*, *(12*) Myriophyllum spicatum* und *(3) Ceratophyllum demersum* gelten, insbesondere dann, wenn sie Massenbestände bilden (vgl. jeweils dort). Ein nicht immer ausreichend beachtetes Problem ist allerdings, dass die Pflanzen offenbar gelegentlich (?) zwischen Nitrat- (bzw. Nitrat-/Ammonium-) und Phosphat-Eutrophie unterscheiden. Möglicherweise müssen Taxa in ihrer Aussage auch erst regional „geeicht" werden, zumindest spricht die oft doch deutlich abweichende Einschätzung des Zeigerwertes dafür (vgl. Tab. 4.1.a). – Auch ganze Pflanzengesellschaften können Hinweise geben; so sind Littorelletea-Gesellschaften stets oligotroph.

4.1.1 Wasserlinsen-Gesellschaften (Lemnetea)

Sie bilden meist artenarme Bestände in ± nährstoffreichen, ruhigen Gewässern. Der Zeigerwert ihrer Vertreter wie auch die naturschutzfachliche Bedeutung der Gesellschaft ist häufig gering. – Aussagekräftiger können größere, frei im Wasser treibende Arten sein, die auch als „Hydrochariden" („Wasserschweber") zusammengefasst werden. Sie leiten insoweit bereits zur Gruppe 4.1.2 über, als sie deutlich aus dem Wasser ragende Blüten(stände) aufweisen.
Soziologisch kann man diese Gesellschaften demzufolge in zwei Verbänden (oder auch Ordnungen) zusammenfassen: Zunächst dem **Lemnion s. l.**, den eigentlichen Wasserlinsen-Gesellschaften. Je nach vorherrschender Art werden verschiedene Assoziationen unterschieden, was in der Praxis aber wenig bringt. Sodann dem **Hydrocharition**, das man – schon aus rein praktischen Erwägungen – vielleicht besser zu 4.1.2 stellen sollte; in manchen syntaxonomischen Systemen werden sie deshalb auch – obwohl im Wasser treibend – einem eigenen Verband innerhalb der wurzelnden Wasserpflanzen-Gesellschaften hinzu gestellt.

Weitere Syntaxa beziehen sich auf Gesellschaften, die von Armleuchter-Algen *(Characeae)* definiert werden. Sie sind hier nicht berücksichtigt.

35 Genau genommen ist nur das Milieu – also das Wasser – „oligotroph" („wenig Nährstoffe enthaltend"). Pflanzen, die oligotrophes Wasser besiedeln, heißen exakter oligotraphent („nur wenig Nährstoffe benötigend")

4.1.1.1 Wasserlinsendecken (Lemnion)

(1) *Lemna minor* (Kleine Wasserlinse)

Kennzeichen: *Araceae (Lemnaceae).* Wenige mm großer rundlicher, auf dem Wasser treibender Vegetationskörper, beiderseits nur wenig gewölbt. 1 Wurzel. Meist zu mehreren zusammenhängend (in Abb. rechts zu dritt).
Zeigercharakter: In allen Gesellschaften des Verbandes verbreitet und auch häufiger Gast in anderen von Wasser geprägten Vegetationstypen; ökologisch wenig aussagekräftig.
Ellenberg-Zahlen: L7, T5, K3, F11, Rx, N6 – M9, Ä5
Bemerkungen: Ähnlich, aber seltener: *Lemna gibba* (Buckelige Wasserlinse; M4) ist unterseits stark bauchig. Häufig in von Nährstoffen überfrachteten Gewässern (Verschmutzungszeiger, z. B. bei Einleitung von Jauche: N8). – *Spirodela polyrhiza* (Teichlinse; M6; in Abb. links) trägt unterseits ein Wurzelbüschel, sonst wie *(1)*. – *Wolffia arrhiza* (Zwergwasserlinse; M2, !!) ist nur bis 1 mm groß (und wird deshalb vielleicht gelegentlich übersehen) und wurzellos.

(2) *Lemna trisulca* (Dreifurchige Wasserlinse)

Kennzeichen: *Araceae (Lemnaceae).* Aus spatelförmigen, dreinervigen (Name!) –10 mm langen Gliedern kreuzweise zusammengesetzter, unter Wasser treibender[36] Vegetationskörper.
Zeigercharakter: VC Lemnion. Ansonsten ähnlich *(1) Lemna minor.*
Ellenberg-Zahlen: L7, T6, K3, F12, R7, N5 – M6, Ä3
Bemerkungen: Es gibt ähnlich aussehende Moose der Gattungen *Riccia* und *Ricciocarpus*, die ebenfalls eigene Assoziationen aufbauen können.

4.1.1.2 Wasserschweber-Gesellschaften (Hydrocharition)

(3) *Ceratophyllum demersum* (Raues Hornblatt)

Kennzeichen: *Ceratophyllaceae.* Blätter starr, brüchig, in Quirlen, jeweils 1–2-mal gabelig in lineale Zipfel geteilt. Wurzellos, aber meist mit Sprossteilen verankert oder verhakt.
Zeigercharakter: Potamogetonetalia-Art; bildet aber gelegentlich Reinbestände aus. Verschmutzungsunempfindlich, daher vor allem in stark eutrophen Gewässern. Ist bei entsprechendem Nährstoffangebot sehr konkurrenzfähig (Gefahr der Verdrängung anderer Wasserpflanzen), zumal es Beschattung verträgt (beispielsweise durch eine Wasserlinsendecke).

36 Insofern trifft der vielfach gebrauchte Name „Wasserlinsen*decken*" für das Lemnion s. l. eigentlich nicht zu. Konsequenterweise werden denn auch häufig die auf der Wasseroberfläche treibenden Wasserlinsendecken (als *Lemnion gibbae*) und die unter Wasser flottierenden *Lemna trisulca*-Gesellschaften (als *Riccio-Lemnion trisulcae*) als getrennte Verbände betrachtet.

(1) Lemna minor (rechts) und Spirodela polyrhiza (links)

(2) Lemna trisulca

(3) Ceratophyllum demersum

Ellenberg-Zahlen: L6, T7, Kx, F12~, R8, N8 – M5, Ä4
Bemerkungen: Gleiche Standorte besiedelt *Ceratophyllum submersum* (Zartes Hornblatt). Dessen Blätter sind weniger starr und 2–3-mal gabelig geteilt. Die Art ist nicht so konkurrenzfähig und wesentlich seltener (M3; !!).

(4) *Hydrocharis morsus-ranae* (Froschbiss) (!!)

Kennzeichen: *Hydrocharitaceae.* Auf der Wasseroberfläche treibende Rosetten gestielter, herz- bis nierenförmiger Blätter (ca. 5 cm Durchmesser), an der Basis des Stiels stipelartige Zipfel. Einzelrosetten oft durch dünne Ausläufer verbunden.
Zeigercharakter: AC im Hydrocharition. Die Gesellschaft mit *Hydrocharis* gehört zu den artenreichsten und wertvollsten Lemnetea-Gesellschaften mit starker Rückgangstendenz, deshalb wertbestimmend; im Osten ist sie noch etwas häufiger.
Ellenberg-Zahlen: L7, T6, K4, F11, R7, N6 – M5, Ä3
Bemerkungen: *Nymphoides peltata* (Seekanne; !!), eine Nymphaeion-Art (vgl. 4.1.2.3), hat ähnliche, aber stipellose (höchstens scheidig erweiterte), unterseits drüsig punktierte Blätter bis ca. 10 cm Durchmesser. Sie wurzelt im Schlamm und bildet keine freischwimmenden Ausläufer. – Die Blätter der See- und Teichrose werden viel größer.

(5) *Stratiotes aloides* (Krebsschere) (!!)

Kennzeichen: *Hydrocharitaceae.* Bis 40 cm lange, schmale, scharf gesägte, büschelige Blätter, die nur halb aus dem Wasser ragen.
Zeigercharakter: AC im Hydrocharition. Ähnlich *(4) Hydrocharis* wertbestimmend, die Art ist aber nicht überall autochthon. Infolge ihrer ergiebigen Ausläuferbildung trägt die Pflanze zur Verlandung bei.
Ellenberg-Zahlen: L7, T6, K5, F11, R8, N6 – M6, Ä2

(6) *Utricularia vulgaris* (Echter Wasserschlauch) (!!)

Kennzeichen: *Lentibulariaceae.* Frei im Wasser treibende, wurzellose Pflanze. Blätter sehr fein zerteilt, mit zahlreichen Bläschen (> 10 pro Blatt), die dem Insektenfang dienen. Blüten entfernt an ein Löwenmäulchen erinnernd, in armblütigen, über das Wasser ragenden Trauben.
Zeigercharakter: AC im Hydrocharition. In meso- bis eutrophen Gewässern. – Wertbestimmend.
Ellenberg-Zahlen: L7, T6, Kx, F12, R5, N4 – M4, Ä2
Bemerkungen: Sehr ähnlich (Bestimmungsbuch!) und oft verwechselt mit *Utricularia australis* (Südlicher Wasserschlauch; !!). Außer L9 stimmen die Zeigerwerte ± überein, auch die M/Ä-Zahlen sind identisch. – Beide Arten können in moorähnlichen Gewässern vorkommen, doch sind dort andere *Utricularia*-Arten typischer (vgl. 4.3).

(4) Hydrocharis morsus-ranae

(5) Stratiotes aloides

(6) Utricularia vulgaris

(7) Gattung Callitriche

4.1.2 Wurzelnde Wasserpflanzen-Gesellschaften (Potamogetonetea)

Diese Gesellschaften, auch „Schwimmblatt-Gesellschaften"[37] genannt, können erheblich artenreicher sein. Die Ortsfestigkeit ermöglicht auch eine Besiedlung fließender Gewässer. Unterschiedliche Fließgeschwindigkeit und Nährstoffverhältnisse korrelieren häufig mit bestimmten Artengruppen, die damit einen deutlich höheren ökologischen Aussagewert haben als die einzelnen Lemnetea-Gesellschaften; doch finden sich auch hier wieder euryöke[38] Arten.

Physiognomisch lassen sich Arten unterscheiden, deren Blätter allesamt unter Wasser bleiben (vor allem in Fließgewässern) und solche, die Schwimmblätter ausbilden. Soziologisch gliedern sich die Gesellschaften herkömmlicherweise in drei Verbände innerhalb einer Klasse Potamogetonetea (abgekürzt auch Potametea) bzw. Ordnung Potamogetonetalia. Ein Verband, das **Ranunculion fluitantis** (vgl. 4.1.2.4) besiedelt vor allem Fließgewässer, die beiden anderen bevorzugen Stillgewässer. Dabei greift das **Potamogetonion** (Potamion; vgl. 4.1.2.2), deren Vertreter nur selten Schwimmblätter ausbilden, in tieferes Wasser über (bis über 5 m!). Das **Nymphaeion** (vgl. 4.1.2.3) hat seinen Schwerpunkt dagegen in ufernäheren Bezirken mit etwa 1–3 m Wassertiefe, da seine Vertreter auf Schwimmblätter angewiesen sind. Beide Gesellschaften sind durch Übergänge miteinander verbunden, da Potamogetonion-Arten häufig im Nymphaeion wachsen (der umgekehrte Fall ist eher selten).

Eine wesentliche Rolle in allen drei Gesellschaften spielen die für die Ordnung bzw. Klasse namensgebenden Laichkräuter *(Potamogeton)* sowie die Wasserhahnenfuß-Arten *(Ranunculus* subgen. *Batrachium).* Diese Taxa sollen deshalb jeweils im Zusammenhang vorgestellt werden (vgl. 4.1.2.1). Auf die ebenfalls aussagekräftige Gattung *(7) Callitriche* wird wegen der schwierigen Ansprache an gleicher Stelle nur hingewiesen.

Die Bedeutung der Unterwasservegetation liegt nicht nur in den sie aufbauenden Pflanzenarten, sondern auch darin, dass Stängel und (das oft fein zerteilte) Blattwerk wichtige Lebensgrundlage der Unterwasser-Tierwelt darstellen. Der deutsche Name „Laichkraut" nimmt z. B. auf die Rolle als „Aufenthaltsort" von tierischem Laich Bezug.

Begleiter aus anderen Gesellschaften sind mäßig zahlreich. In ruhigem Wasser sind es häufig Lemnion-Arten (vgl. unten), im fließenden Wasser meist submerse Formen von Röhrichtarten, oft steril und kaum zu bestimmen.

Schwimmblatt-Gesellschaften sind allgemein im Rückgang begriffen. Hauptursachen sind übermäßige Eutrophierung, Kanalisierung bzw. der damit verbundene Verlust an Stillwasserbuchten und Altwasserarmen sowie die Zurichtung der Gewässer für Naherholungszwecke (Sportfischerei, Bootsverkehr, Badebetrieb). Artenreiche Wasserpflanzen-

37 Der Name „Schwimmblatt-Gesellschaften" hat den Vorteil der sprachlichen Kürze, ist aber insofern irreführend, als keineswegs alle hier anzuführenden Arten auch tatsächlich Schwimmblätter ausbilden. Aber auch die übliche längere Bezeichnung „Laichkraut- und Schwimmblatt-Gesellschaften" deckt nicht alles ab. – Freilich ist auch der Begriff „wurzelnd" nicht immer richtig (vgl. *(12) Myriophyllum verticillatum*), aber die Pflanzen sind zumeist in irgendeiner Weise „ortsfest".

38 Zu diesem Begriff vgl. Kap. 2.3.3

Gesellschaften verdienen also – auch ohne die gelegentlich künstlich eingebrachte Seerose – verstärkten Schutz.
Vertreter beider Gesellschaftstypen (vgl. 4.1.1 und 4.1.2) können durchaus miteinander vorkommen, beispielsweise Schwimmblätter von *Potamogeton* und Wasserlinsen. Geradezu regelhaft ist die Vergesellschaftung von Arten der unter 4.1.2 zusammengefassten Gruppe mit Hydrochariden.

4.1.2.1 Übergreifende Gattungen

(7) *Gattung Callitriche* (Wasserstern)

Kennzeichen: *Plantaginaceae (Callitrichaceae).* Gattungsmerkmale: Blüten sehr klein, eingeschlechtlich, nur aus 1 Staubblatt oder dem 4-teiligen Fruchtknoten mit 2 Griffeln bestehend. Blätter gegenständig, lanzettlich, am Sprossende auch breiter und rosettig gestaucht. Die Art muss mit einem Bestimmungsbuch geklärt werden. Fruchtende Pflanzen sind normalerweise zwingend erforderlich (Abb. s. S. 55).
Zeigercharakter: Die ca. 8 einheimischen Arten (ihre jeweilige Verbreitung ist ungenügend bekannt) sind allesamt Arten des offenen Wassers, zumeist im Ranunculion fluitantis, aber auch im Nymphaeion; einige kommen auch als Landform vor, z. B. auf offenem Schlamm. Dies betrifft v. a. *C. palustris* s. str., *C. stagnalis* und *C. hamulata.*
Ellenberg-Zahlen: L6-8, T4-6, K?, F10-11, R4-8, N4-7 – M-, Ä-
Bemerkungen: In ihren R- und N-Zahlen sind sie also recht unterschiedlich; auch wenn diese Werte nicht recht gesichert sind, kann die Gattung damit gute Hinweise auf die Beschaffenheit des Wassers geben – richtige Bestimmung vorausgesetzt.

Gattung *Potamogeton* (Laichkraut)

Wie einleitend bereits gesagt, soll die Gattung hier zunächst im Ganzen vorgestellt werden, bevor einige ihrer Vertreter an der entsprechenden Stelle beschrieben werden. – Die Gattung enthält in Mitteleuropa ca. zwei Dutzend Arten (und einige Bastarde), die allesamt für Potamogetonetea-Gesellschaften typisch sind oder doch zumindest in ihnen vorkommen. Die meisten allerdings nur selten: Von den 22 in Ellenberg genannten Taxa haben fünfzehn M1–3 und nur sieben M4–9 (vgl. Tab. 4.1.a). Die Ä-Zahlen zeigen zudem, dass die meisten Arten nicht nur selten sind, sondern auch stark zurückgehen: 17 Taxa haben Ä1 oder 2, viele Arten sind geschützt. Schon allein dies zeigt, dass Vorkommen von *Potamogeton*-Arten in fast allen Fällen schonens- oder schützenswerte Biotope kennzeichnen, abgesehen von ihrer bereits erwähnten Bedeutung als tierischer Lebensraum. – Im Wesentlichen lassen sich die Laichkrautarten zwei Typen zuordnen. Es gibt solche, die Schwimmblätter ausbilden, daneben in der Regel auch abweichend gestaltete Tauchblätter; sie sind meist Kennarten des Nymphaeion. Andere besitzen nur Tauchblätter; diese können relativ breit sein (meist ca. 2- bis 10-mal so lang wie breit) oder linealisch bis fädlich. Diese Tauchblattarten haben ihren Schwerpunkt im Potamogetonion, fehlen aber auch dem Nymphaeion nicht. *Potamogeton*-Arten sind – trotz oft ähnlicher Ansprüche – eher selten miteinander vergesellschaftet und neigen mitunter zur Bildung von Dominanzbeständen.

Tab. 4.1.a: Übersicht *Potamogeton*

1: Name (in der Reihenfolge der Steckbriefe); **2**: Nr. im Text (*: nur kurz erwähnt); **3**: Schwimmblätter vorhanden (+) oder fehlend (–); **4**: Zum breit- (b) bzw. schmalblättrigen Typ (s) gehörend; **5**: Soziologische Einordnung (Pot'... = Potamogeton ...; fl.= fluitantis); **6**: bevorzugter Trophiegrad des Gewässers (**5** und **6a** vorwiegend nach Oberdorfer 2001, **6b** nach http://www.scribd.com/doc/39660434/Angewandte-Limnologie-1: 1 geringster, 5 höchster Trophiegrad; **6c** nach weiteren Autoren. –: keine Angabe). – Es folgen die Ellenberg-Zahlen.

1	2	3	4	5	6a	6b	6c	L	T	K	R	N	M	Ä
P. crispus	*(8)*	–	b	OC Pot'etalia	(meso-)/eu	4,5	(meso-)/eu	6	5	3	7	5	7	4
P. lucens	*(9)*	–	b	AC in Pot'ion auch Nymphaeion	eu-	3,5	meso-(/eu-)	6	6	4?	6	7	4	3
P. gramineus	*(9*)*	+/–	b	AC in Pot'ion	oligo-/dys-	2,5	oligo-/meso-	8	4?	x	5	5	3	2
P. perfoliatus	*(9*)*	–	b	OC Pot'etalia v.a. Pot'ion	meso-/eu-	3	eu-(/poly-)	6	x	x	7	6	4	2
P. pectinatus	*(10)*	–	s	OC Pot'etalia v. a. Pot'ion	eu-	4	poly-	6	x	5	8	8	6	4
P. pusillus	*(10*)*	–	s	OC Pot'etalia	meso-/eu-	3,5	–	6	5	5	x	x	5	2
P. trichoides	*(10*)*	–	s	AC in Pot'ion auch Nymphaeion	meso-	–	eu-	8	6?	5	5	4	3	2
P. nodosus	*(16)*	+	b	Nymphaeion, Ranunculion fl.	meso-/eu-?	5	–	6	6	5	8	5?	3	2
P. natans	*(16*)*	+	b	Nymphaeion, Ranunculion fl.	meso-	2,5	meso-(eu-)	6	5	5	7	5	9	4
Groenlandia densa	*(18)*	–	b	VC Ranunculion fl. auch Pot'ion	meso-	–	meso-	8	6	2	8	5?	3	2
Polygonum amphibium	*(15)*	+	b	VC Nymphaeion	oligo- bis eu-	–	meso-(eu-)	7	6	x	6?	4	9	5
Zannichellia palustris	*(10*)*	–	s	AC in Pot'ion, auch Ranunculion fl.	eu-	5	eu-/poly-	6	6	5	8?	8?	4	3

Ein gewisses Problem ist, dass sich viele Arten – vor allem im Gelände – nur schlecht bestimmen lassen; insbesondere gilt dies für die schmalblättrigen Arten, die außerdem auch manchmal mit dem Teichfaden *(Zannichellia)* verwechselt werden. Es wird deshalb dringend empfohlen, mittels einschlägiger Bestimmungsbücher die vorgefundene Art genauer zu bestimmen; eine Reihe guter Abb. (auch zur diagnostisch wichtigen Blattspitze) findet sich in HAEUPLER & MUER (2007).

Gattung *Ranunculus* Untergattung *Batrachium* (Wasserhahnenfüße)
In der einheimischen Vegetation lassen sich die wasserbewohnenden, weiß blühenden Hahnenfußarten mit fädlich zerteilten Tauchblättern gut als eigene Gruppe *Batrachium* innerhalb der Gattung *Ranunculus* zusammenfassen. Die in dieser Gruppe enthaltenen Arten dagegen sind teilweise formenreich und werden, was ihre taxonomische Abgrenzung betrifft, unterschiedlich behandelt; dies gilt insbesondere für die *R. aquatilis*-Gruppe. Grundsätzlich aber gilt: *Batrachium*-Arten sind durchweg infolge raschen Schwundes (Ä-Zahl meist 2!) weit seltener, als man der Literatur zu entnehmen geneigt ist, zumindest wenn man die große Zahl potenzieller Standorte berücksichtigt. Das Vorkommen eines Wasserhahnenfußes – welcher Art auch immer – ist also Anlass genug, dem betreffenden Gewässer erhöhte Aufmerksamkeit zukommen zu lassen. Insofern gilt also Ähnliches wie für die Laichkräuter.
Auch bei *Batrachium* gibt es Arten meist mit und solche stets ohne Schwimmblätter. Diese Schwimmblätter – wenn vorhanden – sind von ± rundlichem Gesamtumriss und gekerbt oder gelappt. Neben den hier genannten Arten gibt es noch weitere, seltene und hier nicht erwähnte Taxa mit solchen Schwimmblättern. Im Übrigen wird empfohlen, das jeweils vorliegende Taxon mittels einschlägiger Literatur nachzubestimmen, vor allem um auch schwimmblattlose Formen ansonsten schwimmblatttragender Taxa richtig anzusprechen.
Die Schwerpunkte des Vorkommens liegen im Ranunculion fluitantis (vgl. 4.1.2.4), aber auch im Nymphaeion (vgl. 4.1.2.3). Im Potamogetonion sind sie selten. – Die wichtigeren Taxa sind hier zunächst tabellarisch zusammengestellt (vgl. Tab. 4.1.b).

4.1.2.2 Unterwasser-Gesellschaften (Potamogetonion)

(8) *Potamogeton crispus* (Krauses Laichkraut)

Kennzeichen: *Potamogetonaceae.* An einem ± 4-kantigen Stängel sitzen deutlich gezähnelte, am Rand meist ausgeprägt wellige, relativ breite Blätter (L/B 5–10). Keine Schwimmblätter (Abb. s. S. 61).
Zeigercharakter, Ellenberg-Zahlen: Vgl. Tab. 4.1.a. „N5" ist möglicherweise zu tief angesetzt. Die Art erträgt auch mäßige Verschmutzung. – Wurzelt in Wassertiefen bis 4 m.
Bemerkungen: Die Art ist unverwechselbar, wenn auch andere *Potamogeton*-Arten gelegentlich etwas wellige Blattränder aufweisen oder der Blattrand – bei Lupenbetrachtung – leicht gezähnelt sein kann.

Tab. 4.1.b: Übersicht *Ranunculus* subgen. *Batrachium*

1: Name; **2**: Nr. im Text (*: nur kurz erwähnt); **3**: Schwimmblätter meist (!) vorhanden (+) bzw. stets fehlend (–); **4**: Soziologische Einordnung; **5**: bevorzugter Gewässertyp: „stehend" (beinhaltet auch „träg fließend") bzw. fließend (**4** und **5** vorwiegend nach OBERDORFER 2001). – Es folgen die Ellenberg-Zahlen.

R. aquatilis, peltatus und *penicillatus* werden auch als *R. aquatilis* agg. zusammengefasst; auf *R. aquatilis* agg. beziehen sich auch die M/Ä-Zahlen. *R. peltatus, R. penicillatus* und *R. trichophyllus* zeigen eine gewisse Tendenz, sich in subspezifische Taxa mit unterschiedlichen ökologischen Ansprüchen zu differenzieren. Die übrigen Arten finden sich in meso- bis eutrophen, *R. fluitans* vor allem in eutrophen Gewässern.

„Ranunculion" = R. fluitantis; akzeptiert man einen eigenständigen Verband Ranunculion aquatilis, ist *Ranunculus aquatilis* dort VC

1	2	3	4	5	L	T	K	R	N	M	Ä
R. aquatilis	*(17)*	+	meist Nymphaeion	stehend	7	5	2	6	6?	6	3
R. circinatus	*(17*)*	–	Nymphaeion	stehend	6	6	5	7	8?	4	2
R. peltatus	*(17*)*	+	Nymphaeion Ranunculion	stehend fließend	6	6	3	5	6	–	–
R. fluitans	*(20)*	–	AC im Ranunculion	(schnell) fließend	8	6	2	x	8	5	2
R. penicillatus	*(20*)*	+	VC Ranunculion	fließend	8	6	4?	7?	x	–	–
R. trichophyllus	*(20*)*	–	VC Ranunculion	meist fließend	7	x	x	8	7	3	2

(9) *Potamogeton lucens* (Glänzendes Laichkraut)

Kennzeichen: *Potamogetonaceae.* Auffällig sind die großen lanzettlichen Tauchblätter (bis ca. 25 x 6 cm; L/B 2,5–4,5), deren Mittelnerv apikal als Spitzchen hervortritt. Die Spreitenbasis ist verschmälert. Keine Schwimmblätter.

Zeigercharakter, Ellenberg-Zahlen: Vgl. Tab. 4.1.a (S. 58).

Bemerkungen: ± lanzettliche Tauchblätter haben u. a. auch: *P. gramineus* (Gras-Laichkraut; !!), sie erreichen aber nur bis 10 cm Länge; L/B 4–10; die Art entwickelt gelegentlich auch schmal-ovale Schwimmblätter. Ferner *P. perfoliatus,* deren Tauchblätter (L/B ca. 2) mit herzförmigem Grund den Stängel ± umfassen. Zu *(18) Groenlandia densa [Potamogeton densus]* und *(16) Potamogeton nodosus* vgl. dort.

(10) *Potamogeton pectinatus* (Kamm-Laichkraut)

Kennzeichen: *Potamogetonaceae.* Im Gegensatz zu fast allen übrigen Laichkraut-Arten ist bei *P. pectinatus* die Blattscheide mit dem Blattgrund verwachsen; dadurch entsteht eine stängelumfassende, offene Scheide, an deren ± *oberen* Ende die 0,5–4 mm breite Spreite entspringt. Wie alle anderen schmalblättrigen Arten ohne Schwimmblätter.

Zeigercharakter, Ellenberg-Zahlen: Vgl. Tab. 4.1.a; die Art kommt trotz N8 auch in relativ sauberem Wasser vor.

Bemerkungen: Weitere nicht allzu seltene schmalblättrige Arten sind *P. pusillus* (Zwerg-Laichkraut) mit –2,5 mm breiten, 3-nervigen und *P. trichoides* (Haarblättriges Laichkraut; !!)

(8) Potamogeton crispus

(9) Potamogeton lucens

(10) Potamogeton pectinatus

mit ~1 mm breiten, einnervigen Blättern. – Mit ähnlich fadenförmigen Blättern *Zannichellia palustris* (Teichfaden. Blüten unter Wasser; Blätter am unteren Ende einer röhrigen Blattscheide (Ochrea) abgehend).

4.1.2.3 Schwimmblatt-Gesellschaften (Nymphaeion)

Der Verband wird hier im weiten Sinn (inkl. Ranunculion aquatilis) verstanden.

(11) *Hottonia palustris* (Wasserfeder) (!!)

Kennzeichen: *Primulaceae.* Blätter tief geteilt, wechselständig, die oberen aber zu 2–6 quirlartig genähert, dabei jedoch keine ausgeprägte Schwimmblatt-Rosette bildend. Überwasserblätter mit kleinen rötlichen Drüsen.
Zeigercharakter: AC im Nymphaeion. Nährstoffbelastung meidend. Wertbildend.
Ellenberg-Zahlen: L7, T6, K5, F12, R5, N4 – M6, Ä3
Bemerkungen: Im Norden und Osten ist die Art recht weit verbreitet, im Süden beschränkt sie sich v. a. auf die Flusstäler.

(12) *Myriophyllum verticillatum* (Quirlblütiges Tausendblatt)

Kennzeichen: *Myriophyllaceae.* Blätter in 5–6-zähligen Quirlen, bis zur Mittelrippe kammartig fiederspaltig. Fiedern borstlich, gegenüberstehend. Freischwimmend oder mit einem „Rhizom" im Schlamm verankert.
Zeigercharakter: VC Nymphaeion, kann aber auch den Hydrochariden (vgl. 4.1.1) zugerechnet werden.
Ellenberg-Zahlen: L5, T6, K5, F12, R7, N8? – M4, Ä3
Bemerkungen: Etwas häufiger (M5), besonders in kalkreichen Gewässern (R9) ist *M. spicatum* (Ähriges T.) mit 4(-5)-zähligen Blattwirteln. Die Art ist soziologisch weniger aussagekräftig (OC Potamogetonetalia), verträgt höhere Verschmutzungsgrade (?) und neigt dann auch zur Bildung monotoner Bestände (ähnlich *(3) Ceratophyllum demersum*) – *M. alterniflorum* (Wechselblütiges T.) schließlich mit teilweise wechselständigen Blattfiedern ist sehr selten (M2; !!), und eher in sehr flachen, sauberen (N3) Gewässern zu finden.

(13) *Nuphar lutea* (Teichrose)

Kennzeichen: *Nymphaeaceae.* Gelb blühend. Blätter mit 3-kantigem bis abgeflachtem Stiel, Spreite jederseits mit 12–15 blind endenden Seitennerven.
Zeigercharakter: AC im Nymphaeion.
Ellenberg-Zahlen: L8, T6, K4, F11, R7, N6 – M7, Ä5
Bemerkungen: Im Wasser kann man noch *(1) Lemna minor* und *(2) L. trisulca* erkennen. – Vgl. *(14) Nymphaea.*

(11) Hottonia palustris

(13) Nuphar lutea

(12) Myriophyllum verticillatum

(14) *Nymphaea alba* (Seerose)

Kennzeichen: *Nymphaeaceae.* Weiß blühend. Blätter mit ± rundem Stiel, Spreite jederseits mit 7–10 durch Bögen verbundenen Seitennerven.
Zeigercharakter: VC Nymphaeion.
Ellenberg-Zahlen: L8, T6, K3, F11, R7, N5 – M6, Ä3
Bemerkungen: Vgl. *(13) Nuphar.* Beide Arten sind oft künstlich in neu angelegten Stillgewässern ausgebracht.

(15) *Polygonum amphibium [Persicaria amphibia]* (Wasser-Knöterich)

Kennzeichen: *Polygonaceae.* In der Wuchsform einem Laichkraut mit Schwimmblättern ähnlich, aber mit deutlichen, gebogenen Seitennerven, gestutztem bis herzförmigem Spreitengrund und Ochrea, die oben nicht bewimpert ist. Blüten rosa.
Zeigercharakter: Vgl. Tab. 4.1.a (S. 58); *P. a.* bildet 2 Formen aus. Die (hier behandelte) Wasserform ist eine VC Nymphaeion.
Ellenberg-Zahlen: L7, T6, Kx, F11, R6?, N4 – M(9), Ä (5)
Bemerkungen: M- und Ä-Zahl beziehen sich auf die Gesamtart; die Wasserform ist nicht selten, aber keineswegs sehr häufig. – Zu den anderen Arten von *Polygonum* subgenus *Persicaria* vgl. *(59).*

(16) *Potamogeton nodosus* (Knoten-Laichkraut)

Kennzeichen: *Potamogetonaceae.* Schwimmblätter meist > 2-mal so lang wie breit, mit zahlreichen bogenförmigen Längs- und gitterartigen Quernerven, am Grund meist ± herzförmig bis gestutzt. Spreiten junger Tauchblätter gezähnelt.
Zeigercharakter, Ellenberg-Zahlen: Vgl. Tab. 4.1.a (S. 58). Die syntaxonomische Aussagekraft von *P. nodosus* und *P. natans* (vgl. **Bemerkungen**) wird unterschiedlich eingeschätzt.
Bemerkungen: Sehr ähnlich der viel häufigere *P. natans* (Schwimmendes L.; Schwimmblätter meist < 2-mal so lang wie breit, Tauchblätter meist auf den Stiel reduziert). Ähnlich ebenfalls die nicht seltene Wasserform von *(15) Polygonum amphibium* (Wasserknöterich; vgl. Tab. 4.1.a).

(17) *Ranunculus aquatilis* (Wasser-Hahnenfuß)

Kennzeichen: *Ranunculaceae.* Meist (!) mit Schwimmblättern. Tauchblätter meist < 8 cm, kürzer als die Stängelglieder, die Zipfel außerhalb des Wassers pinselförmig zusammenfallend. Fruchtstiele meist < 5 cm. Blütenblätter bis 10 mm.
Zeigercharakter, Ellenberg-Zahlen: Vgl. Tab. 4.1.b (S. 60). Gilt auch als Kennart eines eigenen Verbandes.
Bemerkungen: *R. peltatus* hat meist längere Fruchtstiele und Blütenblätter, ist im Übrigen aber sehr formenreich. – Bei *R. circinatus* bleiben die Blattzipfel außerhalb des Wassers in einer Ebene gespreizt; Schwimmblätter fehlen – eine für eine Nymphaeion-Art eher untypische Eigenschaft. – Eine ausführliche zeichnerische Gegenüberstellung von Merkmalen der *R. a.*-Gruppe findet sich in Haeupler & Muer (2007), S. 66.

▶ *Weitere Arten: (4*) Nymphoides peltata, (19) Hippuris vulgaris.*

(14) Nymphaea alba

(16) Potamogeton nodosus

(17) Ranunculus aquatilis

(15) Polygonum amphibium

4.1.2.4 Fluthahnenfuß-Gesellschaften (Ranunculion fluitantis)

(18) *Groenlandia densa [Potamogeton densus]* (Fischkraut, Dichtes Laichkraut) (!!)

Kennzeichen: *Potamogetonaceae*. Ähnlich *(9*) Potamogeton perfoliatus*, insbesondere in der ähnlichen Spreitenbasis; die Blätter (L/B 2–5) sind aber paarweise genähert („gegenständig", jedoch nicht kreuzgegenständig).
Zeigercharakter, Ellenberg-Zahlen: Vgl. Tab. 4.1.a (S. 58). Wertbildend.

(19) *Hippuris vulgaris* (Tannenwedel) (!!)

Kennzeichen: *Plantaginaceae (Hippuridaceae)*. Linealische Blätter in 6–16-zähligen Wirteln.
Zeigercharakter: Im Ranunculion und anderen Potamogetonetalia-Gesellschaften. In meso- bis eutrophen Gewässern. Wertbildend.
Ellenberg-Zahlen: L7, T5, Kx, F10, R8, Nx – M3, Ä3
Bemerkungen: Nur die sehr seltene (M1) *Elatine alsinastrum* (Quirl-Tännel; !!) hat ebenfalls > 5-zählige Wirtel; die Überwasserblätter weichen gestaltlich aber deutlich ab und stehen zu dritt. Fehlen Überwasserblätter, lässt sich *E. a.* an der radial (nicht polygonal) gekammerten Stängelanatomie erkennen.

(20) *Ranunculus fluitans* (Flutender Hahnenfuß)

Kennzeichen: *Ranunculaceae*. Blütenblätter meist > 10 mm lang. Tauchblätter –25(–50) cm lang, mit nur 20–30 unter Wasser mit ± parallelen Zipfeln flutend. Fruchtboden nach Abpräparieren der Nüsschen (fast) kahl.
Zeigercharakter, Ellenberg-Zahlen: Vgl. Tab. 4.1.b (S. 60). Oft auf kiesig-sandigem Untergrund. Die Art ist verschmutzungstolerant.
Bemerkungen: Tauchblätter anderer *„Batrachium"*-Arten bleiben kürzer. *R. penicillatus* (Pinsel-H.) hat zudem einen behaarten Fruchtboden; von ihm gibt es auch eine stets schwimmblattlose Form in eutrophen Gewässern. Bei *R. trichophyllus* (Haarblättriger H.) sind die Blütenblätter < 8 mm lang; die Art ist besonders leicht mit schwimmblattlosen Formen von *(17) R. aquatilis* zu verwechseln.

(21) *Sium erectum [Berula erecta]* (Berle)

Kennzeichen: *Apiaceae*. Vgl. *(31) Sium latifolium*.
Zeigercharakter: Die sog. Seichtwasserform gehört ins Glycerio-Sparganion (vgl. 4.2.1.3), eine – bis auf die Infloreszenzen – submerse Form findet sich nicht selten im Ranunculion. – Meidet stärkere Nährstoffbelastung.
Ellenberg-Zahlen: L8, T6, K3, F10, R8, N6 – M8, Ä4
Bemerkungen: Die Art erträgt trotz L8 gewisse Beschattung.

▶ *Weitere Arten: (16) Potamogeton nodosus, (44) Nasturtium officinale* (Unterwasserform).

(18) Groenlandia densa

(20) Ranunculus fluitans

(19) Hippuris vulgaris

(21) Sium erectum

4.1.3 Flachwasserrasen (Littorelletea)

Diese Klasse – nach der namensgebenden (aber seltenen) Art häufig auch „Strandlingsgesellschaften" genannt – soll hier nur kurz erwähnt werden. Syntaxonomisch wird ein rundes Dutzend Gesellschaften unterschieden (auf 4–6 Verbände verteilt!). Sie sind allesamt so selten, dass man sie mit gewisser Wahrscheinlichkeit nie zu Gesicht bekommen wird, wenn man bekannte Fundorte nicht bewusst aufsucht. Die kennzeichnenden Arten – ebenfalls ein rundes Dutzend – stehen fast alle auf der Roten Liste und haben eine M-Zahl von (1–)2(–3). – Ihre Einordnung in diesem Kapitel erfolgt traditionell; sie haben physiognomische, ökologische und auch floristische Beziehungen eher zu den in Kap. 4.2.4 behandelten Zwergbinsen-Gesellschaften.
Wir beschränken uns auf drei Taxa: Die namensgebende Gattung *„Littorella"* (die heute allerdings von *Plantago* nicht mehr unterschieden wird), eine Art, die mit M5 etwas häufiger ist *(Eleocharis)*, sowie einen *Juncus*, dessen Bindung an die Littorelletea aber recht lose ist.

(22) *Eleocharis acicularis* (Nadel-Sumpfbinse) (!!)

Kennzeichen: *Cyperaceae.* Einzige *E.*-Art mit 4-kantigem, < 0,5 mm dickem, nur 2–10 cm hohem Stängel. VI-VII.
Zeigercharakter: AC in Littorelletea, aber oft im Kontakt mit Nanocyperion (vgl. 4.2.4) und vielleicht deshalb noch etwas häufiger. Wertbildend.
Ellenberg-Zahlen: L7, T5, K2, F10, Rx, N2 – M5, Ä4

(23) *Juncus bulbosus* (Rasen-, Zwiebelbinse)

Kennzeichen: *Juncaceae.* Blüten am Ende der Infloreszenzäste gebüschelt. Stängel basal etwas zwiebelig. Blattspreite oberseits ± rinnig, am Grund mit Öhrchen. Oft vivipar. 5–20 cm, flutend („var. *fluitans*") auch bis über 1 m. VI-IX.
Zeigercharakter: KC Littorelletea, aber auch in anderen Gesellschaften auf schlammigen oder moorigen Böden.
Ellenberg-Zahlen: L6, T6, K2, F10, R5, N2 – M7, Ä5
Bemerkungen: „Ä 5" muss wohl nach unten korrigiert werden. – Es werden 2 ssp. unterschieden (Merkmale vgl. Bestimmungsbuch), die sich offenbar ähnlich verhalten, über deren spezielle soziologische bzw. ökologische Einbindung aber sonst wenig bekannt ist.

(24) *Plantago [Littorella] uniflora* (Strandling) (!!)

Kennzeichen: *Plantaginaceae.* Bis 15 cm hohe ausläufertreibende Pflanze. Blätter schmal, aber am Grund scheidig erweitert. Stängel an der Spitze mit 1 ♂, an der Basis mit 2 bis wenigen ♀ Blüten. 5–10 cm. VI-VII.
Zeigercharakter: OC Littorelletalia. Sehr selten und stark zurückgehend. Wertbestimmend.
Ellenberg-Zahlen: L7, T5, K2, F10, R7, N2 – M2, Ä2
Bemerkungen: Vorkommen in klaren Stillgewässern bis 3 m Wassertiefe! –Die Art ist nicht zu verwechseln.

▶ *Weitere Arten: (33*) Baldellia ranunculoides, (45*) Veronica scutellata, (67*) Eleogiton fluitans, (32*) Sparganium angustifolium*

(22) Eleocharis acicularis

(23) Juncus bulbosus

(24) Plantago uniflora

(25) Phragmites australis

4.2 Krautige Vegetation der Gewässerränder

Die Ufer stehender und fließender Gewässer werden im typischen Fall von uferparallelen Streifen einander ablösender Gesellschaften eingenommen, in denen unter natürlichen Bedingungen mehr oder weniger rasch Gehölze dominieren würden. Gerade bei kleineren Gewässern erstreckt sich die Nutzung heute jedoch meist bis ans Ufer, sodass auch dort das Grünland vorherrscht.
Hier sollen folgende vier Vegetationstypen erwähnt werden:

4.2.1 Röhrichte
4.2.2 Hochstaudenfluren nasser Standorte
4.2.3 Spülsäume und Schlammufer (Zweizahn-Gesellschaften)
4.2.4 Zwergbinsen-Gesellschaften

Am Ufer größerer Flüsse ist die Zonierung oft noch ausgeprägter; das Thema wird deshalb in Kap. 4.14 im Zusammenhang mit den Nassgehölzen nochmals aufgegriffen. Die den oben genannten Gemeinschaften häufig beigesellten Erlen und Weiden sollen ebenfalls dort behandelt werden, die den Röhrichten oft benachbarten (und mit ihnen soziologisch verwandten) Großseggenrieder in Kap. 4.4. Auf die Flachwasserrasen (Littorelletea), die man auch hier einordnen könnte, wurde bereits in Kap. 4.1.3 hingewiesen.

Soziologisch haben die vier in Kap. 4.2.1 bis 4.2.4 beschriebenen Vegetationstypen nichts gemein – sie gehören formal fünf verschiedenen Klassen an. In der Praxis aber lässt sich dieser Zusammenfassung zum einen topografisch („Ufer“) begründen (obwohl dies für die Zwergbinsen-Gesellschaften nur bedingt gilt): Einige recht auffällige Arten – wie z. B. das Schilf selbst – finden sich, wenn auch unterschiedlich konstant, in den meisten der hier zu besprechenden Gesellschaften; hierher gehören z. B. auch allgemeine Nässezeiger (vgl. 5.1) und die leider sehr häufigen „Störzeiger“ (5.11), die nur den ± ganzjährig unter Wasser stehenden Röhrichten fehlen können. – Wesentlich ist zum anderen der Umstand, dass die drei erstgenannten Gesellschaftstypen häufig stark verzahnt sind. Sie bilden sog. „Durchdringungsgesellschaften“ oder „Mosaike“; diese im Einzelnen zu analysieren (oder kartografisch zu erfassen) ist sehr zeitaufwändig und bringt in der Regel kaum wesentliche praktische Erkenntnisse. – Die Zwergbinsen-Gesellschaften stehen etwas abseits.

4.2.1 Röhrichte (Phragmitetea p. p.)

Röhrichte finden sich hauptsächlich an den Ufern stehender und ± langsam fließender Gewässer, da die entsprechenden Arten – wenn auch in unterschiedlichem Maße – meist strömungsempfindlich und/oder empfindlich gegen Wellenschlag sind. Es gibt auch Röhrichte an Stellen ohne offenes Wasser; in diesen Fällen zeigen sie aber doch hochanstehendes Grundwasser, allgemein wasserzügige Stellen oder auch eine zumindest episodische Überflutung auf feinerdereichen Böden an.
Die hier berücksichtigten Röhrichte gehören vier Syntaxa an: das Stillwasserröhricht (**Phragmition**, zu dem auch Bestände des Rohrkolbens zählen), das Glanzgras-(Landschilf-) Röhricht (**Phalaridetum**) mit unklarer syntaxonomischer Zugehörigkeit, (vgl. *(26) Phalaris*), das Bachröhricht (**Glycerio-Sparganion**) sowie – nur randlich erwähnt – das Brack-

wasserröhricht (**Bolboschoenion**); alle Einheiten gehören zur Klasse der Röhrichte und Großseggenrieder (**Phragmitetea**[39]). Während in den ersten drei Gesellschaften meist eine hochwüchsige Art dominiert, ist das Bachröhricht insgesamt niedrigerwüchsig und artenreicher; physiognomisch vermittelt es bereits zum Filipendulion (vgl. 4.2.2).
Die Abkürzung „p.p." in der Überschrift verweist darauf, dass die ebenfalls in diese Klasse gehörenden Großseggenrieder hier noch nicht behandelt werden.

4.2.1.1 Allgemeine Röhricht-Arten

Wie oben erwähnt, ist der Begriff „Röhricht" aus syntaxonomischer Sicht ziemlich umfassend. Einige Taxa sind jedoch in der Tat innerhalb der Röhrichte weiter verbreitet und ohne besonders enge syntaxonomische Bindung. Solche Arten sollen als Erste genannt werden, bevor wir auf einzelne Röhricht-Gesellschaften zu sprechen kommen. Wir beginnen mit den beiden hauptsächlichen Röhrichtbildnern und fahren dann in der üblichen alphabetischen Reihenfolge fort.

(25) *Phragmites australis* (Schilf)

Schilfbestände gehören zu den wenigen natürlichen „Monokulturen". Dieser Begriff ist freilich nicht zu wörtlich zu nehmen; er deutet nur an, dass es sich um teilweise großflächige, hochdominante Massenbestände einer Art (bzw. sogar eines einzigen Klons) handelt.
Kennzeichen: *Poaceae*. Hochwüchsiges, in Herden wachsendes Gras; Haarkranz anstelle einer häutigen Ligula, daran sofort von anderen hochwüchsigen Gräsern zu unterscheiden. 1–4 m. VII-IX (Abb. s. S. 69).
Zeigercharakter: *Phragmites* gilt zwar als Kennart des Phragmition (vgl. 4.2.1.2), wird aber hier in Kap. 4.2.1.1 behandelt, um es an dieser prominenten Stelle gleich der „Parallel-Art" *Phalaris* gegenüberzustellen. – *Phragmites* kennzeichnet gegenüber *Phalaris* strömungsarme bzw. stehende Gewässer. In ihren Nährstoffansprüchen ähneln sie sich.
Ellenberg-Zahlen: L7, T5, Kx, F10, R7, N7 – M9, Ä4
Bemerkungen: „F10" bezieht sich auf den „Normalstandort" des Schilfs. Im Übrigen ist die tolerierte Spanne, die Wasserversorgung betreffend, groß. Die Pflanze findet sich auch an scheinbar (!) trockenen Standorten (z. B. an Böschungen und Bahndämmen). In diesem Fall darf man aber von tiefliegender (Wechsel-)Feuchte ausgehen; das Schilf kann „nötigenfalls" ein umfangreiches Wurzelsystem ausbilden.

(26) *Phalaris arundinacea* (Rohrglanzgras, Landschilf)

Wie das Schilf bildet auch das Rohrglanzgras artenarme Massenbestände, vor allem aber an Fließgewässern, wo es häufig das strömungsempfindliche Schilf ersetzt[40]. Die syntaxonomische Bewertung dieser Bestände wird unterschiedlich gehandhabt. Die häu-

39 Nomenklatorisch korrekt müsste die Klasse Phragmito-Magnocaricetea heißen.

40 Das Glanzgras-Röhricht wird deshalb auch nicht zu Unrecht und sprachlich besser als *Flussufer-Röhricht* dem Stillwasser- bzw. Bach-Röhricht gegenübergestellt; allerdings entspricht diese Bezeichnung nicht der viel weiteren Verbreitung dieser Gesellschaft.

fig durchgeführte Zuordnung eines „Phalaridetum" zum Magnocaricion bzw. Glycerio-Sparganion ist physiognomisch (und ökologisch?) nicht praktikabel. Anderen gilt *Phalaris* als Kennart eines eigenen Verbandes Phalaridion (so auch in unserer syntaxonomischen Übersicht, vgl. Kap. 6). Für die Praxis ist es normalerweise völlig ausreichend, ein „Glanzgras-Röhricht" vom „Schilf-Röhricht" zu unterscheiden (zum Rohrkolben-Röhricht vgl. *(41) Typha*).
Kennzeichen: *Poaceae*. Hochwüchsiges, in Herden wachsendes Gras. Vom Schilf durch die dichte Infloreszenz und den Besitz einer häutigen Ligula zu unterscheiden, vom *(584)* Reitgras – vom Standort abgesehen – durch die 2-ästige unterste Rispenstufe. 50–200 cm. VI-VII.
Zeigercharakter: Vgl. oben. – Auch *Phalaris* ist nicht zwangsläufig an Gewässer-Standorte gebunden.
Ellenberg-Zahlen: L7, T5, Kx, F8~, R7, N7 – M9, Ä5

(27) *Acorus calamus* (Kalmus)

Kennzeichen: *Acoraceae*. Die Art ist in blühendem Zustand unverwechselbar. Steril ähnelt sie *(509) Iris*, unterscheidet sich von ihr aber beim Zerreiben durch einen würzigen, an Kräuterlikör erinnernden Geruch und eine deutliche Wellung der Spreite bzw. einer Spreitenhälfte. 60–120 cm. V-VII.
Zeigercharakter: Phragmitetalia-Art. Insbesondere in ± stehenden Altgewässern und nassen Gräben.
Ellenberg-Zahlen: L8, T6, K5, F10, R7, N7 – M7, Ä4

(28) *Alisma plantago-aquatica* (Gewöhnlicher Froschlöffel)

Kennzeichen: *Alismataceae*. Die Gattung *Alisma* ist habituell unverwechselbar. Blütezeit VI-VIII. Im Übrigen vgl. **Bemerkungen**.
Zeigercharakter: Phragmitetea-Art. Die Art ist – vor allem in stehenden Gewässern – weit verbreitet, aber nicht häufig. Wertbildend, vor allem in künstlichen Gewässern (z. B. in Steinbrüchen).
Ellenberg-Zahlen: L7, T5, Kx, F10, Rx, N8 – M9, Ä4
Bemerkungen: Es gibt 3 *Alisma*-Arten ähnlichen ökosoziologischen Verhaltens. Die beiden anderen sind viel seltener. *A. p.-a.* hat als Einzige Überwasserblätter, deren Spreitengrund meist abgerundet bis herzförmig ist.

(29) *Equisetum fluviatile* (Teich-Schachtelhalm)

Kennzeichen: *Pteridophyta/Equisetaceae*. Stängel wenig (oder überhaupt nicht) verzweigt, zentrale Höhlung ca. 4/5 des Durchmessers ausmachend. 30–100 cm.
Zeigercharakter: Schwache Phragmitetalia-Art, auch in anderen Nassgesellschaften. In offenen Beständen.
Ellenberg-Zahlen: L8, T4, Kx, F10, Rx, N5 – M9, Ä5
Bemerkungen: Auch andere Schachtelhalme findet man gelegentlich an nassen Standorten, ihre Zentralhöhle ist aber stets enger, zudem sind sie meist stärker und regelmäßig verzweigt; vgl. auch *(389) E. sylvaticum*.

(26) Phalaris arundinacea

(27) Acorus calamus

(28) Alisma plantago-aquatica

(29) Equisetum fluviatile

(30) *Rumex hydrolapathum* (Fluss-Ampfer)

Kennzeichen: *Polygonaceae.* Pflanze > 1 m hoch. Blüten unscheinbar. Perigon 2-mal 3-zählig. Perigonblätter ± ganzrandig bis wenig gezähnt. Spreite der Grundblätter > 50 cm lang, am Grund keilig verschmälert. 80–200 cm. VII-VIII.
Zeigercharakter: OC Phragmitetalia. Insbesondere in Verlandungszonen ± stehender Gewässer. Etwas wärmebedürftig. Im Norden und Osten häufig, im Süden wertbildend.
Ellenberg-Zahlen: L7, T6, K3, F10, R7, N7 – M6, Ä4
Bemerkungen: Die Blätter anderer nässeliebender Ampferarten bleiben kleiner. Bei den beiden Bidention-Arten *R. palustris* (Sumpf-A.) und *R. maritimus* (Strand-A.[41]) haben die Perigonblätter Zähne, die mehrfach länger als breit sind.

(31) *Sium latifolium* (Breitblättriger Merk)

Kennzeichen *Apiaceae.* Blüten weiß, mit Kelch. Hüllchen vorhanden. Stängel tief gefurcht. Untere Blätter mit 4–8 Fiederpaaren[42]. 60–120 cm. VII-VIII.
Zeigercharakter: OC Phragmitetalia, vor allem im Phragmition. Wertbildend.
Ellenberg-Zahlen: L7, T6, K4, F10, R7, N7 – M5, Ä3
Bemerkungen: 2 weitere Doldenblütler haben ähnliche Blätter, deren Stängel ist aber nur fein gerillt: *(21) S. (Berula) erectum* (Berle) mit meist 5–10 Fiederpaaren an den unteren Blättern, Fiedern bis 2-mal so lang wie breit; sowie *(43) Helosciadium nodiflorum* mit meist nur bis 4 Fiederpaaren, Fiedern meist 2–3-mal so lang wie breit. Beide gelten als Arten des Glycerio-Sparganion, zu *Sium erectum* vgl. aber 4.1.2.4.

(32) *Sparganium erectum* s. l. (Ästiger Igelkolben)

Kennzeichen: *Typhaceae (Sparganiaceae).* Die kugeligen, getrenntgeschlechtlichen Teilinfloreszenzen stehen in rispiger Anordnung. 30–50 cm. VII-IX.
Zeigercharakter: Vgl. **Bemerkungen** – Trotz M9 wertbildend.
Ellenberg-Zahlen: L7, T6, K5, F10, R7, N7 – M9, Ä4
Bemerkungen: *Sp. e.* ist ein polymorpher Formenkreis und (deshalb?) schwierig zuzuordnen. Ob die angegebenen Zeigerwerte wirklich für den gesamten Formenkreis gelten, sei dahingestellt (insbesondere die Wärmeansprüche scheinen nicht einheitlich zu sein). Soziologisch wird die Gesamtart häufig dem Phragmition zugerechnet, bei einer differenzierteren Betrachtung werden für die einzelnen Subspezies unterschiedliche Zuordnungen getroffen (vgl. auch den Namen „Glycerio-*Sparganion*", 4.2.1.3). – Die anderen *Sparganium*-Arten sind viel seltener (M2-7) mit stark rückläufiger Tendenz (Ä1-3). Sie haben ährige oder traubige Infloreszenzen und bilden Über- und Unterwasserformen aus, die ebenfalls unterschiedlichen Pflanzengemeinschaften zugeordnet werden können. *Sp. natans* (Zwerg-I.; !!) ist ein Element der Moorgewässer (vgl. 4.3.3), *Sp. angustifolium* (Schmalblättriger I.; !!) wird als Littorelletea-Art geführt (N1!); diese Zuordnungen sind aber nicht sehr trennscharf.

---

41 Der Name ist irreführend; die Art kommt durchaus auch im Binnenland vor.

42 *Sium latifolium* bildet – vor allem im Frühjahr – auch 2–3-fach gefiederte Tauchblätter mit linealischen Zipfeln aus.

(30) Rumex hydrolapathum

(31 Sium latifolium

(32) Sparganium erectum

4.2.1.2 Stillwasserröhrichte (Phragmition)

(33) *Butomus umbellatus* (Schwanenblume)

Kennzeichen: *Butomaceae*. Mit endständiger, doldiger Infloreszenz. Blüten mit rosa Perigon. Blätter schmal, unten 3-kantig. 50–150 cm. VI-VIII.
Zeigercharakter: AC im Phragmition. Wertbildend
Ellenberg-Zahlen: L6, T6, K5, F10~, Rx, N7 – M5, Ä2
Bemerkungen: Eine endständige Dolde und schmale Blätter hat auch die sehr seltene *Baldellia ranunculoides* (Igelschlauch; !!); diese Pflanze bleibt aber < 30 cm, die Blüten haben einen grünen Kelch. Die Standorte sind sehr nährstoffarm (vgl. 4.1.3).

(34) *Calla palustris* (Schlangenwurz) (!!)

Kennzeichen: *Araceae*. Kleine Blüten auf eiförmigem Kolben. Hüllblatt (Spatha) weiß, offen. Blätter herzförmig, langgestielt, etwas ledrig. 10–30 cm. VI–VII.
Zeigercharakter: AC im Phragmition. Oft mit Seggen vergesellschaftet. Verlandungspflanze. Wertbestimmend.
Ellenberg-Zahlen: L6, T6, K6, F9=, R6, N4 – M4, Ä2
Bemerkungen: Die Art ist nicht zu verwechseln.

(35) *Carex pseudocyperus* (Scheinzypergras-Segge)

Kennzeichen: *Cyperaceae*. Die ♀ Ähren der auffällig gelblich grünen Pflanze sind doldig genähert und überhängend, die Schläuche waagrecht abstehend und lang geschnäbelt. 40–90 cm. VI.
Zeigercharakter: AC im Phragmition. Wertbildend.
Ellenberg-Zahlen: L7, T6, K3, F9=, R7, N7 – M7, Ä4

(36) *Cicuta virosa* (Wasserschierling)

Kennzeichen: *Apiaceae*. Hülle fehlend, Hüllchen vorhanden. Fiedern lanzettlich, deutlich scharf gesägt. Ohne Milchsaft. 60–130 cm. VI-VIII.
Zeigercharakter: AC im Phragmition; auch in Bruchwäldern. Wertbildend.
Ellenberg-Zahlen: L7, T6, K7, F9=, R5, N5 – M6, Ä2
Bemerkungen: Mit *(88) Peucedanum palustre*, obwohl soziologisch anders eingebunden, besteht Verwechslungsgefahr; *P. p.* hat aber nur eine sehr feine Randzähnung und zeigt (wenig) Milchsaft.

(33) Butomus umbellatus

(34) Calla palustris

(35) Carex pseudocyperus

(36) Cicuta virosa

(37) *Cladium mariscus* (Schneide)(!!)

Kennzeichen: *Cyperaceae.* Die 2-3-blütigen Ähren gebüschelt, Ährenbüschel zu einer 30–70 cm (!) langen Gesamt-Infloreszenz zusammentretend. Stängel bis oben beblättert, Blätter graugrün, 7–15 mm breit und am Rand schneidend (!) scharf fein gesägt. 60–150 cm. VI–VII.
Zeigercharakter: AC im Phragmition. Oft Herden bildend (verlandungsfördernd). Häufig im Kontakt mit Großseggenriedern. Wertbestimmend.
Ellenberg-Zahlen: L9, T6, K7, F10, R9, N3 – M3, Ä2
Bemerkungen: Die Art ist wegen der großen Infloreszenz und dem schneidenden Blattrand kaum zu verwechseln.

(38) *Glyceria maxima* (Wasser-Schwaden)

Kennzeichen: *Poaceae.* 1–2 m hohes Gras mit zusammengedrücktem, meist 5–10 mm dickem Halm, hoch hinauf geschlossener Blattscheide und sehr reich verzweigter, ± aufrechter Infloreszenz. 80–150 cm. VII-VIII.
Zeigercharakter: AC im Phragmition. Ausgeprägter Stickstoffzeiger.
Ellenberg-Zahlen: L9, T5, Kx, F10~, R8, N9 – M7, Ä5
Bemerkungen: Zu anderen *Glyceria*-Arten vgl. *(42).*

(39) *Oenanthe aquatica* (Gewöhnlicher Wasserfenchel)

Kennzeichen: *Apiaceae.* Blüten weiß. Dolden kurz gestielt, z. T. scheinbar blattgegenständig. Hülle fehlend. Frucht ungeflügelt, kahl, mit kleinen, aber deutlichen Kelchzähnen. Blätter 2–3-fach gefiedert, oft auch haarfein zerteilte Unterwasserblätter vorhanden. Stängel am Grund oft mehrere cm dick. 30–120 cm. VI-VIII.
Zeigercharakter: AC im Phragmition. Hauptsächlich in Verlandungsgesellschaften an Stillgewässern, auf Schlick. Vor allem im Süden wertbestimmend, im Norden und Osten noch etwas häufiger.
Ellenberg-Zahlen: L7, T6, K5, F10, R7, N6 – M6, Ä4
Bemerkungen: Alle *Oenanthe*-Arten – es gibt bei uns rezent 5 Arten (2 der ehemals 7 Arten sind ausgestorben, eine weitere steht kurz davor) – sind wertbestimmend, alle bis auf *Oe. a.* sind (!!). Alle besiedeln ± nasse Standorte (F8~ bis 11). – Die Arten können recht unterschiedlich aussehen; ein guter Hinweis auf die Gattung sind die kleinen, starren Zipfel des Fruchtkelchs, die Döldchen sind oft knopfartig dicht gedrängt.

(40) *Schoenoplectus lacustris* (Gewöhnliche Teichsimse)

Kennzeichen: *Cyperaceae.* 1–2 m hohe Binse, unten mit Schuppenblättern. Infloreszenz ein scheinbar seitenständiges, lockeres Ährenbüschel (das kurze Tragblatt setzt den Stängel fort). 3 Narben. VI-VII.
Zeigercharakter: AC im Phragmition. Verlandungspflanze. Wertbildend.
Ellenberg-Zahlen: L8, T6, K3, F11, R7, N6 – M7, Ä3
Bemerkungen: Ähnlich (und an ähnlichen Standorten, dabei etwas salzverträglich) der etwas kleinere und seltenere *Sch. tabernaemontani* mit meist 2 Narben (vgl. 5.7). – *Sch. l.*

(37) Cladium mariscus

(39) Oenanthe aquatica

(38) Glyceria maxima

(40) Schoenoplectus lacustris

bildet röhrichtartige Bestände *vor* (d. h. wasserseitig) dem Schilfröhricht, da er infolge der assimilierenden Sprosse auch unter Wasser assimilieren kann. Er kann dabei bis in mehrere Meter Tiefe vordringen, ist aber empfindlich gegen Wellenschlag.

(41) *Typha latifolia* (Breitblättriger Rohrkolben)

Kennzeichen: *Typhaceae.* Der obere (unscheinbare) Kolben und der walzenförmige braune Kolben berühren sich (fast). Die Blätter sind meist > 10 mm breit. Gelegentlich kleinflächige Röhrichte bildend. 1–2 m. VI-VII.
Zeigercharakter: AC im Phragmition. Eutrophierungszeiger.
Ellenberg-Zahlen: L8, T6, K5, F10, R7, N8 – M9, Ä5
Bemerkungen: *T. angustifolia* (Schmalblättriger R.) verhält sich ökologisch fast identisch (die Nährstoffansprüche sind nicht ganz so hoch), ist aber seltener (M6). Bei dieser Art sind die beiden Kolben > 2 cm voneinander getrennt, die Blätter sind meist (!) < 10 mm breit. Sie ist AC einer eigenen Assoziation innerhalb des Phragmition, die beiden Arten kommen aber durchaus nebeneinander vor (und bilden Bastarde). Beide Arten sind etwas salztolerant. – Die übrigen 3 Arten sind sehr selten.

▶ *Weitere Art: (515*) Ranunculus lingua*

4.2.1.3 Bachröhrichte (Glycerio-Sparganion)

Die Bachröhrichte weichen floristisch etwas ab und werden deshalb gelegentlich – zusammen mit dem Phalaridion – in eine eigene Ordnung *Nasturtio-Glycerietalia* gestellt.

(42) *Glyceria fluitans* (Manna-Schwaden, Flutendes Süßgras)

Kennzeichen: *Poaceae.* Stängel knickig aufsteigend, zusammengedrückt. Ährchen > 10 mm, in lang (!) ausgezogener, schmaler Infloreszenz. Fast immer ein basaler Rispenast (oft in der Blattscheide „versteckt"!) mit nur 1 Ährchen. 30–100 cm. V-IX.
Zeigercharakter: AC im Glycerio-Sparganion, aber auch in anderen Nassgesellschaften.
Ellenberg-Zahlen: L7, Tx, K3, F9=, Rx, N7 – M9, Ä5
Bemerkungen: Die Artengruppe um *G. f.* umfasst 4 nicht leicht zu unterscheidende Taxa. Alle finden sich auch im Glycerio-Sparganion, ohne fest daran gebunden zu sein. Es lohnt sich also eine genauere Bestimmung.

(43) *Helosciadium [Apium] nodiflorum* (Knotenblütiger Sellerie)(!!)

Kennzeichen: Vgl. *(31) Sium latifolium*. 20–60 cm. VII–IX.
Zeigercharakter: AC im Glycerio-Sparganion. Hauptsächlich in tiefen Lagen (T8!). Etwas salzertragend. Wertbestimmend.
Ellenberg-Zahlen: L7, T8, K3, F10, Rx, N6 – M3, Ä2
Bemerkungen: „K3" ist irreführend; bei uns verhält sich *H. n.* wie ein Atlantiker. Er kommt denn auch nur im Westen vor.

(41) Typha latifolia

(42) Glyceria fluitans

(43) Helosciadium nodiflorum

(44) *Nasturtium officinale* (Echte Brunnenkresse)

Kennzeichen: *Brassicaceae*. Blüten weiß. In den (reif) leicht gebogenen, < 2 cm langen Schoten stehen die Samen in 2 Reihen. 30–80 cm. V-IX. Ansonsten vgl. **Bemerkungen**.
Zeigercharakter: AC im Glycerio-Sparganion. Das Gewässer ist nährstoffreich, aber nicht verschmutzt.
Ellenberg-Zahlen: L7, Tx, K3, F10, R7, N7 – M7, Ä4
Bemerkungen: Die Blätter haben 2–3 Paar Seitenfiedern und eine relativ große Endfieder. Sie ähneln gelegentlich denen von *Cardamine amara*, doch ist dort der kantige Stängel markig und die Staubbeutel sind violett. *N. o.* hat einen hohlen Stängel und gelbe Staubbeutel. *Cardamine amara* ist zudem eine Kennart der Montio-Cardaminetea (vgl. 4.4.2.2). – Vgl. auch *(505) Cardamine pratensis*. – *N. o.* bildet auch Unterwasserformen aus und findet sich dann im Ranunculion fluitantis (vgl. 4.1.2.4).

(45) *Veronica anagallis-aquatica* agg. (Artengruppe Gauchheil-Ehrenpreis)

Kennzeichen: *Plantaginaceae (Scrophulariaceae)*. Wasser-Ehrenpreis mit sitzenden, lanzettlichen Blättern, blassvioletten Blüten in gegenständigen Trauben und rundlich-elliptischen Früchten, deren aufrecht abstehende Stiele viel länger als der Kelch. 15–50 cm. V-VIII.
Zeigercharakter: VC Glycerio-Sparganion, gelegentlich in Bidentetalia-Gesellschaften (vgl. 4.2.3) übergreifend. Wertbildend.
Ellenberg-Zahlen: L7, T6, K3, F9=, Rx, N6 – M7, Ä3
Bemerkungen: Die M/Ä-Zahlen beziehen sich auf die gesamte Artengruppe, die übrigen Zahlen auf deren häufigsten Vertreter (*V. a.-a.* s. str.); sie unterscheiden sich jedoch innerhalb der Gruppe kaum. – Diese Artengruppe – durch die Blätter gekennzeichnet, vgl. dagegen *(46) V. beccabunga* – besteht aus 4–5 Taxa, die allesamt gerne, mit unterschiedlichen Schwerpunkten, im Grenzbereich Glycerio-Sparganion/Bidention vorkommen. – Die nahe verwandte *V. scutellata* (Schild-E.; Blüten weißlich bis rosa, in wechselständigen Trauben) ist ebenfalls ein Nässezeiger (F9=), weicht aber sonst ökologisch stärker ab (z. B. R3, N3). Soziologisch wenig fixiert, findet sie sich vor allem in verschiedenen Seggenriedern, aber auch in Flachwasserrasen usw. Sie ist ebenfalls wertbildend (M5 Ä2).

(46) *Veronica beccabunga* (Bachbunge)

Kennzeichen: *Plantaginaceae (Scrophulariaceae)*. Wasser-Ehrenpreis mit 2–4 mm gestielten, ± elliptischen Blättern. 20–60 cm. V-VIII.
Zeigercharakter: Wie *(45) V. anagallis-aquatica*.
Ellenberg-Zahlen: L7, Tx, K3, F10, R7, N6 – M9, Ä4

▶ *Weitere Art: (21) Sium erectum.*

(44) Nasturtium officinale

(45) Veronica anagallis-aquatica agg.

(46) Veronica beccabunga

4.2.1.4 Brackwasserröhrichte (Bolboschoenion)

Gemäß Einführungstext zu Kap. 4.2 begnügen wir uns mit dem Vorstellen der VC:

(47) *Bolboschoenus maritimus* agg. (Strandsimse)

Kennzeichen: *Cyperaceae*. Stängel 3-kantig. Infloreszenz von 1 oder wenigen Tragblättern überragt, aus sitzenden und meist zusätzlich gestielten ovalen Ährchen zusammengesetzt. 40–120 cm. VI–IX.
Zeigercharakter: VC Bolboschoenion bzw. Scirpion maritimi. Salzverträglich.
Ellenberg-Zahlen: L8, T6, Kx, F10, R8, N7 – M4, Ä5
Bemerkungen: Die oben genannten Kennzeichen gelten für eine ganze Artengruppe. Davon ist *B. m.* s. str. – die „eigentliche" VC Bolboschoenion – ein Element der Küste, gekennzeichnet durch eine ± kopfige Infloreszenz; sie findet sich im Binnenland nur selten und ist dort vielfach verschollen. Außerhalb der Küsten kommen ca. 3 weitere Arten vor, bei denen meist einige Ährchen lang gestielt sind (vgl. Abb.); man hat sie bislang kaum unterschieden, über deren Verbreitung, Salzverträglichkeit und soziologische Zuordnung ist wenig bekannt. Die Ellenberg-Zahlen sind also vorsichtig zu interpretieren. Im Zweifelsfall führe man die gefundene Pflanze unter „*B. maritimus* agg." oder „s. l." – Eine dieser Arten zeigt die interessante Tendenz, sich in Maisäckern auszubreiten.

4.2.2 Hochstaudenfluren nasser Standorte (Filipendulion)

Das Filipendulion gehört syntaxonomisch dem Feucht- und Nassgrünland (Molinietalia) an, mit dem es auch regelhaft topografisch verknüpft ist. Es unterscheidet sich vom übrigen Nassgrünland jedoch u. a. durch Hochwüchsigkeit und erhöhte Mahd- bzw. Beweidungsempfindlichkeit. Diese Eigenschaften erinnern ein wenig an die der Säume (vgl. 4.10); in der Tat könnte man das Filipendulion als „Saum" zwischen Gewässer und Grünland auffassen. Dementsprechend ist es im typischen Fall von linearer Struktur. Sobald ein wesentlicher ökologischer Faktor jedoch ausfällt – hier die Mahd bzw. Beweidung –, kann es sich auch flächenhaft ausbreiten. Insbesondere das namensgebende Mädesüß (*Filipendula*) tendiert sehr stark dazu, weshalb es nicht hier behandelt wird, sondern in Kap. 5.12. Innerhalb des Verbandes werden etwa ein halbes Dutzend Assoziationen unterschieden. Einige davon können auch Nitrophyten in nicht unbeträchtlicher Zahl enthalten und dann zu den in 4.17.3.2. besprochenen Convolvuletalia überleiten.
Man beachte den hohen Anteil an *Wechsel*feuchte- bzw. -nässezeigern.

(48) *Euphorbia palustris* (Sumpf-Wolfsmilch) (!!)

Kennzeichen: *Euphorbiaceae*. Doldenstrahlen >5. Drüsen oval. Frucht dicht warzig. 60–150 cm. V–VI.
Zeigercharakter: AC im Filipendulion, auch im Senecionion. Kontinentalitätszeiger. Wertbildend.

(47) Bolboschoenus maritimus

(48) Euphorbia palustris

Ellenberg-Zahlen: L8, T6, K6, F8~, R8, Nx – M3, Ä3
Bemerkungen: Ein wenig ähnlich und ebenfalls auf ± feuchten Standorten (F6-7) vorkommend: *Eu. stricta* (Steife W.): Dolden 3(-5-)strahlig, Pflanze meist <60 cm; sowie die sehr seltenen (M1; !!) Arten *Eu. lucida* (Glänzende W.) mit halbmondförmigen Drüsen und *Eu. villosa* (Zottige W. !!) mit unterseits behaarten Blättern.

(49) *Geranium palustre* (Sumpf-Storchschnabel)

Kennzeichen: *Geraniaceae*. Hochwüchsiger Storchschnabel mit drüsenlosen Blütenstielen. Blattstiel rückwärts abstehend ± borstig behaart. 30–80 cm. VI-IX.
Zeigercharakter: AC im Filipendulion.
Ellenberg-Zahlen: L8, T5, K4, F7~, R8, N7 – M7, Ä4
Bemerkungen: Verwechslungsmöglichkeiten mit *(144) G. pratense* und *(153) G. sylvaticum*.

(50) *Lythrum salicaria* (Blutweiderich)

Kennzeichen: *Lythraceae*. Ährenartige Infloreszenzen mit purpurfarbenen, 6-zähligen Blüten. 50–120. VI-IX.
Zeigercharakter: VC Filipendulion, aber auch in anderen (wechsel)nassen Gesellschaften.
Ellenberg-Zahlen: L7, T5, K5, F8~, R6, Nx – M9, Ä5

(51) *Stachys palustris* (Sumpf-Ziest)

Kennzeichen: *Lamiaceae*. Rote Blüten in 4–10-blütigen Scheinquirlen, diese in ährenartigen Infloreszenzen. Blätter lanzettlich, ± ungestielt. 30–100 cm. VI-IX.
Zeigercharakter: VC Filipendulion, aber als Wechselfeuchtezeiger auch auf Äckern.
Ellenberg-Zahlen: L7, T5, Kx, F7~, R7, N6 – M9, Ä5

(52) *Thalictrum flavum* (Gelbe Wiesenraute)

Kennzeichen: *Ranunculaceae*. Blüten wirken optisch vor allem durch die gelben Staubblatt-Büschel, in aufrechten, ± gedrängten (Teil-)Rispen. Blätter ± 2-fach gefiedert, Fiedern verkehrt eiförmig, vorne oft 3-spitzig, basal oft mit stipelähnlichen Bildungen. 50–120 cm. VI-VIII.
Zeigercharakter: VC Filipendulion. Auch in anderen Molinietalia-Gesellschaften und an Flussufern. Wertbildend.
Ellenberg-Zahlen: L7, T6, K5, F8~, R8, N5 – M5, Ä3
Bemerkungen: *Thalictrum* gehört zu den Gattungen, deren Vertreter in verschiedenen Gesellschaften vorkommen, wobei sie jedoch immer wertbildend sind. Die praktisch nur aus Staubblättern (und zahlreichen unverwachsenen Fruchtknoten) bestehenden Blüten sind unverwechselbar. Mit Ausnahme der lilablütigen *Th. aquilegifolium* blühen sie alle gelb(lich), die stets vielblütige Infloreszenz kann auch sehr locker sein. Die Fiedern sind rundlich bis fast linealisch, der Blatt*schnitt* ist aber recht gattungstypisch. Die meisten Arten bevorzugen feuchte Standorte (F6~-8), nur *Th. minus* (Kleine W.) ist ± ein Element des Geranion (F3).

(49) Geranium palustre

(50) Lythrum salicaria

(52) Thalictrum flavum

(51) Stachys palustris

(53) *Valeriana officinalis* agg. (Artengruppe Arznei-Baldrian)

Kennzeichen: *Caprifoliaceae (Valerianaceae).* Blüten rosa, mit 3 Staubblättern. Frucht mit Pappus. Stängel gerieft, nur im Blütenstand verzweigt. Blätter gefiedert, grund- und in wenigen Paaren stängelständig. 50–200 cm. Je nach Taxon V-VI bzw. VI-VIII. – Zu der Artengruppe gehören 6 Taxa, die teils als Arten, teils als Unterarten geführt werden; zu deren Merkmalen (und den aktuellen Namen) vgl. Bestimmungsbuch.
Zeigercharakter: 3 der 6 Taxa gehören ± (!) ins Filipendulion, aber auch in feuchte Saumgesellschaften. Am weitesten davon verbreitet ist *V. repens [V. procurrens]* mit 4–7 unterseits lang behaarten Fiederpaaren an mittleren Stängelblättern, auf den sich die folgenden Angaben beziehen.
Ellenberg-Zahlen: L7, T6, K4, F8=, R6, N6 – M6, Ä5

Die beiden folgenden Arten gehören soziologisch nicht ins Filipendulion, finden sich aber doch bevorzugt an Gewässerufern.

(54) *Petasites hybridus* (Gewöhnliche Pestwurz)

Kennzeichen: *Asteraceae.* Blätter ± herzförmig, bis 100 x 60 cm, Blattstiel oberseits mit enger Rinne. Blüten rötlich. 30–100 cm. III-V.
Zeigercharakter: AC in Glechometalia (vgl. 4.17.3.1). In luftfeuchten Lagen oft herdenbildend und andere Pflanzen unterdrückend („verdämmend"). Pflanze wegen der großen Blätter sehr auffällig, Zeigerwert aber gering.
Ellenberg-Zahlen: L7, T5, K2, F8=, R7, N8 – M8, Ä5
Bemerkungen: Ähnlich große Blätter, aber mit flachrinnigem Stiel, und zudem weiße Blüten hat die waldbewohnende *P. albus* (Weiße Pestwurz).

(55) *Scrophularia umbrosa* (Geflügelte Braunwurz)

Kennzeichen: *Scrophulariaceae.* Stängel 4-kantig geflügelt. Spreite gesägt, basal gerundet bis verschmälert. 50–100 cm. VI-VIII.
Zeigercharakter: AC im Convolvulion (vgl. 4.17.3.2), aber auch sonst an Ufern nährstoffreicher (Klein-)Gewässer.
Ellenberg-Zahlen: L7, T6, K5, F9=, R8, N7 – M7, Ä4
Bemerkungen: Die ähnliche Art *S. auriculata* (Spreite gekerbt, basal ± herzförmig) hat eine ähnliche Einnischung, ist aber als atlantisches Element nur im Westen verbreitet. – Vgl. *(576) Mentha longifolia.*

(53) Valeriana officinalis agg.

(54) Petasites hybridus

(55) Scrophularia umbrosa

4.2.3 Zweizahn-Gesellschaften (Spülsäume und Schlammufer) (Bidentetea)

Hierunter verstehen wir die lückige, krautige Vegetation im unmittelbaren, gehölzfreien, „schlammigen" Uferbereich. Zweizahn-Gesellschaften finden sich von Natur aus vor allem an größeren Fließgewässern, deren wechselnder Wasserstand einerseits das Aufkommen von Gehölzen erschwert, andererseits durch Anschwemmen von mitgeführten organischen Resten (sog. Getreibsel, vgl. die Einleitung zu Kap. 4.14) den Boden düngt; solche Spülsäume[43] sind somit einer der wenigen von Natur aus nährstoffreichen Standorte. Unter dem Einfluss des Menschen finden sie sich zunehmend auch an Ufern von Kleingewässern, z. B. wenn bei Eintiefung eines Fließgewässers eine ± steile, nur mit schütterer Vegetation bewachsene Uferböschung entsteht, an Weidetümpeln oder an künstlichen Teichen mit wechselndem Wasserstand. An natürlichen Stillgewässern sind sie normalerweise nicht entwickelt, da deren Uferbereiche keiner vergleichbaren Dynamik ausgesetzt sind und hier der permanente Nährstoffnachschub geringer ist.

Syntaxonomisch werden zwei Verbände unterschieden: die Zweizahn-Knöterich-Ufergesellschaft (**Bidention**) und die Melden-Ufersäume[44] (**Chenopodion glauci** = Chenopodion rubri). Sie werden zu einer eigenen Ordnung bzw. Klasse zusammengefasst, **Bidentetalia** bzw. **Bidentetea**.

Von diesen (auch) natürlich vorkommenden nitrophytischen Pflanzengesellschaften scharf zu trennen ist die durch anthropogene Anreicherung unserer Gewässer (durch Weidevieh, Abwässer und Düngeeintrag) und die dadurch hervorgerufene, weitreichende Verunkrautung unserer Gewässerufer, insbesondere der kleinen, Grünland oder Kleingärten durchziehenden Bäche. Da sich diese hygrischen Unkrautsäume auf allen feuchten bis nassen Standorten finden können, werden sie im Kap. 4.17.3 bzw. 5.11 im Zusammenhang besprochen und hier nur die Merkmale der beiden Vegetationstypen gegenübergestellt (vgl. Tab. 4.2.a).

(56) *Gattung Bidens* (Zweizahn)

Kennzeichen: *Asteraceae.* Gattungsmerkmale: Köpfchen meist nur mit Röhrenblüten, ± so breit wie hoch. Frucht mit 2–4 widerhakigen Grannen. Blätter gegenständig, meist 3–5-teilig, kurz gestielt. 20–120 cm. VII-X.

Zeigercharakter: OC Bidentetalia. Im Übrigen vgl. **Bemerkungen**.

Ellenberg-Zahlen: L±8, T6, K5/x, F±9=, R±7, N8-9 – M s.u., Ä 5-6

Bemerkungen: *Bidens* gehört zu den wenigen Gattungen, von denen alle (*hier:* 5) Arten derselben syntaxonomischen Einheit (*hier:* Bidentetalia/Bidention) zuzurechnen sind[45]. Entsprechend ähnlich sind deren ökologische Ansprüche; lediglich *B. frondosus* (Schwarzfrüchtiger Z.) zeigt mit F8 geringere Feuchte-, *B. radiatus* (Strahlen-Z.) geringere Basen-

43 Die Bidentetea als „Spülsaumgesellschaft" zu bezeichnen, wäre zwar sachlich richtig, empfiehlt sich aber nicht, da man darunter hauptsächlich die ebenfalls eigenständigen Spülsäume der Meeresküsten versteht.

44 Der Name ist insofern inkorrekt, als man unter „Melden" die Gattung *Atriplex*, nicht *Chenopodium* versteht.

45 Andere Beispiele für diese Erscheinung werden wir bei den Kleinschmielenrasen (4.8.3) kennenlernen.

Tab. 4.2.a: Schlammufer (Spülsäume) und verunkrautete Gewässerufer im Vergleich

	Schlammufer	Hygrischer Unkrautsaum
Standort	von Natur aus nur an primär gehölzfreien Ufern größerer Flüsse	meist ± anthropogen; ± an allen hygrischen Standorten möglich
Nährstoffangebot	hoch	oft übermäßig
Lebensform	meist Annuelle	meist herdenbildende Stauden
Phänologie	Sommer und Herbst	Frühjahr bis Herbst
Vegetationsdichte	lückig	dicht
Konkurrenzkraft	gering	hoch (verdämmend)
Syntaxonomie	1 gut umgrenzte Klasse/Ordnung (Bidentetea/-alia)	Galio-Urticetea bzw. Convolvuletalia; oft auch aus Vertretern verschiedener Syntaxa zusammengesetzt oder gesellschaftsvag

(56) Bidens frondosus

Ansprüche (R6) als der jeweilige „Rest". Auch im Aussehen ähneln sie sich (vgl. Bestimmungsbuch). Hier abgebildet ist *B. frondosus*; sehr ähnlich die weitaus häufigste Art (M9) *B. tripartitus* (Dreiteiliger Z.). *(57) B. cernuus* weicht ab (vgl. dort).

(57) *Bidens cernuus* (Nickender Zweizahn)

Kennzeichen: *Asteraceae.* Als einzige *Bidens*-Art mit ± nickenden Köpfchen, meist mit Strahlenblüten und ungeteilten, gegenständigen Blättern. 10–120 cm. VIII-X.
Zeigercharakter: VC Bidention, im Unterschied zu *(56*) B. tripartitus* aber ein wertbestimmendes Taxon. Es bevorzugt natürliche Standorte und ist in seiner Verbreitung deshalb rückläufig.
Ellenberg-Zahlen: L8, T6, K5, F9=, R7, N9 – M7, Ä3

(58) *Chenopodium glaucum* (Blaugrüner Gänsefuß)

Kennzeichen: *Amaranthaceae (Chenopodiaceae).* Blüten sehr klein, grünlich, mit einfachem, 3–5-zähligem Perigon, in rispigen Gesamtblütenständen. Blätter länglich, flach gebuchtet, unterseits „mehlig bestäubt", daher beide Blattseiten von unterschiedlicher Farbe. 10–100 cm. VII-X.
Zeigercharakter: VC Chenopodion glauci. Vielfach auch in dörflichen Siedlungen usw., dort wertbildend.
Ellenberg-Zahlen: L8, T6, K7, F6, Rx, N9 – M5, Ä5
Bemerkungen: Fast identische Ökologie (aber Tx) und ebenfalls VC Chenopodion: *Ch. rubrum* (Roter G.), mit beiderseits unbemehlten Blättern. Der Infloreszenzbereich ist bei beiden Arten im Gegensatz zu dem vieler anderer Chenopodien nicht bemehlt. – Zu *Ch. ficifolium* vgl. *(557).*

(59) *Polygonum subgenus Persicaria [Gattung Persicaria]* (Knöterich)

Hierher gehören 6 Arten, die z. T. noch in Unterarten gegliedert sind (vgl. Bestimmungsbuch). Zu *(15) P. amphibium* vgl. dort. Weitere 4 Arten sind AC/VC/OC in Bidentetea-Syntaxa mit sehr ähnlichen ökologischen Ansprüchen und auch nebeneinander vorkommend. Auf diese 4 Arten beziehen sich die folgenden Angaben. *(435) P. persicaria*, die 6. Art, at seinen Schwerpunkt in Hackfrucht-Gesellschaften (vgl. 4.16), kommt aber ebenfalls hier häufig vor, wie umgekehrt die Bidentetea-Arten auch in Gänsefuß-Gesellschaften vorkommen können.
Kennzeichen: *Polygonaceae.* Kleine weißliche oder rosa Blüten in mehreren ährenartigen, je nach Art lockeren oder dichten Blütenständen. Im letzteren Fall sind Ährenstiele und Perigon drüsig (wenn kahl: *(435) P. persicaria*). Blätter meist ± lanzettlich, basal den Stängel mit einer röhrigen (aber aufreißenden), oben ± bewimperten Ochrea („Tute") umhüllend, oberseits zuweilen mit schwarzem Fleck. Blattstiel unterhalb der Mitte der Ochrea abgehend.
Zeigercharakter: Siehe oben.
Ellenberg-Zahlen: L6-7, T6, K3-4, F8(=), R5-6, N7-8 – M5-9, Ä3-5
Bemerkungen: Abgebildet ist *P. lapathifolium* (Ampfer-Knöterich) mit dichter Infloreszenz und unterseits drüsigen oder filzigen Blättern.

(57) Bidens cernuus

(58) Chenopodium glaucum

(59) Polygonum lapathifolium

(60) *Potentilla supina* (Niedriges Fingerkraut)

Kennzeichen: *Rosaceae.* Kronblätter gelb, sich nicht berührend, höchstens so groß wie der Kelch. Blätter 3–8-zählig gefiedert. 10–20 cm. VI–IX.
Zeigercharakter: OC Bidentalia, auch auf offenen, sandigen Standorten des Nanocyperion. Etwas salzertragend.
Ellenberg-Zahlen: L7, T7, K5, F8=, R6, N7? – M3, Ä2

(61) *Ranunculus sceleratus* (Gift-Hahnenfuß)

Kennzeichen: *Ranunculaceae.* Blüten klein (4–10 mm Durchmesser), blassgelb, auf gefurchten Stielen. Frucht kurz walzenförmig, mit > 50 Nüsschen. Blätter tief handförmig 3–5-teilig. Stängel hohl. 20–50 cm. VI-X.
Zeigercharakter: AC im Bidention. Wertbildend.
Ellenberg-Zahlen: L9, T6, Kx, F9=, R7, N9 – M6, Ä5
Bemerkungen: Ä5 ist wahrscheinlich zu optimistisch; die Art zeigt im Süden abnehmende Tendenz.

(62) *Stellaria aquatica [Myosoton aquaticum]* (Wasserdarm)

Kennzeichen: *Caryophyllaceae.* Kronblätter tief gespalten (daher scheinbar 10). Einzige *Stellaria* mit 5 Griffeln (daher auch als eigene Gattung *Myosoton* betrachtet). Untere Blätter am vierkantigen Stängel ± sitzend. 20–40 cm. VI–IX.
Zeigercharakter: Convolvuletalia-Art (vgl. 4.17.3.2), hat aber an Gewässerrändern einen Verbreitungsschwerpunkt und findet sich häufig auch in Bidentetalia-Gesellschaften; gerne mit „*Persicaria*"-Arten, vgl. *(59)*. – Nährstoffzeiger; vgl. *(573) Eupatorium cannabinum.*
Ellenberg-Zahlen: L7, T5, K3, F8=, R7, N8 – M8, Ä5
Bemerkungen: Ähnlich *(391) St. nemorum* mit 3 Griffeln und meist > 1 cm lang gestielten unteren Blättern.

(63) *Gattung Xanthium* (Spitzklette)

Kennzeichen: *Asteraceae.* Die Gattung ist an ihren dornigen, mit 2 Schnäbeln versehenen „Früchten" (morphologisch genauer: Fruchtköpfchen) sofort zu erkennen. 30–120 cm. VII–X.
Zeigercharakter: Von den ca. 5 bei uns vorkommenden Taxa (sie sind wahrscheinlich alle nicht indigen) finden sich 3 mit gewissem Schwerpunkt in Chenopodion glauci-Gesellschaften.
Ellenberg-Zahlen liegen keine verwertbaren vor. Allen Arten gemeinsam ist ein relativ hohes Wärme- und Nährstoffbedürfnis.
Bemerkungen: Taxonomie und Areale der einzelnen Arten sind nicht ausreichend bekannt. Abgebildet ist *X. orientale* ssp. *riparium (= X. albinum).*

▶ *Weitere Art: (121*) Tephroseris palustris*

(60) Potentilla supina

(61) Ranunculus sceleratus

(62) Stellaria aquatica

(63) Gattung Xanthium

4.2.4 Zwergbinsen-Gesellschaften (Isoëto-Nanojuncetea)

Die Zwergbinsen-Gesellschaften haben mit den bisher genannten drei Gesellschaftstypen floristisch, aber auch ökologisch wenig gemein, was darin zum Ausdruck kommt, dass sie syntaxonomisch eine eigene, gut abgegrenzte Klasse bilden (**Isoëto-Nanojuncetea**). Sie sind ein selten gewordener Vegetationstyp (die beiden *Isoëtes*-Arten haben in Deutschland vielleicht noch ein halbes Dutzend Fundorte) aus zwergwüchsigen, vorwiegend annuellen und daher konkurrenzschwachen Arten. Die Gesellschaften treten deshalb meist nur unbeständig und kleinflächig auf offenen (das kann auch bedeuten: oft gestörten), (wechsel) feuchten Standorten auf, z. B. an Teichrändern, vorübergehend trockengefallenen Gräben und Flussufern, aber auch auf feuchten Brachäckern oder an Waldwegen. – Die Klasse besteht nur aus einer Ordnung, den **Cyperetalia (fusci)** bzw. einem weitgefassten Verband (**Nanocyperion**), der dann aber syntaxonomisch reich gegliedert ist; darauf müssen wir wegen der Seltenheit der Gesellschaften nicht näher eingehen. Wichtig ist nur noch der Hinweis, dass die wenigen Vertreter, die häufiger vorkommen (also z. B. *(64) Centaurium pulchellum* oder *(66) Gnaphalium uliginosum*) den Gesellschaftstyp gelegentlich nur andeuten.

(64) *Centaurium pulchellum* (Ästiges Tausendgüldenkraut, Kleines T.)

Kennzeichen: *Gentianaceae*. Rosa Blüten in ausgeprägt dichasialen Infloreszenzen. Ohne Grundblattrosette. Pflanze einjährig. 5–15 cm. VII–IX.
Zeigercharakter: VC Nanocyperion. Salzertragend. Wertbildend.
Ellenberg-Zahlen: L9, T6, K7, Fx~, R9, N4 – M6, Ä2
Bemerkungen: Das weiter verbreitete *C. erythraea* (Echtes T.; M7, Ä3) wird größer (-30 cm), hat eine Grundblattrosette und scheindoldig gestauchte Infloreszenzen. Es ist gesellschaftsvag mit einer Vorliebe für saumartige Biotope und hat mittlere Feuchte-Ansprüche (F5).

(65) *Cyperus fuscus* (Braunes Zypergras)

Kennzeichen: *Cyperaceae*. Ährchen deutlich 2-zeilig (*Cyperus*-Merkmal). Pflanze einjährig. Stängel scharf 3-kantig. 5–20 cm. VII-VIII.
Zeigercharakter: OC Cyperetalia. Wertbestimmend.
Ellenberg-Zahlen: L9, T6, K7, F7=, Rx, N4 – M4, Ä3
Bemerkungen: Ähnlich, aber seltener (M3) und vielfach ausgestorben *C. flavescens* (Gelbliches Z.; !!) mit stumpfkantigem Stängel (VC Nanocyperion).

(66) *Gnaphalium uliginosum* (Sumpf-Ruhrkraut)

Kennzeichen: *Asteraceae*. Die unscheinbaren, nur 3–4 mm langen Köpfchen zu 3–10 endständig geknäuelt, von abstehenden Hochblättern weit überragt. Pflanze einjährig. 5–20 cm. VII-IX.
Zeigercharakter: OC Cyperetalia. Bodenverdichtungs- und Vernässungszeiger (vgl. 5.11.2).
Ellenberg-Zahlen: L7, T6, K4, F7, R4, N4 – M9, Ä5
Bemerkungen: Vgl. *(289) G. sylvaticum*.

(64) Centaurium pulchellum

(65) Cyperus fuscus

(66) Gnaphalium uliginosum

(67) *Isolepis setacea* (Moorbinse)

Kennzeichen: *Cyperaceae.* Pflanze nur aus einem Halm mit scheinbar seitenständigem Büschel[46] von wenigen bis zu 3 mm langen Ährchen bestehend. 2–10 cm. VI-IX.
Zeigercharakter: AC im Nanocyperion. Wertbildend.
Ellenberg-Zahlen: L9, T5, K2, F9, R5, N3 – M5, Ä4
Bemerkungen: *Eleogiton [Isolepis] fluitans* mit nur einem auch manifest endständigen Ährchen ist eine sehr seltene Art (M2, Ä2, !!) der Littorelletalia (F10).

(68) *Limosella aquatica* (Schlammkraut)

Kennzeichen: *Plantaginaceae (Scrophulariaceae).* Blüten einzeln gestielt, klein, fast radiär, weißlich oder ± rötlich, mit 5-teiliger Krone und 4 Staubblättern. Blätter alle in einer Rosette, linealisch bis schmal-spatelförmig. Pflanze einjährig, aber durch Ausläufer oft kleine Rasen bildend. 2–10 cm. VI–IX.
Zeigercharakter: AC im Nanocyperion. Auf längere Zeit überflutetem Boden. Wertbestimmend.
Ellenberg-Zahlen: L7, T6, K3, F8=, R7?, N3? – M3, Ä2?
Bemerkungen: R7 ist *zu* präzise; die Art verträgt eine weite Spanne. N3 ist wohl zu wenig. Ä2 ist dagegen realistisch.

▸ *Weitere Arten zu 4.2.4: Eleocharis*-Arten, vgl. *(22)* oder *(508); (535) Juncus bufonius. – (94) Comarum palustre* und *(96) Menyanthes trifoliata* gehören „formal" in die Kleinseggenrieder (Scheuchzerio-Caricetea), passen aber topografisch auch gut zur krautigen Vegetation der Gewässerränder (vgl. 4.2), weil sie von Gewässerrändern auf das freie Wasser vordringen. Sie finden sich fast ausschließlich in relativ natürlichen, nährstoffarmen Stillgewässern (und sind deshalb stark im Rückgang begriffen). In ihren ökologischen Ansprüchen sind sie sehr ähnlich. Sie können als „wertbestimmend" betrachtet werden.

4.3 Moore

Moore gehören zu den Biotoptypen, die in der Vergangenheit sowohl quantitativ als auch qualitativ am meisten unter der anthropogenen Zerstörung leiden mussten. In der Urlandschaft bedeckten Moore große Flächen, vor allem in Norddeutschland und im Voralpengebiet. Inzwischen muss man über 90% der ursprünglichen Moorfläche in Deutschland als zerstört bezeichnen. Berichte früherer Vegetationskundler von vor 100 bis 150 Jahren können wir heute nur noch mit ungläubigem Staunen lesen. Schutzmaßnahmen setzten viel zu spät ein, nämlich als Restflächen in ökologisch sinnvoller Größe kaum mehr zur Verfügung standen. Hinzu kommen unkontrollierbare Einwirkungen wie Nährstoffeinträge aus der Luft – neben Stickstoff vor allem auch Kalzium – und aus der „Nachbarschaft",

46 Die Verhältnisse sind hier wie bei *Schoenoplectus* oder manchen *Juncus*-Arten: Die Infloreszenz ist eigentlich endständig, wird aber vom stängelähnlichen Tragblatt zur Seite gedrängt.

(67) Isolepis setacea

(68) Limosella aquatica

Veränderungen der Grundwasserverhältnisse usw. Und im Zweifelsfall hat die Durchführung einer infrastrukturellen Maßnahme – wie Straßen- oder Flughafenbau – immer noch Vorrang vor dem Erhalt eines Moores.

Moore entstehen nur unter speziellen ökologischen Bedingungen (auf die wir hier nicht im Einzelnen eingehen können), wie sie heute kaum noch existieren. Dies bedeutet: Es entstehen keine neuen Moore mehr, und die zerstörten Moore lassen sich kaum noch regenerieren („reparieren" wäre ein besserer Ausdruck) – jedenfalls nicht im Lauf der nächsten Jahrhunderte. Ausgleichsmaßnahmen sind nicht möglich, Ersatzmaßnahmen ebenfalls nicht, wenn man die Schutzwürdigkeit des Biotoptyps „Moor" berücksichtigt. Einzelne Erfolge des „Moor-Managements", wie sie durchaus nachzuweisen sind, ändern wenig an dieser allgemeinen Einschätzung der Lage.

Moore sind also in Vegetationskunde und Landschaftsplanung von großer Bedeutung. Dennoch wollen wir hier die Moore aus folgenden Gründen nur kurz behandeln:

- Der richtige „Umgang" mit Mooren – wissenschaftlich wie landespflegerisch – ist eher etwas für einen Spezialisten. Wer sich für Moore interessiert, sollte deshalb auch zu Spezialliteratur greifen, von der es sehr viel gibt.
- Die meisten Kennarten der einzelnen Moor-Gesellschaften gehören zu den in diesem Buch unterrepräsentierten Gruppen: Sie sind Vertreter der schwierig zu erkennenden oder gar nicht berücksichtigten Taxa (Seggen, Moose …).
- Moore – vor allem Hochmoore – sind auf bestimmte Regionen beschränkt (Nord-Deutschland, Alpenvorland, Hochlagen der Mittelgebirge) und deshalb überregional nicht von *praktischer* (!) Bedeutung. Typische Hochmoore muss man außerdem nicht suchen: Sie sind physiognomisch unverwechselbar, alle längst bekannt und deshalb auf jeder besseren Karte als solche eingetragen.

Moore sind topografische Einheiten vegetationsbedeckter Lagerstätten von Torf, d. h. von mineralarmen Humusansammlungen, die zumindest während ihrer Entstehungszeit von (stehendem) Wasser durchtränkt waren und deshalb aus Sauerstoffmangel – und aufgrund niedriger Umgebungstemperatur – nicht stärker zersetzt werden konnten. Ansonsten sind die Moore außerordentlich variantenreich in ihrer Entstehung, ihren ökologischen Bedingungen und der damit verbundenen Vegetation. Es gibt verschiedene Kriterien, Moore zu kategorisieren, so z. B. die Geländesituation (Tal, Hang, Sattel ...), die Genese (über Versumpfung, Verlandung, vgl. unten) oder über den Nährstoffgehalt (eu-, oligo-, dystroph[47]). Die immer noch praktikabelste Untergliederung ist die nach der aktuellen „Wasserquelle": Grundwasser oder Regenwasser; denn damit sind auch weitere, pflanzenökologisch bedeutsame Merkmale und Eigenschaften verknüpft, außerdem entspricht dies in gewisser Weise einer pflanzensoziologischen Großgruppenbildung. Ansonsten ist es in der Praxis meist nur bei Behandlung spezieller Fragen sinnvoll, eine weitergehende Gliederung nach pflanzensoziologischen Kriterien durchzuführen, schon wegen der häufig auftretenden Schwierigkeit, die jeweiligen Charakterarten zu erkennen.

Nach der Wasserquelle unterscheiden wir also:

47 *Dystroph:* Reich an Huminstoffen (daher Braunfärbung), aber sehr arm an Mineralstoffen.

Die von Grundwasser gespeisten **Nieder-** oder **Flachmoore**, deren Torf meist vorwiegend von Seggen gebildet wird (vgl. 4.3.1), sind durch eine gewissermaßen lückenlose Übergangsreihe mit „Sümpfen" (Kleinseggenriedern und Quellfluren) verbunden, die allerdings *per definitionem* nicht auf Torf, sondern auf Mineralboden stocken oder auch direkt im Zusammenhang mit der biogenen Verlandung eines stehenden Gewässers entstehen („Verlandungsmoore" auf Sumpfhumus). Wegen dieser – auch floristisch – lückenlosen Reihe von „Moor" zu „Sumpf" werden die Kleinseggenrieder (im Sinne der Caricetalia nigrae und C. davallianae) erst in Kap. 4.4.2 besprochen und hier nur zwei Arten aus der Klasse Scheuchzerio-Caricetea genannt, deren Verbreitungsschwerpunkt auch wirklich das *Moor* ist.
Aus Niedermooren – gleich welcher Genese – können sich unter bestimmten klimatischen Bedingungen (die heute nicht mehr gegeben sind) **Hochmoore** (vgl. 4.3.2) entwickeln. Sie entstehen durch eine sich „uhrglasförmig" aufwölbende[48] Akkumulation von Torf (der hier v. a. von Torfmoosen, nicht von Seggen gebildet wird) und den dadurch bedingt abreißenden Kontakt mit dem Grundwasser: Hochmoore verfügen daher über einen eigenen, ausschließlich vom Regen gespeisten Wasserspiegel, sie sind *ombrotroph*; deshalb lassen sich Hochmoore auch leichter entwässern (bei Grundwasser gespeisten Mooren fließt das Wasser ja ständig nach), was sich in der Vergangenheit leider immer wieder bestätigt hat.
Eine zum Hochmoor vermittelnde Form stellt das sog. *Zwischen-* oder *Übergangsmoor* dar, das synsystematisch noch zu den Niedermooren zählt. Auch die Randzone eines Hochmoores („Lagg") hat noch Kontakt mit dem Mineralbodenwasser und zeigt häufig eine entsprechende Vegetation (sog. *Mineralbodenwasserzeiger*). Als äußerster „Ring" um das Hochmoor finden sich gelegentlich noch niedermoorartige Bereiche.
Ökologisch sind Hochmoore über weite geografische Räume hinweg viel einheitlicher als Niedermoore, deren Eigenschaften ja wesentlich vom Mineralboden („Untergrund") und dem speisenden Wasser abhängen, das z. B. durchaus kalkführend sein kann. Hochmoore dagegen sind stets extrem nährstoffarm, der Torf hat einen pH von meist < 4, das Wasser ist dystroph. Bekannt sind die Hochmoore durch ihre Gliederung in erhabene *Bulte* – die für Hochmoore besonders kennzeichnend sind und deren Vegetation syntaxonomisch eine eigene Klasse, die Oxycocco-Sphagnetea, bilden – sowie in muldige, nasse *Schlenken*, die floristisch an Niedermoore erinnern und syntaxonomisch, als eigener Verband Rhynchosporion, auch zu diesen gerechnet werden.
Die in Kap. 4.1 erwähnten **Moorgewässer** (Utricularietea intermedio-minoris bzw. der einzige Verband Sphagno-Utricularion; vgl. 4.3.3) finden sich in den verschiedensten Moortypen und weisen deshalb auch unterschiedliche ökologische Rahmenbedingungen auf, v. a. was den Trophiegrad und den pH-Wert betrifft. Floristisch gekennzeichnet (und entsprechend syntaxonomisch gegliedert) sind sie durch verschiedene Moose (vielfach durch *Sphagnum*-Arten) und die Gattung *Utricularia* (Wasserschlauch).
Die – zumindest optisch – von Sträuchern geprägten Moorweidengebüsche werden in Kap. 4.14.4 behandelt.

48 Daher *Hoch*moor, nicht etwa wegen eines auf höhere Lagen beschränkten Vorkommens.

Auffällig, was die systematische Zuordnung der kennzeichnenden Moorelemente (insbesondere der Hochmoore) betrifft, ist die Dominanz von Moosen (auch hier v. a. die Torfmoose der Gattung *Sphagnum*), Cyperaceen und Ericaceen. Im Folgenden sollen einige Taxa vorgestellt werden, die noch relativ häufig vorkommen (aber auch größtenteils starke Rückgangstendenz zeigen) und so mit gewisser Sicherheit erlauben, Reste von Moorvegetation zu erkennen – zweifellos die wichtigste Zeigefunktion der nachfolgend genannten Arten. *Gut* ausgebildete Moorflächen muss man nicht erst aus der floristischen Zusammensetzung erschließen – sie sind allesamt literaturbekannt, vgl. oben.

Wie bereits erwähnt, sind die meisten Moore gestört. Von besonderer Bedeutung ist hier ein durch Austrocknung (häufig genug anthropogener Verursachung) bedingter Florenwandel. Kennzeichnend dafür ist z. B. das (gehäufte) Auftreten von Heidekraut *(160) Calluna*, krüppeligen Kiefern („echte" Hochmoore sind baumfrei!) oder des Wechsel(!)feuchtezeigers *(532) Molinia*.

4.3.1 Nieder- und Zwischenmoore (Scheuchzerio-Caricetea nigrae p. p.)

(69) *Eriophorum angustifolium* (Schmalblättriges Wollgras)

Kennzeichen: *Cyperaceae*. Mit mehreren büscheligen, weißwolligen Ähren und rundem Stängel. 20–50 cm. IV-V.
Zeigercharakter: KC Scheuchzerio-Caricetea, aber auch in Kleinseggenrieden. Wertbildend.
Ellenberg-Zahlen: L8, Tx, Kx, F9=, R4, N2 – M8, Ä3
Bemerkungen: Vgl. *(95) E. latifolium* und *(74) E. vaginatum*.

(70) *Triglochin palustre* (Sumpf-Dreizack) (!!)

Kennzeichen: *Juncaginaceae*. Pfl. mit binsenartigen, mit zweizipfeliger Ligula versehenen Blättern und langer, dünner, lockerer Infloreszenz. Frucht 3-teilig.10–40 cm. VI-VIII.
Zeigercharakter: KC Scheuchzerio-Caricetea; auch in (tritt-)gestörten Niedermooren und nicht nur auf rein humosen Böden. Wertbestimmend.
Ellenberg-Zahlen: L8, Tx, Kx, F9, Rx, N1 – M6, Ä2
Bemerkungen: Die Art ist auch salztolerant (vgl. 5.7). Ein obligater Halophyt und weniger nass stehend (F7) ist *T. maritimum* (Strand-D.; Infloreszenz oben dicht, Frucht 6-teilig), ein Element der Küste, das sich aber auch an Salzstellen des Binnenlandes findet.

▶ Vgl. auch 4.4.2.1.

(69) Eriophorum angustifolium

(70) Triglochin palustre

4.3.2 Hochmoore

Wir nennen zunächst einige – nicht extrem seltene – Pflanzen der Bulte, sodann zwei Beispiele für Schlenken-Gattungen, die dem Verband Rhynchosporion zuzurechnen sind (welcher syntaxonomisch, ungeachtet seines Vorkommens in Hochmooren, zu den Niedermooren gerechnet wird; vgl. Einleitung zu 4.3). Es sei nochmals betont, dass eine genauere floristisch-soziologische Gliederung der Hochmoore an dieser Stelle nicht möglich ist, weil das dafür weitaus wichtigste Taxon – die Torfmoose der Gattung *Sphagnum* – hier nicht behandelt wird.

4.3.2.1 Bulte (Oxycocco-Sphagnetea p. p.)

(71) ***Andromeda polifolia*** (Rosmarinheide) (!!)

Kennzeichen: *Ericaceae.* Zwergstrauch. Blüten rosa, stark bauchig. Blätter lanzettlich bis linealisch, am Rand umgerollt. 5–30 cm. V-VIII.
Zeigercharakter: OC in Oxycocco-Sphagnetea. Wertbestimmende Zeigerpflanze für Hochmoor-Verhältnisse.
Ellenberg-Zahlen: L9, T4, K5, F9, R2, N2 – M5, Ä2
Bemerkungen: Gilt als Eiszeitrelikt, d. h. mit einer spontanen Wiederbesiedlung von Standorten ist nicht zu rechnen.

(72) ***Drosera rotundifolia*** (Rundblättriger Sonnentau) (!!)

Kennzeichen: *Droseraceae.* Die Blattspreite mit den insektenfangenden „Tentakeln" ist rund. 5–15 cm. VII-VIII.
Zeigercharakter: Schwache KC Oxycocco-Sphagnetea. Wächst – im Gegensatz zu den beiden anderen Arten, vgl. *(76) D. intermedia* – auch auf Bulten, ist aber nicht auf sie beschränkt. Wertbildend.
Ellenberg-Zahlen: L8, T4, K3, F9, R1, N1 – M6, Ä3

(73) ***Erica tetralix*** (Glocken-Heide)

Kennzeichen: *Ericaceae.* Blätter zu 3–4 quirlig, bewimpert, stumpf. 15–50 cm. VI-IX.
Zeigercharakter: AC in Oxycocco-Sphagnetea. Kennart für atlantische Hochmoore; auch in Heidemooren. Wertbildend.
Ellenberg-Zahlen: L8, T5, K1, F8, R1, N2 – M5, Ä3
Bemerkungen: Südlich des Mains oft nur adventiv.

(74) ***Eriophorum vaginatum*** (Scheidiges Wollgras)

Kennzeichen: *Cyperaceae.* Nur eine endständige büschelige Ähre. 15–40 cm. IV-V.
Zeigercharakter: KC Oxycocco-Sphagnetea. Wertbildend.
Ellenberg-Zahlen: L7, Tx, Kx, F9~, R2, N1 – M6, Ä5
Bemerkungen: Vgl. *(69) E. angustifolium* und *(95) E. latifolium.*

(71) Andromeda polifolia

(72) Drosera rotundifolia

(73) Erica tetralix

(74) Eriophorum vaginatum

(75) *Vaccinium oxycoccus* (Gewöhnliche Moosbeere)

Kennzeichen: *Ericaceae.* Stängel fadenförmig kriechend. Krone tief 4-teilig (nicht nur 4-zähnig). Blätter spitz, mit deutlich umgerolltem Rand. 10–30 cm. V-VI.
Zeigercharakter: OC in Oxycocco-Sphagnetea, aber auch in Schlenken übergreifend. Wertbildend.
Ellenberg-Zahlen: L7, T5, K3, F9, Rx, N1 – M6, Ä3
Bemerkungen: „Rx" ist sehr zweifelhaft; die Art bevorzugt eindeutig stark sauren Untergrund. – An gestörten Stellen von Hochmooren findet sich selten auch der Neophyt *V. macrocarpon* mit stumpfen, kaum umgerollten Blättern.

▶ *Weitere Art: Carex pauciflora* aus der „Untergattung" *(92) Primocarex.*

4.3.2.2 Schlenken (Scheuchzerio-Caricetea nigrae/ Rhynchosporion)

(76) *Drosera intermedia* (Mittlerer Sonnentau) (!!)

Kennzeichen: *Droseraceae.* Blattspreite lang-oval (2–4-mal so lang wie breit). 5–10 cm. VII-VIII.
Zeigercharakter: AC im Rhynchosporion. Wertbestimmend.
Ellenberg-Zahlen: L9, T5, K2, F9=, R2, N2 – M5, Ä3
Bemerkungen: Die Art ist v. a. im Nordwesten und Osten verbreitet. Im Süden findet sich hauptsächlich *D. longifolia (D. anglica;* Langblättriger S.; !!) auf ähnlichen Standorten; deren Blätter sind 4–8-mal so lang wie breit.

(77) *Rynchospora alba* (Weißes Schnabelried) (!!)

Kennzeichen: *Cyperaceae.* Binsenartige Pflanze mit mehreren endständigen Ährchen-Büscheln, diese (anfangs) weiß, mit einigen sterilen und 2–3 fertilen Spelzen. Tragblatt der Büschel etwa so lang wie diese. 15–30 cm. VI-VIII.
Zeigercharakter: AC im Rhynchosporion. Wertbestimmend.
Ellenberg-Zahlen: L8, T5, K3, F9=, R3, N2 – M5, Ä3
Bemerkungen: Soziologisch und ökologisch gleichartig (höchstens noch strenger auf das Rhynchosporion beschränkt), aber seltener (M3, Ä2) ist *Rh. fusca* (Braunes Sch.; !!) mit von Anfang an bräunlichen Ährchen und längeren Tragblättern. Ebenfalls wertbestimmend.

Syntaxonomisch verwandt mit den Schlenken des Rhynchosporion ist eine für die Entstehung von Verlandungsmooren wichtige Gesellschaft, das mesotrophe Zwischenmoor (Caricion lasiocarpae, nach der namensgebenden Art auch Fadenseggen-Ried genannt), weil deren Mitglieder, durch intensive Rhizombildung auf die freie Wasseroberfläche vordringend, sog. „Schwingrasen" bilden. Diese Gesellschaft findet sich gerne im Randbereich von Hochmooren. Vgl. dazu auch *(94) Comarum palustre* und *(96) Menyanthes trifoliata.*

(75) Vaccinium oxycoccus

(77) Rynchospora alba

(76) Drosera intermedia

4.3.3 Moorgewässer (Sphagno-Utricularion)

(78) *Utricularia minor* (Kleiner Wasserschlauch) (!!)

Kennzeichen: *Lentibulariaceae.* Die Gattung ist an den fein zerteilten Unterwasser-Organen, den Fangblasen und den kleinen, aber auffälligen gelben Blüten gut zu erkennen (vgl. *(6) Utricularia vulgaris*). Die Arten der Moorgewässer sind meist mittels bleicher Schlammsprosse im Boden verankert, die Zahl der Fangblasen ist relativ gering (1–10 pro Blatt). 5–15 cm. VI-VIII.

Zeigercharakter: AC im Sphagno-Utricularion: Oligo- bis mesotrophe, bisweilen kalkhaltige Moorschlenken. Wertbestimmend.

Ellenberg-Zahlen: L8, T6, Kx, F12, R6?, N2 – M4, Ä2

Bemerkungen: Von den ca. 7 einheimischen Arten der Gattung finden sich 5 v. a. in Moorgewässern. Sie sind schwierig zu unterscheiden und – mit Ausnahme von *U. minor* – sehr selten (M1 oder 2). Die pH-Ansprüche der einzelnen Arten werden unterschiedlich bewertet (R6 für *U. minor* ist durchaus fraglich), die entsprechenden Gesellschaften lassen sich über deren Moose besser charakterisieren.

(78) Utricularia minor

Zu 4.4 bis 4.8 Einführung zum Thema „Grünland"

Zum Buch „Grünlandtypen" von Sturm & al. (2018) vgl. Lit.-Verzeichnis.
„Grünland" ist ein Begriff aus der landwirtschaftlichen Praxis, aber auch in der Theorie gut zu verwenden. Er umfasst einen Formationstyp, in dem Graminoide („Grasähnliche"), vor allem also echte Gräser („Grasland"), in bestimmten Fällen aber auch Sauergräser („Seggenrieder") dominieren und denen dikotyle Krautige beigemischt sind. Die Vegetationsdecke ist mehr oder weniger geschlossen. Gehölze fehlen oder treten nur vereinzelt auf. Dieser Formationstyp ist weltweit verbreitet, insbesondere als Grasland (vgl. Steppe oder Savanne).
Grünland kann durch natürliche Gegebenheiten bedingt oder aber infolge menschlicher Nutzung entstanden sein. Natürliches Grünland gibt es nur dort, wo Wälder nicht möglich sind:

- *Kein Baumwuchs möglich* → ± natürliches Grünland[49]
    - aus klimatischen Gründen (alpine Lage oberhalb der Waldgrenze)
    - Boden zu flachgründig → für Bäume zu trocken[50] oder – aus statischer Sicht – mangelnder Wurzelraum
    - Standort zu nass
    - Boden versalzt o. Ä.

Diese Verhältnisse sind in Mittteleuropa eher die Ausnahme. Viel häufiger fehlt bei uns der Wald, weil er vom Menschen unterdrückt wird:

- *Baumwuchs unterdrückt* → anthropogenes Grünland als Ersatzgesellschaft
    - durch Mahd
    - durch Beweidung
    - durch Tritt

Aus der Sicht der Pflanzensoziologie gehören zum Grünland ganz oder teilweise ca. 7 bis 10 Klassen[51], wie nachfolgende Schemata zeigen.
Einige von diesen Syntaxa bezeichnen natürliches Grasland (oder, um diesen formationsbiologischen Ausdruck durch einen eher pflanzensoziologisch orientierten Begriff zu ersetzen: natürliche *Rasengesellschaften*) auf **Sonderstandorten**[52]; wir werden sie nicht weiter besprechen. Von den kennzeichnenden Arten ist in Tab. 4.4.a deshalb nur das namensgebende Taxon angeführt, um den Namen zu erklären.
Ein weiterer Gesellschaftsblock umfasst mehr oder weniger anthropogene Syntaxa auf mittleren und feuchten Standorten mit zumeist ± guter Nährstoff-Versorgung, wobei hier nicht diskutiert werden soll, inwieweit es diese Gesellschaften „schon immer" kleinräumig an entsprechenden Standorten gegeben hat (was für die Flutrasen sicher zutrifft) bzw. wo die einzelnen Glieder der Gesellschaft ihre ursprünglichen Vorkommen haben (was z. B.

49 Auch bei instabilen Böden (Geröll usw.) können Bäume nicht bestehen; dort werden sie aber von anderen Gesellschaftstypen – nicht von Grasland – ersetzt; vgl. 4.9.
50 *Klimatische* Trockenheit, die einen Baumwuchs verhindern würde, gibt es in Mitteleuropa nicht.
51 Auf die Gründe dieser unscharfen Angabe kommen wir noch zu sprechen
52 „Sonderstandorte" im Sinne dieses Buches, vgl. 2.2; natürlich sind im normalen Sprachgebrauch alpine Biotope nicht automatisch „Sonderstandorte".

für Mähwiesen viel diskutiert wird). Dieser Block wird synsystematisch unterschiedlich gehandhabt: Während man früher vielfach zwei oder drei pflanzensoziologische Klassen unterschied, tendiert man heute dazu, sie alle zu einer Klasse (**Molinio-Arrhenatheretea s. l.**) zusammenzufassen. Dies ist in Anbetracht zahlreicher gemeinsamer Arten sachlich gerechtfertigt, für die Praxis ist es aber empfehlenswerter, die **Flut- und Trittrasen** als eigene (gemeinsame[53]) Klasse *Agrostietea* s. l. beizubehalten. Man macht damit auch keinen großen wissenschaftlichen Fehler, denn die alte(n) eingezogene(n) Klasse(n) gibt es durchaus immer noch – nur jetzt eben als Ordnung innerhalb der Molinio-Arrhenatheretea s. l. (vgl. 4.4.7). – So ergibt sich das in Tab. 4.4.b dargestellte Bild.
Von besonderem Interesse sind dabei die Molinio-Arrhenatheretea s. str., die größtenteils intensiv, zumindest aber regelmäßig genutzt werden (Mahd und/oder Weide) und die deshalb auch unter **Wirtschaftsgrünland** zusammengefasst werden können (vgl. Tab. 4.5.a).
Einen dritten Block könnte man unter **Magerrasen** subsummieren. Der Begriff ist eingebürgert, aber nicht sehr glücklich, weil es magere (d. h. nährstoffarme) Grünlandgesellschaften auch innerhalb der Molinio-Arrhenatheretea gibt (vgl. Tab. 4.5.a, Molinion) und andererseits manche Trespenrasen nur relativ – d. h. im Vergleich zu gedüngten Mähwiesen usw. – als „nährstoffarm" bezeichnet werden können. – Magerrasen werden nicht (oder kaum) gedüngt und nur extensiv genutzt – zumindest im Vergleich zu den meisten Molinio-Arrhenatheretea-Gesellschaften. Entsprechend niedrig ist der jährliche Ertrag für den Landwirt: Er beträgt für „Magerrasen" < 35 dt/ha erntbare Trockenmasse, bei Mähwiesen bis zu 100 dt/ha und mehr. – Floristisch und – wie Tab. 4.6.a *vs.* 4.7.a und 4.8.a zeigt – auch ökologisch haben die *Borstgrasrasen* einerseits und die *Trockenrasen* andererseits ansonsten nichts gemein.

Eine grafische Übersicht über die genannten Graslandtypen und ihre ökologische Bedingtheit bietet Schema 4.4.a, S. 113.

Den bisher erwähnten Rasengesellschaften ist gemeinsam, dass Echte Gräser (Süßgräser, also *Poaceae*) das dominierende Element darstellen. Man kann sie, wie oben bereits angedeutet, auch insgesamt als (± natürliches oder ± anthropogenes) *Grasland* den *Seggenriedern* gegenüberstellen, bei denen Sauergräser (*Cyperaceae*), insbesondere Seggen (Gattung *Carex*) die beherrschende Rolle spielen. Seggenrieder stocken allesamt auf ± nassen oder doch sehr feuchten Standorten. Dadurch wird auch ihre Nutzung erschwert (falls überhaupt eine stattfindet): Sie kann aus technischen Gründen erst nach sommerlicher „Abtrocknung" des Überangebotes an Nässe, also erst ab August/September durchgeführt werden. – Man kann zwei Typen unterscheiden, die syntaxonomisch zwei verschiedenen Klassen angehören:
Großseggenrieder (Magnocaricion; Klasse Phragmitetea): Auf nassen bis (zeitweise) überschwemmten Standorten. Baumfähig[54] (immer?); hier ist vor allem die Erle zu nennen. Manche Magnocaricion-Arten finden sich regelmäßig auch in Alnion-Gesellschaften. – Physiognomisch kann man häufig Bestände mit rhizombildenden (also in Form hoch-

53 Man hat auch Flut- und Trittrasen jeweils als eigene Klasse betrachtet.
54 *Baumfähig* bedeutet, dass einzelne Bäume auftreten können, es normalerweise aber nicht zur Bildung eines ± geschlossenen Waldes kommt; dies wäre dann *waldfähig*.

Tab. 4.4.a: Natürliche Rasengesellschaften auf Sonderstandorten

Nur am Strand		Nur auf Schwermetall
Strandhafer-Dünen Ammophiletea	**Salzwiesen** Asteretea tripolii	**Schwermetallrasen/Galmeigesellschaften** Violetea calaminariae
auf bewegten Sanddünen der Küsten	stark salzbeeinflusst	(Schwer-)Metalle im Boden; (alte) Bergbaugebiete
Ammophila arenaria (Strandhafer)	*Tripolium pannonicum* *[Aster tripolium]* (Salzaster)	*Viola lutea* ssp. *calaminaria* und *V. guestphalica* (Gelbes und Violettes Galmei-Veilchen)

Die Asteretea werden auch als Teil der Juncetea maritimi gesehen.
Die Gesellschaften auf Schwermetall sind grasreich, aber physiognomisch nicht eigentlich ein „Rasen". *Galmei:* $ZnCO_3$

Nur in (sub)alpinen Lagen der Alpen (ab ca. 2000 m)		
Alpine Kalkrasen Seslerietea [Elyno-Seslerietea]	**Nacktriedgesellschaften** Carici rupestris-Kobresietea	**Alpine Sauerbodenrasen** Juncetea trifidi [Caricetea curvulae]
auf Kalk	auf Kalk	auf saurem Gestein
Sesleria caerulea [S. albicans = varia] (Kalk-Blaugras)	*Carex rupestris* (Felsen-Segge) *Kobresia [Elyna] myosuroides [K. bellardii]* (Nacktried)	*Juncus trifidus* ssp. *trifidus* (Dreispaltige Binse) bzw. *Carex curvula* (Krumm-Segge)

Die hier genannten Klassen sind im Text gemäß Kap. 2.2 nicht berücksichtigt und fehlen deshalb auch in der Tabelle in Kap. 6.
Zur alpinen Fettweide Trifolio-Festucetum violaceae vgl. 4.5.

Tab. 4.4.b: Rasengesellschaften der Molinio-Arrhenatheretea s. l.

Klasse	**Molinio-Arrhenatheretea s. l.**		
Deutsche Bezeichnung Syntaxon	**Wirtschaftsgrünland** Molinio-Arrhenatheretea s. str. vgl. Tab. 4.5.a	**Flut- und Trittrasen** Agrostietea stoloniferae s. l.	
		Flutrasen Agropyro-Rumicion	**Trittrasen** Lolio-Plantaginion
Diagnostische Arten		*Agrostis stolonifera* *Carex hirta* *Potentilla anserina* *Ranunculus repens*	*Lolium perenne* *Juncus tenuis* *Plantago major* *Prunella vulgaris*
Nährstoffe		meist reich	reich
Sonst. Bodeneigenschaften		Nässe → luftarm	Tritt → Verdichtung → luftarm
Wasser		langdauernd ± staunass	häufig wechsel-staufeucht
Typische Nutzung		Beweidung (auch intensiv) (→ Trittbelastung)	intensive „Naherholung" (→ Trittbelastung, s. o.)
Typ. Wuchsform		oberirdische Ausläufer	Rosetten
vgl. Kap.	4.4, 4.5	4.4.7	

Zur heute zumeist durchgeführten abweichenden Gliederung der Agrostietea vgl. Text.

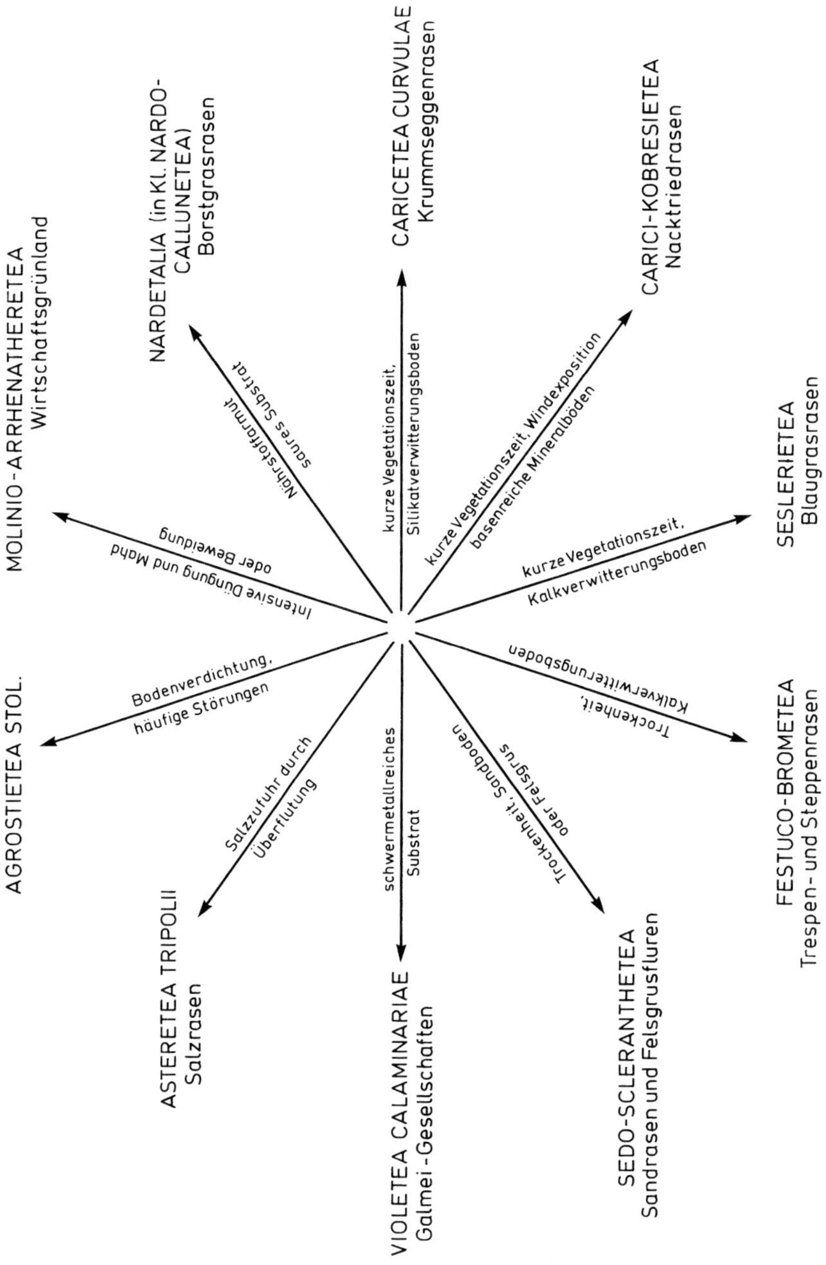

Schema 4.4.a: Mitteleuropäische Graslandtypen und ihre ökologische Bedingtheit (nach WILMANNS 1998).

wüchsiger „Rasen" wachsender) Seggen von solchen Beständen unterscheiden, die vorwiegend von Horstseggen gebildet werden; Letztere werden kaum genutzt und würden eine ± regelmäßige Mahd – so sie denn technisch möglich wäre – auch gar nicht vertragen.

Kleinseggenrieder (*Caricion nigrae* auf saurem bzw. *Caricion davallianae* auf kalkhaltigem Untergrund, beide zur Klasse Scheuchzerio-Caricetea nigrae gehörend; zu dieser vgl. auch 4.3): Auf sumpfigen oder niedermoorartigen Standorten. In tieferen Lagen – nur diese werden hier berücksichtigt – (meist?) waldfähig. Die meisten Vertreter tolerieren eine einmalige Herbstmahd.

Dieses syntaxonomische Umfeld zeigt auch deutlich, dass die Erwähnung der Seggenrieder im Zusammenhang mit Rasengesellschaften sehr problematisch ist, weil die floristischen und viele ökologische Bezüge zu Röhrichten (vgl. 4.2.1) bzw. Niedermooren (vgl. 4.3.1) größer sind als zu den Wiesen. Die Einordnung der Seggenrieder an dieser Stelle resultiert daraus, dass sie (wenn auch nur extensiv) genutzt werden oder zumindest durch menschlichen Einfluss ihre Vorkommen hatten ausweiten können (inzwischen freilich ist wieder ein Rückgang festzustellen). Im Einzelnen ist die Frage der „Natürlichkeit" wohl keine grundsätzliche, sondern nur speziell für den jeweiligen Standort zu klären.

Schließlich gibt es noch Gesellschaften, die von Gräsern dominiert, aber nicht landwirtschaftlich als Grasland genutzt werden. Sie werden hier anhangsweise erwähnt.

Insgesamt ergibt sich also folgendes Schema:

Grünland
- *Grasland*
  - Natürliche Rasengesellschaften (Tab. 4.4.a)
  - Anthropogene Rasengesellschaften
    - Flut- und Trittrasen (Kap. 4.4.7, Tab. 4.4.b)
    - Wirtschaftsgrünland (Tab. 4.5.a)
      - Fettwiesen und -weiden (Kap. 4.5)
      - Nass- und Streuwiesen (Kap. 4.4.3 bis 4.4.6)
      - *Anhang*: Spezielle Grünlandgesellschaften (Streuobst, Böschungsrasen, Zierrasen usw.; Kap. 4.5.5)
    - Magerrasen
      - Borstgrasrasen (bodensaure Magerrasen) (Kap. 4.7, Tab. 4.6.a)
      - Trockenrasen
        - Steppen- und Trespenrasen (Kap. 4.7, Tab. 4.7.a)
        - Sandrasen (Kap. 4.8, Tab. 4.8.a)
- *Seggenrieder*
  - Großseggenrieder (Kap. 4.4.1)
  - Kleinseggenrieder (außerhalb der Moore) und Quellfluren (Kap. 4.4.2)

Für eine konsequente Anwendung zur Behandlung von Zeigerpflanzen ist diese Zusammenstellung allerdings zu differenziert hierarchisch gestaffelt und würde auch zu sehr die rein pflanzensoziologischen Aspekte beachten. Für das Folgende wollen wir das Grünland deshalb sehr vereinfacht gliedern, etwa im Sinne der oben genannten „Blöcke". Dass dabei ökologisch nicht vergleichbare Parameter benutzt werden (also z. B. einmal Feuchte-, ein andermal Nährstoffverhältnisse) hat sich in der Praxis als nicht hinderlich erwiesen.

Wir unterscheiden also:

4.4 Nassgrünland (inkl. der oben genannten Seggenrieder)
4.5 Grünland mittlerer Standorte
4.6 Bodensaure Magerrasen und Zwergstrauchheiden
4.7 Steppen- und Trespenrasen
4.8 Sandrasen

Eine anders strukturierte Übersicht über das Vorkommen einzelner Grünlandtypen der submontanen Stufe in Abhängigkeit von Feuchte und Boden-pH bzw. der Düngung zeigen Ellenberg & Leuschner (2010: Schema 4.4b und c).

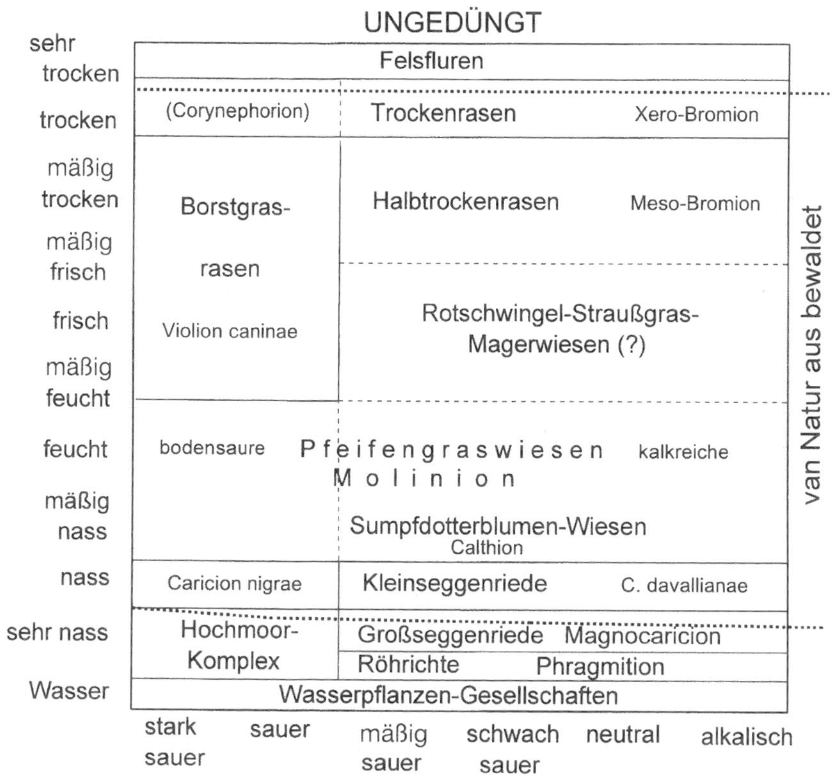

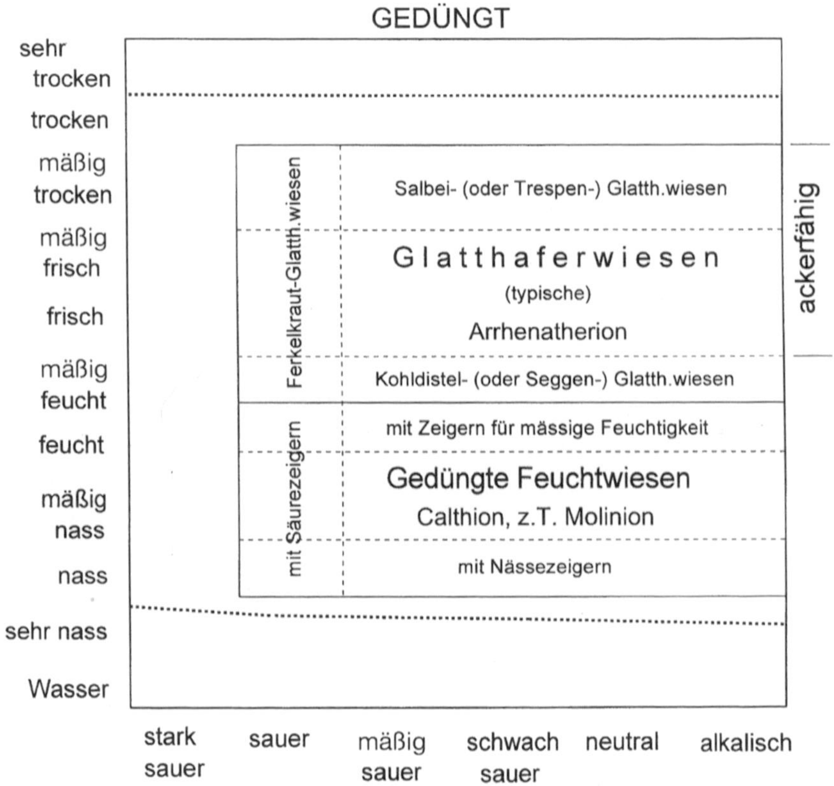

Schema 4.4.b und c: Ökogramme von Grünland-Verbänden (aus Ellenberg & Leuschner, Vegetation Mitteleuropas mit den Alpen © 2010, Eugen Ulmer KG, Stuttgart, S. 971; Legende verändert).

b: Ungedüngtes Grünland.

Der Bereich der „Rotschwingel-Straußgras-Magerwiesen" ist nur selten mit Grasland bestanden, weil er eine intensive Nutzung am besten lohnt. – Das Xerobromion ist hier – im Gegensatz zu Schema 4.12.b – großenteils den waldfähigen Standorten zugeschlagen. Dieser Auffassung folgen wir hier nicht, vgl. 4.7.

c: Gedüngtes Grünland.

Düngewiesen fehlen an den trockensten Standorten, weil sich hier die Nährstoffzufuhr zu wenig auswirkt – der begrenzende Faktor ist in diesem Fall die Trockenheit. Sie fehlen auch auf sehr sauren Böden, weil Düngung zugleich eine Basenzufuhr bedeutet; gedüngte Wiesen *können* gewissermaßen nicht stark sauer sein.

Rotschwingel: *Festuca rubra*; Straußgras: *Agrostis capillaris*; Ferkelkraut: *Hypochaeris radicata*. Alle 3 Arten sind ± unspezifische Grünlandarten auf tendenziell mageren Standorten.

Steht die Bewirtschaftungsweise der Grünfläche im Vordergrund der Analyse, empfiehlt es sich, auch die Tabellen zur Mahd- bzw. Weideverträglichkeit zu Rate zu ziehen (vgl. dazu 4.5).

4.4 Nassgrünland

Wie oben bereits angedeutet, sind hier folgende Gesellschaftsgruppen zusammengefasst:

- Seggenrieder und Quellfluren
    - 4.4.1 Großseggenrieder (Magnocaricion)
    - 4.4.2 Kleinseggenrieder und Quellfluren
    - 4.4.2.1 Kleinseggenrieder (Niedermoore) (Caricion davallianae und Caricion nigrae)
    - 4.4.2.2 Quellfluren (Montio-Cardaminetea)
- (Wechsel)nasses Wirtschaftsgrünland
    - 4.4.3 Gemeinsame Arten des Nassgrünlandes außerhalb der Seggenrieder
    - 4.4.4 Nährstoffreiche Nasswiesen (Calthion)
    - 4.4.5 Wechselfeuchte Wiesen (Molinion)
    - 4.4.6 Brenndoldenwiesen (Cnidion)
    - 4.4.7 Flut- und Trittrasen (Agrostietea stoloniferae)

Anmerkung zur Gattung Carex: Wie der Name „Seggenried" zu Recht vermuten lässt, spielt die Gattung hier eine wesentliche Rolle. Dies bezieht sich nicht nur auf den Deckungsgrad, sondern auch auf die Artenzahl. Ein gutes Dutzend Seggen hat seinen Verbreitungsschwerpunkt allein im Großseggenried, weitere Arten kommen gelegentlich ebenfalls dort vor. Wir erwähnen hier nur die etwas häufigeren Arten. Die angegebenen Merkmale sollen lediglich als Gedächtnisstütze dienen; sie genügen genauso wenig zur sicheren Ansprache wie die Abbildungen. Wir empfehlen, gegebenenfalls nachzubestimmen. – In Zeile **Kennzeichen** wird als Erstes die Untergattung angegeben, der die Art angehört; mit dem alten Namen „*Eucarex*" ist dabei die Untergattung *Carex* gemeint, die unterschiedlich gestaltete ♂ und ♀ Ähren[55] hat; bei der Untergattung *Vignea* sind die Ähren gleich gestaltet und haben (mit Ausnahme von *(80) C. disticha*) jeweils ♂ *und* ♀ Blüten. Zur „Untergattung" *Primocarex* vgl. *(92)*. – „2 Narben" korrespondiert mit linsenförmigen, „3 Narben" (dies ist bei „Eucarex" der Normalfall und wird nicht gesondert erwähnt) mit 3-kantigen Früchten (nicht Fruchtschläuchen!). Zwischen „Rhizom" und „Ausläufer" wird – wie bei *Carex* üblich – nicht unterschieden.

4.4.1 Großseggenrieder (Magnocaricion)

(79) *Carex acuta [C. gracilis]* (Schlanke Segge)

Kennzeichen: *Cyperaceae.* Eucarex mit 2 Narben. Fruchtschlauch nur kurz geschnäbelt. ♂ Ähren 2–4. Rhizompflanze. 30–150. V-VI (Abb. s. S. 118).
Zeigercharakter: AC im Magnocaricion. Häufigste Art im Großseggenried, dort vor allem im eutrophen Flügel. Relativ schnittfest. Als Rhizompflanze oft verdämmende Herden bildend (neigt zur „Monokultur") und dann wenig wertvoll.
Ellenberg-Zahlen: L7, T5, K7, F9=, R6, N4 – M9, Ä4
Bemerkungen: Vgl. *(506) C. acutiformis.*

55 Die Charakterisierung von Blüten als „♂" bzw. „♀" ist sachlich nicht richtig, aber üblich.

(79) Carex acuta

(80) *Carex disticha* (Zweizeilige Segge)

Kennzeichen: *Cyperaceae.* Vignea. Wuchs rasig. Ähren teilweise ♂, teilweise ♀ (meist obere und untere Ähren ♀, die mittleren ♂, gesamte Infloreszenz zur Fruchtzeit deshalb in der Mitte „tailliert", vgl. das rechte Exemplar im Bild). Ausläufer dick (2–4 mm). 20–70 cm. V-VI.
Zeigercharakter: VC Magnocaricion. Im relativ nährstoffreichen, extensiv, aber regelmäßig genutzten Nassgrünland häufig herdenbildend und etwas schnittverträglich. Kalkzeiger (?).
Ellenberg-Zahlen: L8, T6, Kx, F9=, R8, N5 – M7, Ä4
Bemerkungen: Die Infloreszenz ist unverwechselbar.

(81) *Carex elata* (Steife Segge)

Kennzeichen: *Cyperaceae.* Eucarex mit 2 Narben. Auffällig dichte Horste (im Gegensatz zur ähnlichen *(79) C. acuta*) . 50–100 cm. IV-V.
Zeigercharakter: AC im Magnocaricion. Gesellschaftstreue soziologische Kennart, vor allem im nährstoffarmen Flügel. Wertbildend.
Ellenberg-Zahlen: L8, Tx, K2, F10~, Rx, N5 – M7, Ä3
Bemerkungen: Die einzige andere 2-narbige Eucarex mit dichten Horsten – *C. cespitosa* (!!) – ist nur 30–50 cm hoch, seltener und etwas gesellschaftsvag.

(80) Carex disticha

(81) Carex elata

(82) *Carex paniculata* (Rispen-Segge)

Kennzeichen: *Cyperaceae*. Vignea mit deutlich rispiger Infloreszenz. Auffällig dichte Horste, 50–100 cm. V-VI.
Zeigercharakter: AC im Magnocaricion, auch im Alnion glutinosae. Wertbildend.
Ellenberg-Zahlen: L7, Tx, K3, F9, R6?, N5 – M7, Ä5
Bemerkungen: Andere horstbildende gleichährige Seggen haben entweder eine ährige Gesamtinfloreszenz oder bleiben niedriger.

(83) *Carex riparia* (Ufer-Segge)

Kennzeichen: *Cyperaceae*. Rhizombildende Eucarex mit mehreren ♂ Ähren. ♀ Ähren 8–10 mm dick, ± kurz gestielt, ± aufrecht, nur die unterste oft nickend. Schläuche kurz 2-zähnig geschnäbelt, nicht viel länger als die Spelze. Blätter meist > 10 mm breit, gitternervig. 60–150 cm. V-VI.
Zeigercharakter: AC im Magnocaricion, auch im Alnion. Wertbildend. Trotz Rhizom wenig schnittverträglich.
Ellenberg-Zahlen: L7, T6, K3, F9=, R7, N4 – M5, Ä3
Bemerkungen: Wird oft mit der viel häufigeren *(506) C. acutiformis* verwechselt, die aber in allen Teilen meist kleiner ist.

(84) *Carex vesicaria* (Blasen-Segge)

Kennzeichen: *Cyperaceae*. Rhizombildende Eucarex mit mehreren ♂ Ähren. Schläuche schief aufrecht bis abstehend, aufgeblasen, ± allmählich in den langen zweizähnigen Schnabel verschmälert. Blätter 4–8 mm breit. Stängel scharfkantig. 30–70 cm. V-VI.
Zeigercharakter: AC im Magnocaricion. Wertbildend. Trotz Rhizom wenig schnittverträglich.
Ellenberg-Zahlen: L7, T4, Kx, F9=, R6, N5 – M7, Ä3
Bemerkungen: Wird mit *(93) C. rostrata* verwechselt, diese Art hat jedoch schmälere Blätter und einen stumpfkantigen Stängel.

(85) *Carex vulpina* (Fuchs-Segge) (!!)

Kennzeichen: *Cyperaceae*. Horstförmige Vignea. Infloreszenz ährenartig, 4–10 cm lang. Untere Tragblätter kurz, borstlich. Ähren basal mit 2-zähnigen Schläuchen. Blätter 4–8 mm breit. Stängel scharfkantig, mit konkaven Seitenflächen. 30–100 cm. V.
Zeigercharakter: AC im Magnocaricion. Auch im Flutrasen (bei Überschwemmungen bis zu 3 Monaten) sowie in gestörten Nassbiotopen.
Ellenberg-Zahlen: L9, T6, K5, F8=, Rx,N5 – M7, Ä4
Bemerkungen: Sehr ähnlich *C. otrubae* (= *C. cuprina*, Falsche Fuchs-S., Hain-S.), meist schon an den konvexen Außenflächen des Stängels und an den längeren Tragblättern erkennbar (vgl. Abb. 85/1; weitere Merkmale s. Bestimmungsbuch). Sie ist eher gesellschaftsvag und findet sich auch in den Nasswäldern des Alno-Ulmion (L6). – Die M- und Ä-Zahl gilt für beide Arten.

(82) Carex paniculata

(83) Carex riparia

(84) Carex vesicaria

(85) Carex vulpina

(85/1) Carex otrubae

(86) *Galium palustre ssp. palustre* (Sumpf-Labkraut)

Kennzeichen: *Rubiaceae*. Blütendurchmesser < 4 mm. Früchte (trocken) 1,0–1,7 mm. Stängel mit abwärts gerichteten Stachelhäkchen. Blätter meist in 4-zähligen Quirlen, ohne Stachelspitzchen. 15–50 cm. V-VIII.
Zeigercharakter: VC Magnocaricion.
Ellenberg-Zahlen: L6, T5, K3, F9=, Rx, N4 – M-, Ä-
Bemerkungen: *G. p.* ssp. *elongatum* mit weißkantig geflügeltem Stängel sowie (teilweise) größeren Blüten und Früchten kommt auch im Magnocaricion vor, ist aber eher eine Art sumpfiger Gehölze. – Vgl. *(104) G. uliginosum*.

(87) *Lysimachia thyrsiflora* (Straußblütiger Gilbweiderich) (!!)

Kennzeichen: *Primulaceae*. Krone gelb, meist 6-zipfelig, in dichten (oft köpfchenartigen) achselständigen Trauben. Blätter lanzettlich, gegenständig. 30–60 cm. V-VI.
Zeigercharakter: VC Magnocaricion. Wertbestimmend.
Ellenberg-Zahlen: L7, T6, K1, F9=, Rx, N4 – M4, Ä3
Bemerkungen: K1 erscheint fragwürdig; die Art ist in Ost-Deutschland ziemlich häufig.

(88) *Peucedanum palustre* (Sumpf-Haarstrang)

Kennzeichen: *Apiaceae*. Blüten weiß. Dolden mit > 3 Hüllblättern. Blätter mit Milchsaft, mehrfach gefiedert, Zipfel nur sehr fein gezähnelt. 80–120 cm. VII-VIII.
Zeigercharakter: VC Magnocaricion. Wertbildend.
Ellenberg-Zahlen: L7, T6, K6, F9=, Rx, N4 – M7, Ä4
Bemerkungen: Verwechslungsgefahr mit *(36) Cicuta, (107)* und *(122) Selinum* sowie *(108) Silaum*. – Weitere *Peucedanum*-Arten vgl. *(276)*.

▶ Vgl. auch Arten der Röhrichte (4.2.1).

4.4.2 Kleinseggenrieder und Quellfluren

4.4.2.1 Kleinseggenrieder (Caricion davallianae und Caricion nigrae)

Es sei daran erinnert, dass die hier angeführten Arten auch in Niedermooren (d. h. auf Torf) vorkommen können. Zur Zusammenfassung von Kleinseggenriedern und Niedermooren vgl. Kap. 4.3.

(86) Galium palustre ssp. palustre

(87) Lysimachia thyrsiflora

(88) Peucedanum palustre

(89) *Carex canescens* (Graue Segge)

Kennzeichen: *Cyperaceae*. Vignea, graugrüne Horstsegge; Ähren am Grund mit Staubblättern, locker stehend, Fruchtschlauch nur sehr kurz geschnäbelt. 20–40 cm. V-VII.
Zeigercharakter: AC in Caricetalia nigrae. In Gesellschaften, die ökologisch zwischen „Niedermoor" und „Sumpf" vermitteln. Auch im Randbereich („Lagg") der Hochmoore.
Ellenberg-Zahlen: L7, T4, Kx, F9, R4, N2 – M7, Ä4
Bemerkungen: Habituell und ökologisch sehr ähnlich, aber nur in hohen Lagen *C. brunnescens* (Bräunliche S.). – Vgl. auch *(98) Viola palustris.*

(90) *Carex nigra [C. fusca]* (Wiesen-Segge)

Kennzeichen: *Cyperaceae*. Eucarex, rhizombildend. ♂ Ähren 1(–2). Narben 2. Spelzen schwarz-grün. Blätter 2–5 mm breit. Das unterste Tragblatt ist meist nur so lang wie die Infloreszenz. 10–30 cm. IV-VI.
Zeigercharakter: In verschiedenen Scheuchzerio-Caricetea- und Molinietalia-Gesellschaften. Hat im Caricion nigrae ihren Schwerpunkt, ist aber sonst vielfach nur Vernässungszeiger.
Ellenberg-Zahlen: L8, Tx, K3, F8~, Rx, N4 – M9, Ä4
Bemerkungen: Ähnlich, aber größer, mit > 1 ♂ Ähre und breiteren Blättern *(79) C. acuta* (Tragblatt > Infloreszenz) und *(506) C. acutiformis* (3 Narben).

(91) *Carex panicea* (Hirsen-Segge)

Kennzeichen: *Cyperaceae*. Eucarex mit 1 ♂ Ähre. ♀ Ähren sehr locker, deren Tragblätter mit deutlicher Scheide. Schnabel kurz, gestutzt. Spelzen 2-farbig. 15–30 cm. IV-VI.
Zeigercharakter: In verschiedenen Scheuchzerio-Caricetea-Gesellschaften. Gerne in etwas gestörten und/oder relativ nährstoffreichen Ausprägungen (schnittfester Nutzungszeiger).
Ellenberg-Zahlen: L8, Tx, K3, F8~, Rx, N4 – M8, Ä4
Bemerkungen: Es besteht Verwechslungsgefahr mit *(527) Carex flacca*, die in ähnlichen Biotopen vorkommen kann.

(92) *Carex „Untergattung" Primocarex* (Einährige Seggen) (alle !!)

Kennzeichen: *Cyperaceae*. Nur 1 endständige, meist armblütige Ähre, dabei ein- oder zweihäusig. 5–25 cm. IV–VII. Zu den einzelnen Arten vgl. Bestimmungsbuch.
Zeigercharakter: In verschiedenen Nassgesellschaften (vor allem in Kleinseggenriedern und Mooren) und stets zumindest wertbildend. – Beachte die Spanne R1-8.
Ellenberg-Zahlen: L(8)-9, T(3)-4, K2-5,F9, R1-8, N(1)-2 – M3-5, Ä2-4
Bemerkungen: Es handelt sich um etwa ein halbes Dutzend habituell und im ökologischen Verhalten ähnlicher, vielerorts ausgestorbener Arten; mit M5 noch relativ häufig sind *C. davalliana* (Davalls S., namensgebend für den Verband Caricion davallianae) und die abgebildete *C. pulicaris* (Floh-S.; AC im Caricion nigrae). – Die Arten dieser „Untergat-

(89) Carex canescens

(90) Carex nigra

(92) Carex „Untergattung" Primocarex

(91) Carex panicea

tung" sind systematisch-phylogenetisch nicht näher verwandt, die Beibehaltung des Namens *Primocarex* erfolgt aus rein praktischen Gründen. Die Gruppe ist hier hauptsächlich wegen ihrer zuverlässigen Markierung wertvoller Biotope genannt. Die Ellenberg-Zahlen beziehen sich auf die 4 Taxa mit einer M-Zahl von mindestens 3.

(93) ***Carex rostrata*** (Schnabel-Segge)

Kennzeichen: *Cyperaceae.* Eucarex mit mehreren ♂ Ähren. Schläuche fast waagrecht abstehend, aufgeblasen, abrupt in den langen zweizähnigen Schnabel verschmälert. Stängel stumpfkantig. 30–70 cm. V-VI.
Zeigercharakter: In verschiedenen Scheuchzerio-Caricetea-Gesellschaften und im Magnocaricion, in diesem nährstoffarme Bestände anzeigend. Wertbildend.
Ellenberg-Zahlen: L9, Tx, Kx, F10, R3, N3 – M8, Ä4
Bemerkungen: Wird mit *(84) C. vesicaria* mit scharfkantigem Stängel verwechselt.

(94) ***Comarum palustre [Potentilla palustris]*** (Blutauge)

Kennzeichen: *Rosaceae.* Blätter 5–7-zählig gefiedert. Blüten bräunlich rot. 10–40 cm. V-VII.
Zeigercharakter: KC Scheuchzerio-Caricetea, vor allem im Caricion lasiocarpae (vgl. 4.3.2.2). Verlandungszeiger (Schwingrasenbildner). Wertbildend.
Ellenberg-Zahlen: L8, Tx, Kx, F9=, R3, N2 – M7, Ä3
Bemerkungen: Vgl. *(96) Menyanthes.*

(95) ***Eriophorum latifolium*** (Breitblättriges Wollgras) (!!)

Kennzeichen: *Cyperaceae.* Mit mehreren büscheligen, weißwolligen Ähren und ± 3-kantigem Stängel. 20–50 cm. IV-V.
Zeigercharakter: VC Caricion davallianae. Zuverlässige soziologische Kennart. Wertbildend.
Ellenberg-Zahlen: L8, Tx, K3, F9, R8, N2 – M5, Ä2
Bemerkungen: Vgl. *(69) E. angustifolium* und *(74) E. vaginatum.*

(96) ***Menyanthes trifoliata*** (Fieberklee) (!!)

Kennzeichen: *Menyanthaceae.* 3-zählig gefiederte Blätter und ansehnliche (rötlich-)weiße, bärtige Blüten. 15–25 cm. IV-V.
Zeigercharakter: KC Scheuchzerio-Caricetea. Verlandungszeiger (Schwingrasenbildner, vgl. 4.3.2.2). Wertbildend.
Ellenberg-Zahlen: L8, Tx, Kx, F9=, Rx, N3 – M7, Ä2
Bemerkungen: Vgl. *(94) Comarum.*

(93) Carex rostrata

(94) Comarum palustre

(95) Eriophorum latifolium

(96) Menyanthes trifoliata

(97) *Parnassia palustris* (Sumpfherzblatt) (!!)

Kennzeichen: *Celastraceae (Saxifragaceae, Parnassiaceae).* Blätter herzförmig; lang gestielte Grundblätter und 1 sitzendes Stängelblatt. Blüten weiß, mit gelblichen, gefransten sterilen Staubblättern. 10–20 cm. VII-VIII.
Zeigercharakter: OC Caricetalia davallianae, aber auch in anderen grund- und sickerfrischen Gesellschaften. Wertbestimmend.
Ellenberg-Zahlen: L8, Tx, Kx, F8~, R7, N2 – M5, Ä2

(98) *Viola palustris* (Sumpf-Veilchen)

Kennzeichen: *Violaceae.* Pflanze ohne (± aufrechten) beblätterten Stängel, die Blütenstiele vielmehr in den Achseln nierenförmiger Grundblätter. Kelchblätter stumpf. 5–12 cm. V-VI.
Zeigercharakter: VC in Caricetalia nigrae, aber auch in anderen sumpfigen Biotopen mit humosem Untergrund. Sonst wie *(89) Carex canescens.*
Ellenberg-Zahlen: L6, Tx, K3, F9, R2, N3 – M7, Ä4
Bemerkungen: Es gibt noch weitere sumpfbewohnende Veilchen, die aber sehr selten oder vielleicht sogar ausgestorben sind: *V. epipsila* (Torf-V.) und *V. uliginosa* (Moor-V.) ebenfalls ohne Stängel sowie *(123) V. persicifolia* und *(123*) V. pumila* mit beblättertem Stängel und spitzen Kelchblättern.

▶ *Weitere Arten: (399*) Carex echinata, (510) Juncus acutiflorus* und *(515) Ranunculus flammula*; im Übrigen vgl. 4.3.1.

4.4.2.2 Quellfluren (Montio-Cardaminetea)

Auf diese Gesellschaften soll nur anhangsweise kurz hingewiesen werden. Sie besiedeln überrieselte Stellen, das Wasser ist ganzjährig ± gleich (meist kalt) temperiert. Sie sind in der Regel nur kleinflächig vorhanden und finden sich hauptsächlich im montanen und alpinen Bereich und/oder sind durch Moose definiert. Besonders auffällig sind sie, wenn diese Moose Tuffpolster bilden. Spezifische Gefäßpflanzen sind in der collinen bis montanen Stufe selten, allerdings finden sich eine Reihe von Feuchte- und Nässezeiger als Differenzialarten einzelner Gesellschaften.
Solche Arten sind z. B.: *(44*) Cardamine amara, (387) Carex remota, (388*) Chrysosplenium oppositifolium, (561*) Cochlearia pyrenaica* und *(350) Veronica montana*

▶ *Weitere Arten (zu 4.4.2):* vgl. 5.1.

(97) Parnassia palustris

(98) Viola palustris

4.4.3 Gemeinsame Arten des Nassgrünlandes außerhalb der Seggenrieder

Die hier aufgezählten Arten sind innerhalb des Wirtschaftsgrünlandes auf ± nassen Standorten (vgl. 4.4.4 bis 4.4.6) soziologisch nicht genauer festgelegt und finden sich als „Nässezeiger" auch in anderen Gesellschaften.

(99) *Achillea ptarmica* (Sumpf-Schafgarbe)

Kennzeichen: *Asteraceae.* Typische scheindoldige Schafgarben-Infloreszenz, aber Blätter nur gesägt. 20–60 cm. VII-VIII.
Zeigercharakter: OC Molinietalia. Auch sonst auf wechselnassen Standorten.
Ellenberg-Zahlen: L8, T6?, K3, F8, R4, N2 – M8, Ä3
Bemerkungen: N2 ist vielleicht zu gering veranschlagt. – Ungeteilte, aber durchscheinend punktierte Blätter hat innerhalb *Achillea* nur noch *A. salicifolia* (Knorpelblättrige Sch.). Sie kommt in ähnlichen Biotopen, aber nur im Osten des Gebiets (K6) vor.

(100) *Angelica sylvestris* ssp. *sylvestris* (Wilde Engelwurz)

Kennzeichen: *Apiaceae.* Hochwüchsig, mit rundem, etwas bereiftem Stängel und halbkugeligen Döldchen. Blätter 2–3-fach gefiedert (Fiedern ± eiförmig) mit ausgeprägter Blattscheide (diese bei oberen Stängelblättern oft größer als die Spreite). 1–2 m. VII-VIII.
Zeigercharakter: Schwache OC Molinietalia, aber auch in anderen Nassgesellschaften. Gerne mit *(101) Cirsium oleraceum* in spät gemähten Calthion-Gesellschaften.
Ellenberg-Zahlen: L7, Tx, K4, F8, Rx, N4? – M9, Ä5
Bemerkungen: Die Ellenberg-Zahlen beziehen sich auf die Gesamtart, die über eine weite Höhenspanne hinweg vorkommt (daher „Tx"): *A. s.* ssp. *montana* (mit schmäleren Blattabschnitten) ist ein Taxon montaner Staudenfluren.

(101) *Cirsium oleraceum* (Kohldistel, Kohl-Kratzdistel)

Kennzeichen: *Asteraceae.* Gelblich weiße Köpfchen zu mehreren von einem Hochblatt umgeben. Pflanze relativ wenig stachelig. 50–150 cm. VII-IX.
Zeigercharakter: Schwache AC im Calthion, aber auch in anderen Nassgesellschaften. Kennzeichnend für den eher „basenreichen Flügel" dieser Nassgesellschaften. Spät blühend und dann auch Verbrachungszeiger (ähnlich *(100) Angelica sylvestris*).
Ellenberg-Zahlen: L6, Tx, K3, F7, R7, N5 – M9, Ä5
Bemerkungen: Die anderen beiden Kratzdisteln mit gelblichen Blüten sind ± alpin. – Vgl. *(102) C. palustre.*

(99) Achillea ptarmica

(101) Cirsium oleraceum

(100) Angelica sylvestris ssp. sylvestris

(102) *Cirsium palustre* (Sumpf-Kratzdistel)

Kennzeichen: *Asteraceae.* Rot blühende Köpfchen knäuelig gehäuft. Blätter am Stängel herablaufend. Pflanze oft insgesamt rötlich. 50–150 cm. VII-IX.
Zeigercharakter: Schwache OC Molinietalia, aber auch in anderen Nassgesellschaften. Kennzeichnend für den „sauren Flügel" dieser Nassgesellschaften. Wenig schnittfest, daher auch Verbrachungszeiger.
Ellenberg-Zahlen: L7, T5, K3, F8, R4, N3 – M9, Ä5
Bemerkungen: Vgl. *(101) C. oleraceum.* – Habituell ähnlich, aber Köpfchen nicht geknäuelt: *(571) C. arvense.*

(103) *Dactylorhiza majalis* ssp. *majalis* (Breitblättriges Knabenkraut) (!!)

Kennzeichen: *Orchidaceae.* 15–40 cm. V-VI. Orchideen auf Nasswiesen müssen grundsätzlich jeweils bestimmt werden.
Zeigercharakter: OC Molinietalia. Wertbestimmend.
Ellenberg-Zahlen: L8, T5, K3, F8~, R7, N3 – M8, Ä2
Bemerkungen: *D. m.* steht hier (weil noch relativ häufig) stellvertretend für eine Reihe von Orchideen, die für Nasswiesen kennzeichnend sind bzw. waren – der Rückgang ist hier besonders auffällig. (Ä2 ist die Regel).

(104) *Galium uliginosum* (Moor-Labkraut)

Kennzeichen: *Rubiaceae.* Wie *(86) Galium palustre*, aber untere Blätter in > 4-zähligen Quirlen, mit Stachelspitzchen. 10–30 cm. V-VIII.
Zeigercharakter: OC Molinietalia. Liebt Humus als Substrat und zeigt damit Übergänge zu Kleinseggenriedern an.
Ellenberg-Zahlen: L6, T5, K?, F8~, Rx, N2 – M9, Ä4

(105) *Lychnis flos-cuculi* (Kuckucks-Lichtnelke)

Kennzeichen: *Caryophyllaceae.* Stark zerschlitzte rosa Kronblätter. Griffel 5. Zylindrischer, längsrippiger Kelch, ohne Außenkelch. 30–70 cm. V-VII.
Zeigercharakter: OC Molinietalia.
Ellenberg-Zahlen: L7, T5, K3, F7~, Rx, Nx – M9, Ä5
Bemerkungen: Ähnlich (aber mit Außenkelch): *(116) Dianthus superbus.*

(106) *Sanguisorba officinalis* (Großer Wiesenknopf)

Kennzeichen: *Rosaceae.* Blüten 4-zählig, dunkelpurpurn, ohne Kronblätter, in walzlichen Köpfchen. Blätter regelmäßig gefiedert. 30–130 cm. VI-IX.
Zeigercharakter: In Molinietalia-Gesellschaften. Wertbildend.
Ellenberg-Zahlen: L7, T5, K7, F6~, Rx, N5 – M7, Ä3
Bemerkungen: Im N weitgehend auf die Stromtäler beschränkt. – Vgl. *(187) S. minor.*

(102) Cirsium palustre

(103) Dactylorhiza majalis ssp. majalis

(105) Lychnis flos-cuculi

(104) Galium uliginosum

(106) Sanguisorba officinalis

(107) *Selinum carvifolia* (Kümmel-Silge)

Kennzeichen: *Apiaceae*. Weiß oder rötlich blühend, mit gefurchtem (fast geflügeltem) Stängel. Dolde mit 0–2 Hüllblättern und < 20 Strahlen. Pflanze ohne Milchsaft, zerrieben mit deutlichem Karottengeruch. Fiedersegmente meist weißspitzig. 40–80 cm. VII-VIII.
Zeigercharakter: OC Molinietalia. Wertbildend.
Ellenberg-Zahlen: L7, T5, K5, F7, R5, N3 – M7, Ä3
Bemerkungen: Im NW fehlend (K5!). – Verwechslungsgefahr mit *(36) Cicuta, (108) Silaum, (88) Peucedanum palustre* und *(122) Selinum venosum.*

(108) *Silaum silaus* (Wiesensilge[56])

Kennzeichen: *Apiaceae*. Grünlich gelb blühend, mit gerilltem Stängel. Dolde mit 0–3 Hüllblättern und 5–10 Strahlen. Pflanze ohne Milchsaft, mit unspezifischem Geruch. Fiedersegmente oft rotspitzig. 50–100 cm. VI-VIII.
Zeigercharakter: AC im Calthion, aber auch in anderen wechselfeuchten bzw. -trockenen Gesellschaften. Wertbildend.
Ellenberg-Zahlen: L7, T6, K5, Fx~, R7, N3 – M6, Ä3
Bemerkungen: Verwechslungsgefahr mit *(107)* und *(122) Selinum, (36) Cicuta und (88) Peucedanum palustre.*

(109) *Succisa pratensis* (Teufelsabbiss)

Kennzeichen: *Caprifoliaceae (Dipsacaceae).* Ausgeprägt (halb)kugelige Köpfchen. Krone 4-zählig, Randblüten nicht vergrößert. 20–80 cm. VII-IX.
Zeigercharakter: OC Molinietalia. Häufig auftretende soziologische Kennart. Magerkeits- und Wechselfeuchtezeiger. Trotz M9 wertbildend.
Ellenberg-Zahlen: L7, T5, K3, F7, Rx, N2 – M9, Ä4
Bemerkungen: Die Art ließe sich auch speziell dem Molinion (vgl. 4.4.5) zuordnen. Hinter F7 sollte ein ~ ergänzt werden. – Bei der ähnlichen Gattung *Scabiosa* sind die Blütenkronen 5-zählig.

▶ *Weitere Art: (510) Juncus acutiflorus.*

4.4.4 Nährstoffreiche Nasswiesen (Calthion)

Dieser Typ ist innerhalb der Nasswiesen am weitesten verbreitet (soweit die betreffende „Nasswiese“ überhaupt soziologisch definierbar ist) und wird auch noch am ehesten einer regelmäßigen Nutzung unterworfen. Viele soziologische Kennarten sind weit verbreitet und häufig, aber oft zurückgehend und schon insofern kennzeichnend für einen zurückgehenden Biotoptyp.

56 „Wiesensilge“ ist der *Gattungs*name von *Silaum*, daher „Wiesensilge“, nicht „Wiesen-Silge“ (vgl. *Selinum*). – Ein Art-Epitheton zum deutschen Namen erübrigt sich hier wie in anderen ähnlich gelagerten Fällen, da es bei uns keine weiteren Wiesensilgen gibt.

(107) Selinum carvifolia

(108) Silaum silaus

◄ (109) Succisa pratensis ▲

(110) *Caltha palustris* (Sumpfdotterblume)

Kennzeichen: *Ranunculaceae.* Meist 5–6 dottergelbe Blütenblätter, ohne Kelch, meist 5–8 zuletzt sternförmig ausgebreitete Balgfrüchte. Untere Blätter gestielt, herz- bis nierenförmig. 15–30 cm. IV-V.
Zeigercharakter: Schwache VC Calthion. Auch zuverlässiger Nässezeiger in anderen Gesellschaften.
Ellenberg-Zahlen: L7, Tx, Kx, F9=, Rx, N6? – M9, Ä4

(111) *Cirsium rivulare* (Bach-Kratzdistel)

Kennzeichen: *Asteraceae.* Köpfchen purpurn, meist zu 2–4 endständig gedrängt. Blätter fiederschnittig, nicht herablaufend, aber mit Öhrchen stängelumfassend. 30–100 cm. V-VII.
Zeigercharakter: AC im Calthion. Kalkzeiger. Wertbestimmend.
Ellenberg-Zahlen: L9, T5, K4, F7~, R8, N5 – M4, Ä3
Bemerkungen: Fast nur Alpen(vorland) – Vgl. *(115) Trollius.*

(112) *Geum rivale* (Bach-Nelkenwurz)

Kennzeichen: *Rosaceae.* Kronblätter außen ± rot, innen gelblich, eine zylindrische Krone bildend. Blätter mit großer Endfieder und 2–4 Paar unterschiedlich großer Seitenfiedern. Griffel hakig. 20–60 cm. IV-VI.
Zeigercharakter: Im Calthion und anderen Molinietalia-Gesellschaften, auch in Nasswäldern. Trotz M8 wertbildend.
Ellenberg-Zahlen: L6, Tx, K5, F8~, Rx, N4 – M8, Ä4
Bemerkungen: Nicht blühend mit *(575) G. urbanum* zu verwechseln; dieses jedoch mit großen Stipeln an den Stängelblättern.

(113) *Lotus uliginosus [L. pedunculatus]* (Sumpf-Hornklee)

Kennzeichen: *Fabaceae.* Sitzende, 5-zählige Fiederblätter ohne sichtbare Stipeln. Dolde meist 7–12-blütig, Kelchzähne anfangs zurückgekrümmt. Stängel hohl. Pflanze meist kahl. 20–50 cm. V-VII.
Zeigercharakter: VC Calthion. Auch zuverlässiger Nässezeiger in anderen Gesellschaften.
Ellenberg-Zahlen: L7, T5, K2, F8, R6, N4 – M9, Ä5
Bemerkungen: *L. corniculatus* (Gewöhnlicher H.) hat meist 3–7-blütige Dolden, einwärts gekrümmte Kelchblätter und einen meist markigen Stängel. Diese Art ist formenreich und eher gesellschaftsvag in verschiedenen Grünland-Gesellschaften vertreten, mit einer Tendenz zu (wechsel)trockenen Standorten. Ebenfalls ähnlich der außerhalb der Küsten seltene salzertragende *L. tenuis* mit 1-4-blütigen Dolden auf wechselfeuchten Böden (F7~). *Lotus [Tetragonolobus] maritimus*[57] (Spargelbohne, !!) schließlich mit >20 mm großen Einzelblüten und ausgeprägt 4-kantiger Frucht zeigt nährstoffarme (N1?), aber basenreiche (R9), verdichtete, wechselfeuchte (bzw. -trockene) Böden an, ist wertbildend und findet sich v. a. im Molinion.

57 Der Name ist irreführend. Die Art findet sich nur sehr vereinzelt an der Küste.

(110) Caltha palustris

(111) Cirsium rivulare

(112) Geum rivale

(113) Lotus uliginosus

(114) *Senecio aquaticus* (Wasser-Greiskraut)

Kennzeichen: *Asteraceae.* Außenhüllblätter 2–5, ca. 1/4 so lang wie die Hülle. Höchstens die mittleren Früchte spärlich behaart, sonst alle kahl. Grundblätter meist nur mit wenigen, nach vorne gerichteten, ± ganzrandigen Zipfeln. Pflanze meist (nur) 20–50 cm. VII-X.
Zeigercharakter: VC Calthion. Wertbildend.
Ellenberg-Zahlen: L7, T6, K2, F8, R4, N5 – M7, Ä3
Bemerkungen: Ähnlich (und auf ähnlichen Standorten, aber weniger Feuchte beanspruchend) der meist höhere *S. erraticus* (Spreizendes G.) mit ± waagrecht abstehenden Blattzipfeln; seltener, ebenfalls wertbildend.

(115) *Trollius europaeus* (Trollblume) (!!)

Kennzeichen: *Ranunculaceae.* Blüten mit 5–10 auffällig kugelig zusammenneigenden Blütenblättern. Spross mit meist nur 1 Blüte. Blätter handförmig geteilt (hahnenfußähnlich). 10–50 cm. V-VI.
Zeigercharakter: OC Molinietalia (v. a. montan, mit *(111) Cirsium rivulare;* beachte T3!). Auch Feuchtezeiger im Polygono-Trisetion (ähnlich *(156) Polygonum bistorta*). Wertbestimmend.
Ellenberg-Zahlen: L9, T3, K5, F7, R6, N5 – M5, Ä2

▸ *Weitere Arten: (156) Polygonum bistorta.* Auch einige in diesem Buch als „Nässezeiger" geführte Arten (vgl. 5.1) haben im Calthion einen Schwerpunkt, z. B. *(516) Scirpus sylvaticus* sowie – oft als Störzeiger – *(511) Juncus*-Arten.

4.4.5 Wechselfeuchte Wiesen (Molinion)

(116) *Dianthus superbus* ssp. *superbus* (Pracht-Nelke) (!!)

Kennzeichen: *Caryophyllaceae.* Kronblätter tief und unregelmäßig zerschlitzt, rosa. Griffel 2. Kelch mit Außenkelch, nicht längsrippig. 30–60 cm. VI-IX.
Zeigercharakter: VC Molinion. Kalkzeiger. Wertbildend.
Ellenberg-Zahlen: L7, T6, K7, F8~, R8, N2 – M4, Ä3
Bemerkungen: Verwechselbar mit *(105) Lychnis flos-cuculi. – Die* ssp. *alpestris* ist (sub)alpin (T2).

(117) *Gentiana pneumonanthe* (Lungen-Enzian) (!!)

Kennzeichen: *Gentianaceae.* Typische leuchtend blaue, glockige Enzian-Blüten. Blätter lanzettlich, < 1 cm breit. Pfl. 10–40 cm. VII-IX.
Zeigercharakter: VC Molinion. Wertbestimmend.
Ellenberg-Zahlen: L8, T5, K3, F7, Rx, N1 – M6, Ä2
Bemerkungen: Es gibt weitere *Gentiana-* bzw. *Gentianella*-Arten in ähnlichen Biotopen. Sie haben breitere Blätter (*G. asclepiadea;* !!) oder bleiben kleiner (sehr seltene Arten).

(114) Senecio aquaticus

(115) Trollius europaeus

(116) Dianthus superbus ssp. superbus

(117) Gentiana pneumonanthe

(118) *Inula salicina* (Weidenblättriger Alant)

Kennzeichen: *Asteraceae.* Gelbe, scheindoldig stehende Köpfchen von 2,5–4 cm Durchmesser. Blätter halbstängelumfassend, unterseits nur auf den Nerven behaart. 25–50 cm. VI-VIII.
Zeigercharakter: VC Molinion. Kalkzeiger. Auch außerhalb der Nasswiesen, dort Wechselfeuchtezeiger. Wertbildend.
Ellenberg-Zahlen: L8, T6, K5, F6~, R9, N3 – M4, Ä3
Bemerkungen: Vgl. die ähnliche *(125) I. britannica* mit stärker behaarten Blättern und 1–4 Köpfchen. – Der Gattung *Inula* habituell sehr ähnlich (aber ohne Pappus) ist das gesellschaftsvage *Buphthalmum salicifolium* (Ochsenauge); es ist im Wesentlichen auf Südost-Deutschland beschränkt.

(119) *Ophioglossum vulgatum* (Natternzunge) (!!)

Kennzeichen: *Pteridophyta/Ophioglossaceae.* „Wedel" aus einer ungeteilten sterilen und einer ährenartigen fertilen Fieder bestehend. 5–20 cm.
Zeigercharakter: VC Molinion, seltener auch allgemein auf dichten, episodisch staufeuchten Böden. Wertbestimmend.
Ellenberg-Zahlen: L7, T6, K3, F7, R7?, N2? – M5, Ä2
Bemerkungen: Die Art ist unverwechselbar. Sie tritt häufig truppweise auf, kann aber am Standort über Jahre hinweg nicht in Erscheinung treten. Insofern sieht man sie viel seltener, als M5 erwarten ließe.

(120) *Serratula tinctoria* (Färberscharte) (!!)

Kennzeichen: *Asteraceae.* Zahlreiche auffällig schlanke, violette Köpfchen. Frucht mit ungefiedertem Pappus. Blätter von unten nach oben zunehmend fiederschnittig mit großem Endabschnitt. 20–100 cm. VII-IX.
Zeigercharakter: VC Molinion, aber auch in anderen wechseltrockenen Gesellschaften. Tonbodenzeiger. Wertbildend.
Ellenberg-Zahlen: L6, T6, K5, Fx, R7, N3 – M5, Ä3
Bemerkungen: Die Art kommt auf feuchten und wechseltrockenen, nicht aber auf trockenen Standorten vor; insofern ist „Fx" zu weit gefasst. Außerdem sollte ein „~" ergänzt werden.

(121) *Tephroseris [Senecio] helenitis* (Spatelblättriges Greiskraut) (!!)

Kennzeichen: *Asteraceae.* Hüllblätter meist 21, 1-reihig, 8-12 mm. Ohne Außenhülle. Strahlenblüten meist 13, gelb. Frucht mit ungefiedertem Pappus. Stängel spinnwebig behaart. Blätter gekerbt bis gezähnt. 30–100 cm. V–VI.
Zeigercharakter: Gilt als VC Molinion, aber auch in Niedermooren oder lichten Laubwäldern und vielleicht nur Wechselfeuchtezeiger (hinter F7 sollte ein „~" ergänzt werden). Wertbestimmend.

(118) Inula salicina

(119) Ophioglossum vulgatum

(120) Serratula tinctoria

(121) Tephroseris helenitis

Ellenberg-Zahlen: L7, T6?, K2, F7, Rx, N2 – M4, Ä2
Bemerkungen: Im Gebiet fast ausschließlich ssp. *helenitis* mit behaarten Früchten. – Die Art ist auf den Süden beschränkt. Im Norden und Osten kommt die ähnliche *T. palustris [Senecio congestus]* vor (Stängel drüsig-klebrig). Sie ist eine AC im Bidention (F9=, N7). – Bei der ähnlichen Gattung *Senecio* s. str. (ebenfalls „Greiskraut") ist die 1-reihige Hülle noch von wenigen, viel kürzeren Außenhüllblättern umgeben (vgl. z. B. *(114) S. aquaticus*).

▶ *Weitere Arten: (509*) Iris sibirica* und *(510) Juncus acutiflorus*. Vgl. auch *(109) Succisa*. Zur namensgebenden *Molinia* vgl. *(532)* – Das Molinion gehört zu den Gesellschaften, in der Orchideen eine wertbestimmende Rolle spielen können.

4.4.6 Brenndoldenwiesen (Cnidion)

Dieser nur aus zwei bis drei Syntaxa bestehende Verband soll hier nur kurz erwähnt werden. Er ist außerordentlich selten im Bereich der großen Ströme. Auffällig ist sein kontinentaler „Touch": die kennzeichnenden Elemente haben alle eine K-Zahl von 5 oder 6; im Osten sind die beiden hier genannten Arten denn auch häufiger als „M2". – Landespflegerisch haben diese Wiesen höchste Schutzpriorität.

(122) *Selinum venosum [Selinum dubium, Cnidium dubium]* (Brenndolde) (!!)

Kennzeichen: *Apiaceae*. Weiß blühend, mit 20–30-strahliger Dolde. Hülle hinfällig. Blätter mit ganzrandigen Zipfeln, die Scheiden der oberen Blätter wohl ausgebildet, dem hohlen, unten (!) glatten Stängel anliegend. 30–60 cm. VI-VII.
Zeigercharakter: AC im bzw. VC Cnidion. Wertbestimmend.
Ellenberg-Zahlen: L7, T7, K6, F8~, R6, N? – M2, Ä2?
Bemerkungen: Entlang der Oder noch etwas häufiger. Verwechslungsmöglichkeiten: vgl. *(107) S. carvifolia.*

(123) *Viola persicifolia [V. stagnina]* (Pfirsichblättriges Veilchen) (!!)

Kennzeichen: *Violaceae*. Pflanze mit oberirdischem beblättertem Stängel. Blüten (fast) weiß, lila geadert. Spreitenbasis flach herzförmig bis gestutzt. Stipeln deutlich kürzer als der Blattstiel. 10–25 cm. V-VI.
Zeigercharakter: AC im bzw. VC Cnidion. Wertbestimmend.
Ellenberg-Zahlen: L6, T7, K5, F8~, R6, N3? – M2, Ä2
Bemerkungen: Im gleichen Biotoptyp möglich und ebenso selten ist *V. pumila* (Zwerg-V.; !!): Blüten hellviolett, dunkel geadert; Stipeln etwa so lang wie der Blattstiel. – Zu anderen „Sumpfveilchen" vgl. auch *(98)*.

▶ *Weitere Art: (529) Deschampsia cespitosa* als Wechselfeuchtezeiger.

(122) Selinum venosum

(123) Viola persicifolia

4.4.7 Flut- und Trittrasen (Agrostietea stoloniferae)

Hierher gehören nach klassischer Betrachtungsweise und gemäß Tab. 4.4.b das Agropyro-Rumicion und das Lolio-Plantaginion. Letzteres ist jedoch weniger durch syntaxonspezifische Kennarten als eher durch ± trittresistente, ansonsten aber ± gesellschaftsvage Arten charakterisiert (vgl. die Beispiele in Tab. 4.4.b).

Üblicherweise werden die Agrostietea heute als Ordnung innerhalb der Molinio-Arrhenatheretea geführt; dann werden sie Potentillo-Polygonetalia genannt und umfassen nur einen Verband, das Potentillion anserinae, das inhaltlich dem Agropyro-Rumicion entspricht. Das „Lolio-Plantaginion" wird wegen mangelnder Kennarten als eigenständiges Syntaxon meist nicht mehr anerkannt.

(124) *Barbarea vulgaris ssp. vulgaris* (Echtes Barbarakraut)

Kennzeichen: *Brassicaceae.* Gelb blühend, schotenfrüchtig. (Obere) Stängelblätter höchstens apikal gelappt, Grundblätter gefiedert mit vergrößerter, rundlicher Endfieder. 30–80 cm. IV-VI.
Zeigercharakter: VC Agropyro-Rumicion.
Ellenberg-Zahlen: L8, T6, K3, F6, Rx, N6 – M8, Ä6
Bemerkungen: Auch andere *Barbarea*-Taxa können im Agropyro-Rumicion vorkommen. Sie sind viel seltener und mit rückläufiger Verbreitung. Ihr Vorkommen würde den betreffenden Biotop aufwerten, sodass es sich empfiehlt, das vorgefundene Taxon nachzubestimmen. Ebenfalls (gelegentlich) in Flutrasen die gelb blühenden Brassicaceen *(525) Rorippa sylvestris* und *R. austriaca* (vgl. dort).

(125) *Inula britannica* (Wiesen-Alant)

Kennzeichen: *Asteraceae.* Gelbe Köpfchen von 2–5 cm Durchmesser, zu 1–4 an den Infloreszenz-Ästen. Hülle ± 1-reihig, locker behaart. Blätter halb stängelumfassend, unterseits seidig-zottig. 20–60 cm. VII-IX.
Zeigercharakter: VC Agropyro-Rumicion, auch im Molinion. Relativ kontinental. Wertbestimmend. Auch salzverträglich.
Ellenberg-Zahlen: L8, T6, K5, F7=, R8, N5 – M3, Ä2
Bemerkungen: Vgl. *(118) I. salicina.*

(126) *Juncus compressus* (Zusammengedrückte Binse)

Kennzeichen: *Juncaceae.* Infloreszenz locker, endständig, vom Hochblatt meist überragt. Unter jeder Blüte 2 Vorblätter. Perigonblätter stumpf, breit hautrandig, deutlich kürzer als die Kapsel. Stängel deutlich zusammengedrückt. 10–30 cm. VI-VIII.
Zeigercharakter: AC im Agropyro-Rumicion. Auch im Nanocyperion. Gering salzverträglich.

(124) Barbarea vulgaris ssp. vulgaris

(126) Juncus compressus

(125) Inula britannica

(127) Scorzoneroides autumnalis

Ellenberg-Zahlen: L8, T5, K3, F8=, R7, N5 – M7, Ä4
Bemerkungen: Ähnlich, aber viel salzverträglicher (vgl. 5.7) *J. gerardii* (Salz-B; Perigonblätter sehr schmal hautrandig, kaum kürzer als die Kapsel. Stängel kaum zusammengedrückt. Fx=, M3). Ebenfalls etwas ähnlich: *(170) J. squarrosus.*

(127) *Scorzoneroides [Leontodon] autumnalis* (Herbst-Löwenzahn)

Kennzeichen: *Asteraceae.* Frucht mit gestieltem und gefiedertem Pappus. Verzweigter Schaft mit etlichen Schuppenblättern. Grundblätter meist kahl und fiederspaltig. 15–40 cm. VII-IX (Abb. s. S. 145).
Zeigercharakter: Schwache VC Cynosurion, gilt aber auch als Differenzialart des „Lolio-Plantaginion" (zu diesem Syntaxon vgl. oben). Trittfester Verdichtungszeiger.
Ellenberg-Zahlen: L7, Tx, K3, F5, R5, N5 – M9, Ä5
Bemerkungen: Ähnlich die gesellschaftsvage Grünland-Art *Hypochaeris [Hypochoeris] radicata* (Gewöhnliches Ferkelkraut) mit borstig behaarten Rosettenblättern.

▶ *Weitere Arten:* Alle Arten in Kap. 5.2.1 (die aber nur von geringer *soziologischer* Aussagekraft sind); aus 5.11.2: *(579*) Plantago major* ssp. *winteri* und *(580*) Trifolium hybridum* (vgl. auch 4.17.4).

4.5 Grünland mittlerer Standorte (Arrhenatheretalia)

Der Begriff „mittlerer Standort" bezieht sich auf den ausgeglichenen Wasserhaushalt (F-Zahl fast immer 4–6) sowie auf den Umstand, dass keine Besonderheiten bezüglich des Bodens bestehen. Er bezieht sich *nicht* auf den Nährstoffhaushalt; hier ist in der Regel vielmehr von einem reichlichen Angebot auszugehen (daher auch „Fettwiesen" bzw. „-weiden"), das durch Düngungen bewerkstelligt wird. Aufgrund der günstigen Rahmenbedingungen kann dieses Grünland sehr produktiv sein und entsprechend intensiv genutzt werden (z. B. durch mehrmalige Mahd).
Wie so häufig geht die hohe Produktivität mit Artenarmut einher, und zwar sowohl quantitativ (die Artenzahl ist gering) als auch qualitativ (die meisten Arten sind allgemein verbreitet). Viele „Wiesen" sind heute eher Grünäcker mit nicht einmal einem Dutzend Arten auf der ganzen Parzelle. Die klassische zweischürige Wiese mit über 20 Arten pro Aufnahmefläche von 3 x 3 m ist heute die Ausnahme. Sie ist ein Vegetationstyp, der wesentlich stärker gefährdet ist, als man normalerweise denkt. Diese Verkennung der tatsächlichen Umstände liegt wohl daran, dass man geneigt ist, alle von „Gras" beherrschten Flächen als „Wiese" zu empfinden, ganz gleich, ob Grünacker oder echtes Arrhenatheretum – „Wiese ist Wiese", gewissermaßen.
Tab. 4.5.a (rechts) zeigt die syntaxonomische Gliederung in drei Verbände, denen als vierter noch die hier nicht näher behandelten Alpen-Fettweiden (Poion alpinae) zuzurechnen

Tab. 4.5.a: Wirtschaftsgrünland

Klasse	Wirtschaftsgrünland Molinio-Arrhenatheretea s. str.				
Diagnostische Arten	*Alopecurus pratensis, Cardamine pratensis, Ranunculus acris, Rumex acetosa*				
Ordnung	**Grünland mittlerer Standorte** Arrhenatheretalia			**Nass- und Streuwiese**n Molinietalia p. p.	
Diagnostische Arten	*Achillea millefolium, Dactylis glomerata, Heracleum sphondylium, Leucanthemum vulgare agg.*			*Cirsium oleraceum, Cirsium palustre, Lychnis flos-cuculi, Sanguisorba officinalis*	
Nutzung	intensive (mehrfache) Mahd		intensive Beweidung	(intensive) Mahd	1x (Spät-)Sommermahd
Diagnostische Arten	*Anthriscus sylvestris, Knautia arvensis, Tragopogon pratensis, Vicia sepium*		*Arten der Trittrasen (vgl. Tab. 4.4.b)*	*s. u.*	*s. u.*
Verband	**Glatthaferwiesen** Arrhenatherion	**Goldhaferwiesen** (Polygono-)Trisetion	(nicht-alpine) **Fettweiden** Cynosurion	(nährstoffreiche) **Nasswiesen** Calthion	(± nährstoffarme) **Pfeifengraswiesen** Molinion
Diagnostische Arten	*Arrhenatherum elatius* *Crepis biennis* *Geranium pratense* *Trifolium dubium*	*Crepis mollis* *Geranium sylvaticum* *Phyteuma nigrum* *Trisetum flavescens*	*Bellis perennis* *Cynosurus cristatus* *Phleum pratense* *Trifolium repens*	*Caltha palustris* *Lotus uliginosus* *Polygonum bistorta* *Scirpus sylvaticus*	*Dianthus superbus* *Molinia caerulea* *Serratula tinctoria* *Succisa pratensis*
Höhenlage	planar bis collin	(sub)montan	planar bis montan	planar bis montan → div. Assoziationen	
Wasser	mäßig trocken bis frisch	frisch	frisch	± dauerfeucht bis ständig nass	wechselfeucht bis wechselnass
Boden	mittlere, tiefgründige Böden	mittlere, tiefgründige Böden	verdichtete (→ luftarme) Böden	durchnässte (→ luftarme) Böden	meist ton- oder torfreich → hoher Kolloidgehalt → wechselnass
vgl. Kap.	4.5.2	4.5.3	4.5.4	4.4.4	4.4.5

Anmerkung zu den Molinietalia: Der dritte Verband – das Filipendulion – wurde bereits in Kap. 4.2.2 besprochen. Das Juncion acutiflorae ist hier ins Molinion eingeschlossen. Das Cnidion ist als sehr seltene Gesellschaft hier nicht genannt, im Text aber berücksichtigt.

sind. Zu diesen Alpenmatten gehören eine subalpine Assoziation (ab ca. 1500 m NN) sowie das alpine (ab ca. 2200 m) Trifolio-Festucetum violaceae; dieses ist insofern von allgemeinem Interesse, als es sich um Grasland auf *primär* gehölzfreien Standorten handelt, das also „eigentlich" in Tab. 4.4.a hätte berücksichtigt werden müssen.
Diese synsystematische Dreiteilung (unter Ausklammerung der Alpen-Fettweiden) ist durchaus praxisgerecht. Sie soll deshalb auch im Folgenden verwendet werden. Es gilt aber zu beachten, dass die unserer Gliederung zugrunde gelegte strenge Trennung der Nutzungsformen Wiese (gemeint ist: Mähwiese) *vs.* Weide nicht immer durchgeführt, dass also gemähtes Grünland „nachbeweidet" wird, was sich natürlich auch in einer Durchmischung der jeweiligen Kennarten ausdrückt.
Ansonsten ist es nicht schwierig, Wiese und Weide zu unterscheiden. Am schnellsten geht das über das Kriterium „eingezäunt". Oft kann man schon aus dem Zustand des Gatters Rückschlüsse auf die Beweidungsintensität ziehen – ob man beispielsweise einen neuen Elektrozaun, einen rostigen Stacheldraht oder nur noch die Pfosten vorfindet. – Speziell für Weiden kennzeichnende Arten gibt es nur wenige. Viele Weidepflanzen sind ganz einfach Trittzeiger; deshalb sind manche der in Kap. 5.11 („Störzeiger") erwähnten Arten auch kennzeichnend für Weiden (gewissermaßen als Differenzialarten gegenüber den Mähwiesen). Andere Arten bilden dem Boden aufliegende Rosetten aus und entgehen so dem Fraßdruck; solche Pflanzen finden sich in typischen Mähwiesen aus Gründen der Konkurrenz nur wenige. Wieder andere werden vom Vieh gemieden, wie z. B. der im frischen Zustand giftige *(136) Ranunculus acris* oder *(528) Colchicum autumnale*; diese Arten wachsen durchaus auch in Mähwiesen, fallen dort aber nicht so auf. Ebenfalls vom Vieh gemieden werden die hochwüchsigen „Weideunkräuter" Brennnessel oder großblättrige Ampfer-Arten, vor allem *(581) Rumex obtusifolius*; diese Arten dringen von anderen Gesellschaften auf stickstoffreichem und/oder verdichtetem Boden in die Weiden ein (vgl. 5.6 und 5.11). Sie treten oft in Gruppen auf („Geilstellen") und finden sich häufig an den Ruheplätzen des Weideviehs. Brennnesselherden unterhalb von schattenspendenden „Hutebäumen" können ehemalige Beweidung noch nach Jahrzehnten anzeigen. Überhaupt verrät die Physiognomie einiges über die Beweidungsintensität: Stark besetzte Weiden zeigen noch nach Jahren eine unregelmäßige, ein wenig an die Bulten und Schlenken der Hochmoore erinnernde Struktur. – Auf eine nicht selten vorkommende Besonderheit sollte man aber auf jeden Fall achten: Direkt an/unter dem Weidezaun (wo das Vieh nicht hinkommt) finden sich oft schmale Streifen mit lückigem Bewuchs von Magerkeitszeigern, die über die Potenzen der jeweiligen Parzelle Auskunft geben können; *(185) Pimpinella saxifraga, (228)* Thymian oder schmalblättrige Schwingel-Arten sind dafür Beispiele.
Was die beiden Mähwiesen-Typen betrifft, so lassen sich diese nur anhand der Artengarnitur zuverlässig unterscheiden. Die Höhengrenze hängt – wie Höhengrenzen in der Vegetationskunde immer – von den regionalen Gegebenheiten ab und liegt „im Normalfall" bei etwa 500 m.
Allein durch die in den Ellenberg-Zahlen zum Ausdruck kommenden Rahmenbedingungen lässt sich die Artenzusammensetzung einer Mähwiese aber nicht erklären. Sie wird nämlich ganz wesentlich auch durch das *Mahdregime* bedingt. Dies betrifft zunächst die Häufigkeit der Mahd. Es ist einleuchtend, dass eine einschürige Wiese (d. h. mit nur einem jährlichen Mahdtermin) artenreicher ist als eine dreischürige, da die Zahl der Arten, die einer dreimaligen Regeneration fähig sind, begrenzt ist. Ebenso wichtig ist aber auch der

Zeitpunkt der ersten Mahd. Viele Arten vertragen einen zu frühen Schnitt nicht – sei es, weil sie bis dahin noch zu wenig Assimilate gespeichert haben, sei es, dass sie auf generative Fortpflanzung angewiesen sind, d. h. sie müssen die Möglichkeit haben zu blühen (vgl. z. B. *(142) Campanula patula*). Dieser Aspekt wird zunehmend wichtig, da der erste Mahdtermin wegen einer geänderten Futtertechnik oft schon Ende April liegt. Solches Grünland ist aus landespflegerischer Sicht fast immer wertlos. Früher als Mitte oder Ende Mai sollte die (erste) Mahd nicht liegen, länger als bis Mitte Juli muss man aber auch nicht warten. Bis zu diesem Zeitpunkt gilt die Faustregel: je später der Schnitt, desto besser kann sich die Wiese entwickeln.

Mahd und Beweidung kann man auch – aus der Sicht der Pflanzen – unter „mechanische Störung" zusammenfassen. Dabei ist auch noch der Trittfaktor zu berücksichtigen, der nicht nur durch Weidevieh bedingt ist, sondern in analoger Weise auch durch das Befahren mit einem Traktor usw. Diese „Störungen" sind fester Bestandteil des Biotoptyps „Grünland"; man kann somit eine gewisse Resistenz der Gesellschaftsglieder gegenüber solchen Störungen erwarten. Diese Resistenz ist allerdings durchaus abgestuft und kann – entsprechend den Ellenberg-Zahlen – mit Zahlen von 1 bis 9 charakterisiert werden (vgl. auch 2.3.1.1). Wegen der Bedeutung des Mahd- bzw. Beweidungsregimes für die Artengarnitur sind diese Zahlen hier bei den Arten des Kap. 4.5 unter „Zeigercharakter" mit angeführt[58]. Wir unterscheiden MZ (Mahdverträglichkeits-), WZ (Weideverträglichkeits-) und TZ (Trittverträglichkeits-Zahl); Letztere entspricht sehr häufig ± der WZ, ist aus ökologischer Sicht im Zusammenhang mit Kap. 4.5 nicht wesentlich und wird deshalb nicht weiter berücksichtigt.

Die wichtigste dieser Zahlen ist zweifellos die MZ. Zu deren Interpretation deshalb einige Hinweise: MZ1 („keinerlei Schnitt vertragend, zumeist Holzpflanzen ohne unterirdische Regenerationsorgane") spielt im Grünland naturgemäß keine Rolle, es sei denn, es handelt sich um ältere Brachen. Pflanzen mit MZ2 und 3 vertragen höchstens eine Mahd im Herbst und finden sich demzufolge in Grünlandtypen, die *per se* wenig (wie die Borstgrasrasen) oder aus technischen Gründen erst im Herbst gemäht werden (wie viele Seggenrieder von Kap. 4.4.1 bzw. 4.4.2.1). Typisch für die extensiv genutzte Mähwiese sind MZ 4–6 (ein bis zwei Schnitte, der erste Schnitt relativ spät), für intensiv genutzte Arrhenatheretalia-Gesellschaften 6–7 (zwei bis vier Schnitte). Arten mit MZ9 (über sechs Schnitte pro Jahr) sind kennzeichnend für die in Kap. 4.5.5 kurz erwähnten Scherrasen.

Natürlich wirkt sich die Mahd auch bei anderen Wiesentypen – z. B. Nasswiesen und Halbtrockenrasen – auf die Artenzusammensetzung aus; dort sind die Mahdbedingungen aber einheitlicher, sodass dort keine so weitreichende mahdbedingte Differenzierung zu erkennen ist; die häufigsten Mahdzahlen sind 4 und 5. Der Zeitpunkt der ersten (bzw. in den meisten Fällen: der einzigen) Mahd kann (und sollte vielfach) hier allerdings im Normalfall bis in den September verschoben werden, zumal, wenn es sich um eine landespflegerische Maßnahme handelt. Im Übrigen hängt in diesem Fall das Mahdregime entscheidend vom Pflegeziel ab.

Für die Interpretation von WZ (bzw. TZ) gilt Entsprechendes: 1 bedeutet jeweils „unverträglich", 9 „überaus verträglich".

58 Zuerst veröffentlicht in: Briemle & Ellenberg (1994): Zur Mahdverträglichkeit von Grünlandpflanzen. Natur und Landschaft **69**:139-147. Die Zahlen sind auch in Dierschke & Briemle (2008) nachzuschlagen; in Sturm & al. (2018) sind sie nach Gesellschaften geordnet angeführt. In Landolt (2010) sind ebenfalls entsprechende Werte angegeben, die großenteils auf Briemle zurückgehen. Zur Auswertung dieser Zahlen vgl. Briemle & al.: Nutzungswertzahlen für Gefäßpflanzen des Grünlandes (2002; www2.ufz.de/biolflor/info/nutzungswertzahlen.pdf).

4.5.1 Gemeinsame Arten

Die meisten der im Folgenden genannten Arten haben ihren Schwerpunkt in den Mähwiesen. Auffällig viele Taxa sind indifferent bezüglich ihrer Temperaturansprüche und des Boden-pH.

(128) *Achillea millefolium* agg. (Artengruppe Wiesen-Schafgarbe)

Kennzeichen: *Asteraceae*. Zahlreiche kleine Köpfchen in scheindoldiger Infloreszenz. Strahlenblüten meist 5, etwa so lang wie breit. Blätter 4–15-mal so lang wie breit, mit > 12 Fiederpaaren. Mit unterirdischen Kriechsprossen. 15–50 cm. VI-X.
Zeigercharakter, Ellenberg-Zahlen: Das Aggregat umfasst ca. ein halbes Dutzend Taxa, davon ist allerdings nur *A. m.* s. str. allgemein in Arrhenatheretalia-Gesellschaften verbreitet (Stängel und Blätter wenig behaart; Hüllblätter stärker behaart, mit schmalem braunem Hautrand. Blüten meist (!) weiß. – L8, Tx, Kx F4, Rx, N5, M9, MZ7, WZ4). Die anderen Taxa sind viel seltener und teilweise auch enger (auch in Trockenrasen usw.) eingenischt. Bei stark behaarten oder rosa blühenden Sippen kann sich eine Nachbestimmung lohnen. – Insgesamt werden eher trockene Standorte besiedelt.
Bemerkungen: Außerhalb der Alpen nur Verwechslungsgefahr mit *(242) A. nobilis*.

(129) *Alopecurus pratensis* (Wiesen-Fuchsschwanz)

Kennzeichen: *Poaceae*. Schmal-zylindrische (walzliche) Infloreszenz. Einzelnes Ährchen (von der Breitseite betrachtet) ± oval. Hüllspelzen unten verwachsen. 50–100 cm. V-VI.
Zeigercharakter: In Arrhenatheretalia-Gesellschaften. Vor allem im feuchten Flügel, dort oft artenarme Gesellschaften aufbauend. Schnittfest, aber empfindlich gegen Nachbeweidung. MZ7, WZ4.
Ellenberg-Zahlen: L6, Tx, K5, F6, R6, N7 – M9, Ä5
Bemerkungen: Auf Wiesen nur mit *(159) Phleum pratense* zu verwechseln; die anderen *Alopecurus*-Arten bevorzugen zumeist ± ruderale Standorte und bleiben niedriger.

(130) *Anthriscus sylvestris* (Wiesen-Kerbel)

Kennzeichen: *Apiaceae*. Weiß blühend. Doldenstrahlen bis 15. Ohne Hülle, aber mit bewimpertem Hüllchen. Randblüten nicht strahlend. Frucht mit sehr kurzem Schnabel. 60–120 cm. IV-VI.
Zeigercharakter: Schwache Arrhenatheretalia-Art, dort Düngezeiger, vor allem vor der ersten Mahd. Wertmindernd. MZ7, WZ3. – Auch in luftfeuchten Säumen usw.
Ellenberg-Zahlen: L7, Tx, K5, F5, Rx, N8 – M9, Ä5
Bemerkungen: Vgl. *(133) Heracleum*.

(128) Achillea millefolium agg.

(129) Alopecurus pratensis

(130) Anthriscus sylvestris

(131) *Dactylis glomerata* (Knaulgras)

Kennzeichen: *Poaceae.* Ährchen geknäuelt. Nur 1 basaler Rispenast. 30–100 cm. V.
Zeigercharakter: Schwache Arrhenatheretalia-Art, aber auch in Halbtrockenrasen und ± ruderal (vgl. 4.5.5). MZ8, WZ4. Außerhalb der Intensiv-Wiesen Düngezeiger.
Ellenberg-Zahlen: L7, Tx, K3, F5, Rx, N6 – M9, Ä7
Bemerkungen: *D. g.* ist hier nur angeführt, weil sie in den meisten Fettwiesen vorkommt (und dort als Futtergras auch geschätzt wird). Der Zeigerwert der Pflanze ist gering, die Pflanze ist eigentlich eher gesellschaftsvag. – Sehr ähnlich in aufgelichteten Laubmischwäldern (v. a. im Carpinion) *D. polygama* (vgl. Bestimmungsbuch).

(132) *Helictotrichon pubescens* (Flaumhafer, Flaumiger Wiesenhafer)

Kennzeichen: *Poaceae.* Rispengras. Unterste Rispenstufe meist (3–)5-ästig. Ährchen meist (2–)3-blütig. Hüllspelzen fast so lang wie das Ährchen, Deckspelzen mit Rückengranne. Blätter und Blattscheiden meist weich behaart. 30–100 cm. V–VI.
Zeigercharakter: OC Arrhenatheretalia, kommt aber nur in relativ mageren und trockenen Ausprägungen vor; insofern wertbildend. MZ 5, WZ4.
Ellenberg-Zahlen: L5, Tx, K3, F3?, Rx, N4 – M7, Ä3
Bemerkungen: Mit ähnlichen, aber 3-5-blütigen Ährchen, mit 1–2 basalen Rispenästen und kahlen (aber rauen) Blattscheiden: *H. pratense* in verschiedenen mageren (N2), (wechsel-)trockenen (F3~) Gesellschaften, vor allem in Mesobrometen. Ebenfalls wertbildend.

(133) *Heracleum sphondylium ssp. sphondylium* (Wiesen-Bärenklau)

Kennzeichen: *Apiaceae.* Weiß blühend, mit kantigem, borstig behaartem Stängel. Randblüten deutlich strahlend, äußere Kronblätter bis zur Hälfte eingeschnitten. Frucht zusammengedrückt, mit Randflügeln. 80–150 cm. VI-IX.
Zeigercharakter: Wie *(130) Anthriscus sylvestris.* Düngezeiger, vor allem vor der zweiten Mahd. In größerer Zahl wertmindernd. MZ7, WZ3.
Ellenberg-Zahlen: L7, T5, K2, F5, Rx, N8 – M9, Ä5
Bemerkungen: Andere ssp. finden sich hauptsächlich in höheren Lagen. – Kann bei empfindlichen Menschen Hautrötung hervorrufen; vgl. dazu auch *(587) Heracleum mantegazzianum.*

(134) *Lathyrus pratensis* (Wiesen-Platterbse)

Kennzeichen: *Fabaceae.* Gelb blühend. Blätter mit 1 Fiederpaar und endständiger Ranke, Stipeln aber fast so groß wie das Fiederpaar. 20–60 cm. VI-VII.
Zeigercharakter: In Arrhenatheretalia-Gesellschaften, innerhalb dieser Feuchtezeiger. Kann beginnende Verbrachung anzeigen. MZ5, WZ3.
Ellenberg-Zahlen: L7, T5, Kx, F6, R7, N6 – M9, Ä5
Bemerkungen: Kann vegetativ mit der rot blühenden *L. tuberosus* (Knollige P.) verwechselt werden. Diese wächst auf trockeneren Standorten (F4~), die Stipeln sind sehr viel kleiner als die Fiedern.

(131) Dactylis glomerata

(133) Heracleum sphondylium ssp. sphondylium

(132) Helictotrichon pubescens

(134) Lathyrus pratensis

(135) *Leucanthemum vulgare* agg. (Artengruppe Margerite)

Kennzeichen: *Asteraceae.* Stängel wenig verzweigt, „Margeriten-Köpfchen" daher ± einzeln. Frucht ohne Pappus. Blätter lanzettlich, gesägt-gezähnt. Im Übrigen vgl. Bestimmungsbuch. 20–60 cm. V-X.
Zeigercharakter: Schwache OC Arrhenatheretalia. Innerhalb dieser Magerkeitszeiger und eher auf trockenen Standorten. MZ6, WZ3.
Ellenberg-Zahlen: L7, Tx, K3, F4, Rx, N3 – M9, Ä5
Bemerkungen: Die Artengruppe enthält einige Taxa, die schwierig zu unterscheiden sind. Die typische Art der Wiesen ist *L. ircutianum*, gekennzeichnet u. a. durch einige schmale öhrchenartige Zähne an der Basis der Spreite. Von gewisser Bedeutung ist noch *L. vulgare* s. str., eine Art der Halbtrockenrasen (auf welchen auch *L. ircutianum* durchaus vorkommen kann). Die Ellenberg-Zahlen beziehen sich auf beide genannte Taxa. – *L. vulgare* agg. ist auch beliebter Bestandteil von Rasenaussaaten (vgl. 4.5.5).

(136) *Ranunculus acris* (Scharfer Hahnenfuß)

Kennzeichen: *Ranunculaceae.* 30–100 cm hoher Hahnenfuß mit handförmig geteilten Blättern, anliegendem Kelch und nicht gefurchtem Blütenstiel. IV-IX.
Zeigercharakter: KC Molinio-Arrhenatheretea. Bei sehr dichtem Auftreten möglicherweise Anzeiger früherer Beweidung. MZ6, WZ5.
Ellenberg-Zahlen: L7, Tx, K3, F6, Rx, Nx – M9, Ä5
Bemerkungen: Es werden 2 ssp. ähnlicher Soziologie unterschieden. – Oft ähnlich, aber mit längsgefurchten Blütenstielen, sind die Taxa der Artengruppe *R. polyanthemos* (Vielblütiger H.), die – insbesondere *R. nemorosus* – ebenfalls im Grünland vorkommen können. Sie sind insgesamt viel seltener und ein wertbildendes Element.

(137) *Rumex acetosa* (Großer Sauerampfer)

Kennzeichen: *Polygonaceae.* Blüten unscheinbar, eingeschlechtlich. Perigon 2 x 3-zählig, die äußeren Zipfel zur Fruchtzeit zurückgeschlagen, die inneren viel größer als die Frucht. Spießförmige, angenehm säuerlich schmeckende Blätter, diese > 2-mal so lang wie breit. Infloreszenz wenig verzweigt, rötlich. 30–60 cm. V-VI.
Zeigercharakter: KC Molinio-Arrhenatheretea. MZ6, WZ4.
Ellenberg-Zahlen: L8, Tx, Kx, Fx, Rx, N6 – M9, Ä4
Bemerkungen: Ähnlich *R. thyrsiflorus* (Rispen-Sauerampfer) auf trockenen Standorten mit dichter, stärker verzweigter Infloreszenz (im Osten häufig: K7; im Westen nur in Wärmegebieten: T7) und *R. arifolius* (*R. alpestris;* Berg-Sauerampfer), untere Stängelblätter 1–2-mal so lang wie breit (nur in Hochlagen: T3). Zu *(545) R. acetosella* vgl. dort.

(138) *Saxifraga granulata* (Knöllchen-Steinbrech)

Kennzeichen: *Saxifragaceae.* Milchweiße Blüten. Grundblätter rundlich-nierenförmig, gekerbt. Wurzelstock mit kleinen Knöllchen. 15–40 cm. V-VI.
Zeigercharakter: In Arrhenatheretalia-Gesellschaften. Magerkeitszeiger. Relativ trockene, aber oft luftfeuchte Standorte. Wertbildend. MZ4, WZ5.
Ellenberg-Zahlen: Lx, T6, K2, F4, R5, N3 – M7, Ä3

(135) Leucanthemum vulgare agg.

(136) Ranunculus acris

(137) Rumex acetosa

(138) Saxifraga granulata

(139) *Taraxacum officinale* agg. *[Taraxacum sect. Ruderalia]* (Artengruppe Gewöhnlicher Löwenzahn)

Kennzeichen: *Asteraceae.* Umfasst 200–300 praktisch unbestimmbare Kleinarten. Gemeinsame Merkmale innerhalb der Gattung *Taraxacum*: Hüllblätter an der Spitze ohne deutliche, hornartige Schwiele, die äußeren höchstens schmal berandet, abstehend bis zurückgeschlagen. Frucht grau oder ± braun, aber ohne Rottöne. 5–30 cm. Meist IV-VI.
Zeigercharakter: Insgesamt schwache OC Arrhenatheretalia. Überdüngungs- und Übernutzungszeiger. In größerer Zahl wertmindernd. MZ8, WZ7.
Ellenberg-Zahlen: L7, Tx, Kx, F5, Rx, N8 – M9, Ä6
Bemerkungen: *Taraxacum*-Arten ohne die angeführten Merkmale könnten wertvollere Biotope anzeigen und sollten genauer beachtet werden.

(140) *Trisetum flavescens* (Wiesen-Goldhafer)

Kennzeichen: *Poaceae.* Rispengras. Rispe nur zur Blütezeit voll ausgebreitet (Abb. rechts). Ährchen 5–8 mm, goldgelb bis gelbgrün, verblüht charakteristisch bräunlich, mit jeweils 2–3 rückenständigen Grannen. Blattscheiden meist zottig. 30–60 cm. V-VI, gelegentlich auch (noch einmal) nach der 2. Mahd (VIII).
Zeigercharakter: OC Arrhenatheretalia. MZ7, WZ5.
Ellenberg-Zahlen: L7, Tx, K5, Fx, Rx, N5 – M8, Ä4
Bemerkungen: Die Art ist zwar Namensgeberin des montanen Polygono-Trisetion (und hat dort auch einen gewissen Schwerpunkt), ist aber durchaus auch im collinen Arrhenatherion zu finden (Tx!). – Im Norden nur synanthrop.

▶ *Weitere Arten: (183*)* Artengruppe *Centaurea jacea.*

4.5.2 Mähwiesen colliner Höhenlage (Arrhenatherion)

Der Höhenlage entsprechend haben alle hier erwähnten Arten eine T-Zahl von 5 oder 6. Viele Arten bevorzugen basenreiche Böden (R-Zahl meist 7–9). Die F-Zahl schwankt in der Regel zwischen 4 und 6; es gibt aber auch eher trockene bzw. feuchte Arrhenatherion-Gesellschaften, die durch Brometalia- bzw. Molinietalia-Arten mit abweichenden F-Zahlen differenziert sind (vgl. *(147) Salvia*). – WZ ist in der Regel niedrig (2 oder 3).

(141) *Arrhenatherum elatius* (Glatthafer)

Kennzeichen: *Poaceae.* Rispe nur im blühenden Zustand ausgebreitet (im Bild links), sonst ± zusammengezogen und meist etwas überhängend. Ährchen mit einer kurzen (oft nur 1–2 mm) und einer längeren (meist > 10 mm) Rückengranne. 40–150 cm. VI-VII.
Zeigercharakter: VC Arrhenatherion. Die Zugehörigkeit zum Arrhenatherion ist aber trotz des Namens nicht sehr ausgeprägt, insofern, als der Glatthafer auch ruderal oder

(139) Taraxacum officinale agg.

(141) Arrhenatherum elatius

(140) Trisetum flavescens

auf Rohböden auftreten und in wärmeren Lagen auch Brachestadien anzeigen kann (vgl. 5.12). MZ6, WZ3.
Ellenberg-Zahlen: L8, T5, K3, Fx, R7, N7 – M9, Ä9
Bemerkungen: Trotz zugestandener Ausbreitungstendenz (als Brachenart!) ist Ä9 etwas zu hoch gegriffen.

(142) *Campanula patula* (Wiesen-Glockenblume)

Kennzeichen: *Campanulaceae*. Wenigblütige, aber ausladende Rispe rötlich violetter Glockenblüten. Blütenstiele in der Mitte mit 2 kleinen Vorblättern. 20–50 cm. V-VII.
Zeigercharakter: VC Arrhenatherion. Die kurzlebige Art blüht nur einmal, ist also auf Ausbreitung durch Samen angewiesen. Da sie erst ab Mai blüht, setzt dies eine relativ späte erste Mahd voraus. Sie findet sich deshalb auf eher extensiven Wiesen und/oder am Parzellenrand. – Wertbildend. MZ5, WZ2.
Ellenberg-Zahlen: L8, T6, K4, F5, R7, N5 – M7, Ä3
Bemerkungen: Die Verwechslungsgefahr mit *C. rapunculus* (Rapunzel-Glockenblume) ist groß; insbesondere Funde von „*C. p.*" westlich des Rheins sind kritisch zu sehen. – Die Infloreszenz von *C. r.* ist weniger ausladend, die Blütenfarbe ein ± reines Blau. Die Vorblätter sitzen am Grund der Blütenstiele. Das sicherste – aber leider destruktive – Merkmal ist das Vorhandensein einer Rübe bei *C. r.*; die Art kommt zudem eher in trockenen Säumen und auf leicht ruderalisierten Standorten vor.

(143) *Crepis biennis* (Wiesen-Pippau)

Kennzeichen: *Asteraceae*. Köpfchen groß (25–35 mm Durchmesser), gelb. Hüllblätter auf der Innenseite behaart. 60–120 cm. V-VI.
Zeigercharakter: AC Arrhenatherion. Die Art ist zweijährig, insofern gilt Ähnliches wie für *(142) Campanula patula*. MZ6, WZ2.
Ellenberg-Zahlen: L7, T5, K3, F6, R6, N5 – M8, Ä4
Bemerkungen: Die oben genannte Merkmalskombination ist innerhalb der – nicht immer leicht zu bestimmenden – Gattung eindeutig. – Die Art ist insbesondere im Norden stark rückläufig.

(144) *Geranium pratense* (Wiesen-Storchschnabel)

Kennzeichen: *Geraniaceae*. Storchschnabel mit großen hellblauen Blüten. Stängel im Infloreszenzbereich drüsig. Stiele der handförmig geteilten Blätter dicht, kurz und weich behaart. 30–60 cm. V-VII.
Zeigercharakter: AC im Arrhenatherion. In gestörten Beständen gelegentlich herdenweise auftretend. Basenzeiger auf frischen Böden; vgl. *(147) Salvia pratensis*. MZ5, WZ2.
Ellenberg-Zahlen: L8, T6, K5, F6, R8, N7 – M6, Ä4
Bemerkungen: Verwechslungsmöglichkeiten mit *(49) G. palustre* und *(153) G. sylvaticum*.

(142) Campanula patula

(143) Crepis biennis

(144) Geranium pratense

(145) *Knautia arvensis* (Wiesen-Witwenblume[59])

Kennzeichen: *Caprifoliaceae (Dipsacaceae).* Blaue Köpfchen ohne Spreublätter. Krone 4-spaltig. Stängel oben abstehend behaart. Stängelblätter fiederteilig. 30–80 cm. VII-VIII.
Zeigercharakter: OC Arrhenatheretalia, aber Schwerpunkt in tiefer gelegenen Wiesen. Bevorzugt eher trockene und warme Standorte. Relativ geringe Nährstoffansprüche. MZ5, WZ3.
Ellenberg-Zahlen: L7, T6, K3, F4, Rx, N4 – M9, Ä5
Bemerkungen: Andere *Knautia*-Arten haben höchstens gezähnte Stängelblätter und kommen nicht auf Wiesen vor. Dagegen besteht Verwechslungsgefahr mit *(203) Scabiosa* (Stängel oben anliegend behaart).

(146) *Pastinaca sativa* ssp. *sativa* (Pastinak)

Kennzeichen: *Apiaceae.* Gelb blühender Doldenblütler ohne Hülle und mit hinfälligem Hüllchen. Blätter 1-fach gefiedert, Fiedern aber zuweilen eingeschnitten und oft senkrecht zur Blattebene stehend (vgl. im Bild das Blatt links unten). Stängel spärlich behaart, gefurcht. 40–100 cm. VII-IX.
Zeigercharakter: *Hier:* Diagnostische Art (Differenzialart) für eher trockene Tieflagenformen des Arrhenatherion. MZ5, WZ1.
Ellenberg-Zahlen: L8, T6, K5, F4, R8, N6 – M8, Ä4
Bemerkungen: *P. s.* ist eigentlich eine Kennart warmtrockener Ruderalgesellschaften (vgl. 4.17.2.2). – Zu den stärker behaarten beiden anderen (seltenen) ssp. vgl. Bestimmungsbuch.

(147) *Salvia pratensis* (Wiesen-Salbei)

Kennzeichen: *Lamiaceae.* Blaue, hochgewölbte Lippenblüte. Auch Kelch 2-lippig. 2 Staubblätter. 30–60 cm. IV-VIII.
Zeigercharakter: *S. p.* ist eine zuverlässige Differenzialart des warm-trockenen Flügels von Glatthaferwiesen (vgl. auch Schema 4.4.c). Salbei-Glatthaferwiesen sind oft artenreich, insofern ist der Salbei ein wertbildendes Element. Er ist auch kennzeichnend für basenreiche Böden. MZ5, WZ3.
Ellenberg-Zahlen: L8, T6, K4, F3, R8, N4 – M7, Ä4
Bemerkungen: In ähnlicher Weise zeigen auch *(215) Plantago media* und *(216) Ranunculus bulbosus* basenreiche Wiesenstandorte an. Sie ersetzen damit *(144) Geranium pratense* auf trockenen Böden. – *R. b.* und *S. p.* sind eigentlich Festuco-Brometea-Arten. – Die gelbblütige, oben klebrige *S. glutinosa* ist kennzeichnendes Element luftfeuchter Fagetalia-Gesellschaften.

59 Der (wörtlich übersetzte) Namen „Acker-Witwenblume" betrifft nur eine seltene Form („forma *agrestis*") und sollte deshalb vermieden werden.

(145) Knautia arvensis

(146) Pastinaca sativa ssp. sativa

(147) Salvia pratensis

(148) *Tragopogon pratensis* (Wiesen-Bocksbart)

Kennzeichen: *Asteraceae.* Köpfchen nur mit gelben Zungenblüten. Hüllblätter 1–2-reihig. Pappus lang gestielt (ähnlich *Taraxacum*, aber Pappushaare gefiedert). Stängelblätter grasartig. 30–70 cm. V–VII.
Zeigercharakter: VC Arrhenatherion. MZ6, WZ2.
Ellenberg-Zahlen: L7, T6, K3, F4, R7, N6 – M9, Ä3
Bemerkungen: *T. pratensis* s. l. zerfällt in 3 Unterarten. Bei ssp. *pratensis* (auf sie beziehen sich Zeigercharakter und Zeigerwerte) sind die Randblüten wenig kürzer als die Hüllblätter, bei der ökosoziologisch sehr ähnlichen ssp. *orientalis* sind sie mindestens ebenso lang (das Köpfchen erreicht damit > 5 cm Durchmesser). Ssp. *minor* (Randblüten höchstens 2/3 der Hüllblätter), eigentlich eine Art des Sisymbrion, zeigt gestörte Wiesen an. – Auch beim selteneren (M3, Ä2), ebenfalls ± ruderalen *T. dubius* sind die Randblüten deutlich kürzer als die Hüllblätter, der Stängel ist unterhalb des Köpfchens aber auffällig keulenförmig verdickt. – Der Gattung *T.* sehr ähnlich, aber mit dachziegeligen Hüllblättern und ungeschnäbelten (nur verjüngten) Früchten ist die Gattung *Scorzonera* (Schwarzwurzel) mit 6 durchweg seltenen, gefährdeten und damit wertbestimmenden Arten.

(149) *Trifolium dubium* (Zwerg-Klee, Faden-Klee)

Kennzeichen: *Fabaceae.* Kleine, 5–15-blütige Köpfchen mit gelben Blüten. Endfieder länger gestielt als Seitenfieder, apikal ausgerandet, ohne Spitzchen. 10–20 cm. V-IX.
Zeigercharakter: Differenzialart des Arrhenatherion innerhalb der Arrhenatheretalia. Auf eher basenarmen Böden. Im hochwüchsigen Grünland oft fehlend (niedrigwüchsig → konkurrenzschwach). Wegen seiner Kleinheit relativ mahdfest: MZ7, WZ4.
Ellenberg-Zahlen: L6, T6, K3, F4, R6, N4 – M9, Ä5
Bemerkungen: Reichblütigere Köpfchen haben die ähnlichen Arten *Trifolium campestre* und *Medicago lupulina* – ebenfalls weit verbreitete Arten des eher trockenen Graslandes. Bei *Medicago* haben die Fiedern apikal ein kleines Spitzchen. Vgl. auch *(225) Medicago minima* und *(183*) Centaurea jacea.*

4.5.3 Mähwiesen (sub)montaner Höhenlage (Polygono-Trisetion)

Die T-Zahlen liegen erwartungsgemäß tiefer (um 4), auch die R-Zahlen (meist 5–6) sind insgesamt geringer: Tendenziell werden Böden höherer Lagen stärker ausgewaschen als die der tieferen Lagen; dies liegt an den mit der Meereshöhe regelhaft ansteigenden Niederschlägen (daher auch kaum F-Zahlen unter 5). – In ihrer Artenzusammensetzung sind die Mähwiesen höherer Lagen oft abwechslungsreicher als die der tieferen Lagen: Die M-Zahlen sind häufig niedriger. Die oben bereits angesprochene aktuelle Gefährdung des Biotoptyps kommt in niedrigen Ä-Zahlen der charakteristischen Vertreter zum Ausdruck.

(148) Tragopogon pratensis

(149) Trifolium dubium

(150) Alchemilla vulgaris agg.

(150) *Alchemilla vulgaris* agg. (Artengruppe Gewöhnlicher Frauenmantel)

Kennzeichen: *Rosaceae*. Die gelappten Blätter sind unverkennbar. Die einzelnen Taxa werden vor allem an der Behaarung von Stängel und Blattstiel unterschieden. Größe unterschiedlich, ca. 15–50 cm. Meist VI-VIII (Abb. s. S. 163).
Zeigercharakter: In der (sub)montanen Höhenstufe kann man mit einem knappen Dutzend hierher gehöriger „Kleinarten" rechnen. Gut die Hälfte davon hat ihren Schwerpunkt im Polygono-Trisetion oder kommt doch regelmäßig darin vor. Wichtigste Art ist *A. monticola*; auf diese beziehen sich die Ellenberg-Zahlen, doch weichen die anderen Wiesen-Arten nur wenig davon ab; allerdings werden die Zeigerwerte der *Alchemilla*-Arten sehr kritisch gesehen. – Insgesamt relativ häufige und deshalb zuverlässige Montanzeiger („Tx" ist ein wenig irreführend). MZ6, WZ2.
Ellenberg-Zahlen: L6, Tx, K5?, F5, R6, N4 – M?, Ä?
Bemerkungen: Einige weitere „Kleinarten" dieser Gruppe finden sich erst ab den hochmontanen Lagen der Mittelgebirge (z. B. im Bayerischen Wald), zahlreiche weitere in verschiedenen Rasengesellschaften der Alpen.

(151) *Carum carvi* (Echter Kümmel)

Kennzeichen: *Apiaceae*. Weiß blühend, ohne Hülle. Blätter mit linealischen Zipfeln, die basalen ganz an der Basis des Blattes kreuzweise gestellt. Kümmelgeruch. 30–60 cm. IV-VI.
Zeigercharakter: OC Arrhenatheretalia. (Vor allem im Süden) Montanzeiger. MZ6, WZ6.
Ellenberg-Zahlen: L8, T4, K5, F5, Rx, N6 – M7, Ä4

(152) *Crepis mollis* (Weicher Pippau)

Kennzeichen: *Asteraceae*. Mehrjährige *Crepis* mit schirmrispiger Infloreszenz. Hülle dunkel drüsenhaarig. Griffel schwarzgrün. Stängelblätter mit ± herzförmigem Grund stängelumfassend. 30–60 cm. VI-VIII.
Zeigercharakter: AC im Polygono-Trisetion, aber auch anderwärts. Als Wechselfeuchtezeiger z. B. in montanen Molinietalia-Gesellschaften. Wertbildend. MZ5, WZ3.
Ellenberg-Zahlen: L8, T4, K5, F5~, R5, N5 – M4, Ä3

(153) *Geranium sylvaticum* (Wald-Storchschnabel[60])

Kennzeichen: *Geraniaceae*. Storchschnabel mit großen rotvioletten Blüten. Stängel im Infloreszenzbereich drüsig. Blattstiele mit einzelnen kurzen Haaren, selten auch kahl. 20–60 cm. VI-VIII.
Zeigercharakter: Gilt u. a. als VC Polygono-Trisetion. Auch in anderen Gesellschaften Montanzeiger. Häufig in Grünlandbrachen. MZ5, WZ2.
Ellenberg-Zahlen: L6, T4, K4, F6, R6, N7 – M4, Ä3
Bemerkungen: Verwechslungsmöglichkeiten mit *(49) G. palustre* und *(144) G. pratense*.

60 Dieser Name ist nicht glücklich gewählt – die Art wächst fast nie im Wald.

(151) Carum carvi

(152) Crepis mollis

(153) Geranium sylvaticum

(154) *Phyteuma nigrum* (Schwarze Teufelskralle)

Kennzeichen: *Campanulaceae.* Dunkelblaue Blüten in dichter ± walzlicher Infloreszenz. Spreite der Grundblätter ca. 2-mal so lang wie breit, basal gestutzt bis schwach herzförmig. 20–50 cm. V-VII.
Zeigercharakter: AC im Polygono-Trisetion. Wertbildend. MZ4, WZ2.
Ellenberg-Zahlen: L7, T4, K4, F5, R5, N4 – M6, Ä3
Bemerkungen: Die (als einzige *Phyteuma*-Art) gelblich blühende, ansonsten ähnliche *Ph. spicatum* (Ährige T.) hat innerhalb des Polygono-Trisetion eine weitere Verbreitung, ist aber eigentlich eher eine Art ± montaner Laubwälder (MZ2!). In tieferen Lagen findet man beide Arten gelegentlich in Wäldern. – In Polygono-Trisetion-Gesellschaften subalpiner Lagen (meist auf Kalk) findet sich auch *Ph. ovatum* (Hallers T.; Grundblätter kaum länger als breit). – *Ph. orbiculare* (Kugelige T.; !!) mit köpfchenartiger Infloreszenz kommt zuweilen in verschiedenen Rasengesellschaften montaner Lagen auf Kalk vor.

(155) *Pimpinella major* s. l. (Große Bibernelle)

Kennzeichen: *Apiaceae.* Weiß- (ssp. *major*) bzw. deutlich rosa blühend (ssp. *rubra*), ohne Hülle und Hüllchen. Blätter einfach gefiedert. Stängel kantig gefurcht. 40–100 cm. VI-IX.
Zeigercharakter: ssp. *rubra*: VC Polygono-Trisetion; ssp. *major* gilt zwar als VC Arrhenatherion, bevorzugt aber innerhalb dessen ebenfalls höhere Lagen. MZ5, WZ3.
Ellenberg-Zahlen: L7/7, T5/4, K2/3?, F5/5, R 7/6, N 6/5? – M8, Ä4
Bemerkungen: Die jeweils 1. Zahl betrifft *P. m.* ssp. *major*; die 2. *P. m.* ssp. *rubra.* Die M- und Ä-Zahl bezieht sich auf die Gesamtart. *P. m.* ssp. *rubra* ist insgesamt viel seltener und auf höhere Lagen beschränkt.

(156) *Polygonum bistorta [Bistorta officinalis]* (Schlangen-Knöterich)

Kennzeichen: *Polygonaceae.* Rosa Blüten in endständigen dichten ährenartigen Infloreszenzen. Blattstiel geflügelt, mit typischer Ochrea. 30–80 cm. V-VII.
Zeigercharakter: VC Calthion, in höheren Lagen in Polygono-Trisetion-Gesellschaften (vgl. *(115) Trollius*). Feuchte- und Humuszeiger. MZ6, WZ4.
Ellenberg-Zahlen: L7, T4, K7, F7, R5, N5 – M7, Ä3
Bemerkungen: Die Art wird heute fast immer als einer eigenen Gattung zugehörig betrachtet. Der deutsche Name dieser Gattung lautet „Wiesenknöterich". – „K7" ist sehr fraglich.

(154) Phyteuma nigrum

(156) Polygonum bistorta

(155) Pimpinella major s. l.

4.5.4 Fettweiden (Cynosurion)

Wie einleitend zu Kap. 4.5 begründet, beschränken wir uns hier darauf, drei bzw. vier der am häufigsten genannten VC Cynosurion vorzustellen. Die erhöhte Resistenz gegenüber mechanischen Störungen (MZ, WZ) wird aber auch durch diese wenigen Beispiele deutlich.

(157) *Crepis capillaris* (Grüner Pippau)

Kennzeichen: *Asteraceae.* Kurzlebige *Crepis* mit rispigem Blütenstand. Köpfchen 10–15 mm Durchmesser. Griffel gelb. Stängelblätter mit (meist gezähnten) Zipfeln pfeilförmig stängelumfassend. 15–50 cm. VI-IX.
Zeigercharakter: Schwache VC Cynosurion, auch ruderal. Kennzeichnend für Parkrasen, auch gerne an Mauerfüßen (vgl. Abb.); vgl. 4.5.5. MZ8, WZ5.
Ellenberg-Zahlen: L7, T6, K2, F5, R6, N4 – M9, Ä7
Bemerkungen: Sehr ähnlich, aber mit oft ganzrandigen Stängelblättern und grünlichem Griffel *C. tectorum* (unbeständige Sisymbrion-Art, vor allem im (Nord-)Osten). Zur (in allen Teilen größeren) Mähwiesenart *(143) C. biennis* vgl. dort.

(158) *Cynosurus cristatus* (Wiesen-Kammgras)

Kennzeichen: *Poaceae.* Sehr kompakte, linealische, einseitswendige Ährenrispe. Jeweils ein fertiles und ein steriles Ährchen gepaart, Letzteres nur aus linealischen Spelzen bestehend. 30–50 cm. VI-VII.
Zeigercharakter: VC Cynosurion, tritt aber auch in anderen Wiesen auf und kann dort als wertbildender Magerkeitszeiger gewertet werden, da die Pflanze wegen ihrer relativ geringen Größe (–50 cm) in Intensiv-Fettwiesen nicht konkurrenzfähig ist. MZ7, WZ7.
Ellenberg-Zahlen: L8, T5, K3, F5, Rx, N4 – M9, Ä4
Bemerkungen: Das Gras ist habituell nicht zu verwechseln.

(159) *Phleum pratense* (Wiesen-Lieschgras)

Kennzeichen: *Poaceae.* Dichte, > 7 cm lange, beim Umbiegen nicht lappige Ährenrispe. Hüllspelzen nicht verwachsen, zugespitzt, insgesamt eine u-förmige Ährchenspitze bildend („Stiefelknecht"). 30–100 cm. V-VI(-IX).
Zeigercharakter: VC Cynosurion, die Bindung an diese Gesellschaft ist aber nicht sehr stark. MZ8, WZ6.
Ellenberg-Zahlen: L7, Tx, K5, F5, Rx, N7 – M9, Ä5
Bemerkungen: Bei *Alopecurus* (vgl. *(129)* sind die Hüllspelzen basal verwachsen und bilden keinen „Stiefelknecht". – Mit *Ph. p.* nah verwandt ist *Ph. bertolonii* (Knolliges L.) mit kürzerer Ährenrispe und basal meist deutlich knolligem Halm. *Ph. b.* kommt ebenfalls auf Weiden vor, steht aber meist trockener (F4) und ist seltener, weil wärmebedürftig (T6). – Zur habituell sehr ähnlichen Art *Ph. phleoides* mit lappiger Ährenrispe vgl. *(218).*

(157) Crepis capillaris

(158) Cynosurus cristatus

(159) Phleum pratense

4.5.5 Anhang: Spezielle Grünlandgesellschaften

Es gibt von Gräsern dominierte Bestände, die nicht so recht in die obige Gliederung passen. So findet man nicht selten Glatthaferwiesen mit einem hohen Anteil ruderaler Arten[61] („ruderale Wiesen"), insbesondere mit *(460) Artemisia vulgaris, (463) Tanacetum vulgare* oder *(571) Cirsium arvense*, die allesamt zur Bildung unschöner „Nester" tendieren. Eigene Kennarten gibt es nicht. Von den Kennarten der Arrhenatheretalia ist nur *(131) Dactylis glomerata* regelmäßig vertreten; deren ruderale Tendenz wird auch anderwärts deutlich. Diese „Wiesen" finden sich hauptsächlich im siedlungsnahen Bereich.

Ebenfalls ohne eigene überregionale Kennarten sind *Streuobstwiesen*. Sie entsprechen meist einer Arrhenatherion-Gesellschaft, sind aber oft artenarm. Die hohe landespflegerische Wertschätzung, derer sich Streuobst erfreut, bezieht sich vielleicht auf deren zoologische Bedeutung; aus botanischer Sicht ist sie nicht immer nachvollziehbar und sollte erst nach Überprüfung der Artengarnitur auch auf eine spezielle (reale) Wiese übertragen werden.

Dann müssen hier *Rasenaussaaten* genannt werden, die an Straßenböschungen und Hochwasserdämmen nicht unbeträchtliche Flächen einnehmen. Die Aussaatmischungen selbst sind – aus vegetationskundlicher Sicht – zuweilen ziemlich abenteuerlich zusammengestellt. „Kennarten" solcher Aussaaten sind dann auffällige Vorkommen von Esparsette, Margerite, Kleinem Wiesenknopf, Wund- und Hornklee, auch Mohn, Kornblume und andere Annuelle, die in einer Wiese wenig zu tun haben und deshalb auch bald wieder „verschwinden" – selbst Kornrade (*Agrostemma*) wird verwendet. Dominierende Gräser sind meist (Rot-)Schwingel und Rispengras. Die Herkunft des Materials – also seine genetische Qualität – sollte nachvollziehbar sein[62]. Solche Aussaaten können sich aber durchaus positiv entwickeln: Die Standorte sind meist gut durchlüftet, eher trocken, werden nicht gedüngt und meist spät gemäht („Pflegeschnitt").

Auf die inzwischen zahllosen Rasenmischungen, wie sie für den Hausgarten angeboten werden, können wir hier nicht eingehen; die Zusammensetzung des Saatguts ist meist umfangreicher als die solchen Mischungen beigegebenen – oft sehr präzisen – Standortempfehlungen eigentlich nahe legen, was aber kein Nachteil sein muss. Auch hier fehlen Mohn und Kornblume selten, wohl, um schon im ersten Jahr ein „Erfolgserlebnis" zu gewährleisten. Sinnvoll kann es sein, die vorgefertigten Mischungen mit zugekauften passenden Einzelarten (die in einem guten Katalog immer angeboten sein sollten) zurückhaltend anzureichern. Auch hier sollte das Saatgut regionalen Quellen entstammen. – Es blieben dann nur noch die *Scher-* oder *Parkrasen* zu erwähnen, die Vorgärten und öffentliche Rasenflächen kennzeichnen. Den Namen „Scherrasen" haben sie von der vielfachen jährlichen Mahd. Entsprechend arm ist die Artengarnitur. Nur extrem regenerationsfähige Gräser wie manche Sorten von *(494) Poa annua* (MZ9), eng dem Boden anliegende Rosetten wie Gänseblümchen, die Wegerich-Arten *(215) Plantago media* und *(579) P. major* bzw. Pflanzen, die sich durch rasche Entwicklung vom Rosettenstadium zur Blüte zwischen zwei Mahdtermine „einschieben" können wie die oben erwähnte *(157) Crepis*

61 Zum Begriff „ruderal" vgl. die Einführung zu Kap. 4.16 und 4.17 sowie Kap. 5.11.1.

62 Informationen und Bezugsquellen hierzu vgl. www.natur-im-vww.de

capillaris, sowie trittresistente Arten (vgl. 5.11) können sich da halten. Insgesamt kann die Artengarnitur Ähnlichkeit mit der von Intensivweiden haben – der intensive Weidedruck wird gewissermaßen durch permanenten Schnitt ersetzt[63]. – Der vegetationskundliche Wert dieser Rasen tendiert zu Null. Nur selten – vor allem in Sandgebieten – halten sich kleinstwüchsige annuelle Frühjahrsblüher in den Lücken; dann können durchaus „bessere" Arten wie *(568) Saxifraga tridactylites* dabei sein.
Die ebenfalls gramineenreichen *halbruderalen Trockenrasen* (Agropyretea intermedii-repentis) wollen wir erst im Zusammenhang mit der Ruderalvegetation behandeln (vgl. 4.17.5).

4.6 Bodensaure Magerrasen und Zwergstrauchheiden (Nardo-Callunetea)

Die Zusammenfassung der beiden Vegetationstypen in einem Kapitel mag zunächst verwundern. Während nämlich die Zugehörigkeit der Magerrasen zum Grünland offensichtlich ist, gilt dies nicht für die Zwergstrauchheiden, deren auffälligste Arten eben Zwergsträucher (Chamaephyten) sind. Die gemeinsame Behandlung hat aber drei gute Gründe: (a) Der stark saure und nährstoffarme Boden sowie die Bevorzugung atlantischen (oder hochmontanen) Klimas – zwei Faktoren, die die Rohhumusbildung fördern[64] – haben eine ähnliche Ökologie zur Folge; (b) der dadurch bedingte gemeinsame Artengrundstock bildet eine floristische (und damit soziologische) Klammer; (c) die typische Nutzung ist in beiden Fällen eine extensive Beweidung. Außerdem gibt es Übergänge insofern, als der Zwergstrauchbesatz vor allem nutzungsabhängig ist und sich Chamaephyten bei sehr extensiver Nutzung durchaus auch im Borstgrasrasen finden können. Es ist deshalb nur konsequent, dass die für das Genisto-Callunion (vgl. 4.6.3) als typisch angegebenen drei Ginster-Arten auch als KC Nardo-Callunetea bezeichnet werden.
Im Einzelnen unterscheiden wir (vgl. Tab. 4.6.a):

- Das **Nardion** wollen wir als ± subalpine Gesellschaft nicht weiter besprechen. Die in Tab. 4.6.a genannten Arten sind alle durch eine geringe T-Zahl von 2 oder 3 gekennzeichnet und haben – da auf Höhenlagen > 1000 m beschränkt – naturgemäß eine M-Zahl von 1 oder 2 (ohne in ihren geografisch beschränkten Lebensräumen unbedingt selten sein zu müssen).
- Das **Violion** (vgl. 4.6.2) ist in unserem Gebiet wohl der am weitesten verbreitete Verband. Es ist dabei aber zu beachten, dass die kennzeichnenden Elemente als Ma-

63 Diese Gleichsetzung darf man nicht überstrapazieren. Ein wesentlicher Unterschied – der sich auch floristisch auswirkt oder doch auswirken kann – besteht nämlich darin, dass das Vieh im Gegensatz zum Rasenmäher selektiv vorgeht; deswegen kennen wir ja „Weideunkräuter", aber keine „Mahdunkräuter", höchstens Zeigerpflanzen für häufige Mahd.

64 Unter *Rohhumus* verstehen wir eine Schicht schlecht zersetzten organischen Materials. Die darin enthaltenen Nährstoffe sind schlecht zugänglich, das Bodenleben ist dürftig. Ursache für Rohhumusbildung ist in den meisten Fällen ein kühlfeuchtes Klima (wie hier) oder eine *per se* schlecht zersetzliche Streu (z. B. Fichtennadeln, vgl. 4.15.2).

Tab. 4.6.a: Magerrasen (1) – Borstgrasrasen

Klasse	**Borstgrasrasen und Zwergstrauchheiden Nardo-Callunetea**		
Diagnostische Arten	*Calluna vulgaris, Carex pilulifera, Danthonia decumbens, Luzula campestris* agg.		
Ordnungen	**Borstgrasrasen** Nardetalia		**Zwergstrauchheiden** Calluno-Ulicetalia
Diagnostische Arten	*Antennaria dioica, Arnica montana Nardus stricta, Euphrasia stricta*		*s. u.*
Verbände	**Borstgrasrasen höherer Lagen** Nardion	**Borstgrasrasen tieferer Lagen** Violion caninae	**Ginsterheiden** Genisto-Callunion
Diagnostische Arten	*Campanula barbata* *Gentiana kochiana* *Gentiana punctata* *Potentilla aurea*	*Chamaespartium sagittale* *Galium saxatile* *Polygala vulgaris* *Viola canina*	*Calluna vulgaris* *Genista anglica* *Genista pilosa* *Genista germanica*
Physiognomie	Rasen	Rasen	Heide mit Zwergsträuchern
Verbreitung/ Klimaansprüche	hochmontan/subalpin	planar bis montan; atlantisches Klima	planar bis montan; atlantisches Klima
Bodeneigenschaften	nährstoffarm, sauer, Rohhumus		extrem nährstoffarm, sauer („Podsol"), Rohhumus
Typische Nutzung	(extensive) Beweidung		(extensive) Beweidung, Plaggenhieb
Typ. Lebensform	Hemikryptophyten		Chamaephyten, Hemikryptophyten
vgl. Kap.	(nicht besprochen)	4.6.2	4.6.3

Plaggenhieb: Entfernen der Vegetation durch Ablösen von Rasensoden (Plaggen), die dann als Stall-Einstreu genutzt werden. – Zum Begriff „Podsol" vgl. Tab. 4.6.b.

gerkeits- und/oder Säurezeiger vielfach auch in anderen Gesellschaften auftreten können (vgl. 5.5), ohne dass dann gleich ein „Violion" vorliegt; dieses allgemeine Problem ist hier besonders aktuell (vgl. auch 2.4).

- Das **Genisto-Callunion** (oder einfach **Genistion**; vgl. 4.6.3) hat seinen Verbreitungsschwerpunkt in Nordwestdeutschland. Aber auch hier finden sich die Kennarten immer wieder an entsprechenden Standorten überall in Deutschland – gerne in durch Felsen bedingter lückiger Umgebung. Zur Geschichte und Ökologie der norddeutschen Heide sowie den landespflegerischen Problemen ihrer Erhaltung gibt es viele Arbeiten (vgl. Ellenberg 1996).

Deshalb hier nur so viel: „Heide" bezeichnete ursprünglich die Flächen, die der Allgemeinheit gehörten (sog. *Allmende*) und die ± extensiv beweidet wurden. Gemeinsam sind allen „Heiden" somit die mit dieser Wirtschaftsform (Beweidung) verbundenen ökologischen Einflüsse (vor allem die selektive Entfernung der Vegetation durch das Weidevieh). Die „Heide" wird auch nicht gedüngt (im Gegenteil, bisweilen erfolgt zusätzlich Entnahme von Biomasse), was zu einer (zusätzlichen) Verarmung des Bodens führt.

Heute assoziiert man mit dem Begriff „Heide" einen bestimmten Formationstyp: ein offenes, locker bebuschtes Grasland, oft mit einzelnen Bäumen. Im Übrigen aber sind die „Heiden" in ihrer floristischen Zusammensetzung und ihren bodenkundlichen Voraussetzungen sehr unterschiedlich. In der Vegetationskunde wird der Begriff „Heide" – ohne weiteren Zusatz – heute meist auf die (sub) atlantischen *Ericaceen*- und *Genista*-Heiden eingeengt. Es gibt aber noch andere „Heiden", so z. B. die der Schwäbischen Alb, für die sich die Bezeichnung „Wacholderheide" eingebürgert hat, obwohl der Wacholder Bestandteil der meisten – und damit auch anderer – Heideformationen ist.

Wie unterschiedlich „Heiden" sein können, zeigt folgende Gegenüberstellung der Ginster- und der Wacholderheide (vgl. Tab. 4.6.b); die ebenfalls hierher gehörenden lichten Kiefernbestände mit Wacholderunterwuchs, wie sie sich im östlichen Mitteleuropa finden, sowie die Ericaceen-Heiden der europäischen Gebirge lassen wir beiseite. Auf die Wacholderheide werden wir in Kap. 4.7 zurückkommen.

Es gibt neben den hier angeführten drei Verbänden noch weitere Syntaxa innerhalb der Nardo-Callunetea, vgl. dazu die Anmerkungen zu *(170) Juncus squarrosus, (407) Empetrum nigrum* und *(539) Cytisus scoparius.*

4.6.1 Gemeinsame Arten

Die weite Höhenspanne des Vorkommens drückt sich in der Angabe „Tx" aus, ähnlich wie innerhalb der Arrhenatheretalia (vgl. 4.5).

(160) *Calluna vulgaris* (Besenheide, Heidekraut)

Kennzeichen: *Ericaceae.* Rosa blühender Zwergstrauch mit 4-zähligen Blüten und gegenständigen Schuppenblättern. 20–50 cm. VIII-IX (Abb. s. S. 175).
Zeigercharakter: KC Nardo-Callunetea (v. a. Genistion). Auf besonders sauren und nährstoffarmen Böden; oft auf Pionier-Standorten oder Rohhumus, auch in lichten Wäldern.
Ellenberg-Zahlen: L8, Tx, K3, Fx, R1, N1 – M9, Ä3

Tab. 4.6.b: Ginster- und Wacholderheide

	Ginsterheide	Wacholderheide
Geografische Verbreitung	NW-Mitteleuropa	SW-Deutschland
Untergrund	± Sand	± Kalk
Typischer Boden (s. u.)	Podsol	Rendzina
pH	sauer	basisch (bisweilen saure Humusauflage)
Geoelemente der Flora	meist ± atlantisch	häufig submediterran
Häufig begrenzender Faktor	Winterkälte	Sommertrockenheit
Typische Pflanzen	*Ericaceae*, *Genista*-Verwandte	Halbtrockenrasenpflanzen
Syntaxon	Genisto-Callunion (vgl. 4.6.3)	meist Mesobromion (vgl. 4.7.3.3)
pnV	(Birken-)Eichenwald	(Kalk-)Buchenwald

pnV: potenzielle natürliche Vegetation; zu diesem Begriff vgl. 3.2.3.
Podsol (Bleicherde): Stark ausgewaschener, sehr nährstoffarmer Boden auf saurem Ausgangsgestein, mehrere Schichten („Horizonte") ausbildend; typisch für feuchtes, atlantisches Klima. Humusform: Rohhumus.
Rendzina: Dem Ausgangsgestein (Kalk) liegt eine ± schwarze, rasch austrocknende Humusschicht direkt auf (also nur zwei Horizonte). Humusform: Mull oder Moder.
Der entsprechende Bodentyp mit zwei Horizonten bei saurem Ausgangsgestein (z. B. Quarzit) nennt sich *Ranker*.

(161) ***Carex pilulifera*** (Pillen-Segge)

Kennzeichen: *Cyperaceae*. Eucarex. Horstwüchsig. 1 ♂ und 2–4 kugelige ♀ Ähren. Unterstes Tragblatt krautig. Fruchtschlauch behaart. 10–30 cm. IV-V.
Zeigercharakter: KC Nardo-Callunetea, aber auch in bodensauren Laubwäldern (Luzulo-Fagenion).
Ellenberg-Zahlen: L5, Tx, K2, F5~, R3, N3 – M8, Ä5

(162) ***Danthonia decumbens* ssp. *decumbens*** (Dreizahn)

Kennzeichen: *Poaceae*. Horstgras mit traubiger Infloreszenz. Deckspelze 3-spitzig. Ligula als Haarkranz ausgebildet, Blattscheide gewimpert. 15–40 cm. VI-VII.
Zeigercharakter: KC Nardo-Callunetea, v. a. im Violion, auch in anderen Grasgesellschaften als Säure- und Magerkeitszeiger. Wertbildend.
Ellenberg-Zahlen: L8, Tx, K2, Fx, R3, N2 – M8, Ä4

(160) Calluna vulgaris

(162) Danthonia decumbens ssp. decumbens

(161) Carex pilulifera

Bemerkungen: Die lockerrasige ssp. *decipiens* bevorzugt basenreiche Böden; über sie ist wenig bekannt.

(163) *Luzula campestris* agg. (Artengruppe Gewöhnliche Hainsimse)

Kennzeichen: *Juncaceae*. Blüten in dichten 2–10-blütigen Köpfchen. 4–5 Kleinarten (inkl. *L. pallescens*). Am häufigsten sind *L. c.* s. str. (< 20 cm, mit Ausläufern, vgl. Abb.; III-IV) und *L. multiflora* (> 20 cm, ohne Ausläufer, aber mit kurzem Rhizom; IV-V).
Zeigercharakter: Insgesamt Nardo-Callunetea-Art, die Bindung ist aber nur schwach. Die Taxa sind eher als allgemeine Magerkeitszeiger anzusehen.
Ellenberg-Zahlen: L7, Tx, K3, F4, R3, N3 – M9, Ä4
Bemerkungen: Die Ellenberg-Zahlen beziehen sich auf *L. c.* s. str., die Verhältnisse innerhalb der Artengruppe sind aber recht einheitlich; *L. pallescens* ist selten.

(164) *Potentilla erecta* (Blutwurz)

Kennzeichen: *Rosaceae*. Fingerkraut mit gelben, 4-zähligen Blüten und < 5 mm lang gestielten Blättern. 15–30 cm. V-VIII.
Zeigercharakter: Schwache KC Nardo-Callunetea, auch in anderen bodensauren Gesellschaften weit verbreitet. Trotz Rx eher allgemeiner Säurezeiger.
Ellenberg-Zahlen: L6, Tx, K3, Fx, Rx, N2 – M9, Ä5

4.6.2 Planar-montane Borstgrasrasen (Violion)

Auch hier sind viele Taxa indifferent gegenüber dem Temperaturfaktor. Recht häufig sind Wechselfeuchtezeiger. – Man beachte die starke Rückgangstendenz fast aller hier genannten Arten!

(165) *Antennaria dioica* (Gewöhnliches Katzenpfötchen)

Kennzeichen: *Asteraceae*. Sehr kleine Röhrenblüten in 2–10 doldig genäherten Köpfchen, diese mit weißlichen oder rötlichen Hüllblättern. Blätter spatelig, oberseits ± kahl, unterseits filzig. 5–20 cm. V-VI.
Zeigercharakter: OC Nardetalia. Auch Weidezeiger in anderen mageren Gesellschaften. Wertbildend.
Ellenberg-Zahlen: L8, Tx, Kx, F4, R3, N2 – M6, Ä2

(166) *Arnica montana* (Arnika, Wohlverleih) (!!)

Kennzeichen: *Asteraceae*. Köpfe reingelb, 6–8 cm Durchmesser. Stängel mit 1–2 Paar(en) gegenständiger Blätter. 20–60 cm. VII-VIII.
Zeigercharakter: OC Nardetalia. Wertbildend.
Ellenberg-Zahlen: L9, T4, K4, F5, R3, N2 – M7, Ä2

(163) Luzula campestris s. str.

(164) Potentilla erecta

(165) Antennaria dioica

(166) Arnica montana

(167) *Carex pallescens* (Bleiche Segge)

Kennzeichen: *Cyperaceae.* Eucarex. Gut kenntlich an den jung zerstreut behaarten Blättern und den völlig schnabellosen, eichelartigen, hellgrün glänzenden Früchten. 20–30 cm. V–VI.
Zeigercharakter: OC Nardetalia, aber auch Aushagerungszeiger im Grünland und in waldnahen Gesellschaften.
Ellenberg-Zahlen: L7, T4, K3, F6~, R4, N3 – M7, Ä4

(168) *Galium pumilum* (Heide-Labkraut)

Kennzeichen: *Rubiaceae.* Kronblätter spitz (aber nicht stachelspitzig). Frucht ± glatt oder stumpf-papillos. Stängel glatt, auch basal nur -1 mm dick. Blätter > 5-mal so lang wie breit, oft sichelförmig. 15–40 cm. VI–VIII.
Zeigercharakter: VC Violion.
Ellenberg-Zahlen: L7, T5, K2, F4~, R4, N2 – M7, Ä4
Bemerkungen: M- und Ä-Zahl beziehen sich auf eine Artengruppe um *G. p.*, sind aber auf *G. p.* s. str. übertragbar. – Die Art kommt v. a. im Süden vor; an ähnlichen Standorten im Norden und Westen dominiert eher, mit spitz-papillosen Früchten und breiteren Blättern, *(542) G. saxatile.*

(169) *Hieracium [Pilosella] lactucella* (Öhrchen-Habichtskraut) (!!)

Kennzeichen: *Asteraceae.* Habichtskraut der (Unter-)Gattung *Pilosella* mit 2–5 Köpfchen. Blätter spatelig, blaugrün. Pflanze < 25 cm hoch, mit Ausläufern. 10–20 cm. V-X.
Zeigercharakter: OC Nardetalia, v. a. im Violion. Wertbildend.
Ellenberg-Zahlen: L8, Tx, K3, F6~, R4, N2 – M6, Ä3
Bemerkungen: Die Art hat gewisse Ähnlichkeit mit der einköpfigen Art *(543) H. pilosella.*

(170) *Juncus squarrosus* (Sparrige Binse)

Kennzeichen: *Juncaceae.* Blüten nur zu 2–3 räumlich genähert, jede mit 2 Vorblättern. Infloreszenz endständig, viel länger als die dickborstlichen, starren Grundblätter. Tragblatt der Infloreszenz etwa so lang wie diese. 10–30 cm. VI-VIII.
Zeigercharakter: Gesellschaften mit *J. squ.* bilden den wechselnassen Flügel des Violion und werden vielfach als eigener Verband betrachtet (Juncion squarrosi). Er ist durch nässeliebende Differenzialarten wie *(90) Carex nigra, (69) Eriophorum angustifolium* oder *(98) Viola palustris* ausgezeichnet. Wertbildend.
Ellenberg-Zahlen: L8, T5, K2, F7~, R1, N1 – M5, Ä3
Bemerkungen: Die Eigenständigkeit des Verbands Juncion squarrosi ist auch dadurch gerechtfertigt, dass er oft im Kontakt mit Mooren und Seggenriedern steht und somit interessante „Mischbiotope" entstehen können. – Entfernt ähnlich mit *J. squ.* ist *(126) J. compressus* (Blätter nicht starr, nicht viel kürzer als die Infloreszenz). – Vgl. auch *(172) Pedicularis sylvatica.*

(167) Carex pallescens

(169) Hieracium lactucella

(168) Galium pumilum

(170) Juncus squarrosus

(171) ***Nardus stricta*** (Borstgras)

Kennzeichen: *Poaceae.* Ährengras mit einseitswendiger, nach der Blüte kammartiger Infloreszenz. Ährchen einblütig, ohne Hüllspelzen. 10–25 cm. V-VI.
Zeigercharakter: OC Nardetalia, aber auch in anderem mageren Grünland. Auch Beweidungszeiger. Trotz M8 wertbildend.
Ellenberg-Zahlen: L8, Tx, K3, Fx~, R2, N2 – M8, Ä3
Bemerkungen: Die abgestorbenen Reste der Blattscheiden bleiben lange erhalten und bilden brettartige Ketten (die Art ist schon deshalb nicht zu verwechseln). Das Gras wird infolgedessen vom Vieh gemieden.

(172) ***Pedicularis sylvatica*** (Wald-Läusekraut) (!!)

Kennzeichen: *Orobanchaceae (Scrophulariaceae).* Blüten ± rot. Die hoch gebogene Oberlippe kurz 2-zähnig geschnäbelt. 5–15 cm. V-VII.
Zeigercharakter: VC „Juncion squarrosi"; vgl. *(170) Juncus squarrosus.* Wechselnässezeiger. Wertbestimmend.
Ellenberg-Zahlen: L7, T5, K2, F8~, R1, N2 – M6, Ä2
Bemerkungen: *P. s.* ist *keine* Waldpflanze. – Ähnlich, aber > 20 cm und in Niedermooren vorkommend: *P. palustris* (M3, Ä2, !!). – Die ganze Gattung ist wertbestimmend.

(173) ***Polygala vulgaris*** (Gewöhnliche Kreuzblume)

Kennzeichen: *Polygalaceae.* Blüten reinblau (gelegentlich auch lila). Die beiden Blütenflügel 5–10 mm lang, deutlich netznervig. Blätter alle ± gleich groß, wechselständig. 2 ssp. 5–15 cm. V-VIII.
Zeigercharakter: Beide ssp. sind VC Violion. Zumindest die weitaus häufigere ssp. *vulgaris* kommt oft auch in anderen sauren Rasengesellschaften vor und ist als soziologische Kennart nur bedingt zuverlässig.
Ellenberg-Zahlen: L7, Tx, K3, F4, R3, N2 – M8, Ä4
Bemerkungen: *P. serpyllifolia* (Quendel-K.; !!; Trauben nur mit 3–8 oft blassblauen Blüten, untere Blätter gegenständig) gilt als Nardetalia-Art (wertbildend) und findet sich oft zusammen mit *(170) Juncus squarrosus.* – Die übrigen *P.*-Arten sind ± Kalkzeiger (R8-9), ziemlich selten (M2-5) und zumeist ebenfalls wertbildend.

(174) ***Thesium pyrenaicum*** (Wiesen-Leinblatt) (!!)

Kennzeichen: *Santalaceae.* Gattungsmerkmale: Perigon einfach, grünlich weiß, Zipfel zuletzt eingerollt. Fruchtknoten unterständig. Blütenstiele mit 3 kleinen Blättern. Blätter wechselständig, linealisch. Die Art bestimme man mit dem Bestimmungsbuch. 10–40 cm. VI-VII.
Zeigercharakter: OC Nardetalia. Wertbildend.
Ellenberg-Zahlen: L8, T4, K4, F4~, R4, N2 – M4, Ä2
Bemerkungen: Auch die anderen *Thesium*-Arten sind Magerkeitszeiger (aber in unterschiedlichen Gesellschaften und mit sehr unterschiedlichen Ansprüchen an den pH-Wert) und untereinander leicht zu verwechseln. Sie sind alle selten (M1–4) und wertbildend bzw. -bestimmend, fast alle sind (!!).

(173) Polygala vulgaris

(171) Nardus stricta

(172) Pedicularis sylvatica

(174) Thesium pyrenaicum

(175) *Viola canina* ssp. *canina* (Hunds-Veilchen)

Kennzeichen: *Violaceae*. Krone blau, Sporn gelblich weiß, 5–8 mm lang. Pflanze mit aufsteigendem Stängel. Blattspreite basal ± gestutzt. Stipeln 5–10 mm, entfernt gefranst bis ganzrandig. 5–30 cm. IV-VI.
Zeigercharakter: VC Violion. Gern auf Rohhumus. Wertbildend.
Ellenberg-Zahlen: L7, Tx, K3, F4, R3, N2 – M7, Ä2
Bemerkungen: Die beiden anderen (seltenen) ssp. finden sich ebenfalls in mageren Gesellschaften, bevorzugen aber wechselfeuchte Standorte.

▶ *Weitere Arten:* Arten aus Kap. 5.5.1.

4.6.3 Ginsterheiden (Genisto-Callunion)

(176) *Genista anglica* (Englischer Ginster) (!!)

Kennzeichen: *Fabaceae.* Gelbe Schmetterlingsblüten in Trauben. Kleiner Strauch mit Dornen und einfachen Blättern ohne Stipeln. Junge Triebe, Kelch und Hülse kahl. 20–50 cm. V-VI.
Zeigercharakter: AC im Genisto-Callunion, v. a. in Nord-(West)-Deutschland (Zeiger für extrem atlantisches Klima).
Ellenberg-Zahlen: L8, T5, K1, F5, R2, N2 – M5, Ä3
Bemerkungen: Verwechslungsgefahr mit der folgenden ähnlichen Art besteht wegen der unterschiedlichen Verbreitung eher theoretisch.

(177) *Genista germanica* (Deutscher Ginster)

Kennzeichen: *Fabaceae.* Wie *(176) G. anglica*, aber Pflanze behaart. 20–50 cm. V-VI.
Zeigercharakter: AC im Genisto-Callunion, v. a. in Süddeutschland.
Ellenberg-Zahlen: L7, T5, K4, F4, R2, N2 – M6, Ä3
Bemerkungen: Vgl. *(176) G. anglica.* – Die Dornen sind auf dem Bild in den Blattachseln unterhalb der Infloreszenz zu erkennen.

(178) *Genista pilosa* (Behaarter Ginster)

Kennzeichen: *Fabaceae.* Kleiner, dornenloser Strauch mit einfachen, unterseits behaarten Blättern. Blüten blattachselständig. Hülsen behaart 10–30 cm. IV-VI.
Zeigercharakter: AC im Genisto-Callunion. Als Säurezeiger auch in lückigen Gehölzen, an felsigen Standorten usw. zu finden.
Ellenberg-Zahlen: L7, T5, K4, Fx, R2, N1 – M6, Ä3

▶ *Weitere Arten: (539) Cytisus scoparius.* Zu *(530) Genista tinctoria* vgl. dort. – Das Genisto-Callunion gehört zu jenen Syntaxa, für deren Gliederung auch Moose und Flechten eine große Rolle spielen.

(175) Viola canina ssp. canina

(176) Genista anglica

(177) Genista germanica

(178) Genista pilosa

Zu 4.7 und 4.8 Einführung zum Thema „Trockenrasen"

Während bei den soeben behandelten bodensauren Magerrasen der stark saure und nährstoffarme Boden sowie die Bevorzugung atlantischen bzw. (hoch)montanen Klimas die ökologisch kennzeichnenden Faktoren sind, ist es bei den Gesellschaften der beiden nächsten Kapitel die Trockenheit – sei sie edaphisch, klimatisch oder beides –, die die spezielle Artenzusammensetzung bewirkt oder doch beeinflusst. Auch bevorzugen viele der Gesellschaften basenreiche Böden. Insofern könnte man die Kapitel 4.7 und 4.8 auch als „Trockenrasen" zusammenfassen. Der hauptsächliche Grund, den Stoff auf zwei Kapitel zu verteilen, ist eher ein praktischer: Trockenrasen sind edaphisch und arealgeografisch so reich gegliedert, dass deren Zusammenfassung ganz einfach zu unübersichtlich würde. Auch synsystematisch werden die Trockenrasen zwei verschiedenen Klassen zugeordnet – eine Einteilung, der hier im Wesentlichen gefolgt wird: den Steppen- und Trespenrasen einerseits (Festuco-Brometea, vgl. Tab. 4.7.a) und den Sandrasen andererseits (Koelerio-Corynephoretea p. p., vgl. Tab. 4.8.a).

4.7 Steppen- und Trespenrasen (Festuco-Brometea)

Die meisten Rasen dieser Klasse stocken auf ± basenreichen Böden unterschiedlicher Gründigkeit. Ein typischer Untergrund ist z. B. Löss. Die Trockenheit ist zumeist klimatisch bedingt und kann durch Flachgründigkeit des Bodens verstärkt werden. Die Temperaturansprüche sind in der Regel hoch, die Verbreitung der Gesellschaften beschränkt sich daher weitgehend auf die planar-colline Stufe; im Übrigen vgl. Tab. 4.7.a.

- Die **Festucetalia valesiacae** (vgl. 4.7.2) lassen sich in etwa sechs Assoziationen gliedern. Sie sind insgesamt gesehen sehr selten (alle hier erwähnten diagnostischen Arten haben eine M-Zahl von nur 2 oder 3!), gut dokumentiert und sollen deshalb hier nicht näher analysiert werden. Sie beschränken sich auf die klimatisch trockensten und wärmsten Regionen Deutschlands (Jahresniederschlag bis etwa 550 mm). Kennzeichnend sind kontinentale Elemente; K6-8 sind außergewöhnlich hohe Zahlen.
- Bei den **Brometalia** (vgl. 4.7.3) müssen wir genauer differenzieren. Gemeinsam ist ihnen ein gewisser submediterran(-subatlantischer) Grundzug (K-Zahl meist 2–4), der nur beim Koelerio-Phleion etwas kontinental überlagert wird. Ansonsten bestehen Unterschiede in der Tiefgründigkeit des Bodens (und damit eine abgestufte Xerotoleranz; vgl. Tab. 4.7.a) und in der Nutzung. Das primär ± gehölzfreie **Xerobromion** (vgl. 4.7.3.2) ist wieder sehr selten. Das **Mesobromion** (vgl. 4.7.3.3) dagegen ist relativ (!) häufig und gehört zu den artenreichsten Bio- (nicht nur Phyto-)zönosen. Seine Ansprüche an Bodenfeuchte sind erkennbar höher (F meist 4) als beim Xerobromion (F1–2). Da es eine nutzungsbedingte Gesellschaft ist – die Standorte sind waldfähig –, ist sie in besonderem Maße von Verbrachung (z. B. durch Aufgabe der

Tab. 4.7.a: Magerrasen (2) – Steppen- und Trespenrasen

Klasse	**Steppen- und Trespenrasen** **Festuco-Brometea**			
Ordnung	**Steppenrasen** Festucetalia valesiacae	**Trespenrasen** Brometalia		
Diagnostische Arten	*Euphorbia segueriana* *Potentilla cinerea* *Stipa spp.* *Veronica spicata*	*Bromus erectus, Dianthus carthusianorum, Potentilla neumanniana, Koeleria pyramidata*		
Verband	**(2–3 Verbände)**	**Volltrockenrasen** Xerobromion	**Halbtrockenrasen** Mesobromion	**Bodensaure Trockenrasen** Koelerio-Phleion
Diagnostische Arten	*s. o.*	*Linum tenuifolium* *Pulsatilla vulgaris* *Teucrium montanum* *Trinia glauca*	*Cirsium acaule* *Ophrys spp.* *Ranunculus bulbosus* *Sanguisorba minor*	*Chamaespartium sagittale* *Koeleria macrantha* *Phleum phleoides* *Viscaria vulgaris*
Physiognomie	geschlossen oder lückig	lückig	geschlossen	meist ± lückig
Pot. Baumwuchs	kaum	kaum	Eiche, Buche	?
Verbreitung / Klimaansprüche	(sub)kontinental (sehr trocken/sehr warm)	± (sub)mediterran (sehr trocken-warm)	submediterran (trocken-warm)	± subkontinental-submediterran (trocken-warm)
Wasser	längere (oft extreme) klimatische Trockenphasen	extreme Trockenphasen, bedingt durch Klima und Flachgründigkeit	längere klimatische Trockenphasen möglich	längere Trockenphasen möglich, z. T. wegen Flachgründigkeit
Untergrund	div.	flachgründige Böden	meist tiefgründige Böden	meist flachgründige Böden
pH	neutral bis basisch	basisch	meist ± basisch	± mäßig (!) sauer
Nährstoffe	± mager	mäßig	mäßig	mager
Typische Nutzung	kaum	kaum	extensive Beweidung oder 1x Mahd	?
vgl. Kap.	4.7.2	4.7.3.2	4.7.3.3	4.7.3.4

Beweidung) oder „Nutzungsänderung" (d. h. Zerstörung) bedroht. Auch die in Kap. 4.6 bereits erwähnte „Wacholderheide" gehört im Wesentlichen zum Mesobromion. – Das **Koelerio-Phleion phleoidis** (vgl. 4.7.3.4) ist eine weniger gut charakterisierte Gesellschaft. Die Bezeichnung „boden*saurer* Trockenrasen" ist eher relativ, es gibt dort Basen- wie Säurezeiger; zu den bodensauren Magerrasen von Kap. 4.6 – die diese Bezeichnung auch wirklich verdienen – bestehen keine näheren Beziehungen.

Insgesamt lässt sich diese Gliederung auch in einer Zusammenfassung der Zeigerwerte nachvollziehen (vgl. Tab. 4.7.b). Dabei ist deren Einheitlichkeit innerhalb der Gesellschaften sehr bemerkenswert und findet sich in diesen engen Spannen nur noch bei wenigen der hier in diesem Buch berücksichtigten Syntaxa höherer Ordnung.

Tab. 4.7.b: Übersicht Zeigerwerte Festuco-Brometea
Es werden nur die im Text erwähnten Arten berücksichtigt; deren Zahl ist hinter dem Syntaxon in Klammern angegeben. Ohne Koelerio-Phleion (geringe Zahl diagnostisch eindeutiger Taxa). – Differenzierende Werte **fett**. Für alle Gesellschaften kennzeichnend sind hohe R- und niederige N-Werte (die hohen L-Werte sind für eine Rasengesellschaft nicht verwunderlich und ohne diagnostische Bedeutung).

Syntaxon	L	T	K	F	R	N
Festucetalia (6)	(7–)8–9	7	**6–8**	(1–)2(–3)	7–8	1–2
Xerobromion (5)	7–9	5–8	**3**–5	**1–2**	(7–)9	1–2?
Mesobromion (7)	7–9	**5**(–6)	(2–)**4**(–7)	**3–4**	7–8	2–3

4.7.1 Gemeinsame Arten

Die hier genannten Arten werden meist als KC Festuco-Brometea geführt, haben aber – außer *Asperula cynanchica* – einen eindeutigen Verbreitungsschwerpunkt im Mesobromion. Viele Arten finden sich auch in trockenen Säumen und an ähnlichen Standorten (man beachte die dominierenden, für einen Trockenrasen eher niedrigen L-Zahlen 6 und 7!).

(179) *Allium oleraceum* (Gemüse-Lauch)

Kennzeichen: *Amaryllidaceae (Alliaceae, Liliaceae s. l.).* Mit typischem Lauchgeruch. Infloreszenz aus kopfig zusammentretenden Brutzwiebeln und etlichen langgestielten teilweise grünlichen Blüten zusammengesetzt. 1 Hüllblatt unter der Infloreszenz länger als diese. Blätter halbstielrund, gerieft, 2–5 mm breit, ohne Ligula. 30–70 cm. VI–VII.
Zeigercharakter: Gilt als Festuco-Brometea-Art, kommt aber auch in anderen Gesellschaften vor.
Ellenberg-Zahlen: L7, T6, K4, F3, R7, N4 – M6, Ä4
Bemerkungen: Die Art ist einheimisch und wildwachsend, insofern ist der Name „Gemüse-Lauch" irreführend. – Die Gattung *Allium* ist im Allgemeinen am Geruch der zerriebenen Blätter und am Blütenstand gut zu erkennen; letzterer kann aus einem Kopf von Brutzwiebeln, aus einer Blütendolde oder aus beidem bestehen. *Allium*-Arten sind nicht

(179) Allium oleraceum

(180) Asperula cynanchica

(181) Brachypodium pinnatum

häufig (M meist 1–4, Ä oft 2–3, einige !!). Etwa die Hälfte ist kennzeichnend für Trockenrasen, so auch das seltene *A. sphaerocephalon* (Kugel-Lauch; Infloreszenz nur mit Blüten; !!). *A. scorodoprasum* (Schlangen-L.) dagegen mit flachen, breiteren, randlich bewimperten Blättern, Blüten neben den Zwiebeln nur kurz gestielt, besiedelt v. a. Auwälder und hat die auffällige K-Zahl 5. Beide Arten haben nur kurze Hüllblätter, eine Ligula fehlt. – Zu *(338) A. ursinum* vgl. dort.

(180) *Asperula cynanchica* (Hügel-Meier)

Kennzeichen: *Rubiaceae*. Blüten rosa, -2,5 mm lang. Blätter linealisch, in 4-zähligen „Quirlen". 10–30 cm. VI-VII (Abb. s. S. 187).
Zeigercharakter: KC Festuco-Brometea; vgl. Anmerkung oben. Nur in relativ offenen und naturnahen Biotopen. Wertbildend.
Ellenberg-Zahlen: L7, Tx, K5, F3, R8, N3 – M5, Ä4
Bemerkungen: Eine seltene Form (var. *arenicola* mit oft größeren, weißen Blüten) wächst im Xerobromion.

(181) *Brachypodium pinnatum* (Fieder-Zwenke)

Kennzeichen: *Poaceae*. Ähre aufrecht, mit sehr kurz, aber deutlich gestielten 8–20-blütigen Ährchen. Granne < Deckspelze. Rasenbildend. 50–80 cm. VI-VIII (Abb. s. S. 187).
Zeigercharakter: KC Festuco-Brometea. Verträgt kaum Mahd, wird aber durch Beweidung und Brand begünstigt. Neigt auf Brachen zur Herdenbildung und kann dann andere Arten unterdrücken (d. h. verdämmend wirken; vgl. 5.12).
Ellenberg-Zahlen: L6, T5?, K5, F4, R7, N4 – M7, Ä4
Bemerkungen: In ähnlichen Biotopen (vor allem im Südosten) und kaum sicher zu unterscheiden: die seltene (?) Art *B. rupestre*. – *B. sylvaticum* ist eine unspezifische Waldart mit überhängender Ähre, länger begrannten Deckspelzen und lockerem Horstwuchs. – Vgl. auch *(196) Bromus erectus*.

(182) *Campanula glomerata* (Knäuel-Glockenblume)

Kennzeichen: *Campanulaceae*. Blüten groß, glockig, in Köpfchen. 20–40 cm. VI-IX.
Zeigercharakter: Schwache soziologische Kennart. Auch in trockenen Arrhenatheretalia-Gesellschaften, dort wertbildend.
Ellenberg-Zahlen: L7, Tx, K7, F4, R7, N3 – M6, Ä3

(183) *Centaurea scabiosa* ssp. *scabiosa* (Skabiosen-Flockenblume)

Kennzeichen: *Asteraceae*. Typische *Centaurea* mit großen (> 2 cm langen) lila Köpfchen und grünen, nur spärlich rau behaarten, fiederteiligen Blättern. 30–100 cm. VI-IX.
Zeigercharakter: KC Festuco-Brometea.
Ellenberg-Zahlen: L7, Tx, K3, F3, R8, N4? – M8, Ä5

(182) Campanula glomerata

(183) Centaurea scabiosa ssp. scabiosa

Bemerkungen: Entfernt ähnlich, aber mit kleineren Köpfchen, oft nur eingerissenen – nicht ± regelmäßig gefransten – Hüllblättern und ungeteilten Blättern die Artengruppe um *C. jacea* (Gewöhnliche oder Wiesen-F.; häufig im mäßig trockenen Grünland, auch an Rainen usw.).

(184) *Eryngium campestre* (Feld-Mannstreu)

Kennzeichen: *Apiaceae.* Von distelartigem Habitus. Die kopfige Infloreszenz (weißlich grüne Blüten) mit abstehenden Hüllblättern. 20–60 cm. VII-VIII.
Zeigercharakter: Gilt als KC Festuco-Brometea, findet sich aber auch als Trockenzeiger in halbruderalen Gesellschaften. Beweidungszeiger. Vor allem auf Lehm und Löss.
Ellenberg-Zahlen: L9, T7, K5, F3, R8, N3 – M4, Ä3

(185) *Pimpinella saxifraga* s. str. (Kleine Bibernelle)

Kennzeichen: *Apiaceae.* Weiß blühend, ohne Hülle und Hüllchen. Junge Dolden nickend. Frucht kahl. Stängel fast stielrund. Blätter 1-fach gefiedert, die obersten bis fast auf die Scheide reduziert, oberseits kahl. 20–50 cm. VI-X.
Zeigercharakter: Schwache KC Festuco-Brometea, auch in anderen Magerrasen; pH-unabhängiger Magerkeitszeiger.
Ellenberg-Zahlen: L7, Tx, K5, F3, Rx, N2 – M-, Ä-
Bemerkungen: Die nah verwandte, auf den Osten beschränkte Art *P. nigra* (Schwarze B.; Blätter beiderseits dicht behaart) ist eine Festucetalia-Art. – Vgl. *(155) P. major* mit kantig gefurchtem Stängel.

(186) *Prunella grandiflora* (Großblütige Braunelle)

Kennzeichen: *Lamiaceae.* Blüten blau, 20–25 mm lang, hoch gewölbt, in endständigen köpfchenartigen Infloreszenzen. 10–25 cm. VI-IX.
Zeigercharakter: KC Festuco-Brometea, meidet aber extreme Standorte. Wertbildend.
Ellenberg-Zahlen: L7, Tx, K5, F3, R8, N3 – M5, Ä3
Bemerkungen: *P. vulgaris* (Gewöhnliche B.) mit kleineren Blüten (–15 mm) ist eine sehr häufige, ziemlich unspezifische Grünland-Art. *P. laciniata* (Weiße B.; !!) mit gelblichweißen Blüten (15–18 mm) ist viel seltener (M2; !!) und stärker auf das Mesobromion beschränkt.

(187) *Sanguisorba minor* (Kleiner Wiesenknopf)

Kennzeichen: *Rosaceae.* Blüten in rundlichen Köpfchen, mit unscheinbarem (± grünlichem) Perigon und schlaff überhängenden Staubblättern (windbestäubt). Blätter 1-fach gefiedert. 20–50 cm. V-VIII.
Zeigercharakter: KC Festuco-Brometea. Auch Trockenzeiger im Arrhenatherion.
Ellenberg-Zahlen: L7, T6, K5, F3, R8, N2 – M8, Ä4
Bemerkungen: Die Art ist regelmäßig Bestandteil von Aussaatmischungen; dies mindert ihren Zeigerwert vor allem auf Böschungen und ähnlichen Standorten. – Vgl. *(106) S. officinalis* in Feuchtbiotopen.

(184) Eryngium campestre

(185) Pimpinella saxifraga s. str.

(186) Prunella grandiflora

(187) Sanguisorba minor

(188) *Stachys recta* (Aufrechter Ziest)

Kennzeichen: *Lamiaceae*. Blüten gelb, mit kaum gewölbter Oberlippe und ± radiärem Kelch, in dichten Scheinquirlen. Blätter lanzettlich, gekerbt, mit deutlicher Nervatur. 20–60 cm. VI-X.
Zeigercharakter: KC Festuco-Brometea. Auch in warmtrockenen Säumen usw. und auf Rohböden (Felsen). Wertbildend.
Ellenberg-Zahlen: L7, T6, K4, F3, R9, N2 – M4, Ä2

▶ *Weitere Art: (593*) Filipendula vulgaris*

4.7.2 Kontinentale Steppenrasen (Festucetalia valesiacae)

Die Seltenheit der Gesellschaften bringt es mit sich, dass selbst Arten mit einer M-Zahl 2 aufgenommen werden müssen. Die meisten der hier genannten Arten sind zudem in Ostdeutschland noch häufiger (die M-Zahl bezieht sich ja nur auf die „alte" BRD, vgl. 2.3.1.2); die Verhältnisse liegen hier also ähnlich wie bei den Sandsteppen (vgl. Kap. 4.8.4).

(189) *Euphorbia segueriana* (Steppen-Wolfsmilch) (!!)

Kennzeichen: *Euphorbiaceae*. Typische Wolfsmilch-Scheinblüten mit ovalen Drüsen des Hüllbechers. Frucht glatt. Blätter lanzettlich, stachelspitzig. 15–50 cm. IV-VI.
Zeigercharakter: OC Festucetalia. Wertbestimmend.
Ellenberg-Zahlen: L9, T7, K6, F2, R8, N1 – M3, Ä4
Bemerkungen: Die syntaxonomische Zuordnung ist – wie bei *(191) Silene otites* – zweifelhaft, vgl. auch 4.8.4. Dies ändert nichts am wertbestimmenden Charakter der Pflanze.

(190) *Potentilla cinerea [P. arenaria, P. incana]* (Sand-Fingerkraut) (!!)

Kennzeichen: *Rosaceae*. Polsterbildendes, gelbblühendes Fingerkraut. Blätter dicht (!) filzig-sternhaarig. 5–15 cm. IV-V.
Zeigercharakter: OC Festucetalia. Wertbestimmend.
Ellenberg-Zahlen: L9, T7, K6, F1, R8, N1 – M3, Ä2
Bemerkungen: Es besteht Verwechslungsgefahr mit *(202) P. neumanniana* usw. (vgl. dort). *P. c.* ist eine von den beiden in diesem Buch erwähnten Pflanzen mit dem Extremwert F1; die andere ist *(208) Teucrium montanum*.

(188) Stachys recta

(189) Euphorbia segueriana

190) Potentilla cinerea

(191) *Silene otites* (Ohrlöffel-Leimkraut) (!!)

Kennzeichen: *Caryophyllaceae.* Pflanze 2-häusig. Kelch kahl. Kronblätter 3–5 mm, ungeteilt, grünlich gelb. 20–50 cm. VI-VII.
Zeigercharakter: Schwache OC Festucetalia, auch im Xerobromion und im Koelerio-Phleion. Wertbestimmend.
Ellenberg-Zahlen: L8, T7, K7, F2, R7, N2 – M3, Ä3
Bemerkungen: Es gilt das Gleiche wie für *(189) Euphorbia segueriana.* – Interessant ist das Vorkommen dieser kontinentalen Art auf den Friesischen Inseln.

(192) *Stipa capillata* (Haar-Federgras, Pfriemengras) (!!)

Kennzeichen: *Poaceae.* Granne mindestens 10 cm lang, rau, aber nicht fedrig behaart. 40–80 cm. VII-VIII.
Zeigercharakter: AC innerhalb Festucetalia. Wertbestimmend.
Ellenberg-Zahlen: L8, T7, K8, F2, R8, N2 – M2, Ä3

(193) *Stipa pennata* agg. (Artengruppe Echtes Federgras) (!!)

Kennzeichen: *Poaceae.* Granne mindestens 12 cm lang, fedrig behaart. Meist 30–70 cm. V-VII.
Zeigercharakter: Festucetalia-Arten. Wertbestimmend.
Ellenberg-Zahlen: L8, T7, K8, F2, R7, N2 – M2, Ä3
Bemerkungen: Die Artengruppe umfasst ca. 10 schwierig zu unterscheidende Taxa, fast alle mit einer M-Zahl 1. Ihre ökologischen Ansprüche (und wohl auch ihr soziologischer Kontext) sind – soweit bekannt – sehr ähnlich. Die Ellenberg-Zahlen gelten für *St. pennata* s. str. (*St. joannis*), die – relativ gesehen – noch am weitesten verbreitet ist.

(194) *Veronica spicata* (Ähriger Ehrenpreis)

Kennzeichen: *Plantaginaceae (Scrophulariaceae).* Krone tiefblau, trichterförmig, schwach 2-lippig. Staubblätter 2. Blüten in dichten Ähren. 15–30 cm. VII-VIII.
Zeigercharakter: Festucetalia-Art, auch im Koelerio-Phleion. Die Art ist nicht streng gesellschaftsgebunden und kann auch als KC Festuco-Brometea geführt werden. Wertbestimmend.
Ellenberg-Zahlen: L7, T7, K6, F3, R7, N2 – M3, Ä2
Bemerkungen: Habituell ähnlich, ebenfalls wertbildend, aber 60–100 cm hoch ist die Filipendulion-Art (F8~) *V. longifolia* (Langblättriger E.). Zu *(278*) V. prostrata* vgl. dort.

▶ *Weitere Art: (218) Phleum phleoides.*

(191) Silene otites

(192) Stipa capillata

(193) Stipa pennata agg.

(194) Veronica spicata

4.7.3 Submediterrane Trespenrasen (Brometalia)

4.7.3.1 Gemeinsame Arten

Auch hier gilt wieder: Die meisten Arten haben ihren Verbreitungsschwerpunkt im Mesobromion (auch der namensgebende *Bromus erectus*).

(195) *Anthyllis vulneraria* agg. (Artengruppe Wundklee)

Kennzeichen: *Fabaceae*. Blüten meist ± gelb (selten auch rötlich), in Köpfchen, unterhalb derer fingerförmig geteilte Tragblätter. Grund- und Stängelblätter gefiedert, Endfieder oft auffällig größer. 10–30 cm. V-VI.
Zeigercharakter: In Brometalia-Gesellschaften. An Böschungen und bei hoher Individuendichte Verdacht auf Rasen-Ansaat.
Ellenberg-Zahlen: L8, T6, K3, F3, R7, N2 – M6, Ä3
Bemerkungen: Formenreich; Abgrenzung und Verbreitung der einzelnen Sippen ist ungeklärt. In ihrem ökologischen Verhalten sind sie recht unterschiedlich, die Ellenberg-Zahlen sind sicher nicht durchgängig gültig. Bei der in Aussaatmischungen enthaltenen Form handelt es sich meist (?) um ssp. *polyphylla*, für die N2 zu niedrig angesetzt ist.

(196) *Bromus erectus* (Aufrechte Trespe)

Kennzeichen: *Poaceae*. ± Aufrechte Rispe, unterste Stufe 2–3-ästig. Hüllspelzen schmallanzettlich, 1- bzw. 3-nervig. Untere Blattscheiden abstehend behaart, Spreitenrand locker bewimpert (aber oft eingerollt). 30–60 cm. V-VII.
Zeigercharakter: OC Brometalia, aber auch in trockenen Glatthaferwiesen (vgl. Schema 4.4.c und *(147) Salvia pratensis*). Nicht weidefest, verträgt aber Mahd; vgl. *(181) Brachypodium pinnatum*.
Ellenberg-Zahlen: L8, T5, K2, F3, R8, N3 – M7, Ä4
Bemerkungen: Im Osten ist die Art nicht ursprünglich.

(197) *Dianthus carthusianorum* (Karthäuser-Nelke)

Kennzeichen: *Caryophyllaceae*. Dunkelpurpurne Blüten gebüschelt, mit gemeinsamer, trockenhäutiger Hochblatthülle. Diese wie der Stängel kahl. Blätter 2–4 mm breit, basal zu einer kurzen Röhre verwachsen. 15–40 cm. VI-IX.
Zeigercharakter: OC Brometalia. Vor allem in lückigen Gesellschaften. Wertbildend.
Ellenberg-Zahlen: L8, T5, K4, F3, R7, N2 – M6, Ä3

(198) *Helianthemum nummularium* s. l. (Gewöhnliches Sonnenröschen)

Kennzeichen: *Cistaceae*. Basal verholzt. 2 kleine (abfallende) und 3 große Kelchblätter. Stipeln lanzettlich, länger als der Blattstiel. Formenreich, z. B. ssp. *nummularium*: Blätter unterseits graufilzig, dicht sternhaarig; ssp. *obscurum*: Blätter unterseits hellgrün, Sternhaare spärlich. 10–30 cm. VI-IX.

(195) Anthyllis vulneraria agg.

(196) Bromus erectus

(198) Helianthemum nummularium s. l.

(197) Dianthus carthusianorum

Zeigercharakter: Beide ssp. vor allem in Brometalia-Gesellschaften (ssp. *nummularium* vor allem im Xerobrometum). Als Trockenzeiger auch in anderen Gesellschaften, z. B. Geranion. Wertbildend.
Ellenberg-Zahlen: L8, T5, K4, F3, R9, N2? – M5, Ä5?
Bemerkungen: Die Zahlen (und das Bild) beziehen sich auf die häufigere ssp. *obscurum*, ssp. *n.* weicht aber nur mit R7 stärker ab. – Ä5 dürfte zu hoch sein.

(199) *Hippocrepis comosa* (Hufeisenklee)

Kennzeichen: *Fabaceae.* Kleiner Halbstrauch, die gelben Blüten in 4–10-blütiger Dolde. Frucht zuletzt (!) typisch gekrümmt mit hufeisenförmigen Einzelgliedern. Blätter mit 11–15 Fiedern und freien Nebenblättern. 10–20 cm. V-VII.
Zeigercharakter: OC Brometalia. Wertbildend.
Ellenberg-Zahlen: L7, T5, K2, F3, R7, N2 – M5, Ä4
Bemerkungen: Verwechslungsgefahr mit *Coronilla vaginalis* (selten in trockenen Säumen, nur auf Kalk), diese jedoch mit bauchseitig verwachsenen Stipeln und geraden Bruchfrüchten.

(200) *Koeleria pyramidata [K. cristata]* (Pyramiden-Schillergras)

Kennzeichen: *Poaceae.* Ährenrispe ± zylindrisch, unten gelappt. Ährchen > 5,5 mm. Spelzen sehr spitz, aber unbegrannt. Spreite ± kahl, aber meist randlich bewimpert, flach. 30–100 cm. VI-VII.
Zeigercharakter: OC Brometalia. Auch in anderen Trockengesellschaften.
Ellenberg-Zahlen: L7, T6, K4, F4, R7, N2 – M7, Ä4
Bemerkungen: Leicht mit *(217) K. macrantha* (von ähnlichen Standorten!) zu verwechseln (Spreiten behaart). – Das Synonym *K. cristata* kann sich auch auf *K. macrantha* beziehen.

(201) *Gattung Orobanche* (Sommerwurz)

Kennzeichen: *Orobanchaceae.* Gattungsmerkmale: Pflanze ohne Blattgrün. Blüten zygomorph, meist gelblich oder bläulich, meist leicht gekrümmt, in ± kolbenförmigen Ähren. 10–50 cm. V-VIII.
Zeigercharakter: In Trockenrasen (Schwerpunkt Trespenrasen; die abgebildete *O. laevis [O. arenaria]* (Sand-S.; !!) auf *(236) Artemisia campestris* bevorzugt allerdings Sandtrockenrasen) und thermophilen Säumen, selten in Gehölzen oder im Wirtschaftsgrünland; die breite Streuung der Ellenberg-Zahlen ist Ausdruck dieser Biotop-Vielfalt.
Ellenberg-Zahlen: L4-9, T4-8, K1-7, F1-5, R3-9, N1-7 – M s.u., Ä s.u.
Bemerkungen: Circa 2 Dutzend oft schwierig zu bestimmende Arten. Sie sind allesamt wertbildend, meist sogar wertbestimmend. Über die Hälfte sind (!!)(maximale M-Zahl 4, meist Ä1 oder 2).

(199) Hippocrepis comosa

(201) Gattung Orobanche

(200)
Koeleria pyramidata

(202) *Potentilla neumanniana [P. tabernaemontani, P. verna]* (Frühlings-Fingerkraut)

Kennzeichen: *Rosaceae*. Flache Polster bildendes Fingerkraut, nur selten > 10 cm hoch. Blätter locker behaart, ohne Sternhaare. 5–15 cm. III-IV.
Zeigercharakter: Schwache OC Brometalia. Oft in lockeren Pionierstadien, auch auf Fels und Sand (deshalb auch in Sedo-Scleranthetea-Gesellschaften).
Ellenberg-Zahlen: L8, T6, K4, F3, R7, N2 – M7, Ä4
Bemerkungen: *P. n.* ist die häufigste Art innerhalb einer Gruppe ähnlicher, ± niedrige Polster bildender Arten, die magere, oft kalkhaltige Trockenstandorte besiedeln und sich vor allem in der Behaarung unterscheiden (vgl. *(190) P. cinerea*). Im Zweifelsfall empfiehlt sich eine Nachbestimmung.

(203) *Scabiosa columbaria* (Tauben-Skabiose)

Kennzeichen: *Caprifoliaceae (Dipsacaceae)*. Blauviolette, 5-zipfelige Blüten in dichten Köpfchen mit Spreublättern. Alle Blätter gegenständig, gekerbt (besonders die unteren) bis fiederspaltig. Stängel oben anliegend behaart. 20–60 cm. VI-X.
Zeigercharakter: OC Brometalia. Auch im Wirtschaftsgrünland, dort Trockenzeiger.
Ellenberg-Zahlen: L8, T5, K2, F3, R8, N3 – M7, Ä3
Bemerkungen: M- und Ä-Zahl bezieht sich auf die Artengruppe, ist aber auf *S. c.* übertragbar. – Die seltene (M3), hellblau blühende *S. canescens* (Graue S.; !!) hat ± ganzrandige Grund(!)blätter. Sie findet sich gerne in Säumen von Kiefernwäldern, aber auch in Festucetalia-Gesellschaften (K6!) – Die habituell ähnliche *(145) Knautia arvensis* hat 4-spaltige Blüten und ist oben abstehend behaart.

4.7.3.2 Volltrockenrasen (Xerobromion)

„Echte" Xerobromion-Arten gibt es kaum; die meisten der dort wachsenden Arten kommen auch im Mesobromion vor (weniger umgekehrt), sind allgemeine Zeiger für starke Trockentoleranz oder umgehen das Problem „Trockenheit" durch eine kurze, auf das relativ feuchte Frühjahr beschränkte Lebensspanne (vgl. 5.3). Die Seltenheit der Arten resultiert – wie bei den Steppenrasen – zwangsläufig aus der Seltenheit des Biotoptyps.

(204) *Fumana procumbens* (Zwerg-Heideröschen) (!!)

Kennzeichen: *Cistaceae*. Gelb blühender Zwergstrauch mit nadelförmigen, wechselständigen Blättern. 5–20 cm. VI-IX.
Zeigercharakter: VC Xerobromion. Wertbestimmend.
Ellenberg-Zahlen: L9, T7, K3, F2, R9, N1 – M2, Ä2
Bemerkungen: Die Blätter der ähnlichen *Helianthemum*-Arten (vgl. z. B. *(198) H. nummularium*) sind fast immer laubig und zumindest teilweise gegenständig.

(202) Potentilla neumanniana

(203) Scabiosa columbaria

(204) Fumana procumbens

(205) *Globularia bisnagarica [G. punctata, G. elongata]* (Gewöhnliche Kugelblume) (!!)

Kennzeichen: *Plantaginaceae (Globulariaceae).* Blüten klein, blau, in einem einzelnen, endständigen Köpfchen. Untere Blätter lang gestielt, eiförmig oder vorne ausgerandet und dann mit kleinem Spitzchen, Stängelblätter lanzettlich. 5–30 cm. IV-VI.
Zeigercharakter: VC Xerobromion. Wertbestimmend.
Ellenberg-Zahlen: L8, T6, K5, F2, R9, N2? – M3, Ä3
Bemerkungen: Die beiden anderen *G.*-Arten haben blattlose Schäfte und sind seltene Pflanzen der (Vor-)Alpen.

(206) *Linum tenuifolium* (Schmalblättriger Lein) (!!)

Kennzeichen: *Linaceae.* Blüten helllila, Kelchblätter am Rand drüsig gewimpert. Stängelblätter 1–2 mm breit, kahl. 15–40 cm. VI-VII.
Zeigercharakter: VC Xerobromion. Wertbestimmend.
Ellenberg-Zahlen: L9, T8, K4, F2, R9, N2? – M3, Ä2
Bemerkungen: Mehrere *Linum*-Arten kommen in Trockenrasen vor. Diese Arten sind allesamt selten (M1–3) und lassen sich gut unterscheiden. Die Gattung kann man u. a. an den 5 Staubblättern und 5 Griffeln erkennen.

(207) *Pulsatilla vulgaris* (Wiesen-Küchenschelle) (!!)

Kennzeichen: *Ranunculaceae.* Blüten groß, glockenförmig, einzeln, nickend, zumindest außen ± violett. Frucht aus langgriffeligen Nüsschen zusammengesetzt (vgl. Abb.). Am Stängel ein basal verwachsener, zipfeliger Hochblattwirtel. Grundblätter mit linealischen Zipfeln. 5–40 cm. Wegen der frühen Blütezeit (III–IV) findet man sie meist fruchtend vor (vgl. Abb.).
Zeigercharakter: OC Brometalia, aber häufig im Xerobromion; auch in Sedo-Scleranthetalia-Gesellschaften und Kiefernwäldern. Wertbestimmend.
Ellenberg-Zahlen: L7, T6, K5, F2, R7, N2 – M4, Ä2
Bemerkungen: Auch andere *Pulsatilla*-Arten wachsen in Trockenrasen, sind aber seltener (M1-2).

(208) *Teucrium montanum* (Berg-Gamander)

Kennzeichen: *Lamiaceae.* Niederliegender Zwergstrauch. Blüte scheinbar nur aus der 5-zipfeligen Unterlippe bestehend, gelblich weiß, in Quirlen kopfig gedrängt. Blätter ganzrandig, unterseits weißfilzig. 5–20 cm. VI-VIII.
Zeigercharakter: VC Xerobromion. Wertbestimmend.
Ellenberg-Zahlen: L8, T5, K4, F1, R9, N1 – M3, Ä3
Bemerkungen: Das ebenfalls verholzte, rot blühende *T. chamaedrys* (Edel-Gamander) zeigt ein ähnliches (weniger extremes) ökologisches Verhalten und kommt zerstreut in verschiedenen Trockengesellschaften vor. – *T. m.* ist eine von den beiden in diesem Buch erwähnten Pflanzen mit dem Extremwert F1; die andere ist *(190) Potentilla cinerea.*

(205) Globularia bisnagarica

(206) Linum tenuifolium

(207) Pulsatilla vulgaris

(208) Teucrium montanum

4.7.3.3 Halbtrockenrasen (Mesobromion)

Wie bereits mehrfach erwähnt, können Mesobrometen sehr artenreich sein. Insbesondere gehören auch zahlreiche Orchideen in diese Gesellschaft. – Im Folgenden müssen wir uns somit auf eine in gewisser Weise willkürliche Auswahl beschränken.

Der korrekte Name für diesen Verband lautet „Bromion erecti". Der Name „Mesobromion" wird hier dennoch vorgezogen, weil er in Literatur und landespflegerischer Praxis durchaus üblich ist, den Gegensatz zum „Xerobromion" – dieser Name ist korrekt – stärker betont und es erlaubt (wie soeben geschehen), in bequem zusammenfassender Weise von „Mesobrometen" zu sprechen; bei „Brometen" wären die „Xerobrometen" sprachlich eingeschlossen.

(209) *Carlina acaulis ssp. caulescens* (Silberdistel)

Kennzeichen: *Asteraceae*. Distel. Köpfe einzeln, 5–15 cm breit. Innere Hüllblätter silbergrau (die „Blütenfarbe" ausmachend). 5–30 cm. VII-IX.
Zeigercharakter: Vor allem im Mesobromion. „Klassische" Kennart der Wacholderheide. Auf mittel- bis tiefgründigen Böden. Weidezeiger. Wertbildend.
Ellenberg-Zahlen: L9, Tx, K4, F4, Rx, N2 – M4, Ä3
Bemerkungen: *C. a.* ssp. *acaulis* (Stängel 1–3 cm) ist eine seltene Pflanze im Violion des böhmischen Massivs. *C. vulgaris* ssp. *vulgaris* (Golddistel; Stängel 15–30 cm, mehrköpfig, Köpfchen 2–3 cm breit, innere Hüllblätter ± gelb) gilt als VC Mesobromion, bevorzugt aber häufig steinige Rohböden.

(210) *Cirsium acaule* (Stängellose Kratzdistel)

Kennzeichen: *Asteraceae*. Purpurn blühende Distel. Blätter in grundständiger Rosette. Meist nur 1 köpfchentragender Stängel. 3–25 cm. VII-IX.
Zeigercharakter: VC Mesobromion. Weidezeiger. Wertbildend.
Ellenberg-Zahlen: L9, T5, K4, F3, R8, N2 – M5, Ä3

(211) *Erigeron acris ssp. acris* (Scharfes Berufkraut)

Kennzeichen: *Asteraceae*. Blüten sehr unscheinbar: Zungen der randlichen Blüten rötlich oder graulila, ± aufrecht stehend, kaum länger als die gelblichen Röhrenblüten. Infloreszenz eine armköpfige Traube oder Rispe. 10–30 cm. VI-IX.
Zeigercharakter: VC Mesobromion. Zuverlässige soziologische Kennart, da oft vertreten und relativ gesellschaftstreu.
Ellenberg-Zahlen: L9, T5, K7, F4, R8, N2? – M8, Ä4
Bemerkungen: Eine spezielle Form mit randlich gewellten Stängelblättern wird gelegentlich als eigenes Taxon (ssp. *serotinus* = *E. muralis*) abgetrennt, über dessen Verbreitung wenig bekannt ist. Ökosoziologisch verhält es sich ähnlich, ist vermutlich aber trockentoleranter und weniger basenliebend als ssp. *acris* „s. str.".

(209) Carlina acaulis ssp. caulescens

(211) Erigeron acris ssp. acris

(210) Cirsium acaule

(212) *Gentianella germanica* (Deutscher Enzian) (!!)

Kennzeichen: *Gentianaceae*. Krone meist > 20 mm lang, innen bärtig, meist violett (selten weißlich). Kelch bis ca. zur Hälfte verwachsen, die Zipfel auf der Fläche kahl. Formenreich. 5–40 cm. (V-)VIII-X.
Zeigercharakter: Im ganzen VC Mesobromion. Wechselfeuchtezeiger.
Ellenberg-Zahlen: L7, T5, K4, F4~, R8, N3 – M6, Ä4
Bemerkungen: Von ähnlicher Verbreitung und ähnlicher Ökologie (aber kein Wechselfeuchtezeiger), ebenfalls VC Mesobromion: *Gentianopsis [Gentianella] ciliata* (Fransenenzian; !!) mit am Rand gefransten Kronblattzipfeln. – Alle Enzian-Arten (*Gentiana* und *Gentianella*) sind wertbildend oder wertbestimmend.

(213) *Ononis spinosa* s. l. (Gewöhnlicher Hauhechel)

Kennzeichen: *Fabaceae*. Pflanze basal verholzt, oft dornig. Blüten rosa, zu 1(–3) blattachselständig in dichten oder lockeren Trauben. Endfieder der 3-zähligen Blätter deutlich gestielt, schmal-elliptisch bis oval; oft nur Endfieder vorhanden. Formenreich (vgl. Bestimmungsbuch). 15–30(–50) cm. VI-VII.
Zeigercharakter: *O. s.* ssp. *spinosa* und *O. s.* ssp. *maritima*[65] *[O. repens* ssp. *procurrens]* sind VC Mesobromion. Weidezeiger.
Ellenberg-Zahlen: L8, T5, K2, F4~, R7, N2 – M7, Ä4
Bemerkungen: Die Ellenberg-Zahlen beziehen sich auf die häufigere (und hier abgebildete) ssp. *maritima*, die beiden Taxa unterscheiden sich aber im Wesentlichen nur durch ihre K-Zahl (ssp. *spinosa*: K5).

(214) *Gattung Ophrys* (Ragwurz) (!!)

Kennzeichen: *Orchidaceae*. Gattungsmerkmal: Lippe ungespornt, behaart. Ansonsten vgl. **Bemerkungen**. 15–30 cm. (IV-)V–VI.
Zeigercharakter: Alle Arten: VC Mesobromion, selten auch in wechseltrockenen Molinieten oder lichten Kiefern-Eichen-Trockenwäldern. Wertbestimmend.
Ellenberg-Zahlen: L7-8, T5-8, K(2)-4, F4(~), R9, N2-3 – M2-5, Ä1-3
Bemerkungen: Von den 4 einheimischen Arten sehen 3 ähnlich aus wie *O. apifera* (Abb. oben); *O. insectifera* (unten) weicht in ihrer Blütenform etwas ab.

(215) *Plantago media* (Mittlerer Wegerich)

Kennzeichen: *Plantaginaceae*. Blüten sehr klein, aber durch die hellvioletten Staubblätter auffällig, in dichter walzlicher Ähre auf blattlosem Schaft; dieser 4–8-mal so lang wie der Fruchtstand. Rosettenblätter elliptisch, dem Boden meist dicht aufliegend, meist in einen kurzen, breiten Stiel verschmälert. 10–40 cm. V-VII (Abb. s. S. 209).

65 Der Name ist irreführend. Nur eine bestimmte Form dieses Taxons, deren Vorkommen in Deutschland nicht einmal gesichert ist, ist eine Küstenpflanze.

(212) Gentianella germanica

(214) Gattung Ophrys

(213) Ononis spinosa s. l.

Zeigercharakter: In verschiedenen Magerrasen. In Glatthaferwiesen Trocken- und Basenzeiger; vgl. dazu *(147) Salvia pratensis*.
Ellenberg-Zahlen: L7, Tx, K7, F4, R7, N3 – M8, Ä3
Bemerkungen: Vgl. *(216) Ranunculus bulbosus*. Verwechslungsgefahr im nicht blühenden Zustand mit *(579) P. major*.

(216) *Ranunculus bulbosus* (Knolliger Hahnenfuß)

Kennzeichen: *Ranunculaceae*. Hahnenfuß mit streng zurückgeschlagenen Kelchblättern und gefurchten Blütenstielen. Stängel basal knollig verdickt. 10–30 cm. V-VII.
Zeigercharakter: VC Mesobromion. Häufig vorkommende soziologische Kennart. In trockenen Arrhenathereten auch Basenzeiger, oft zusammen mit *(215) Plantago media*, vgl. dort.
Ellenberg-Zahlen: L8, T6, K3, F3, R7, N3 – M8, Ä4
Bemerkungen: Gewisse Ähnlichkeit mit *(524) R. repens* von wechselfeuchten Standorten.

▶ *Weitere Art: (132*) Helictotrichon pratense*

4.7.3.4 Bodensaure Trockenrasen (Koelerio-Phleion phleoidis)

Wie einleitend schon erwähnt, ist dieser Verband etwas unscharf definiert (und wird deshalb auch nicht in allen einschlägigen Lehrbüchern berücksichtigt). Entsprechend gering ist die Zahl der „echten" Charakterarten. Ein Großteil der Arten ist durchaus basenliebend (so z. B. die beiden namensgebenden Arten – vgl. unten – oder viele der auch hier vertretenen Brometalia-Taxa). Die freien Stellen der insgesamt ± lückig bewachsenen Flächen sind allerdings häufig mit niedrigwüchsigen Säurezeigern wie *(545) Rumex acetosella*, *(538) Chamaespartium sagittale* oder *(427*) Scleranthus perennis* bewachsen. Auch Rohbodenzeiger (vgl. Kap. 5.8) sind nicht selten. Ähnlich inhomogen ist die arealgeografische Zuordnung der Vertreter.

(217) *Koeleria macrantha [K. gracilis]* (Zierliches Schillergras)

Kennzeichen: *Poaceae*. Ährenrispe ± zylindrisch, unten kaum gelappt (auf der Abb. links während, rechts vor und nach der Blüte). Ährchen meist nur –5 mm. Spelzen sehr spitz, aber unbegrannt. Spreite ± deutlich behaart, die der unteren Blätter meist eingerollt und < 2 mm breit. 20–50 cm. V-VI.
Zeigercharakter: KC Festuco-Brometea mit Schwerpunkt im Koelerio-Phleion. Wertbildend.
Ellenberg-Zahlen: L7, T6, K7, F3, R8, N2 – M3, Ä4
Bemerkungen: Leicht mit *(200) K. pyramidata* (von ähnlichen Standorten!) zu verwechseln. Zur Nomenklatur vgl. dort.

(215) Plantago media

(216) Ranunculus bulbosus

(217) Koeleria macrantha

(218) *Phleum phleoides* (Glanz-Lieschgras)

Kennzeichen: *Poaceae.* Ähnlich *(159) Ph. pratense*, aber Ährenrispe beim Umbiegen lappig (siehe Abb.). 20–50 cm. VI-VII.
Zeigercharakter: KC Festuco-Brometea mit Schwerpunkt im Koelerio-Phleion, aber auch in kontinentalen Steppenrasen (vgl. 4.7.2). Wertbildend.
Ellenberg-Zahlen: L8, T6, K7, F3, R8, N2? – M4, Ä3

(219) *Viscaria vulgaris [Lychnis viscaria, Silene viscaria]* (Gewöhnliche Pechnelke)

Kennzeichen: *Caryophyllaceae.* Infloreszenz insgesamt ± zylindrisch. Blüten rot, Kronblätter ganzrandig, mit Nebenkrone. Griffel 5. Blätter linealisch, unterhalb der Knoten meist deutliche dunkle Klebringe. 20–50 cm. V–VII.
Zeigercharakter: In verschiedenen Saumgesellschaften sowie im Koelerio-Phleion. Wertbildend.
Ellenberg-Zahlen: L7, T6, K4, F3, R4?, N2 – M4, Ä3
Bemerkungen: Ähnlich *Atocion (Silene) armeria* (Infloreszenz ± trugdoldig, Griffel 3, Blätter lanzeolat, Klebringe meist undeutlich). Ebenfalls in Trockenrasen (aber F4, R5) und Säumen, ebenfalls wertbildend (M2 Ä2).

▶ *Weitere Arten: (244*) Dianthus seguieri, (541) Dianthus deltoides.*

4.8 Sandrasen (Koelerio-Corynephoretea s. l. p. p.)

Die vielen Zusätze zum Namen des Syntaxons in der Überschrift kommen nicht von ungefähr. Bei der Gliederung der Sandrasen und floristisch verwandter Gesellschaften überlagern sich nämlich zwei Probleme, die, obwohl dies nicht eigentlich Aufgabe dieses Buches ist, doch kurz angesprochen werden müssen:

Das erste Problem betrifft den Umstand, dass Sandrasen (zwei bis drei Ordnungen, vgl. unten) und die sog. Felsgrusgesellschaften (eine Ordnung) floristisch relativ eng verbunden sind und deshalb üblicherweise zu einer pflanzensoziologischen Klasse zusammengefasst werden (vgl. Tab. 4.8.a). Dieser syntaxonomischen Auffassung schließen wir uns hier im Prinzip an, behandeln die Felsgrusgesellschaften aber nicht im Zusammenhang mit den Rasengesellschaften, weil es nun mal keine sind (zu diesen vgl. 4.9.1).

Das zweite Problem ist nomenklatorischer Natur. Der Name einer Klasse, die Sandrasen und Felsgrusgesellschaften umgreift, muss aus Prioritätsgründen Koelerio-Corynephoretea heißen. In der (deutschen) Literatur ist aber noch weithin der Name Sedo-Scleranthetea im Gebrauch. Genau genommen mein(t)en aber die beiden Namen nicht das Gleiche: Der erste Name wurde von den Sandrasen, der zweite von den Felsgrusgesellschaften auf die gesamte Klasse übertragen. Wenn man will – und das wird auch gelegentlich so gemacht, z.B. auch in Sturm & al. (2018) –, kann man also die

(219) Viscaria vulgaris

(218) Phleum phleoides

Sandrasen als Koelerio-Corynephoretea s. str. den Felsgrusgesellschaften als Sedo-Scleranthetea im ursprünglichen (engen) Sinn gegenüberstellen.

Zusammengefasst: Wir behandeln im Folgenden einen Teil („p. p.") der weitgefassten Klasse „Sandrasen und Felsgrusgesellschaften" (Koelerio-Corynephoretea „s. l.").

Unter „Sand" verstehen wir bekanntlich zunächst eine Korngrößenfraktion des Bodens. Mit 0,06–2 mm Durchmesser[66] der einzelnen „Sandkörner" sind sie die gröbste Fraktion, aus der sich der mineralische Anteil der Feinerde zusammensetzen kann. Macht diese Fraktion den größten Teil des betreffenden Bodens aus, sprechen wir von einem Sandboden oder einfach nur von „Sand"; in der Vegetationskunde wird „Sand" fast immer in diesem Sinne als Substrat und nicht als Korngrößenfraktion verstanden.

Sandböden haben pflanzenökologisch eine Reihe von Eigenschaften, an die wir hier nur kurz erinnern können. Sie beziehen sich auf Nährstoffverhältnisse (Sande sind meist

66 International üblich ist auch eine andere Gliederung; dort liegt die Grenze zwischen Sand und dem feineren Schluff bei 0,02 mm.

arme Böden) und auf ihre leichte Auswaschbarkeit (vgl. unten). Sande haben eine geringe Wasserspeicherfähigkeit, trocknen oberflächlich also rasch stark aus. Dies erschwert die Keimung und somit die Ansiedlung von Vegetation. Andererseits hat Sand eine geringe kapillare Leitfähigkeit, d. h. das oberflächlich verdunstete Wasser wird nur zögerlich aus den feuchten Tiefen ersetzt – in der Tiefe bleibt der Sand damit länger feucht als etwa ein toniger Lehm mit seinen feineren Kapillaren; ein tief in die feuchten Bodenschichten gehendes Wurzelsystem (2 m und mehr) ist also für mehrjährige Pflanzen auf Sand typisch. – Sandrasen sind ein Gesellschaftstyp der planaren und collinen Stufe. Er wird physiognomisch und ökologisch vom Substrat geprägt. Reiner Sand als Substrat ist – abgesehen von den Meeresküsten – nicht häufig, entsprechend selten sind auch die Gesellschaften. Dennoch ist die Vielfalt der Syntaxa beträchtlich. Sie äußert sich allerdings oft weniger physiognomisch als in ihren Artengarnituren.

Da die Bodenart (*hier:* Sand) als differenzierender Faktor ausfällt, wirken andere Faktoren, vor allem die regionalklimatischen Verhältnisse (ozeanisch bzw. atlantisch *vs.* kontinental), die sich auch auf den Boden-pH auswirken (unter ozeanischen Bedingungen werden die Böden leichter ausgewaschen und versauern). Hinzu kommen wahrscheinlich auch florengeschichtliche Faktoren („Pflanzenwanderungen"), auf die wir aber hier nicht eingehen können.

So kommen wir zu der in Tab. 4.8.a dargestellten Zweiteilung. Während die – insgesamt sehr seltenen – Sandsteppen (Festuco-Sedetalia bzw. Koelerion glaucae, vgl. 4.8.4) eine gut charakterisierte Einheit bilden, sollte man bei den Corynephoretalia „s. l." zwei floristisch gut zu charakterisierende Typen unterscheiden: die „eigentlichen" Corynephoretalia (s. str., vgl. 4.8.2) und die Kleinschmielenrasen (Thero-Airion bzw. als eigene Ordnung Thero-Airetalia, vgl. 4.8.3), die mitunter bereits zu den Felsgrusgesellschafen vermitteln. Beiden gemeinsam ist ihr Schwerpunkt im Norden, Osten und Südwesten Deutschlands; in Bayern und im südlichen Baden-Württemberg sind sie merklich seltener.

Eine über diese zwei bzw. drei Syntaxa hinausgehende Aufgliederung wollen wir nicht vornehmen; sie wird sehr unterschiedlich gehandhabt.

Alle Arten zeigen einen trockenen Standort an (F-Zahl fast immer 2 oder 3). Davon unberührt bleibt allerdings die Tatsache, dass Sandböden *in der Tiefe* selten ganz austrocknen (vgl. oben).

Zur Charakterisierung der Gesellschaften werden vielfach auch Kryptogamen herangezogen.

Eine spezielle Form sandbewohnender Gesellschaften ist das Salsolion (4.17.1). Es ist sehr häufig mit Sandrasen – vor allem mit den Sandsteppen (vgl. 4.8.4) – topografisch verzahnt. Die darin enthaltenen kennzeichnenden Gräser sind aber einjährig.

4.8.1 Gemeinsame Arten

Die im Folgenden aufgezählten Taxa gelten als KC Koelerio-Corynephoretea; sie verbinden also nicht nur die Sandrasen miteinander, sondern schließen auch die Felsgrusgesellschaften ein. Sie haben somit auch den allgemeinen Charakter von „Pionierpflanzen" (vgl. auch L8–9).

Tab. 4.8.a: Magerrasen (3) – Sandrasen

Die Felsgrusgesellschaften sind, da der gleichen Klasse zugehörig, ebenfalls angeführt, obwohl sie keine „Rasengesellschaften" sind und im Kap. 4.9 gesondert dargestellt werden. Zu den alternativen Klassen und Ordnungen vgl. Text. Von den Festuco-Sedetalia werden nur die binnenländischen Sandsteppen (Koelerion glaucae) berücksichtigt. – Diagnostisch wichtige Merkmale sind **fett** hervorgehoben.

Klasse	Sandrasen und Felsgrusgesellschaften Koelerio-Corynephoretea s. l. = Sedo-Scleranthetea s. l.			
Diagnostische Arten	*Holosteum umbellatum, Medicago minima, Petrorhagia prolifera, Sedum acre*			
(alternative Klassen)	(Sandrasen) (Koelerio-Corynephoretea s. str.)			(Felsgrusgesellschaften) (Sedo-Scleranthetea s. str.)
(alternative Ordnung)	(Corynephoretalia s. l.)		s. u.	
(*Diagnostische Arten* Corynephoretalia s. l.)	*Rumex acetosella* ssp. *tenuifolius* *Spergula morisonii* *Teesdalia nudicaulis* *Trifolium arvense*		s. u.	
Ordnung	**Silbergrasfluren** Corynephoretalia s. str.	**Kleinschmielenrasen** Thero-Airetalia	**Sandsteppen** Festuco-Sedetalia (*hier:* Koelerion glaucae)	**Felsgrusgesellschaften** Sedo-Scleranthetalia
Diagnostische Arten	*Carex arenaria* *Cerastium semidecandrum* *Corynephorus canescens* *Thymus serpyllum*	*Filago spp.* *Aira spp.* *Ornithopus perpusillus* *Vulpia spp.*	*Artemisia campestris* *Helichrysum arenarium* *Koeleria glauca* *Silene conica*	*Cerastium brachypetalum* *Scleranthus perennis* *Sedum album* *Sempervivum tectorum*
Physiognomie	lückig, oft mit Moosen und Flechten	lückig, viele Annuelle, oft mit Moosen und Flechten	oft ± geschlossen, Annuellen-Anteil geringer	lückig, viele Annuelle, **Sukkulente**
Pot. Baumwuchs	spärlich (z. B. Eiche, Birke, Kiefer)		Eiche, Kiefer	**keiner**
Verbreitung/ Klimaansprüche	**(sub)atlantisch**	**submediterran/subatlantisch**	**subkontinental**	je nach Verband unterschiedlich
Wasser	Boden (nur) oberflächlich austrocknend	Sommertrockenheit	Sommertrockenheit trotz Tiefgründigkeit	extreme Trockenheit häufig
Substrat	± tiefgründiger, lockerer **Sand**	± flachgründiger Kies oder **Sand**	**Sand**	**Skelettböden**
pH	**sauer**		**basisch**	je nach Verband unterschiedlich
Nährstoffe	(sehr) mager		mager	unterschiedlich
vgl. Kap.	4.8.2	4.8.3	4.8.4	4.9.1

Fast alle hier genannten Arten sind annuell. Das ist durchaus typisch – über die Hälfte der in der Literatur genannten KC Koelerio-Corynephoretea (und das sind nicht wenige) sind einjährig. Dies verwundert nicht: Annuelle, insbesondere Frühjahrsannuelle, können sich in lückiger Vegetation gut halten. Im Frühjahr ist der Boden vom Winter noch feucht, und der regelmäßigen Sommertrockenheit entgehen sie durch die frühzeitige Ausbildung von Samen – eine neben der bereits erwähnten tiefgehenden Wurzel wirksame zweite „Strategie".
Man beachte die z. T. relativ hohen K-Zahlen.

(220) *Cerastium semidecandrum* (Sand-Hornkraut)

Kennzeichen: *Caryophyllaceae.* Kronblätter weiß, tief ausgerandet, mit 4–5 mm etwa so lang wie der Kelch. Griffel 5. Frucht eine leicht gebogene, ± zylindrische, 10-zähnige Kapsel (vgl. Abb.). Schon das unterste Tragblatt der Infloreszenz breit hautrandig. 2–20 cm. III-V.
Zeigercharakter: VC in Festuco-Sedetalia, aber auch in anderen Gesellschaften vertreten (selbst im Siedlungsgebiet), dort Sandzeiger.
Ellenberg-Zahlen: L8, T6, K3, F3, R6, Nx – M7, Ä3
Bemerkungen: Es gibt eine Reihe ähnlicher annueller *Cerastium*-Arten, die sich z. B. in der Hautrandigkeit der Tragblätter unterscheiden, vgl. etwa *(243) C. brachypetalum.*

(221) *Clinopodium acinos [Acinos arvensis]* (Gewöhnlicher Steinquendel)

Kennzeichen: *Lamiaceae.* Oberlippe flach. Kelch basal ausgesackt („gekröpft"). Krone 7–10 mm, blass blaulila. Scheinquirle meist 6-blütig. 10–30 cm. VI-IX.
Zeigercharakter: KC Koelerio-Corynephoretea. Sehr zuverlässig als Rohbodenzeiger (vgl. 4.9.1).
Ellenberg-Zahlen: L9, T6, K3, F2, R5, N1 – M7, Ä3

(222) *Draba verna ssp. praecox [Draba praecox, Erophila praecox]* (Frühes Hungerblümchen)

Kennzeichen: *Brassicaceae.* Kleine Vollrosettenpflanze. Kronblätter weiß, tief 2-teilig. Schötchen elliptisch, 1,4–2,3-mal so lang wie breit. Blätter oberseits mit vorwiegend einfachen Haaren, zuweilen auch kahl. 2–10 cm. II-IV.
Zeigercharakter: KC Koelerio-Corynephoretea, besonders in den Sedo-Scleranthetalia. Soziologische Kennart für den Vorfrühling (vgl. *(223) Holosteum*).
Ellenberg-Zahlen: L8, T6, K7, F2, R8, N1 – M-, Ä-
Bemerkungen: Die viel häufigere ssp. *verna* (Gewöhnliches H.; Blätter oberseits vorwiegend mit Stern- und Gabelhaaren; Frucht schmäler) ist ebenfalls eine KC Koelerio-Corynephoretea, aber schwächer und z. B. auch in lückigen Ruderalgesellschaften nicht selten. Sie ist weder ein guter Trockenheitszeiger, noch zeigt sie kontinentale Verhältnisse an.

(220) Cerastium semidecandrum

(221) Clinopodium acinos

(222) Draba verna ssp. praecox

(223) *Holosteum umbellatum* (Spurre)

Kennzeichen: *Caryophyllaceae.* Kleine Halbrosettenpflanze. Kronblätter weiß, vorne gezähnelt. Infloreszenz ausgeprägt doldig, meist einige Fruchtstiele herabgeschlagen (vgl. Abb.). 5–20 cm. III-IV.
Zeigercharakter: KC Koelerio-Corynephoretea. Wie *(222) Draba verna* soziologische Kennart für den Vorfrühling. Sandzeiger, auch an anthropogenen Standorten (dort wertbildend).
Ellenberg-Zahlen: L8, T6, K5, F3, Rx, N2? – M5, Ä3
Bemerkungen: Die Infloreszenz ist unverkennbar, bei Hungerformen kann sie aber auch nur 1–2-blütig sein; mehrere Pflanzen prüfen!

(224) *Jasione montana* (Berg-Sandglöckchen)

Kennzeichen: *Campanulaceae.* Blüten klein, blassblau (selten weiß), in kopfigen Dolden. Krone gerade, sich allmählich von unten nach oben in Zipfel auflösend. Blätter am Rand wellig.10–30 cm. VI-VIII.
Zeigercharakter: KC Koelerio-Corynephoretea. Soziologische Kennart für den Spätsommer. Saures Substrat. Auch im Halbschatten.
Ellenberg-Zahlen: L7, T6, K3, F3, R3, N2 – M7, Ä3

(225) *Medicago minima* (Zwerg-Schneckenklee)

Kennzeichen: *Fabaceae.* Blüten klein, gelb, in doldigen Köpfchen. Frucht gewunden und bestachelt. Blätter beiderseits behaart. 5–25 cm. V-VI.
Zeigercharakter: KC Koelerio-Corynephoretea.
Ellenberg-Zahlen: L9, T7, K3, F3, R8, N2 – M3, Ä3
Bemerkungen: Die Art ist – trotz M3 – regional nicht selten. – Von den anderen annuellen *Medicago*-Arten kommt auch *(149*) Medicago lupulina* (Hopfenklee; Frucht nicht stachelig, Infloreszenz > 15-blütig) im trockenen Grasland vor.

(226) *Petrorhagia prolifera* (Sprossende Felsennelke)

Kennzeichen: *Caryophyllaceae.* Blüten einzeln oder zu wenigen im endständigen Köpfchen mit gemeinsamer, aus Blattpaaren bestehender Hochblatthülle. Kronblätter genagelt, vorne meist seicht ausgerandet, rosa. 10–30 cm. VI-X.
Zeigercharakter: KC Koelerio-Corynephoretea, auch allgemeiner Rohbodenzeiger.
Ellenberg-Zahlen: L9, T7, K3, F3, R5?, N2? – M4, Ä3
Bemerkungen: Bei der Gattung *Dianthus* (Nelke), die ebenfalls eine Hochblatthülle hat, sind die Kronblätter vorne gezähnelt.

(223) Holosteum umbellatum

(224) Jasione montana

(225) Medicago minima

(226) Petrorhagia prolifera

(227) *Sedum acre* (Scharfer Mauerpfeffer)

Kennzeichen: *Crassulaceae*. Kronblätter 6–8 mm, gelb. Blätter halb stielrund (hoch sukkulent), eiförmig, –4 mm lang, am Grund ohne Sporn, dicht stehend, scharf schmeckend. 5–10 cm. VI-VII.
Zeigercharakter: KC Koelerio-Corynephoretea, auch allgemeiner Rohbodenzeiger.
Ellenberg-Zahlen: L8, T6, K3, F2, Rx, N1 – M9, Ä5
Bemerkungen: Ähnlich, aber seltener *S. sexangulare* (Milder M.; Blätter schlank, am Grund gespornt, nicht scharf schmeckend; Kronblätter –5 mm). – Andere *Sedum*-Arten werden ebenfalls als KC geführt, haben aber ihre Hauptverbreitung in den Felsgrusgesellschaften (vgl. 4.9).

(228) *Thymus serpyllum* (Sand-Thymian) (!!)

Kennzeichen: *Lamiaceae*. Niederliegender Halbstrauch. Blüten meist rosa-purpurn, in ± kopfig gedrängten Teilblütenständen (Zymen). Kelchzähne so lang wie breit. Stängel schwach gleichseitig-4-kantig. Blätter bis 3 mm breit. 5–10 cm. VI–IX.
Zeigercharakter: Die Art wird als OC Corynephoretalia wie auch als OC Festuco-Sedetalia geführt; für letzteres sprechen K5 und R5. Jedenfalls stockt sie auf lockeren Sanden und findet sich auch in entsprechenden Kiefernwäldern.
Ellenberg-Zahlen: L7, T6, K5, F2, R5, N1 – M3, Ä3
Bemerkungen: Sehr ähnlich, aber meist auf steinigen Böden: *Th. praecox* (Kelchzähne länger als breit, Blätter meist breiter; R8, sonst ± wie *Th. serpyllum*). Weit verbreitet (M9) und ein eher indifferenter Anzeiger mäßig trockener, lückiger Vegetation (L8, F4): *Th. pulegioides* (Stängel scharf 4-kantig, dabei 2 Seiten schmäler als die anderen und meist nur die Kanten behaart).

▶ *Weitere Arten: (568) Saxifraga tridactylites* sowie *(436*) Spergula morisonii* und *Sp. pentandra*, die ihren Schwerpunkt in den Corynephoretalia haben.

4.8.2 Silbergrasfluren (Corynephoretalia s. str.)

Die Gesellschaften sind tendenziell relativ artenarm, insbesondere im Binnenland. Das saure Substrat manifestiert sich auch in der regelmäßigen Anwesenheit von Säurezeigern wie *(545) Rumex acetosella* oder *(569) Trifolium arvense*.

(229) *Corynephorus canescens* (Silbergras)

Kennzeichen: *Poaceae*. Ausgeprägte Horste steif aufrechter borstlicher Blätter. Ligula 2–3 mm, spitz. Granne schmal keulenförmig. 15–30 cm. VI-VII (Abb. s. S. 221).
Zeigercharakter: VC in Corynephoretalia. Ausgeprägter Anzeiger kalkfreier bzw. entkalkter Sande.

(227) Sedum acre

(228) Thymus serpyllum

Ellenberg-Zahlen: L8, T6, K s.u., F2, R3, N2 – M5, Ä3
Bemerkungen: Als K-Zahl wird 5 angegeben. Obwohl die Art im Osten weit verbreitet ist, erscheint dies zu hoch. – Der Habitus der Pflanze ist allenfalls mit dem einer der schmalblättrigen *Festuca*-Arten vergleichbar, welche aber alle eine kurze, gestutzte Ligula und – wenn überhaupt – eine andere Granne haben.

(230) *Teesdalia nudicaulis* (Bauernsenf)

Kennzeichen: *Brassicaceae.* Kleine Rosettenpflanze mit leierförmig fiederschnittigen Grund- und 0–2 kleinen Stängelblättern. Kronblätter ungleich groß. Schötchen schmal geflügelt, etwas löffelförmig. 5–10 cm. IV-V.
Zeigercharakter: Schwerpunkt in Corynephoretalia (s. l.)-Gesellschaften.
Ellenberg-Zahlen: L8, T6, K2, F3, R1, N1 – M6, Ä2
Bemerkungen: Im Norden und Osten ist die Art (noch) weit verbreitet. –Es gibt eine Reihe habituell ähnlicher Taxa, die aber alle gleich große Kronblätter haben und/oder nicht auf sauren Sanden wachsen.

(231) *Vicia lathyroides* (Platterbsen-Wicke) (!!)

Kennzeichen: *Fabaceae.* Kleine Wicke mit ± sitzenden, meist einzelnen 5–8 mm langen Blüten. Blätter mit 2–6 Fiedern, mit oder ohne Endranke. 5–15 cm. IV-V.
Zeigercharakter: OC Corynephoretalia. Wärmezeiger. Auf oft nur oberflächlich entkalkten Sanden.
Ellenberg-Zahlen: L8, T7, K4, F2, R3, N2 – M4, Ä2
Bemerkungen: Verwechslungsgefahr mit jungen Exemplaren der *Vicia sativa*-Gruppe (dort Zahl der Fiedern meist größer, Ranke meist verzweigt), bei denen die Blätter noch nicht voll ausgebildet sind.

4.8.3 Kleinschmielenrasen (Thero-Airetalia bzw. Thero-Airion)

Die Gesellschaften sind insgesamt artenreicher als die Silbergrasfluren (vgl. 4.8.2). Die R-Zahl kann schon einmal 4 erreichen. Sippenphylogenetisch interessant ist die Tatsache, dass mit *Filago* und *Aira* sowie der hier nicht weiter behandelten Gräsergattung *Vulpia* (Federschwingel) drei Gattungen mit jeweils mehreren Arten den gleichen Biotoptyp (und mit fast identischen ökologischen Anforderungen) besiedeln; vgl. dazu die ähnlichen Verhältnisse bei den Bidentetea (4.2.3).

(229) Corynephorus canescens

(230) Teesdalia nudicaulis

(231) Vicia lathyroides

(232) *Aira caryophyllea ssp. caryophyllea* (Nelkenhafer)

Kennzeichen: *Poaceae* aus der Hafer-Verwandtschaft, d. h. mit geknieter, am Rücken der Deckspelze entspringender 2–3 mm langer Granne. Ährchen 2-blütig, 2–3 mm, Rispe sehr locker. 5–15 cm. V-VII.
Zeigercharakter: AC im Thero-Airion. Pionierpflanze, auch auf Felsgrus (Rohbodenzeiger). Wertbildend.
Ellenberg-Zahlen: L9, T6, K2, F2, R4, N1 – M5, Ä2
Bemerkungen: Ähnlich (VC Thero-Airion) und mit gleichen Ellenberg-Zahlen (außer R2): *A. praecox* (früher Schmielenhafer); Rispe zu einer Ährenrispe zusammengezogen, Rückengranne 3–4 mm; 3–4 Wochen früher blühend. Mit ähnlich graziler Rispe auch *Agrostis vinealis (= A. coarctata):* Ährchen 1-blütig (d. h. nur 1 gekniete Rückengranne) und 20-30 cm hoch (gilt als AC im Thero-Airion; ebenfalls R2).

(233) *Filago minima* (Kleines Filzkraut)

Kennzeichen: *Asteraceae.* Kleine, seidig-graufilzige, ± gabelästige Annuelle. Blüten sehr klein, gelblich. Köpfchen 3–4 mm, 5-kantig, zu 2–7 geknäuelt. 5–15 cm. VII-IX.
Zeigercharakter: VC Thero-Airion. Sandzeiger (deshalb auch in Corynephoretalia-Gesellschaften). Wertbildend.
Ellenberg-Zahlen: L9, T6, K3, F2, R4, N1 – M5, Ä3
Bemerkungen: Ähnlich in Soziologie (aber auch auf Sandäckern), Ökologie (aber K5) und Habitus (aber mit ± durchgängigem Hauptstängel – also nicht gabelästig –, mehr wollig behaart und wenig größerem Köpfchen) *F. arvensis* (Acker-Filzkraut; !!). – Es gibt noch weitere sehr seltene Filzkraut-Arten im Thero-Airion (Ä1 oder 2, alle !!).

(234) *Myosotis discolor* (Buntes Vergissmeinnicht)

Kennzeichen: *Boraginaceae.* Annuelles Vergissmeinnicht mit 2–4 mm breiten, erst gelben, dann rosa und zuletzt blauen Blüten. Kronröhre deutlich länger als der Kelch, Fruchtstiel höchstens so lang wie der Kelch. 10–30 cm. IV-VI.
Zeigercharakter: VC Thero-Airion. Rohbodenzeiger, fehlt aber extrem trockenen Ausprägungen. Wertbildend.
Ellenberg-Zahlen: L8, T7, K2, F4, R4, N2 – M5, Ä3
Bemerkungen: Den Farbwechsel der Blüte zeigt sonst kein Vergissmeinnicht; vgl. *(240) M. ramosissima.*

(235) *Ornithopus perpusillus* (Kleiner Vogelfuß, Mäusewicke)

Kennzeichen: *Fabaceae.* Blüten 3–4 mm, mit rot gestreifter Fahne. Leicht gebogene Gliederhülse, in armblütigen Dolden (insgesamt „einem Vogelfuß ähnlich"). Blätter mit > 7 Fiederpaaren, früh vergilbend. 5–30 cm. V-VI
Zeigercharakter: VC Thero-Airion, auch in lichten Kiefernwäldern usw. (L7!). Sandzeiger
Ellenberg-Zahlen: L7, T6, K2, F3, R2, N2 – M6, Ä4

(232) Aira caryophylle ssp. caryophyllea

(233) Filago minima

(234) Myosotis discolor

(235) Ornithopus perpusillus

4.8.4 Sandsteppen (Festuco-Sedetalia/ Koelerion glaucae)

Ähnlich wie bei den kontinentalen Steppenrasen (Kap. 4.7.2) muss wegen der Seltenheit des Biotoptyps auf Arten mit sehr geringer M-Zahl zurückgegriffen werden. In manchen Fällen sind auch hier die genannten Arten im Osten Deutschlands noch etwas häufiger. Aus landespflegerischer Sicht sollten die Sandsteppen des Binnenlandes – auch bloße Fragmente – dennoch höchste Schutzkategorie genießen.
Das Koelerion ist von Mehrjährigen geprägt. Mit ihm regelmäßig verknüpft sind zwei Typen von Annuellengesellschaften: Die einen kann man unter Sileno (conicae)-Cerastion semidecandri (Pionier-Sandtrockenrasen) zusammenfassen; da sie (etwas großflächiger betrachtet) nicht isoliert, sondern in andere Gesellschaften eingebunden vorkommen (und als Syntaxon auch nicht allgemein anerkannt sind), wollen wir sie hier nicht getrennt betrachten. – Der andere Typ besiedelt etwas nährstoffreichere Stellen, zählt synsystematisch zu den Ruderalgesellschaften und wird auch dort erst behandelt (4.17.1 Salsolion).

(236) *Artemisia campestris* (Feld-Beifuß)

Kennzeichen: *Asteraceae.* Köpfchen gelblich oder rötlich, nur mit Röhrenblüten, sehr klein, unscheinbar, in vielköpfigen Rispen. Blätter (1–)2-fach fiederschnittig, mit linealischen, ca. 1 mm breiten Zipfeln, anfangs behaart, bald verkahlend (typischer *A. c.*) oder seidig-filzig behaart bleibend („ssp. *lednicensis*"). 30–80 cm. VIII-X.
Zeigercharakter: Die typische Form kommt in Festuco-Brometea- und Koelerio-Corynephoretea-Gesellschaften vor, mit einem gewissen Schwerpunkt in kontinentalen Ausprägungen. „*A. c.* ssp. *lednicensis*" ist AC in den Sedo-Scleranthetalia. Die typische Form hält sich auf ihrem Platz sehr lange und ist oft letzter Zeiger eines ehemals existenten Sandsteppenfragments; vgl. *(237) Helichrysum.*
Ellenberg-Zahlen: L9, T6, K5, F2, R5, N2 – M5, Ä4
Bemerkungen: „*A. c.* ssp. *lednicensis*" wird heute in der Taxonomie meist nicht mehr anerkannt, sondern *A. c.* ssp. *campestris* zugeschlagen. Ökosoziologisch ist die Unterscheidung der beiden Taxa – zumindest im regionalen Rahmen – durchaus sinnvoll.

(237) *Helichrysum arenarium* (Sand-Strohblume) (!!)

Kennzeichen: *Asteraceae.* Köpfchen 5–7 mm lang, nur mit Röhrenblüten, in Schirmrispen. Blüten und Hüllblätter hellgelb bis orange. Blätter linealisch, weißwollig. 10–30 cm. VII-VIII.
Zeigercharakter: KC Koelerio-Corynephoretea. Kontinentalitäts- und Sandzeiger. Wertbildend. Auch *H. a.* hält sich auf seinem Platz sehr lange, vgl. *(236) Artemisia campestris.*
Ellenberg-Zahlen: L8, T6, K7, F2, R5, N1 – M3, Ä2
Bemerkungen: Zu M und Ä: Die Art ist im Osten noch weit verbreitet und zeigt dort nur wenig Rückgangstendenz.

(236) Artemisia campestris

(237) Helichrysum arenarium

(238) Jurinea cyanoides

(238) *Jurinea cyanoides* (Silberscharte) (!!)

Kennzeichen: *Asteraceae.* Köpfchen distelartig (aber Pflanze nicht stechend). Blätter fiederschnittig, randlich zurückgerollt, unterseits weißfilzig. 30–50 cm. VII-IX (Abb. s. S. 225).
Zeigercharakter: VC Koelerion. Wertbestimmend.
Ellenberg-Zahlen: L7, T8, K6, F2, R7, N2 – M2, Ä2
Bemerkungen: Die Art ist im Anhang II der FFH-Richtlinien benannt (vgl. Kap. 3.4). Auch Einzelpflanzen berechtigen zu umfangreichen landespflegerischen Maßnahmen.

(239) *Koeleria glauca* (Blaugrünes Schillergras)

Kennzeichen: *Poaceae.* ± Zylindrische Ährenrispen (zur Blütezeit etwas rispig). Ährchen mehrblütig. Deckspelze gerundet-stumpf, grannenlos (höchstens mit kurzer Stachelspitze. Pflanze blaugrün.
Zeigercharakter: VC Koelerion. Wertbestimmend.
Ellenberg-Zahlen: L7, T7, K7, F3, R8, N1 – M2, Ä2
Bemerkungen: Die Art ist im Osten noch häufiger. – Zu anderen *Koeleria*-Arten (mit spitzen Spelzen) vgl. *(200) K. pyramidata* und *(217) K. macrantha.*

(240) *Myosotis ramosissima* (Hügel-Vergissmeinnicht)

Kennzeichen: *Boraginaceae.* Ähnlich *(234) M. discolor*, aber Blüten reinblau, Kronröhre höchstens so lang wie der Kelch, Fruchtstiele etwa so lang wie dieser, zuletzt ± waagrecht abstehend. 5–20 cm. IV–VI.
Zeigercharakter: KC Koelerio-Corynephoretea, aber auch sonst in offenen, trockenen Biotopen.
Ellenberg-Zahlen: L9, T6, K5, F2, R7, N1? – M6, Ä3
Bemerkungen: Ähnlich, aber Fruchtstiele starr aufwärts-abstehend, nur etwa halb so lang wie der Kelch *M. stricta* (Sand-Vergissmeinnicht; ebenfalls KC Koelerio-Corynephoretea).

(241) *Silene conica* (Kegelfrüchtiges Leimkraut) (!!)

Kennzeichen: *Caryophyllaceae.* Annuelle. 1 bis wenige rosa Blüten mit 30-nervigem Kelch. 5–20 cm. V-VII.
Zeigercharakter: Kennart des Sileno-Cerastion, vgl. oben. In offenen Sandrasen, auch an anthropogenen Standorten (Sandgruben usw.). Wärmezeiger. Wertbildend.
Ellenberg-Zahlen: L9, T7, K4, F2, R5, N2 – M2, Ä2
Bemerkungen: Zur anderen für das Sileno-Cerastion namensgebenden Art vgl. *(220) Cerastium semidecandrum.* – Die Art gilt im Osten als Neophyt.

▶ *Weitere Arten: (189) Euphorbia segueriana, (191) Silene otites* und *(278*) Veronica prostrata.*

(239) Koeleria glauca

(240) Myosotis ramosissima

(241) Silene conica

4.9 Skelettböden, Felsen und Mauern

In Kap. 4.8 haben wir „Sand" als gröbste Fraktion der *Feinerde* definiert. Noch gröbere Anteile – also solche von über 2 mm Durchmesser – werden unter dem Begriff *Bodenskelett* zusammengefasst. Böden, deren pflanzenökologisch wirksame Eigenschaften im Wesentlichen vom Bodenskelett bestimmt werden, bezeichnet man demzufolge als **Skelettböden**. Aus praktischen Gründen wollen wir dabei zwei Typen unterscheiden: Grus einerseits, Gerölle und Steinschutt andererseits.

Auch die Schotterflächen entlang von Flüssen kann man zu den Skelettböden zählen; dort wirkt er sich aber weniger auf die Vegetation aus, weil dort andere Faktoren – z. B. Strömungsunempfindlichkeit – wichtiger sein können. Landespflegerisch von großer Bedeutung sind dagegen Skelettböden in Abbauflächen (Kiesgruben, Steinbrüche).

Der Begriff **Fels** bedarf zunächst keiner weiteren Erläuterung; man bedenke jedoch, dass es eine „Felsvegetation" im eigentlichen Wortsinn innerhalb der Gefäßpflanzen (!) nicht gibt; felsenbewohnende Vegetation ist stets eine Vegetation der Fels*spalten*, kleiner Winkel und Absätze mit minimaler Bodenauflage usw. Die Bezeichnung „Felsvegetation" enthält also primär eine rein topografische und weniger eine ökologische Aussage. Dies erklärt auch, warum es einige Vertreter gibt, die „an Felsen" genauso wie auf Grus vorkommen. In diesem Zusammenhang wollen wir sie auch erwähnen und uns beim Thema „Fels" auf die Fels*spalten*vegetation beschränken.
Ähnliches gilt für die Gegenüberstellung von Fels und **Mauer**. Hier gibt es eine Reihe ökologischer Gemeinsamkeiten, z. B. die wichtige Rolle der Exposition, Probleme des Wasserhaushaltes oder die Schwierigkeit der Diasporen, Keimplätze zu finden (hier Felsspalten, da Mauerfugen). Und in ähnlicher Weise, wie „Felsvegetation" über bandartige Vorsprünge ökologisch und damit floristisch mit den Grus-Standorten verknüpft ist, sind es die Mauern mit ihren Mauerkronen oder – z. B. in Weinbaugebieten – über eingefügte Treppen.

Es wäre logisch, mit der Behandlung der Felsen zu beginnen und diese dann bis zu den Grusböden fortzuführen, weil diese ja aus jenen entstehen. Um aber die Rohböden – zu denen auch Sand gehören kann – im Zusammenhang zu lassen, lesen wir die Reihe in umgekehrter Richtung.

4.9.1 Felsgrusgesellschaften (Sedo-Scleranthetalia)

Unter **Grus** verstehen wir eine Ansammlung von Gesteinsbruchstücken von 2 mm Durchmesser bis etwa Haselnussgröße. Diese Teilchengröße ist meist nicht einheitlich. Grus ist im Regelfall an Ort und Stelle durch Zerfall (bzw. bei Steinbrüchen durch Zerkleinerung) von Muttergestein entstanden und teilt damit dessen chemische Eigenschaften. Er enthält aber auch Feinerde in wechselnder Menge und Herkunft (beispielsweise durch Einwehung).

Typische Grusböden sind flachgründig und finden sich von Natur aus meist nur kleinflächig in direktem Kontakt mit Felsen (daher auch „Felsgrus“). In (aufgelassenen) Steinbrüchen können sie oft großflächig auftreten und wertbestimmende Elemente enthalten. Dies wird bei „Rekultivierungsmaßnahmen“ allerdings nur selten berücksichtigt, weil offene Grusflächen den Eindruck erwecken könnten, man hätte dort die Rekultivierung vergessen, d. h. keine Bäume gepflanzt (denn das versteht man vielfach unter „Rekultivierung“); zudem müssten sie kostenintensiv gepflegt werden, damit sie nicht einer oft rasch ablaufenden, meist von den Randbereichen zentripetal fortschreitenden Sukzession erliegen.
Die erwähnte Flachgründigkeit typischer Grusböden bedingt eine hohe Austrocknungswahrscheinlichkeit. Als grundsätzliche „Strategie“ der Pflanze, diese Trockenphasen zu überstehen, fällt ein tiefgehendes Wurzelsystem (vgl. 4.8) hier aber aus. Sie wird ersetzt durch eine besondere Austrocknungsresistenz, bei manchen Gräsern in Form von harten, schmalen oder gefalteten Blättern, oder durch die Fähigkeit der Wasserspeicherung durch Sukkulenz (daher auch der alternative deutsche Name „Mauerpfeffer-Gesellschaften“). Daneben bleibt natürlich auch hier – wie schon auf Sandböden – die Möglichkeit, durch Kurzlebigkeit der Trockenphase auszuweichen (Frühjahrsannuelle).
Die syntaxonomische Gliederung der Sedo-Scleranthetalia in vier Verbände wird sehr einheitlich gehandhabt. Das Sedo-Scleranthion ist (sub)alpin, das Sedo albi-Veronicion dillenii nur sehr lokal in Süddeutschland vertreten. Etwas häufiger sind das Alysso-Sedion mit eher submediterranen und das Seslerio-Festucion pallentis mit eher subkontinentalen Vertretern. Gerade Letzterer ist kennzeichnend für primär gehölzfreie Felsbänder und könnte – topografisch – auch der „Felsvegetation“ zugeordnet werden.
Alle Gesellschaften, soweit sie an natürlichen Standorten wachsen, sind wertbestimmend; an künstlichen sind zumindest die meisten wertbildend.
Auf eher gesellschaftsvage Besiedler von Grusböden kommen wir in Kap. 5.8 zurück.

(242) *Achillea nobilis* (Edel-Schafgarbe)

Kennzeichen: *Asteraceae.* Zahlreiche kleine Köpfchen in scheindoldiger Infloreszenz. Strahlenblüten meist 5, etwa so lang wie breit. Blätter meist 2–3-mal so lang wie breit, mit bis zu 12 Fiederpaaren zuzüglich etlicher zahnförmiger Zwischenfiedern. 15–50 cm. VI-X (Abb. s. S. 231).
Zeigercharakter: VC Seslerio-Festucion pallentis.
Ellenberg-Zahlen: L8, T7, K7, F4, R8, N1 – M3, Ä2
Bemerkungen: Verwechslung mit *(128) A. millefolium* ist möglich.

(243) *Cerastium brachypetalum s. l.* (Kleinblütiges Hornkraut)

Kennzeichen: *Caryophyllaceae.* Annuelles Hornkraut. Alle Tragblätter krautig (deren Spitze von Haaren „übergipfelt“). Fruchtstiel 2–3-mal so lang wie der Kelch. 5–30 cm. IV-VI (Abb. s. S. 231).
Zeigercharakter: AC in Sedo-Scleranthetalia.
Ellenberg-Zahlen: L9, T7, K3, F3, R8, N2 – M3, Ä3

Bemerkungen: Die beiden ssp. unterscheiden sich in ihren Ansprüchen nicht nennenswert. – Ähnlich *C. pumilum* s. l. (Niedriges Hornkraut; nur unterstes Tragblatt ± gänzlich krautig, die übrigen hautrandig; ebenfalls 2 ssp.). – Vgl. auch *(220) C. semidecandrum.*

(244) *Dianthus gratianopolitanus* (Pfingst-Nelke) (!!)

Kennzeichen: *Caryophyllaceae.* Blüten einzeln in dichasialen Blütenständen. Kronblätter gezähnt, einheitlich rosa. Griffel 2. Kelch mit 4–6-zähligem Außenkelch, nicht längsrippig. Blätter blaugrün, ± stumpf, gegenständig, basal verwachsen. 10–20 cm. V-VI.
Zeigercharakter: Sehr zuverlässige AC im Seslerio-Festucion pallentis. Wertbestimmend.
Ellenberg-Zahlen: L9?, T7, K4, F2?, R7, N1? – M3, Ä2
Bemerkungen: Ähnlich, aber in bodensauren Magerrasen: *D. seguieri* (Busch-N.; Blüten zu 1–3, Kronblätter mit dunklen Punkten, Blätter spitz; !!).

(245) *Festuca pallens* (Bleicher Schwingel)

Kennzeichen: *Poaceae.* Rispengras. Ährchen < 2 mm begrannt. Hüllspelze höchstens halb so lang wie das Ährchen. Blätter borstlich gefaltet. Ligula nur -0,2 mm, dafür 2 Öhrchen am oberen Ende der offenen Blattscheide. 10–30 cm. V-VI. – Ab hier ist mit dem Bestimmungsbuch zu arbeiten (vgl. **Bemerkungen**).
Zeigercharakter: VC Seslerio-Festucion pallentis. Sehr zuverlässige (wenn auch schwierig zu erkennende) soziologische Kennart.
Ellenberg-Zahlen: L9, T7, K4, F2, R8, N1 – M3, Ä3
Bemerkungen: *F. p.* gehört zur Artengruppe von *Festuca ovina* (Schaf-Schwingel). Darunter fallen 15–20 Taxa, die großenteils in Trockenrasen vorkommen und vor allem mittels Blattquerschnitten zu bestimmen sind. Anhaltspunkte, dass es sich um *F. p.* handeln könnte, sind ein ovaler (nicht ± 3-eckiger) Blattquerschnitt und eine völlig glatte Blattspreite (vorsichtig über die Lippen ziehen!).

(246) *Melica ciliata* (Wimper-Perlgras)

Kennzeichen: *Poaceae.* Locker kolbenförmige Ährenrispe (Ährenachse überall sichtbar), durch die lang behaarten Spelzen auffällig silberhaarig. Blätter oberseits kurzhaarig, die Scheiden der unteren Blätter meist kahl. 30–60 cm. V-VI.
Zeigercharakter: VC Seslerio-Festucion pallentis. Auch auf künstlichen Standorten wie Mauerkronen usw.
Ellenberg-Zahlen: L8, T7, K4, F2, R7, N2 – M3, Ä4
Bemerkungen: Ähnlich, aber stärker ruderal (Agropyretea-Art?) *M. transsilvanica* (Siebenbürger P.; Ährenrispe dicht, oft etwas gelblich; untere Blattscheiden behaart). – Beide Taxa haben eine ähnliche Verbreitung; auch der Bastard *M. x thuringiaca* ist bekannt.

(242) Achillea nobilis

(243) Cerastium brachypetalum s. l.

(244) Dianthus gratianopolitanus

(245) Festuca pallens

(246) Melica ciliata

(247) *Poa bulbosa* (Knolliges Rispengras)

Kennzeichen: *Poaceae.* Rispe basal mit 1–2 Ästen. Ährchen seitlich zusammengedrückt, entweder zu ergrünenden Sprossen umgewandelt („vivipar", vgl. Abb.) oder 2–6-blütig, grannenlos. Halm basal zwiebelartig verdickt. 10–30 cm. VI-VII.
Zeigercharakter: Sedo-Scleranthetalia-Art. Auch auf künstlichen Standorten wie Mauerkronen usw.
Ellenberg-Zahlen: L8, T7, K7, F3, R5, N2 – M3, Ä3
Bemerkungen: Die Art ist im Osten nicht selten.

(248) *Sedum album* (Weiße Fetthenne)

Kennzeichen: *Crassulaceae.* Kronblätter 5, weiß (auch rosa oder mit rosa Mittelnerv), Infloreszenz fast kahl. Blätter stielrund (hoch sukkulent), > 5 mm lang. 5–15 cm. VI-VIII.
Zeigercharakter: OC Sedo-Scleranthetalia, auch auf Felsen usw.
Ellenberg-Zahlen: L9, Tx, K2, F2, Rx, N1 – M6, Ä2
Bemerkungen: Ä2 ist vielleicht übertrieben. – Entfernt ähnlich (viel seltener und teilweise !!) weitere *Sedum*-Arten mit dichtem Drüsenbesatz, gelben Blüten oder 6 Kronblättern. – Vgl. auch *(227) S. acre* und *(249) S. rupestre*.

(249) *Sedum rupestre* (Felsen-Fetthenne)

Kennzeichen: *Crassulaceae.* Blüten gelb. Infloreszenz (anfangs) auffällig nickend. Blätter walzlich, kurz stachelspitzig, am Grund gespornt. 10–30 cm. VII-VIII.
Zeigercharakter: KC Koelerio-Corynephoretea, aber bevorzugt auf skelettreichem Untergrund. Hält sich auch nach Überschattung noch lange am Standort.
Ellenberg-Zahlen: L7, T5, K4, F2, R5, N1 – M4, Ä3
Bemerkungen: Könnte man auch in Kap. 4.9.2 oder 4.9.3 einordnen. – Ähnlich *S. forsterianum* (Zierliche F.; Blätter oberseits flach, M1, !!).

(250) *Teucrium botrys* (Trauben-Gamander)

Kennzeichen: *Lamiaceae.* Blüte scheinbar nur aus der 5-zipfeligen Unterlippe bestehend, rötlich, in wenigzähligen Scheinquirlen. Kelch ausgesackt. Blätter 1–2-fach fiederschnittig. Pflanze drüsig behaart, einjährig, 5–30 cm. VII-IX.
Zeigercharakter: OC Sedo-Scleranthetalia. Wertbildend.
Ellenberg-Zahlen: L9, T6, K4, F2, R8, N2 – M4, Ä2

▶ Vgl. auch die in Kap. 4.8.1 und 4.8.3 erwähnten Taxa, insbesondere *(221) Clinopodium acinos*, sowie Arten aus Kap. 5.8.

(247) Poa bulbosa

(248) Sedum album

(249) Sedum rupestre

(250) Teucrium botrys

4.9.2 Steinschutt- und Geröll-Gesellschaften (Thlaspietea rotundifolii)

Physiognomisch werden diese Standorte naturgemäß vom groben Substrat geprägt; ökologisch bedeutsam sind vor allem dessen Chemismus sowie die Frage, ob sie (noch) beweglich sind und ob das Wasserangebot ausreichend ist. Die blockige oder geröllige Beschaffenheit des Substrats bewirkt zwar einen gewissen isolierenden Schutz vor unproduktiven Wasserverlusten (ähnlich wie beim Sand, vgl. 4.8), das Speichervolumen beschränkt sich aber auf die Feinerde; der Feinerdegehalt der Halden (und in welcher Tiefe die Feinerde liegt) wird somit zur zentralen Frage. Nur bei ruhenden Halden können auch oberflächliche Erdnester von Sukkulenten (*Sedum*-Arten) besiedelt werden.
Syntaxonomisch sind die Thlaspietea überraschend reich gegliedert, wobei die jeweiligen Ordnungen allerdings oft nur von einem Verband gebildet werden. Ihre Hauptverbreitung sind die Alpen, wo sie mit drei Ordnungen vertreten sind, die jeweils streng mit dem geologischen Untergrund korrelieren; einzelne Kennarten finden sich allerdings auch in der (sub)montanen Stufe außerhalb der Alpen (vgl. z. B. *(382*) Polystichum lonchitis*). – Eine weitere Ordnung (Epilobietalia fleischeri) umfasst die Vegetation der meist kiesigen Ufer (prä-)alpiner Gewässer, die entlang dieser Gewässer zwar bis in die submontane Zone herabreichen kann, dort infolge des Gewässerausbaus jedoch kaum noch zu finden ist. Die beiden letzten Ordnungen schließlich sind in der collinen bis montanen Stufe vertreten, wieder abhängig vom jeweiligen geologischen Untergrund: Die Stipetalia calamagrostis auf eher basischen, die Galeopsietalia segetum auf eher sauren „Böden". Sie sind jeweils sehr arm an charakteristischen Arten, oft aber durchsetzt mit Begleitern („Gästen") aus allen möglichen anderen Gesellschaften, die – auf welchem Weg auch immer – gelegentlich ebenfalls die ökologischen Verhältnisse tolerieren. Einige davon sind unter „Weitere Arten" genannt.

(251) *Epilobium dodonaei* (Rosmarin-Weidenröschen)

Kennzeichen: *Onagraceae.* Blüten rosa, 4-zählig, etwas zygomorph, in Trauben. Lang gestreckter, unterständiger Fruchtknoten (im Bild hell). Blätter wechselständig. 30–90 cm. VI-VIII.
Zeigercharakter: AC in Epilobietalia fleischeri. Vor allem in flussbegleitendem Kiesgeröll oder als Pionierpflanze in Steinbrüchen. Sehr selten, aber gelegentlich spontan und unbeständig. Wertbildend.
Ellenberg-Zahlen: L9, Tx, K5, F4, R9, N2? – M2, Ä4
Bemerkungen: *(288) E. angustifolium* hat > 8 mm breite Blätter, die anderen nicht-alpinen Weidenröschen zumindest unten gegenständige Blätter; 2 davon finden sich gelegentlich (M3) in Steinschutt-Gesellschaften (*E. collinum,* Hügel-W.; *E. lanceolatum*, Lanzettblättriges W.).

(252) *Galeopsis angustifolia* (Schmalblättriger Hohlzahn)

Kennzeichen: *Lamiaceae.* Blüten rot, meist 15–20 mm lang. Auf der Unterlippe 2 kleine zahnartige Ausstülpungen. Kelch weißlich anliegend behaart, höchstens schwach drüsig. Stängel nicht borstig behaart. Blätter meist 5–8-mal so lang wie breit, jederseits oft nur mit 2–4 Zähnchen. 10–30 cm. VI-X.

(251) Epilobium dodonaei

(252) Galeopsis angustifolia

Zeigercharakter: AC in den Stipetalia. Auch in tieferen Lagen relativ häufiger und zuverlässiger Geröllzeiger; vgl. *(253) G. segetum* und *(254) Rumex scutatus.*
Ellenberg-Zahlen: L8, T7, K4, F2, R8, N4 – M7, Ä4
Bemerkungen: Die Pflanze findet sich – insbesondere in eher trockenen Regionalklimata – auch „unterhalb" von R8. – Sehr leicht zu verwechseln mit *G. ladanum* (Breitblättriger H.; Kelch mit abstehenden Haaren. Blätter meist breiter und stärker gezähnt; KC Thlaspietea).

(253) *Galeopsis segetum* (Gelber Hohlzahn)

Kennzeichen: *Lamiaceae.* Wie *(252) G. angustifolia*, aber Blüten gelblichweiß, fast immer mit gelbem Fleck (selten rötlich), meist 25–30 mm lang, Kelch drüsig und Blätter breiter.
Zeigercharakter: AC in Galeopsietalia. Auch im Halbschatten.
Ellenberg-Zahlen: L7, T6, K2, F4, R3, N3 – M6, Ä3
Bemerkungen: pH-vikariierend mit *(252) G. angustifolia.* – Die Art kommt auch auf bodensauren Äckern (Aperion) vor, daher das Epitheton *„segetum"* („der Saaten").

(254) *Rumex scutatus* (Schild-Ampfer)

Kennzeichen: *Polygonaceae.* Blüten unscheinbar, oft eingeschlechtlich. Perigon 2 x 3-zählig. Blätter kaum länger als breit, meist blaugrün, Blattspreite am Grund meist spießförmig. 20–40 cm. V-VIII.
Zeigercharakter: AC in den Stipetalia. Wie *(252) Galeopsis angustifolia*, aber viel seltener und wahrscheinlich nicht immer autochthon.
Ellenberg-Zahlen: L8, Tx, K2, F4, R7, N3 – M3, Ä2
Bemerkungen: Auch an Felsen.

▶ Als „Gäste" (vgl. oben) finden sich nicht selten: *(141) Arrhenatherum elatius, (322) Teucrium scorodonia, (279) Vincetoxicum hirundinaria* und – auf ± luftfeuchten Halden – *(478) Geranium robertianum.*

4.9.3 Gesellschaften der Felsspalten und Mauerfugen (Asplenietea s. l.)

Zu den zwei Parametern, die wir soeben bei den Halden als entscheidend erkannt haben – Höhenlage und geologischer Untergrund –, kommen als weitere differenzierende Faktoren die Licht- und Nährstoffverhältnisse zum Tragen. Diese spielen bei den Halden keine wesentliche Rolle.
Wie einleitend erwähnt, wollen wir hier vor allem die Spalten- bzw. Fugenvegetation berücksichtigen. Bezüglich der Felsbänder bzw. Mauerkronen wird auf Kap. 4.9.1 verwiesen. Auf die zur Charakterisierung der Gesellschaften wichtigen Flechten und Moose können wir hier nicht eingehen.

(253) Galeopsis segetum

(254) Rumex scutatus

Syntaxonomisch unterscheiden wir drei Ordnungen. Die beiden ersten sind Felsgesellschaften vorwiegend (sub)alpiner Verbreitung; die fünf Verbände werden nach Licht- und Kalkansprüchen weiter unterteilt. Nur ca. vier Assoziationen finden sich auch (oder nur) in tieferen Lagen: das Asplenietum trichomano-rutae-murariae (auf Kalk bzw. in Mörtelfugen), das Biscutello-Asplenietum septentrionalis (nur in natürlichen Standorten auf ± saurem Gestein), das Asplenietum septentrionali-adianti-nigri in tiefen Lagen (die beiden Letztgenannten können als wärmezeigend bezeichnet werden) sowie eine ± ranglose Blasenfarn-Gesellschaft.
Die dritte Ordnung (Parietarietalia judaicae) schließlich beschreibt die Vegetation der Mauern. Sie bevorzugt ± nährstoffreiche, eher schattige und feuchte Standorte. Ob sie nicht besser als eigene Klasse Parietarietea judaicae behandelt werden soll, ist eine uralte Streitfrage, die wir hier nicht aufgreifen wollen: Eine Beurteilung dieses Syntaxons ist aus mitteleuropäischer Sicht nämlich überhaupt nicht zu bewerkstelligen; zu verarmt sind bei uns diese ausgeprägt mediterranen Gesellschaften.

4.9.3.1 Gemeinsame Arten

(255) *Asplenium ceterach [Ceterach officinarum]* (Schriftfarn, Milzfarn)

Kennzeichen: *Pteridophyta/Aspleniaceae.* Wedel nur 1-fach fiederschnittig, unterseits dicht graubraun schuppig, 5–20 cm.
Zeigercharakter: KC Asplenietea. Nur in wärmsten Lagen. Wertbestimmend.
Ellenberg-Zahlen: L9, T9, K3, F3, R8, N2 – M3, Ä3

(256) *Asplenium ruta-muraria* (Mauerraute)

Kennzeichen: *Pteridophyta/Aspleniaceae.* Wedel 2–3-fach gefiedert mit keil- bis rautenförmigen oder eiförmigen Fiedern, 3–15 cm.
Zeigercharakter: OC in Asplenietea (basischer Flügel). Kalkzeiger, auf Mauern aus saurem Gestein nur in den (kalkhaltigen!) Mörtelfugen.
Ellenberg-Zahlen: L8, Tx, K3, F3, R8, N4 – M8, Ä4

(257) *Asplenium [Phyllitis] scolopendrium* (Hirschzunge)

Kennzeichen: *Pteridophyta/Aspleniaceae.* Einziger einheimischer Farn mit ungeteiltem Wedel. 15–50 cm.
Zeigercharakter: AC in Asplenietea (schattig-feuchter Flügel). Auch auf Steinschutt und in felsigen Schluchtwäldern. Schatten- und Luftfeuchtezeiger. Wertbestimmend, solange es sich nicht um synanthrope Vorkommen handelt (z. B. in den Mauern eingefasster Quellen).
Ellenberg-Zahlen: L4, T5, K2, F5, R8, N4 – M3, Ä2

(255) Asplenium ceterach

(256) Asplenium ruta-muraria

(257) Asplenium scolopendrium

(258) *Asplenium septentrionale* (Nördlicher Streifenfarn)

Kennzeichen: *Pteridophyta/Aspleniaceae*. Wedel ungleich gabelteilig, mit 2–4 linealischen (1–2 mm breiten) Abschnitten. 5–15 cm.
Zeigercharakter: OC in Asplenietea (saurer Flügel). Wertbildend.
Ellenberg-Zahlen: L8, Tx, K4, F3, R2, N2 – M4, Ä3
Bemerkungen: *A. s.* (in der Abb. links) ist hier mit *A. trichomanes* (Brauner Streifenfarn, rechts) vergesellschaftet, einer formenreichen KC Asplenietea-Art.

(259) *Cystopteris fragilis* ssp. *fragilis* (Zerbrechlicher Blasenfarn)

Kennzeichen: *Pteridophyta/Woodsiaceae*. Wedel selten > 40 cm lang, 2–4-fach gefiedert. Stiel basal mit 2 Leitbündeln, etwa so lang wie die Spreite; diese 2–3-mal so lang wie breit. Schleier oval, nur einseitig angewachsen, später von den Sporangien verdeckt. 5–30 cm.
Zeigercharakter: VC in Asplenietea (feucht-schattiger Flügel). In schattigen Wäldern gerne auf Steinschutt.
Ellenberg-Zahlen: L5, Tx, K3, F7, R8, N4 – M7, Ä4
Bemerkungen: Zuweilen ähnliche *Dryopteris*-Arten haben mindestens 5 Leitbündel, wovon aber oft 2 größer sind als die übrigen, die deshalb leicht übersehen werden.

4.9.3.2 Nur auf Felsen

(260) *Biscutella laevigata* s.l. (Brillenschötchen)

Kennzeichen: *Brassicaceae*. Blüten gelb. Schötchen flach brillenförmig, mit langem, persistierendem Griffel. 10–30 cm. V-VIII.
Zeigercharakter: Vgl. **Bemerkungen**. – Wertbestimmend.
Ellenberg-Zahlen: L8, Tx, K4, F3, R7, N2 – M5, Ä3
Bemerkungen: Die Schötchen sind unverkennbar. Ansonsten werden etwa ein halbes Dutzend subspezifischer Taxa nach Blattumriss und -behaarung unterschieden. *B. l.* ssp. *laevigata* selbst bevorzugt höhere Lagen; die anderen Taxa werden auch zu ssp. *varia* zusammengefasst, die meisten davon haben eine enge regionale Verbreitung auf ähnlichen Felsstandorten und/oder Trockenrasen. Einzelheiten zur Soziologie vgl. z. B. Oberdorfer. Insofern sind die Ellenberg-Zahlen (die sich auf die Gesamtart beziehen) etwas simplifizierend.

An dieser Stelle sollen auch zwei niedrige Sträucher eingefügt werden, die für Felsstandorte – insbesondere wärmerer Lagen – kennzeichnend sind:

(261) *Amelanchier ovalis* s. l. (Felsenbirne)

Kennzeichen: *Rosaceae*. Blüten > 10 mm Durchmesser, Kronblätter 2–5x so lang wie breit, weiß. Frucht blauschwarz. Blätter fein gesägt. 1–2 m. IV-V.
Zeigercharakter: AC im Berberidion. Auf ± saurem wie auf ± basischem Gestein. Weist auf eine Verzahnung mit wärmeliebenden Gebüschen hin, vgl. 4.11.4. Wertbildend.
Ellenberg-Zahlen: L7, Tx, K4, F3, Rx, N3 – M4, Ä3

(258) Asplenium septentrionale und A. trichomanes

(259) Cystopteris fragilis ssp. fragilis

(261) Amelanchier ova

(260) Biscutella laevigata s. l.

Bemerkungen: Auf ähnlichen Standorten *Cotoneaster integerrimus* (Felsenmispel; Blüten viel kleiner, Frucht rot, Blätter völlig ganzrandig), diese aber stärker saure Gesteine meidend (R7).

▶ Vgl. auch *(427*) Scleranthus perennis.*

4.9.3.3 Nur an Mauern

Die genannten Arten – sie sind alle nicht autochthon – beschränken ihr Vorkommen möglicherweise wegen ihrer höheren Nährstoffansprüche auf Mauern; *Parietaria* allerdings findet sich in Weinbergen auch auf Felsen, weil diese durch die flächendeckende Düngung dort stark beeinflusst sind.

(262) ***Cymbalaria muralis*** (Zimbelkraut)

Kennzeichen: *Plantaginaceae (Scrophulariaceae).* Blüten klein, violett mit gelbem Gaumen und gespornt, wie die Blätter lang gestielt. Blätter gelappt, etwa so lang wie breit. Pflanze niederliegend, 20–50 cm lang (nicht „hoch"). VI-VIII.
Zeigercharakter: AC in Parietarietalia. Meidet voll besonnte und stark austrocknende Mauern.
Ellenberg-Zahlen: L7, T7?, K4, F6, R8, N5? – M7, Ä4
Bemerkungen: Fest eingebürgerte, sehr kennzeichnende Art.

(263) ***Parietaria judaica*** (Mauer-Glaskraut)

Kennzeichen: *Urticaceae.* Ohne Brennhaare. Blüten in achselständigen Knäueln, sehr unscheinbar, z. T. nur ♀. Perigon 4-zählig, darunter aber 3 ca. 0,3–1 mm verwachsene Hochblätter. Stängel aufsteigend, reich verzweigt, Blätter < 5 cm lang, wintergrün. Selten > 30 cm. VI-IX.
Zeigercharakter: AC in Parietarietalia. Besiedelt auch voll exponierte Mauern, solange sie (sicker)feucht sind (vgl. *(262) Cymbalaria*).
Ellenberg-Zahlen: L6, T7, K2, F7, R8, N7 – M2, Ä3
Bemerkungen: Vor allem im Rheingebiet, dort nicht selten. – Bei untypischem Wuchs leicht zu verwechseln mit *P. officinalis* (Aufrechtes G.): Stängel aufrecht, ± unverzweigt, meist > 30 cm, Blätter meist > 5 cm, sommergrün. Hochblätter ± frei. Nicht auf Mauern, aber gelegentlich an Mauerfüßen.

(264) ***Pseudofumaria [Corydalis] lutea*** (Gelber Lerchensporn)

Kennzeichen: *Papaveraceae.* Blüten lebhaft gelb, zygomorph, 2–4 mm sackförmig gespornt. Tragblätter klein, ungeteilt. 10–30 cm. V-VIII.
Zeigercharakter: In Parietarietalia-Gesellschaften, auch auf Steinschutt. Noch etwas schattiger und luftfeuchter als *(262) Cymbalaria.*
Ellenberg-Zahlen: L6, T7, K4, F6, R9, N5? – M4, Ä7
Bemerkungen: Als Mauerpflanze nur verwildert, aber in Ausbreitung begriffen.

(262) Cymbalaria muralis

(263) Parietaria judaica

(264) Pseudofumaria lutea

4.10 Säume und Waldverlichtungen

Beiden Biotoptypen gemeinsam ist ihre Nähe zu Gehölzen. **Säume** (4.10.1) sind Grenzstrukturen zwischen Gehölz und Offenland und als solche normalerweise linear. Sie haben ein eigenes Bestandsklima, das wesentlich von den beiden angrenzenden Formationen bestimmt wird, ohne aber etwa eine Art „Mittelding" zu sein; man hat es anschaulich als „Spalierklima" bezeichnet. In der Naturlandschaft beschränkt sich ihre Verbreitung auf natürliche Waldgrenzen. In der collinen bis montanen Lage ist es meist eine edaphisch (beispielsweise durch Flachgründigkeit) bedingte Grenze. An felsigen Hängen und ähnlichen Standorten können baumfähige und nicht baumfähige Stellen kleinräumig abwechseln. Dann entsteht ein insgesamt (sehr) lockerer Gehölzbewuchs, der über die Gesamtfläche ebenfalls saumartige Bedingungen hervorrufen kann; man bezeichnet solche Flächen dann in sich widersprüchlich, aber treffend mit „flächiger Saum". In der Kulturlandschaft können sich solche „flächigen Säume" auch als Übergangsstadium nach dem Brachfallen von Grasland bilden (vgl. 5.12). Hier ist dann allerdings weniger ein „Spalierklima" entscheidend – es gibt ja keinen geschlossenen Baumwuchs in unmittelbarer Nachbarschaft – sondern die ausbleibende Nutzung; dabei sind die direkten Wirkungen (z. B. keine Mahd) wie auch die indirekten (Anhäufung von Streu usw.) zu berücksichtigen.
Mit der Zerstückelung des waldbedeckten Areals haben sich auch die linearen Säume ausbreiten können. Neben den natürlichen Ökofaktoren wie dem Klima ist in diesem Fall noch ein weiterer Aspekt von Bedeutung: Säume unterliegen, wenn überhaupt, nur einer randlichen Nutzung. Im Fall angrenzenden Grünlandes z. B. fällt die Mahd im Saumbereich weitgehend aus. Dies ist mit ein Grund, warum wir dort etliche hochwüchsige und spät blühende Krautige finden, die als spätsommerliche Nahrungsquelle für Insekten eine wesentliche Rolle spielen können.
Säume grenzen Wälder aber nicht nur nach außen, sondern auch nach innen ab (Binnensäume) – dann nämlich, wenn der Wald eine **Waldverlichtung** (wozu Schläge und Vorwaldgesellschaften gezählt werden, vgl. 4.10.2) aufweist. Früher waren das Windbrüche, heute sind es zumeist Kahlschläge. Auch hier liegt ein eigenes Binnenklima vor – es ist z. B. in der Regel luftfeuchter, als es dem Besonnungsgrad entspricht. Diese Besonnung fördert die Nitrifikation im Boden, wodurch sich das Stickstoffangebot erhöht. Oft steigt auch die Bodenfeuchte sprunghaft an, weil die Bäume als Wasserpumpe weggefallen sind; dann treten neben den Verlichtungszeigern Nässezeiger auf (z. B. Binsen). Sie sind meist wenig spezifisch und werden in Kap. 5.1 bzw. 5.2 besprochen. Bald treten die ersten Sträucher auf, Birke und Zitter-Pappel erscheinen, und die Wiederbewaldung beginnt.

4.10.1 Säume (Trifolio-Geranietea)

Ungeachtet der Tatsache, dass es innerhalb der Säume weit verbreitete Arten gibt, können wir drei Typen von Säumen unterscheiden, die jeweils einem Verband entsprechen; sie gehören alle zur einzigen Ordnung der Origanetalia:
Das **Geranion sanguinei** (vgl. 4.10.1.2) umgreift die Gesellschaften auf ± basenhaltigen (nicht unbedingt kalkhaltigen!) Böden in ± trockenwarmen Klimaregionen. Das Haupt-

verbreitungsgebiet ist Süddeutschland. Es ist der artenreichste und farbenprächtigste Verband und enthält eine Reihe seltener Arten. Seine „Grundtendenz" ist submediterran/subkontinental. Charakteristische Ellenberg-Zahlen sind L7, K4–6, F3 und N3.
Das **Trifolion medii** (vgl. 4.10.1.3) ist weiter verbreitet. Trockene und stärker saure Bereiche meidet es; seine Anforderungen sind insgesamt also „durchschnittlicher" (häufig F4 und/oder N4). Es ist weniger prägnant in seiner floristischen Zusammensetzung und enthält fast immer auch allgemeine Grünlandarten. Arealgeografisch verhält es sich ebenfalls eher indifferent.
Etwas abseits steht das subatlantische (K2 und 3) **Melampyrion pratensis** (vgl. 4.10.1.4). Es ist ebenfalls mesophil (F4 und 5), besiedelt aber stärker saure Standorte (R2 und 3), beispielsweise die Säume von Eichenwäldern (vgl. 4.12). Da diese ohnehin meist aufgelockerte Gehölze darstellen, ist der Unterschied Wald/Saum nicht sehr markant. Das Melampyrion ist denn auch kein allgemein anerkanntes Syntaxon, und etliche Kennarten laufen in anderen syntaxonomischen Systemen unter „Kennart bodensaurer Eichenwald", so z. B. einige Habichtskräuter. Andererseits weicht das Vorkommen zahlreicher Säurezeiger doch beträchtlich von den beiden anderen Verbänden ab, sodass das Melampyrion auch als eigene Ordnung Melampyro-Holcetalia mollis geführt wird (so auch in Kap. 6).
Es fällt auf, dass wir bei den mesophilen Säumen eine Differenzierung nach dem pH-Wert haben, nicht aber bei den Trockensäumen. Das liegt an der ganz allgemeinen Regel, dass sich ein niedriger pH-Wert in trockenen Klimata nicht so sehr auswirkt. Die unter 4.10.1.1 und 4.10.1.2 angeführten Pflanzen wachsen größtenteils – trotz R7–9 – auch über ± sauren Gesteinen, solange diese eine ausreichende Menge an basischen Ionen enthalten.

Es gibt natürlich auch saumartige Gesellschaften in feuchten bis nassen Biotopen, sie werden in Kap. 4.17.3 behandelt; vgl. auch das in Kap. 4.2.2 über das Filipendulion Gesagte.

4.10.1.1 Gemeinsame Arten

Die hier genannten Arten können auch als Anzeiger einer beginnenden Versaumung gelten; vgl. dazu Kap. 5.12.

(265) *Clinopodium vulgare [Calamintha clinopodium]* (Wirbeldost)

Kennzeichen: *Lamiaceae.* Rosa Blüten in sitzenden, dichten, fast kopfartigen 10–20-zähligen Quirlen mit langen, pfriemlichen Deckblättern. Kelch 2-lippig, aber nicht gekröpft. 30–50 cm. VII-IX (Abb. s. S. 247).
Zeigercharakter: OC Origanetalia. Zeigt auch in Gehölzen oft „saumartige Verhältnisse" an.
Ellenberg-Zahlen: L7, Tx, K3, F4, R7, N3 – M8, Ä4
Bemerkungen: Die Art kann vegetativ leicht mit *(267) Origanum vulgare* verwechselt werden. Bei *C. v.* verbinden sich die Seitennerven 1. Ordnung am Blattrand zu deutlichen Schleifen, bei *O. v.* enden sie ± blind. Außerdem ist der Geruch des zerriebenen Blattes bei *O. v.* intensiver.

(266) *Lathyrus sylvestris* (Wald-Platterbse)

Kennzeichen: *Fabaceae.* Blüten ca. 15 mm, schmutzig-rosa, oft etwas grünlich, in 4-8-blütigen Trauben. Stängel deutlich geflügelt, bis 2 m lang, aber schlaff. Blätter mit 1 Fiederpaar und Ranken, Fiedern 5-20 mm breit. VII–VIII.
Zeigercharakter: OC Origanetalia. Zuweilen auf Rohböden, dort ausläufertreibender Bodenfestiger.
Ellenberg-Zahlen: L7, T6, K4, F4, R8, N2 – M7, Ä4
Bemerkungen: Formenreich, besonders bezüglich der Fiederbreite. Ä4 ist zweifelhaft, stellenweise breitet sich die Art aus. – Mit größeren purpurrosa Blüten und meist breiteren Fiedern: *L. latifolius* (Breitblättrige P.) auf ähnlichen Standorten ist eine in Wärmegebieten (T8) zunehmend verwildernde (Ä7?) Zierpflanze.

(267) *Origanum vulgare* (Dost)

Kennzeichen: *Lamiaceae.* Dichte Gruppen von rosa Blüten in deutlich gestielten Teilblütenständen. Gesamtinfloreszenz eine ± lockere, endständige „Rispe" mit oft rötlichen Hochblättern. Kelch radiär. Charakteristischer Geruch („Oregano"). 20–50 cm. VII-IX.
Zeigercharakter: OC Origanetalia. Wichtiger Verbrachungszeiger („Versaumungszeiger", vgl. oben) in Halbtrockenrasen.
Ellenberg-Zahlen: L7, Tx, K3, F3, R8?, N3 – M8, Ä4
Bemerkungen: Zur Verwechslungsgefahr mit *(265) Clinopodium* s. d.

(268) *Securigera [Coronilla] varia* (Bunte Kronwicke)

Kennzeichen: *Fabaceae.* Blüten in 15-20-blütigen Dolden, mit rosa Fahne. Blätter unpaarig gefiedert, mit 6–12 Fiederpaaren. 30–60 cm. VI–VIII. Die Pflanze tritt infolge der Ausbildung von Wurzelsprossen häufig truppweise auf.
Zeigercharakter: OC Origanetalia. Auch im Mesobromion usw. Vgl. auch **Bemerkungen.**
Ellenberg-Zahlen: L7, T6, K5, F4, R9, N3 – M6, Ä6
Bemerkungen: *Securigera* ist eine Saumart mit Ausbreitungstendenz (Ä6). Dies liegt z. B. an ihrem zunehmenden Auftreten an Straßenböschungen. Sie zeigt damit auch eine gewisse Affinität zur Klasse der Agropyretea (vgl. Kap. 4.17.5).

(269) *Silene nutans* (Nickendes Leimkraut)

Kennzeichen: *Caryophyllaceae.* Weiße Blüten nickend, in ± einseitswendiger, in Stockwerken gegliederter Infloreszenz. Kronblätter 2-spaltig, mit Nebenkrone (2 zipfelartigen Auswüchsen an der Grenze von Platte und Nagel). Kelch drüsig, > 7 mm lang. 20–60 cm. VI-VIII (Abb. s. S. 249).
Zeigercharakter: KC Trifolio-Geranietea. Auch in Eichenwäldern „Saumzeiger". Wertbildend.
Ellenberg-Zahlen: L7, Tx, K5, F3, R7, N3 – M7, Ä3
Bemerkungen: Die Art findet sich trotz Tx vorwiegend in wärmeren Gebieten.

(265) Clinopodium vulgare

(266) Lathyrus sylvestris

Origanum vulgare

(268) Securigera varia

4.10.1.2 Thermophile Säume (Geranion sanguinei)

(270) *Anemone sylvestris* (Großes Windröschen) (!!)

Kennzeichen: *Ranunculaceae.* Blüten einzeln (selten zu 2), weiß, mit meist 5 außen seidenhaarigen Kronblättern. Blätter handförmig 5-teilig, am Stängel ein Wirtel gestielter Blätter, auch Grundblätter vorhanden. 15–40 cm. IV-VI.
Zeigercharakter: AC im Geranion. Wärmezeiger. Auch in Kiefernwäldern, dort auch Kontinentalitätszeiger (K7!). Wertbestimmend.
Ellenberg-Zahlen: L7, T7, K7, F3, R7, N3 – M4, Ä2
Bemerkungen: Bei *(339*) Anemone nemorosa* sind die Kronblätter kleiner und außen kahl.

(271) *Anthericum ramosum* (Ästige Graslilie)

Kennzeichen: *Asparagaceae (Liliaceae).* Perigonblätter weiß, 10–13 mm. Infloreszenz eine Doppeltraube. Blätter linealisch, grundständig, Stängel nur mit Hochblättern. 30–70 cm. VI-VIII.
Zeigercharakter: VC Geranion. Meist auf Kalk. Wertbildend.
Ellenberg-Zahlen: L7, T5, K4, F3, R7, N3 – M5, Ä3
Bemerkungen: Ähnlich *A. liliago* (Astlose G.): Infloreszenz eine Traube. Perigonblätter größer. Auch auf sauren, aber basenreichen Felsstandorten (R5). V-VI. – Beide Arten auch in lichten Wäldern (*A. r.:* in Kiefern- und Buchenwäldern, *A. l.:* in Eichenwäldern).

(272) *Bupleurum falcatum* (Sichel-Hasenohr)

Kennzeichen: *Apiaceae.* Gelb blühend. Hüll- und Hüllchenblätter lanzettlich. Blätter ungeteilt, lanzettlich bis linealisch (die untersten auch schmal-spatelig), mit 5–7 parallelen Nerven. 20–50 cm (selten höher). VII-VIII.
Zeigercharakter: VC Geranion. Auch in schattigeren Bereichen. – Die Art ist trotz R9 *kein* Kalkzeiger.
Ellenberg-Zahlen: L6, T6, K6, F3, R9, N3 – M4, Ä4

(273) *Campanula persicifolia* (Pfirsichblättrige Glockenblume)

Kennzeichen: *Campanulaceae.* Typische Glockenblüten von 25–40 mm Länge, in 3–8-blütiger Infloreszenz. Blätter lanzettlich. 23–80 cm. VI–VIII.
Zeigercharakter: VC Geranion, aber auch in thermophilen Eichenwäldern oder im lichten Berberidion (L5!).
Ellenberg-Zahlen: L5, T5, K4, F4, R8, N3 – M7, Ä3

(269) Silene nutans

(270) Anemone sylvestris

(271) Anthericum ramosum

(272) Bupleurum falcatum

(273) Campanula persicifolia

(274) *Dictamnus albus* (Diptam) (!!)

Kennzeichen: *Rutaceae*. Blüten groß, schwach zygomorph, rötlich, dunkel geadert, in Trauben. Frucht sternanisähnlich. Blätter einfach gefiedert, aromatisch duftend. 50–100 cm. V-VI.
Zeigercharakter: AC im Geranion. Wärmezeiger. Wertbestimmend.
Ellenberg-Zahlen: L7, T8, K4, F3, R8, N2 – M3, Ä3

(275) *Geranium sanguineum* (Blutroter Storchschnabel)

Kennzeichen: *Geraniaceae*. Blüten > 2 cm Durchmesser, rot, einzeln an den Blütenstielen. Blätter fast bis zum Grund handförmig geteilt, jeder Teil mit 2–4 ganzrandigen Zipfeln, im Herbst blutrot. 20–60 cm. VI-VIII.
Zeigercharakter: Zuverlässige VC Geranion.
Ellenberg-Zahlen: L7, T6, K4, F3, R8, N3 – M4, Ä4
Bemerkungen: Bei den anderen großblütigen *Geranium*-Arten sind die Blüten paarig angeordnet.

(276) *Peucedanum cervaria [Cervaria rivini]* (Hirschwurz)

Kennzeichen: *Apiaceae*. Blüten weiß. Dolden mit Hülle und Hüllchen. Frucht kahl, reif mit ausgeprägten Randflügeln (sieht man erst spät!). Blätter 2(–3)-fach gefiedert, Fiedern gesägt. 50–120 cm. VII-VIII.
Zeigercharakter: AC im Geranion. Wertbildend.
Ellenberg-Zahlen: L7, T6, K4, F3, R7, N3 – M3, Ä3
Bemerkungen: Auch andere Arten der Gattung *Peucedanum* s. l. sind für das Geranion typisch; sie lassen sich am schnellsten an den sehr unterschiedlichen Blättern erkennen: *P. oreoselinum* (Berg-Haarstrang, mit charakteristisch geknickter Rhachis), *P. alsaticum* (Elsässer Haarstrang mit gelblichen Blüten; Blätter 3(–4)-fach gefiedert; M2, Ä2; !!), sowie *P. officinale* (Echter Haarstrang; Hülle hinfällig, Blüten gelb, Blätter mehrfach 3-teilig in linealische Zipfel geteilt; M3, Ä2; !!). Die beiden Letztgenannten sind Wechseltrockenzeiger (F4~). Dies gilt insbesondere für *P. officinale*, das demzufolge auch im Molinion und wechseltrockenen Mesobrometen vorkommen kann. Zu *(88) P. palustre* vgl. dort. Alle Arten der Gattung sind wertbildend oder -bestimmend. – Hierher als weiterer hochwüchsiger Doldenblütler der Säume auch *Seseli libanotis* (Heilwurz), bei dem das basale Paar Fiedern 2. Ordnung sich an der Rhachis kreuzweise gegenüberstehen (M3 Ä2).

(277) *Polygonatum odoratum* (Salomonssiegel)

Kennzeichen: *Asparagaceae (Liliaceae)*. Blüten weiß, zu 1–2 in den Achseln normal entwickelter, elliptischer Blätter. Diese 2-zeilig am ± überhängenden, kantigen Stängel. 15–30 cm (selten mehr). V-VI.
Zeigercharakter: VC Geranion. Besonders typisch auf Felsköpfen (mit Eiche) und Sandböden (mit Kiefer).
Ellenberg-Zahlen: L7, T5, K5, F3, R7, N3 – M5, Ä3
Bemerkungen: Das größere *(359) P. multiflorum* sieht ähnlich aus, die Blüten sind aber zu 2–5 gebüschelt, der Stängel ist rund; es ist zudem eine Fagetalia-Art (L2, F5). Vgl. auch *(362) P. verticillatum*.

(274) Dictamnus albus

(275) Geranium sanguineum

(277) Polygonatum odoratum

(276) Peucedanum cervaria

(278) *Veronica teucrium* (Großer Ehrenpreis)

Kennzeichen: *Plantaginaceae (Scrophulariaceae).* Blüten leuchtend blau, 10–15 mm Durchmesser, mit 4 Kron- und 5 Kelchblättern (das 5. Blatt ist viel kleiner); Teilinfloreszenzen traubenförmig, alle seitenständig. Blätter schmal eiförmig, mit gerundetem Grund sitzend. 15–30 cm. VI-VII.
Zeigercharakter: VC Geranion. Die Art tendiert stark zum Mesobromion. Wertbildend.
Ellenberg-Zahlen: L7, T6, K5, F3, R8, N2 – M5, Ä3
Bemerkungen: Auch die folgenden Arten haben seitenständige Infloreszenzen und 5 Kelchblätter; sie sind ebenfalls wertbildend: *V. austriaca* (Österreichischer E.; !!) mit lanzettlichen, oft kurz gestielten Blättern ist umgekehrt eine KC Festuco-Brometea, kommt aber auch im Geranion vor. *V. prostrata* (Niederliegender E., 2 ssp.; !!) ist ein Element der Festucetalia (K6).

(279) *Vincetoxicum hirundinaria* (Schwalbenwurz)

Kennzeichen: *Apocynaceae (Asclepiadaceae).* Blüten klein, gelblich-weiß, mit charakteristischen Schlundschuppen. Frucht aus 2 balgähnlichen Teilfrüchten bestehend, Samen mit Haarschopf. Blätter gegenständig, die oberen eilänglich. 30–80 cm. V-VIII.
Zeigercharakter: Gilt als schwache VC Geranion. Eher allgemeine Saumart auf basenreichen Standorten. Auch auf Steinschutt.
Ellenberg-Zahlen: L6, T5, K5, F3, R7, N3 – M6, Ä4

▶ *Weitere Arten: (219) Viscaria vulgaris, (52*) Thalictrum minus*

4.10.1.3 Mesophile Säume (Trifolion medii)

Arten, die in diesem Verband ihren Schwerpunkt haben, gibt es wenig (vgl. das einleitend Gesagte). Recht charakteristisch sind die beiden im Folgenden genannten Taxa, zu *Vicia* vgl. *(282).*

(280) *Agrimonia eupatoria* (Gewöhnlicher Odermennig)

Kennzeichen: *Rosaceae.* Blüten gelb, in ± langen Ähren. Frucht über die ganze Länge eng gefurcht, mit Hakenstacheln. Blätter unterbrochen gefiedert. 30–70 cm. VI-IX.
Zeigercharakter: AC im Trifolion. Auch Verbrachungszeiger.
Ellenberg-Zahlen: L7, T6, K4, F4, R8, N4 – M8, Ä4
Bemerkungen: Habituell sehr ähnlich, oft an schattigeren (L5) und feuchteren (F5) Standorten und soziologisch nicht so „zuverlässig" die viel seltenere (M3) *A. procera* (Wohlriechender O.) mit dichtem Drüsenbesatz und nur oben flach gefurchten Früchten.

(281) *Trifolium medium* (Zickzack-Klee)

Kennzeichen: *Fabaceae.* Rote Blüten ± ungestielt in einzeln stehenden (oft etwas eiförmigen) Köpfchen von > 1,5 cm Durchmesser; Kelchröhre 10-nervig, kahl, aber Kelchzähne bewimpert. Fiedern ± (!) ganzrandig. Selten > 20 cm. V-VII.
Zeigercharakter: VC Trifolion.

(278) Veronica teucrium

(279) Vincetoxicum hirundinaria

(280) Agrimonia eupatoria

(281) Trifolium medium

Ellenberg-Zahlen: L7, T6, K4, F4, R6, N3 – M8, Ä4
Bemerkungen: Weitere Saumarten aus der Gattung *Trifolium* sind das ähnliche *T. alpestre* (Hügel-K.; Köpfchen oft paarig, Kelchröhre 20-nervig, behaart, Fiedern fein gezähnelt) und *T. montanum* (Berg-K.; Blüten gestielt, ± weiß, Fiedern gezähnelt); diese Art ist KC Festuco-Brometea, kommt aber auch in Säumen vor.

(282) *Vicia dumetorum* (Hecken-Wicke)

Kennzeichen: *Fabaceae.* Rote (verblüht bräunliche) Blüten in seitenständigen, 5-10-blütigen Trauben. Blätter mit 3-5 Paaren eiförmiger Fiedern und Ranken. 60–200 cm. V–VIII.
Zeigercharakter: AC im Trifolion, vor allem in luftfeuchten Biotopen. Als „Schleiergesellschaft" auch direkt am Gebüsch.
Ellenberg-Zahlen: L6, T6, K4, F5, R8, N4 – M4, Ä3
Bemerkungen: Ökosoziologisch sehr ähnlich und zuweilen vergesellschaftet *V. sylvatica* mit weißlichen, rötlich geaderten Blüten, >6 schmäleren Fiederpaaren und zerschlitzten Stipeln. Ebenfalls in Säumen die stärker thermophile (T7) *V. pisiformis* (Blüten hellgelb, Blätter ähnlich *V. dumetorum*). Alle genannten Arten zeigen starke Rückgangstendenzen und sind wertbildend.

▶ *Weitere Art: (595) Inula conyzae.*

4.10.1.4 Säume bodensaurer Standorte (Melampyrion pratensis)

Auch hier gibt es kaum eigene Kennarten. Als diagnostische Taxa gelten Säurezeiger und übergreifende Arten der bodensauren Eichenwälder (vgl. 4.12.2).

(283) *Hieracium laevigatum* (Glattes Habichtskraut)

Kennzeichen: *Asteraceae.* Gelbe Zungenblüten. Frucht 3–4 mm, apikal gestutzt, mit ringförmigem Wulst und einfachem, spröd zerbröselndem, schmutzigweißem Pappus. Grundblätter 0–2. Stängelblätter 10–20, die unteren gestielt; Spreite gezähnt, basal verschmälert. 40–100 cm. VI-VIII.
Zeigercharakter: *hier:* Melampyrion-Art, auch OC Quercetalia robori. In anderen waldnahen Gesellschaften Magerkeits- und Säurezeiger.
Ellenberg-Zahlen: L7, T5, K3, F5, R2, N2 – M8, Ä5
Bemerkungen: Es gibt eine Reihe von *Hieracium*-Arten, die man unter 4.10.1.4 genauso einordnen könnte wie unter 4.12.2. *H. l.* ist etwas lichtbedürftiger als andere Arten dieser Gruppe und wird deshalb hierher gestellt; weitere Arten sind in 4.12.2 genannt, können aber auch in Säumen vorkommen. Es wird empfohlen, die Beschreibungen zu vergleichen, die im Übrigen nur ein Anhaltspunkt sind.

(282) Vicia dumetorum

(283) Hieracium laevigatum

(284) Holcus mollis

(284) *Holcus mollis* (Weiches Honiggras)

Kennzeichen: *Poaceae*. Rasenbildendes Rispengras, Rispe jedoch außerhalb der Blütezeit zusammengezogen. Ährchen 2-blütig, aber nur eine Granne zu sehen. Halm-Internodien kahl, Knoten hingegen auffällig behaart. 30–70 cm. VII (Abb. s. S. 255).
Zeigercharakter: *hier:* Melampyrion-Art, auch VC Quercion roboris. Auch in anderen Gesellschaften Säurezeiger.
Ellenberg-Zahlen: L5, T5, K2, F5, R2, N3 – M9, Ä5
Bemerkungen: Habituell ähnlich, aber in feuchten Wiesen, *H. lanatus* (Wolliges H.) mit weich behaarten Internodien, Granne versteckt (vgl. Abb. *(166) Arnica montana)*.

(285) *Melampyrum pratense* (Wiesen-Wachtelweizen)

Kennzeichen: *Orobanchaceae (Scrophulariaceae)*. Blüten meist blassgelb, 12–20 mm, in durchblätterten, ± einseitswendigen Ähren. Oberlippe aufgewölbt, seitlich zusammengedrückt. Kelch kürzer als die halbe Kronröhre, Kelchzähne linealisch, länger als der Kelchtubus. Deckblätter lanzettlich, basal jederseits mit 1–3 Zähnen. Blätter alle gegenständig, lanzettlich. 10–30 cm. VI-VIII.
Zeigercharakter: *Hier:* Melampyrion-Art. Auch in bodensauren Waldgesellschaften, vor allem im Quercion roboris und in eichenreichen Luzulo-Fagenion-Gesellschaften.
Ellenberg-Zahlen: L6, T5?, K3?, F5, R3?, N2? – M-, Ä-
Bemerkungen: Einige ssp. von meist ähnlicher Soziologie, jedoch – soweit bekannt – teilweise unterschiedlichen ökologischen Ansprüchen (die Ellenberg-Zahlen beziehen sich auf ssp. *pratense*); die gesamte Art kommt aber normalerweise *nicht* auf Wiesen vor. – Ähnlich *M. sylvaticum* (Wald-W.) mit goldgelben, kürzeren Blüten (vorzugsweise in Nadelgehölzen höherer Lagen, vgl. 4.15).

▸ *Weitere Art: (322) Teucrium scorodonia.*

4.10.2 Schläge und Vorwaldgesellschaften (Epilobietea angustifolii)

Wie oben bereits kurz angedeutet, können wir auf Waldverlichtungen zwei nicht scharf getrennte Phasen der Sukzession unterscheiden: Einem von Krautigen bestimmten Stadium folgt eines, in dem Gehölze bereits eine wesentliche Rolle spielen. Dabei sind diese Gehölze in der Regel nicht die des zu erwartenden endgültigen Bestandes (also z. B. Buche), sondern auf Freiflächen dieser Art ± spezialisierte schnellwachsende Lichthölzer[67]. Die krautigen Gesellschaften der Schläge werden im Syntaxon Atropetalia, die der aufkommenden Gehölze (Vorwaldgesellschaft) unter Sambucetalia racemosae (bzw. Sam-

67 „Lichtholz" bezieht sich gemäß Kap. 2.3.1.1 auf einen lichtbedürftigen *Jungwuchs*. Bei den waldbildenden Bäumen, deren Jungwuchs ja unter ± geschlossenem Kronendach heranwachsen muss, ist der Jungwuchs normalerweise schattenertragend. – Die Lichtbedürftigkeit junger Kiefern z. B. ist eine wesentliche Ursache ihrer Konkurrenzschwäche.

(285) Melampyrum pratense

(286) Atropa bella-donna

buco-Salicion) zusammengefasst; sie bilden oft Übergänge zu den brombeerreichen Gebüschen des nächsten Kapitels (und werden auch häufig zu den Gebüschgesellschaften gerechnet). Eine weitergehende Analyse ist in der Praxis normalerweise nicht erforderlich; allenfalls kann man innerhalb der Atropetalia einen eher basischen Flügel (Atropion) von einem sauren Flügel (Epilobion) unterscheiden. Interessanter als eine genauere syntaxonomische Analyse ist es häufig, anhand von faktorenspezifischen Zeigerpflanzen (wie „Stickstoffzeiger", vgl. Einleitung zu Kap. 4.10) den ökologischen Zustand des jeweiligen Biotops zu beschreiben. – Der landespflegerische Wert von Schlaggesellschaften ist meist gering.

(286) *Atropa bella-donna* (Tollkirsche)

Kennzeichen: *Solanaceae.* Pflanze krautig, aber recht groß. Blüten einzeln in den Blattachseln, glockig, meist außen violettbraun, innen heller. Frucht eine glänzend schwarze Beere auf grünem Kelch. Große und kleine Blätter scheinbar gegenüberstehend. Bis > 1,50 m hoch. VI-VIII (Abb. s. S. 257).
Zeigercharakter: AC im Atropion, auch an Waldwegen usw.
Ellenberg-Zahlen: L6, Tx, K2, F5, R8, N8 – M7, Ä5?

(287) *Digitalis purpurea* (Roter Fingerhut)

Kennzeichen: *Plantaginaceae (Scrophulariaceae).* Typische rote „Fingerhutblüten", auf der Innenseite dunkel gefleckt, in Trauben. Blätter eilanzettlich. 50–120 cm. VI-VII.
Zeigercharakter: AC im Epilobion. Auch in anderen waldnahen Gesellschaften auf saurem Boden (z. B. mit *(539) Cytisus scoparius*).
Ellenberg-Zahlen: L7, T5, K2, F5, R3, N2 – M7, Ä7
Bemerkungen: Auch die beiden anderen, viel selteneren und gelb blühenden Arten mit schmäleren Blättern sind Lichtungspflanzen: *D. grandiflora* (Großblütiger F.; Blüten > 25 mm lang, Blätter behaart (R5); ebenfalls AC im Epilobion) und *D. lutea* (Kleinblütiger F.; Blüten < 25 mm, Blätter fast kahl; R7, daher AC im Atropion).

(288) *Epilobium angustifolium* (Schmalblättriges Weidenröschen)

Kennzeichen: *Onagraceae.* Rote, 4-zählige Blüten leicht zygomorph, mit langem, unterständigem Fruchtknoten, in traubiger Infloreszenz. Blätter alle wechselständig, > 10 mm breit, unterseits blaugrün. 50–150 cm. VI-VIII.
Zeigercharakter: KC Epilobietea. Wenig zuverlässige soziologische Kennart; auch in Gebüschen oder sogar ruderal.
Ellenberg-Zahlen: L8, Tx, K5, F5, R5, N8 – M9, Ä5
Bemerkungen: Oft in Herden auftretend. Habituell ähnlich, aber kleiner und mit schmäleren Blättern (und in ganz anderen Biotopen) *(251) E. dodonaei.*

(287) Digitalis purpurea

(288) Epilobium angustifolium

(289) *Gnaphalium sylvaticum [Omalotheca sylvatica]* (Wald-Ruhrkraut)

Kennzeichen: *Asteraceae.* Pflanze weißlich filzig. Köpfchen unscheinbar, nur mit Röhrenblüten, 5–7 mm lang, eiförmig, zu 2-8 geknäuelt, in ährenförmiger Gesamt-Infloreszenz. Hüllblätter dachziegelig, hellrandig. Pappus rötlich. 10–60 cm. VII–IX.
Zeigercharakter: OC Atropetalia.
Ellenberg-Zahlen: L8, Tx, K3, F5, R4, N6 – M8, Ä4?
Bemerkungen: Vgl. *(66) G. uliginosum.*

(290) *Salix caprea* (Sal-Weide)

Kennzeichen: *Salicaceae.* Strauch. Blätter eiförmig-elliptisch (etwa 2-mal so lang wie breit), oberseits olivfarben, zerstreut behaart, unterseits dicht mit krausen Haaren besetzt. Entrindetes Holz ohne Striemen (erhabene Längsleisten an 2–4-jährigen Ästen). Kleiner Baum oder hoher Strauch (3–8 m) mit starken Ästen und stark rissiger Borke. III-IV.
Zeigercharakter: AC im Sambuco-Salicion. Auch in vielen anderen Vorwaldgesellschaften, fortgeschrittenen Pionierstadien, Steinbrüchen usw. Gern auf etwas feuchten Lehmböden.
Ellenberg-Zahlen: L7, Tx, K3, F6, R7, N7 – M9, Ä5
Bemerkungen: Zu den etwas häufigeren anderen Weiden mit ähnlichen Blättern vgl. die striementragende *(405) S. aurita.*

(291) *Sambucus racemosa* (Trauben-Holunder)

Kennzeichen: *Adoxaceae (Caprifoliaceae).* Strauch. Blüten gelblich grün, in kegel- oder eiförmigen Rispen. Frucht rot. Mark gelbbraun. Blätter (meist 5–7-zählig) gefiedert, gegenständig. IV-V.
Zeigercharakter: AC im Sambuco-Salicion. Allgemein Verlichtungszeiger; vor allem montan. Nitrifizierungszeiger.
Ellenberg-Zahlen: L6, T4, K4, F5, Rx, N8 – M7, Ä5
Bemerkungen: Ähnlich, aber weniger gesellschaftsgebunden und tiefere Lagen bevorzugend *(560) S. nigra* (Schwarzer H.; Blüten weiß, in Schirmrispen, Frucht blauschwarz, Mark weiß); vgl. dort.

(292) *Senecio ovatus* ssp. *ovatus [S. fuchsii]* (Fuchs-Greiskraut)

Kennzeichen: *Asteraceae.* Röhren- und die (meist ± 5) Strahlenblüten gelb. Hülle schmalwalzlich. Blätter länglich-eiförmig, gezähnt, in einen kurzen Stiel verschmälert. 60–150 cm. VII-IX (Abb. s. S. 263).
Zeigercharakter: AC im Sambuco-Salicion. Allgemein Verlichtungszeiger; Nitrifizierungszeiger.
Ellenberg-Zahlen: L7, Tx , K4, F5, Rx, N8 – M7, Ä5
Bemerkungen: Es gibt einige ähnliche Arten, vor allem in der montanen Höhenstufe.

▶ Vgl. auch *(284) Holcus mollis* (im Epilobion) sowie *(320*) Hypericum hirsutum, (349*) Stachys alpina* und *(472*) Arctium nemorosum* (im Atropion)); vgl. auch *(582) Ailanthus altissima*

(291) Sambucus racemosa

(289) Gnaphalium sylvaticum

290) Salix caprea

4.11 Gebüsche trockener und mittlerer Standorte (Rhamno-Prunetea)

Auch Gebüsche gehören zu den Formationen, die sich durch menschliche Einwirkung haben ausbreiten können. Von Natur aus waren sie im Wesentlichen in den Randbereichen der Gehölze konzentriert, wo sie den sog. *Waldmantel* bildeten. Wir haben also, wenn wir uns an Kap. 4.10 erinnern, vom Wald zum Offenland die Abfolge Wald → Mantel → Saum → (zumeist) Grasland. – Ein weiterer Schwerpunkt waren Geländeabschnitte, die sich für den Waldwuchs wenig eigneten, Sträuchern jedoch noch ausreichende Möglichkeiten (vor allem Wurzelraum) boten.
Wohlentwickelte Waldmäntel sind selten, weil die landwirtschaftliche Nutzung oder der Wegebau meist unmittelbar bis an die Waldgrenze heranreichen. Dafür sind anthropogene Gebüsche (z. B. Hecken) in großer Zahl entstanden.
Was die Syntaxonomie betrifft, so wurde die Selbstständigkeit von Gebüschen auf Nassstandorten (sie werden in Kap. 4.14 behandelt), von Dünenweidengebüschen und von den Gebüschen in den höheren Lagen der Alpen schon früh erkannt. Die übrigen Strauchbestände wurden bzw. werden dagegen vielfach nur als Bestandteil der Wälder (im Rang einer Ordnung Prunetalia spinosae) gesehen, andererseits als eigene Klasse (Rhamno-Prunetea) mit stärkerer Aufgliederung aufgefasst. Inhaltlich hat sich dadurch aber wenig geändert. Im Wesentlichen unterscheiden wir:

- 4.11.2 Hainbuchen-Schlehen-Gebüsche
- 4.11.3 Schlehen-Brombeer-Gebüsche
- 4.11.4 Wärmeliebende Gebüsche

Die ebenfalls hier oft eingeordneten Vorwaldgebüsche auf Waldschlägen (Sambucetalia racemosae bzw. Sambuco-Salicion s. l.) haben wir im vorigen Kapitel schon besprochen. Die rein anthropogenen, von Neophyten dominierten Gebüsche werden in Kap. 4.13.5 erwähnt.

4.11.1 Gemeinsame Arten

Die folgenden Arten sind durchweg wenig spezifisch und (deshalb) weit verbreitet, sowohl was das Areal betrifft als auch in Bezug auf ihr Vorkommen in verschiedenen Gesellschaften.

Wenig spezifisch ist auch der krautige Unterwuchs. Relativ häufig sind (naheliegenderweise) Arten aus saumähnlichen Gesellschaften, aber auch nährstoffliebende Pflanzen sind nicht selten. Es mag für einzelne Assoziationen der Prunetalia kennzeichnende krautige Begleiter geben, krautige Prunetalia-Kennarten gibt es anscheinend nicht.

(293) *Clematis vitalba* (Gewöhnliche Waldrebe)

Kennzeichen: *Ranunculaceae*. Holzige Liane mit gegenständigen, gefiederten Blättern. Nüsschen mit auffällig behaartem Griffel. Bis > 15 m rankend. VI-VII.
Zeigercharakter: Prunetalia-Art, aber auch in Wäldern. Wärmeliebend. Oft auf Rohböden.
Ellenberg-Zahlen: L7, T6, K3, F5, R7, N7 – M7, Ä5
Bemerkungen: Bildet häufig „schleierartige“ Bestände.

(292) Senecio ovatus ssp. ovatus

(293) Clematis vitalba

(294) *Corylus avellana* (Hasel)

Kennzeichen: *Betulaceae*. Blätter wechselständig, grob doppelt gesägt. Seitennerven deutlich in die Blattzähne verlaufend. ♂ Blüten in Kätzchen, Früchte von gelappten Hochblättern umhüllte „Haselnüsse“. II-III.
Zeigercharakter: KC Querco-Fagetea. Kennzeichnend vor allem für ältere Gebüsche. Relativ (!) schattenverträglich. Oft auf Blockschutt (ausschlagsfähige Pionierpflanze). Indifferent bezüglich der Feuchteansprüche (so z. B. nicht selten auch im Auwald).
Ellenberg-Zahlen: L6, T5, K3, Fx, Rx, N5? – M9, Ä5

(295) *Crataegus monogyna* (Eingriffeliger Weißdorn)

Kennzeichen: *Rosaceae*. Strauch mit Sprossdornen. Blätter wechselständig, fiederschnittig, mit wenigen Lappen. Kelchblätter breit 3-eckig. Griffel stets 1 (mehrere Blüten prüfen). VI.
Zeigercharakter: OC Prunetalia. Innerhalb dieser wenig spezifisch. Auch in Laubwäldern aller Feuchtestufen.
Ellenberg-Zahlen: L7, T5, K3, F4, R8, N4 – M9, Ä5
Bemerkungen: *C. m.* hat ein breites ökologisches Spektrum. Die Ellenberg-Zahlen sind insofern *zu* präzise. R8 erscheint überdies zu hoch. – *Crataegus* ist eine bestimmungskritische Gattung. Neben *C. monogyna* gibt es häufig noch *C. laevigata* (Zweigriffeliger W.), der – neben den 2 Griffeln – auch durch wenig eingeschnittene Blätter gekennzeichnet ist. *C. l.* steht gerne etwas feuchter, sonst sind Ansprüche und Vergesellschaftung der beiden Arten sehr ähnlich. – Daneben gibt es eine Reihe weiterer Taxa, die häufig durch Blüten mit teils 1, teils 2 Griffeln sowie unterschiedliche Kelchblätter gekennzeichnet sind.

(296) *Euonymus europaeus* (Pfaffenhütchen)

Kennzeichen: *Celastraceae*. Blätter gegenständig, fein gesägt, kahl. (Junge) Zweige 4-kantig, ältere oft mit graubraunen Korkleisten. Blüten grünlich, 4-zählig. Stumpf 4-kantige Kapsel, nach dem Aufspringen auffällig rosa/orange abgesetzt (rechtes Bild). V-VI.
Zeigercharakter: OC Prunetalia. Häufig auf wasserzügigen, kalkhaltigen Lehmböden; hinter F5 könnte man ein „~“ ergänzen.
Ellenberg-Zahlen: L6, T5, K3, F5, R8, N5 – M9, Ä5

(297) *Lonicera xylosteum* (Rote Heckenkirsche)

Kennzeichen: *Caprifoliaceae*. Blätter weichhaarig. Frucht rot. IV–V. Sonst vgl. **Bemerkungen**.
Zeigercharakter: Wärme- und Basenzeiger in verschiedenen Gehölzgesellschaften.
Ellenberg-Zahlen: L5, T6, K4, F5, R7, N6? – M7, Ä5
Bemerkungen: Die holzige Gattung *Lonicera* ist gut kenntlich: Die weißlichen, gelblichen oder rötlichen Blüten haben eine 4-zählige Ober- und eine 1-zählige Unterlippe. Die Blätter sind gegenständig, ganzrandig und meist ± elliptisch. Man unterscheidet *Heckenkirschen* (aufrechte Sträucher, Blüten in gestielten Zweiergruppen) und *Geißblatt* (Lianen).

(294) Corylus avellana

(295) Crataegus monogyna

(297) Lonicera xylosteum

▲
(296) Euonymus europaeus ▶

Zu den Letzteren gehören z. B. *L. periclymenum* (Wald-Geißblatt, ebenfalls in verschiedenen Gehölztypen, aber auf eher sauren Böden), bei welcher die Blüten endständig kopfig gehäuft sind. Zu den Heckenkirschen zählen *L. nigra* (Schwarze H.) mit schwarzen, basal verwachsenen Früchten, und *L. alpigena* (Alpen-H.) mit roten, fast völlig verwachsenen Früchten. Beide sind sie Kennarten montaner Buchenmischwälder (T4) und insgesamt nicht häufig (M3).

(298) *Prunus spinosa* (Schlehe)

Kennzeichen: *Rosaceae.* Sehr dorniger Strauch. Blätter 2–4 cm lang, 1,5–2-mal so lang wie breit. Junge Zweige behaart. Blüten zu 1(-2), aber oft genähert, auf sehr kurzen Stielen. Frucht kugelig, blau bereift. (III)-IV.
Zeigercharakter: OC Prunetalia. Auch auf flachgründigen Böden.
Ellenberg-Zahlen: L7, T5, K5, F4, R7, Nx – M9, Ä5
Bemerkungen: *P. sp.* bildet über Wurzelsprosse oft dichte, sich rasch ausbreitende Gestrüppe und stellt insofern ein landespflegerisches Problem dar. – In Obstgehölzen mit der ebenfalls frühblühenden *P. cerasifera* (Kirschpflaume) mit kahlen Zweigen und längeren Blütenstielen zu verwechseln.

(299) *Rosa canina* s. l. (Hunds-Rose)

Kennzeichen: *Rosaceae.* Strauch mit hakigen Stacheln und wechselständigen Fiederblättern. Blüten groß, rosa, auf drüsenlosen Stielen. Kelchblätter unter sich ungleich. VI.
Zeigercharakter: OC Prunetalia.
Ellenberg-Zahlen: L8, T5, K3, F4, Rx, Nx – M9, Ä5
Bemerkungen: Neben *R. canina* gibt es noch zahlreiche weitere, nicht immer leicht zu unterscheidende Rosen, die teils ebenfalls OC Prunetalia, teils aber auch als AC oder VC von schärferer Aussagekraft sind (vgl. z. B. in 4.11.4). Großenteils sind sie – im Gegensatz zu *R. c.* – wertbildend und/oder Rote-Liste-Arten. Insbesondere, wenn die Stacheln unterschiedlich und/oder die Blütenstiele drüsig sind, lohnt sich ein genaueres Hinsehen. Man könnte sagen: Der „Zeigewert" von *R. c.* besteht vor allem darin, dass es vielleicht gar nicht *Rosa canina* ist.

(300) *Viburnum opulus* (Gewöhnlicher Schneeball)

Kennzeichen: *Adoxaceae (Caprifoliaceae).* Blätter gegenständig, 3–5-lappig, am Stiel mit napfförmigen Drüsen. Weiße Blüten in Schirmrispe, die randlichen vergrößert und steril. Beeren rot. V-VI.
Zeigercharakter: In verschiedenen Prunetalia-Gesellschaften. *V. o.* zeigt – trotz Fx – zumeist (wechsel-)feuchte Habitate an und hat seinen Schwerpunkt in Auen, an Bachrändern usw. (vgl. 4.14.1).
Ellenberg-Zahlen: L6, T5, K3 , F s.o., R7, N6 – M9, Ä5
Bemerkungen: Zu *(307) V. lantana* vgl. dort; die beiden Arten sind nicht zu verwechseln.

▶ *Weitere Art: (560) Sambucus nigra.*

(298) Prunus spinosa

(299) Rosa canina s. l.

(300) Viburnum opulus

4.11.2 Hainbuchen-Schlehen-Gebüsche (Carpino-Prunion)

Hier handelt es sich gewissermaßen um den Grundstock der Strauchgesellschaften. Zuverlässige eigene Kennarten gibt es nicht. Die Artengarnitur besteht großenteils aus den in Kap. 4.11.1 genannten „gemeinsamen Arten", ergänzt durch Gehölze der Wälder (wie Hainbuche oder Feld-Ahorn). Von den folgenden Gesellschaften (4.11.3) unterscheiden sie sich eigentlich nur negativ durch das weitgehende Fehlen von Brombeeren.

4.11.3 Schlehen-Brombeer-Gebüsche (Pruno-Rubetalia)

Hier kann man, wenn man will, ca. zehn Gesellschaften in zwei Verbänden unterscheiden, die allesamt nur durch spezielle Brombeer-Taxa (*Rubus* spp., *„Rubus fruticosus"*[68]) definiert sind. Von denen gibt es in Deutschland über 300. Natürlich bauen nicht alle diese Taxa eine eigene Gesellschaft auf, aber man muss, um eine genauere Zuordnung des Gebüschs zu bewerkstelligen, doch immerhin mindestens rund zwei Dutzend Arten aus dieser Artenfülle kennen. Insgesamt ist die genauere Analyse eines Brombeer-Gebüschs also eher eine Sache für den Spezialisten.
Nicht alle Brombeerarten bevorzugen Gebüsche und Hecken (diese Brombeeren werden auch als *thamnophil* bezeichnet), viele wachsen lieber auf Waldverlichtungen, wo sie besser vor Frösten und Lufttrockenheit geschützt sind (sie sind *nemophil*). Entsprechend ist die bevorzugte L-Zahl im ersten Fall 8, im zweiten 7. Die Temperaturansprüche sind im Allgemeinen im mittleren Bereich (T4-6), wobei es vor allem auf den milden Winter ankommt (fast alle Brombeeren schätzen atlantisches Klima: die K-Zahl ist nur selten höher als 3). R- und N-Zahl schwanken stärker, aber auch hier werden Extreme gemieden. Der Schwerpunkt der R-Zahlen liegt allerdings bei R3–6 und damit insgesamt deutlich unter dem der Arten aus Kap. 4.11.1 und 4.11.4. Sehr konstant sind die Ansprüche an die Bodenfeuchte – der F-Wert liegt fast durchweg bei 5, unabhängig davon, ob Hecken- oder Waldart; allerdings sind die F-Werte vielfach noch wenig abgesichert.
Neben den einzelnen Brombeeren sind die in Kap. 4.11.1 genannten Arten in wechselndem Umfang vertreten.

Brombeer-Gebüsche ummanteln häufig Hainbuchen-Schlehen-Gebüsche. Es ist in der Praxis deshalb oft nicht sinnvoll, 4.11.2 und 4.11.3 überhaupt zu trennen, wenn man die Brombeeren nicht ansprechen kann, und fasst sie besser gleich als „Schlehen-Gebüsche" zusammen.

Manche Autoren rechnen auch die Besenginster-Gesellschaften hierher, die in der Tat ebenfalls auf sauren Böden stocken und atlantischen Grundcharakter haben, ansonsten aber floristisch schlecht definiert sind; vgl. *(539) Cytisus scoparius* in Kap. 5.5.1.

---

68 In Ermangelung genauerer Kenntnisse wird dieser Name immer noch gerne für die Gesamtheit der Brombeeren benutzt, also für die Gattung *Rubus* ohne *R. caesius* (Kratzbeere), *R. idaeus* (Himbeere), *R. saxatilis* (Steinbeere) und dem sehr seltenen Moorbewohner *R. chamaemorus* (Moltebeere).

4.11.4 Wärmeliebende Gebüsche (Berberidion)

Das Berberidion hat nicht nur ein größeres Wärmebedürfnis (T7-8), es stockt auch insgesamt auf trockeneren Böden (F3-4) als die beiden bisher genannten Gesellschaften. Es besiedelt damit oft Bereiche, die auch von Natur aus nur lückigen Baumwuchs hätten. Es ist damit – außerhalb der Alpen und Meeresküste – die „natürlichste" unserer Strauchgesellschaften und die einzige mit eigenen Kennarten, wenn man von *Rubus* als Kennarten absieht (vgl. 4.11.3). Ein Berberidion tritt auch normalerweise nicht als anthropogene Hecke auf; Hecken können zwar natürlich Berberidion-Arten enthalten, aber im typischen Fall ist das Berberidion räumlich assoziiert mit anderen xerothermophilen Gesellschaften, z. B. Säumen (v. a. Geranion) oder Felsgesellschaften, was sich auch in der Krautschicht ausdrückt. Nicht ohne Grund haben wir eine Berberidion-Assoziation bereits in Kap. 4.9.3.2 erwähnt (vgl. *(261) Amelanchier ovalis*).

Zum Berberidion rechnen wir auch das Weichselkirschengebüsch (Prunetum mahaleb). Das sehr seltene Zwergkirschengebüsch (Prunion fruticosae s. str.) ist bei uns nur als verarmter Vorposten vertreten und wird im Wesentlichen nur durch *(304*) Prunus fruticosa* selbst gekennzeichnet; vgl. dort.

Das Berberidion ist ein Element Süddeutschlands und der Mittelgebirgslandschaften. Dem Norden fehlen die typischen Sträucher weitgehend oder sind dort nur synanthrop.

Fast alle hier angeführten diagnostischen Sträucher haben R8, sind (vielleicht mit Ausnahme von *Prunus fruticosus*) aber oft nur als „Basenzeiger" zu werten; sie kommen auch auf ± kalkfreien Böden vor.

(301) *Berberis vulgaris* (Berberitze)

Kennzeichen: *Berberidaceae*. Dorniger Strauch. Blätter stachelig gezähnt (oder auf diese Stacheln reduziert), in Büscheln, säuerlich schmeckend. Blüten gelb, 3-zählig. Rote, längliche Beeren. V-VI (Abb. s. S. 271).
Zeigercharakter: VC Berberidion.
Ellenberg-Zahlen: L7, Tx, K4, F4, R8, N3 – M6, Ä4

(302) *Cornus sanguinea* (Blutroter Hartriegel)

Kennzeichen: *Cornaceae*. Blätter gegenständig, ganzrandig, mit auffallend bogenförmigen Nerven, im Spätsommer rot gefärbt (Name). Blüten 4-zählig, in Trugdolden, weiß. V-VI (Abb. s. S. 271).
Zeigercharakter: Schwache VC Berberidion. Auf lehmigen Böden. Oft erster Strauch bei der Verbrachung von Grasland.
Ellenberg-Zahlen: L7, T5, K4, F5?, R7, Nx – M8, Ä5
Bemerkungen: *C. s.* hat – darin *(298) Prunus spinosa* ähnlich – die Tendenz, über Wurzelausläufer Kolonien zu bilden und ist dann wertmindernd. – Vgl. *(305) Rhamnus* mit ähnlicher Blattnervatur.

(303) *Ligustrum vulgare* (Liguster)

Kennzeichen: *Oleaceae*. Blätter gegenständig, länglich, ganzrandig, etwas ledrig, oft wintergrün. Blüten weiß, 4-zählig, in kegelförmigen Rispen. Schwarze Steinfrüchte. VI-VII.
Zeigercharakter: AC im Berberidion.
Ellenberg-Zahlen: L7, T6, K3, F4, R8, N3? – M7, Ä8
Bemerkungen: Sehr schnittfest, daher oft in Hecken gepflanzt.

(304) *Prunus mahaleb* (Felsenkirsche)

Kennzeichen: *Rosaceae*. Sparriger Strauch mit wechselständigen, fein-stumpf gezähnten Blättern. Blüten zu 4–12 in gestielten, doldig gestauchten Trauben. Frucht erbsengroß, zuletzt schwarz. 1–6 m. IV-V.
Zeigercharakter: AC im Berberidion. Besonders thermophil und xerotolerant. Wertbildend.
Ellenberg-Zahlen: L7, T7, K4, F3, R8, N2 – M3, Ä7
Bemerkungen: Ä7 ist zweifelhaft. – Mit ähnlichen Ansprüchen, aber noch thermophiler (T8) und nur 0,5–1,5 m groß die sehr seltene (M2, !!) und daher wertbestimmende *P. fruticosa* (Zwerg- oder Steppenkirsche: Blätter nur 2–4 cm lang, deutlicher gesägt. Blüten zu 1–3, Kronblätter ausgerandet oder ausgebissen. Frucht rot bleibend). Namensgebende Art eines eigenen, bei uns aber kaum ausgeprägten Verbandes (vgl. oben). Ihr allgemeines Areal ist kontinental (K8!).

(305) *Rhamnus cathartica* (Echter Kreuzdorn)

Kennzeichen: *Rhamnaceae*. Dorniger Strauch. Blätter 2–4 cm, lang gestielt, meist ± (!) gegenständig, fein gesägt, mit Stipeln und auffällig bogenförmiger Nervatur. Blüten meist 4-zählig, gelblich. 1–3 m. V-VI (Abb. s. S. 273).
Zeigercharakter: VC Berberidion. Gern auf steinigen Böden. Wertbildend.
Ellenberg-Zahlen: L7, T5, K5, F4, R8, N4? – M7, Ä3
Bemerkungen: Auch die seltene (M2) *Rh. saxatilis* (Felsen-K.: Blätter 1–3 cm, kurz gestielt, 0,5–1 m) kann im Berberidion vorkommen, stockt aber stets auf Kalk. – Die Blätter von *(302) Cornus sanguinea* mit ähnlicher Nervatur sind ganzrandig.

(306) *Rosa spinosissima [R. pimpinellifolia]* (Bibernell-Rose)

Kennzeichen: *Rosaceae*. Dicht feinstachelige Äste. Blüten meist weiß. Nur 20–60 cm hoch. V (Abb. s. S. 273).
Zeigercharakter: VC Geranion. Steht fast immer im Kontaktbereich Geranion/Berberidion/Quercetalia pubescentis. Wertbildend.
Ellenberg-Zahlen: L8, T6, K5, F4, R8, N3 – M3, Ä5?
Bemerkungen: Auch auf Küstendünen. – An Bestachelung und niedrigem Wuchs gut kenntlich. Es gibt aber im Berberidion auch höherwüchsige, an *(299) R. canina* erinnernde Rosen (vgl. die Anmerkung dort).

(301) Berberis vulgaris

(302) Cornus sanguinea

303) Ligustrum vulgare

(304) Prunus mahaleb

(307) *Viburnum lantana* (Wolliger Schneeball)

Kennzeichen: *Adoxaceae (Caprifoliaceae).* Blätter gegenständig, gezähnt, unterseits von Sternhaaren filzig. Weiße Blüten in Schirmrispe, die randlichen nicht vergrößert. Beeren erst rot, dann schwarz. V-VI.
Zeigercharakter: VC Berberidion.
Ellenberg-Zahlen: L7, T5, K2, F4, R8, N4 – M6, Ä4
Bemerkungen: Vgl. *(300) V. opulus.*

Zu 4.12 bis 4.15 Einführung zum Thema „Wälder"

Wälder sind in Deutschland – von den hohen Lagen der Alpen und den Meeresküsten abgesehen – die natürliche Schlussgesellschaft, d. h. sie wären von Natur aus flächendeckend vorzufinden. Ausgenommen sind lediglich Sonderstandorte, die entweder zu „unruhig" (z. B. Gerölle, Flussufer), zu flachgründig (fehlende Statik durch mangelnden Wurzelraum, zu geringe Wasservorräte[69]) oder zu nass sind (mangelnder Wurzelraum wegen mangelnder Durchlüftung). Alle anderen waldfreien Flächen – und das sind weitaus die meisten – sind anthropogen. Die Frage ist also im Regelfall nicht *ob*, sondern *welcher* Wald an einer bestimmten Stelle wachsen würde.
Hier ist die Auswahl nicht sonderlich groß. Dies hat zwei Gründe: Zum einen ist Mitteleuropa relativ arm an Gehölzarten, zum anderen ist von diesen die Buche so konkurrenzfähig, dass die nächste Frage nicht lauten sollte: „Warum wächst hier z. B. die Linde?", sondern besser: „Warum wächst hier *nicht* die Buche?".
Die mitteleuropäischen Wälder lassen sich trotz dieser Einschränkungen systematisch gliedern. Dafür gibt es mehrere Kriterien, von denen die folgenden in unserem Zusammenhang von Bedeutung sind:

1. *Dominierende Baumart:* Diese Gliederung ist physiognomisch oft relevant, leicht anzuwenden, relativ trennscharf (gut für Kartierungen) und auch dem Laien unmittelbar plausibel.
2. *Ökologische Gesichtspunkte* (Wasserhaushalt, geologischer Untergrund, Geländeform, Standortklima ...): Sowohl deren Anwendung als auch deren Rezeption setzt große Vorkenntnisse voraus. Die Datenerhebung ist aufwändig (und teuer). Da die einzelnen Ökofaktoren zudem vielfach unabhängig voneinander variieren, wird man in der Praxis gezwungen sein, sich letztlich doch auf die Auswahl von einem oder zwei dieser Faktoren zu beschränken, um den Aufwand zu reduzieren und die Übersichtlichkeit einigermaßen zu wahren. – Für die Praxis also keine Option.
3. *Floristische Zusammensetzung:* Dabei wird also nicht nur die Baumschicht (wie bei 1.), sondern auch – oft sogar: vor allem – die Krautschicht herangezogen. Die Physiognomie des Waldes spielt als Kriterium dabei keine Rolle. Diesen Weg geht die Pflanzensoziologie (vgl. 2.4). Die hierarchische Staffelung der unterschiedenen Syntaxa ist sehr differenziert (vgl. z. B. 4.13.2) und damit für die Praxis nicht immer übersichtlich genug.

69 „Zu trocken für Wald" aus *klimatischen* Gründen gibt es in Mitteleuropa nicht, vgl. die Einführung zum Thema „Grünland".

(305) Rhamnus cathartica

(306) Rosa spinosissima

(307) Viburnum lantana

4. *Nutzungsform:* Hochwald (es dominieren aus Sämlingen hervorgegangene Einzelstamm-Bäume, sog. Kernwüchse), Niederwald (es dominieren mehrstämmige, aus Stockausschlägen hervorgegangene Gehölze) oder Mittelwald (beide „Wuchsformen“ sind vertreten). Auch diese Gliederung ist physiognomisch unmittelbar relevant, sie entfernt sich aber doch ein wenig von vegetationskundlichen Methoden.
5. *Natürlichkeitsgrad:* Von „Urwald“ – den es bei uns nicht mehr gibt[70] – über verschiedene (schwierig zu definierende) Übergangsformen bis zum „Forst“; bei diesem gehören die Bäume nicht der mitteleuropäischen Flora an (sie sind „florenfremd“, z. B. Rot-Eiche) und/oder stocken auf Standorten, die sie von Natur aus nie besiedeln würden (sie sind „standortfremd“; z. B. Fichten auf Normalstandorten in Höhenlagen unter 800 m).

Diese Kriterien hängen freilich vielfach zusammen: Welche Baumart bzw. welcher Unterwuchs dominiert (1. bzw. 3.), ist wesentlich von den ökologischen Bedingungen (2.) und/oder der Nutzungsform (4.) abhängig. Umgekehrt kann man vom Unterwuchs (3.) auf die ökologischen Bedingungen (2.) schließen, nicht aber unbedingt vom Baumwuchs, weil dieser von der Forstwirtschaft beeinflusst oder geprägt ist (4., 5.) usw.

Eigene Wege der Waldtypenbildung geht die Forstwirtschaft mit ihrer flächenbezogenen „Standortkartierung“. Sie kombiniert dabei mehrere Kriterien. Für eine vegetationskundliche Kartierung sind die darin enthaltenen Angaben sehr nützlich, auch wenn der Blickwinkel naturgemäß ein anderer ist.

Auch wir wollen bei der Gruppierung der Wälder verschiedene Kriterien kombinieren, dabei aber deren Syntaxonomie (3.) stets im Auge behalten.
Eine erste Zweiteilung der Wälder erfolgt hier in die Gruppen *Nadel-* und *Laubwald.* Es gibt zwar auch natürliche Mischwälder, z. B. Buchen-Tannenwälder; diese sind aber nicht häufig und zudem auf (hoch)montane Lagen beschränkt. Synsystematisch gehören sie zu den Buchenwäldern (Fagetalia, vgl. 4.13.2.3).
Die Nadelwälder werden in Kap. 4.15 kurz behandelt. Bei den Laubgehölzen scheiden wir zunächst die Nassgehölze (vgl. 4.14) und die Eichenwälder (vgl. 4.12) aus; dies wird in den betreffenden Kapiteln jeweils begründet. Es verbleiben Buchen-, Hainbuchen- und Edellaubwälder (zu diesem Begriff vgl. 4.13.4), die sich anhand der dominierenden Baumart(en) meist gut unterscheiden lassen, die aber viele gemeinsame krautige Arten haben (vgl. 4.13.1).

Diskussionswürdig ist sicher die Behandlung der Nass*gebüsche* im Kapitel *Wälder.* Anlass dafür sind der ökologische und der topografische Zusammenhang. Ein solcher besteht zwar auch zwischen Wäldern und den Gebüschen von Kap. 4.11, doch treten Nassgebüsche in der „Naturlandschaft“ vielfach als eigene flächige Einheit auf. Was die Moorgebüsche betrifft, so wird dieses Vorgehen durch die synsystematische Position gewissermaßen sanktioniert, in der Weichholz-Aue ist eine Trennung von „Gebüsch“ und „Wald“ ohnehin eher theoretisch.

Unsere mitteleuropäischen Laubwälder (d. h. Laubgehölze ohne die Gebüsche) werden, da durchweg sommergrün, auch als *Sommerwälder* bezeichnet.

Synsystematisch werden die einzelnen Waldtypen je nach Autor unterschiedlich gegliedert. Dies kommt in der Gegenüberstellung in Tab. 4.12.a zum Ausdruck. Diese Gegen-

70 Wenn im Folgenden von „natürlich“ gesprochen wird, ist dies deshalb immer relativ zu sehen.

überstellung hat eher illustrativen Charakter; syntaxonomisch folgen wir hier im Wesentlichen Pott, weil dort – im Gegensatz etwa zu Oberdorfer – die bodensauren Eichenwälder und die (hier nicht mehr interessierenden) Gebüsche (im Sinne von 4.11) als eigene Klasse herausgenommen sind, wodurch die Hierarchie des Systems übersichtlicher wird. Auch die wissenschaftlichen Namen der Syntaxa unserer Gruppenbildung sind Pott entnommen; wo Missverständnisse ausgeschlossen sind, sind sie – einem allgemeinen Sprachgebrauch folgend – abgekürzt.

Tab. 4.12.a: Wälder und Nassgebüsche der Kap. 4.12 bis 4.15
in verschiedenen syntaxonomischen Systemen
Formatierung: **Klasse**, Ordnung, *(Unter-)Verband.*
Die Reihenfolge der Syntaxa ist vereinheitlicht, d. h. nicht immer der Abfolge in der Original-Literatur entsprechend. Namen der Syntaxa zuweilen gekürzt; vgl. Kap. 6.
Es werden nur im Text erwähnte Syntaxa zitiert.

Pott (1995)	Oberdorfer (2001)	Rennwald (2000)	vgl. Kap.
Salicetea purpureae	**Salicetea purpureae**	**Salicetea purpureae**	4.14.2
Alnetea glutinosae *Alnion glutinosae*	**Alnetea glutinosae** *Alnion glutinosae*	**Alnetea glutinosae** *Alnion glutinosae*	4.14.3.1
Franguletea *Salicion cinereae*	*Salicion cinereae*	**Franguletea** *Salicion cinereae*	4.14.4
Erico-Pinetea	**Erico-Pinetea**	**Erico-Pinetea**	4.15.1
Pulsatillo-Pinetea	**Pulsatillo-Pinetea**	(s. nächste Zeile)	4.15.1
Vaccinio-Piceetea *Dicrano-Pinion* (**exkl.** Pulsatillo-Pinetea*)* *Piceeion excelsae (=Vaccinio-Piceion)*	**Vaccinio-Piceetea** *Dicrano-Pinion* (**exkl.** Pulsatillo-Pinetea) *Vaccinio-Piceion*	**Vaccinio-Piceetea** *Dicrano-Pinion* (**inkl.** Pulsatillo-Pinetea) *Piceion abietis (= Vaccinio-Piceion)*	4.15.1 4.15.2
Betulion pubescentis	(zu *Dicrano-Pinion*)	**Vaccinio uliginosi-Pinetea** *Betulion pubescentis*	4.14.3.2
Quercetea robori-petraeae Quercetalia roboris *Quercion roboris* (**exkl.** *Luzulo-Fag(en)ion)*	**Querco-Fagetea** Quercetalia roboris *Quercion roboris* (**exkl.** *Luzulo-Fag(en)ion)*	**Querco-Fagetea** Quercetalia roboris *Quercion roboris* *Luzulo-Fagion*	4.12.2 4.13.2.1
Querco-Fagetea Fagetalia *Fagion* 6 Unterverbände, **inkl.** *Luzulo-Fagenion* *Carpinion* *Alnion incanae (= Alno-Ulmion)* *Tilio-Acerion* Quercetalia pubescentis	Fagetalia *Fagion* 6 Unterverbände, **inkl.** *Luzulo-Fagenion* *Carpinion* *Alno-Ulmion* *Tilio-Acerion* Quercetalia pubescentis-petraeae	Fagetalia *Fagion* keine Unterverbände, **exkl.** *Luzulo-Fag(en)ion* *Carpinion* *Alno-Ulmion* *Tilio-Acerion* Quercetalia pubescentis-petraeae	4.13.1 4.13.2 4.13.3 4.14.1 4.13.4 4.12.1

Ergänzend sollen hier noch die beiden Ökogramme für wichtige Baumarten (vgl. Schema 4.12.a) bzw. Waldgesellschaften (4.12.b) wiedergegeben werden. Sie sind ähnlich aufgebaut wie die entsprechenden Grünland-Ökogramme von Schema 4.4.b und c.

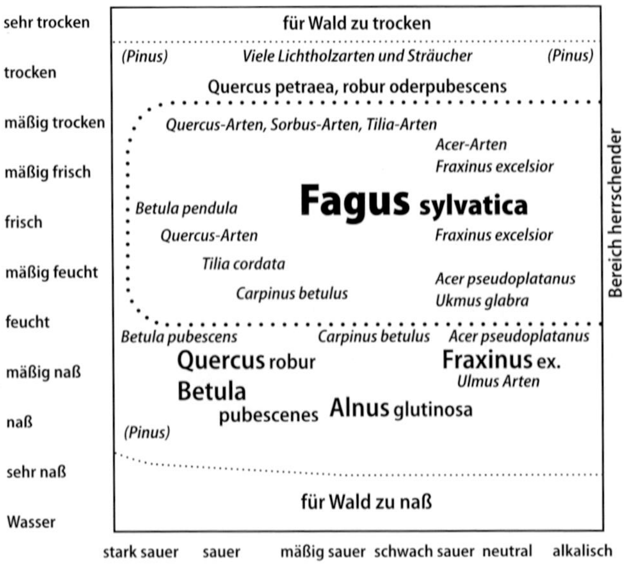

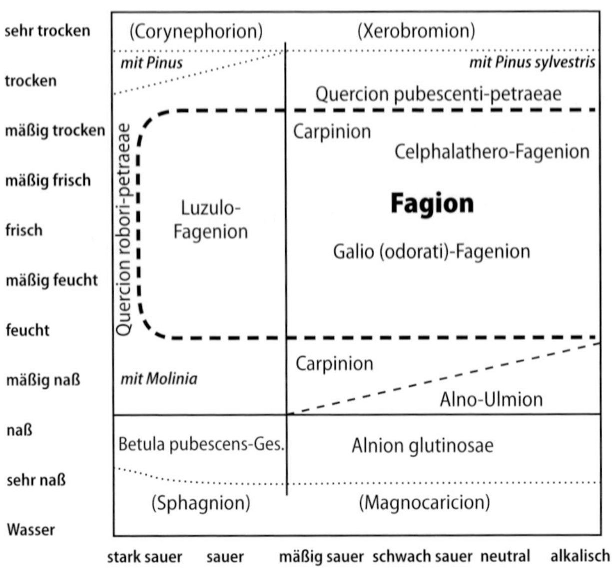

Schema 4.12.a und b: Ökogramme von Bäum[en] und Waldgesellschaften (aus Ellenberg, Vegetation Mitteleuropas mit den Alpen © 1996, Eugen Ulmer KG, Stuttgart, S. 120 bzw. 142; Legende verändert. Entsprechend[e] Diagramme auch in Ellenberg & Leuschner 2010, S. 127 bzw. 234).

a: Konkurrenzbedingte (Haupt-)Vorkommen mitteleuropäischer Bäum[e] in Abhängigkeit von Feuchte und Boden-pH.

Die Schriftgröße drückt ungefähr den G[rad] der Beteiligung an der Baumschicht aus. Man beachte die Dominanz der Buche.

b: Ungefährer Feuchte- und pH-Bereich der (Unter-)Verbände mitteleuropäischer Laubwaldgesellschaften.

Das Carpinion „oberhalb" des Fagion entspricht im Wesentlichen dem Galio-Carpinetum, das mäßig nasse Carpinion großenteils dem Stellario-Carpinetum (vgl. 4.13.3). – Mit „Sphagnion" sind Hochmo[ore] gemeint.

In den folgenden Abschnitten sind die Bäume, dann die Sträucher unabhängig von der alphabetischen Reihenfolge zuerst genannt, weil sie gewissermaßen definierend sind. Wo die Kapiteleinteilung nicht dem pflanzensoziologischen System entspricht, ist bei den Überschriften kein Syntaxon angegeben.

4.12 Eichenwälder

Die hier zusammengefassten Wälder sind von der Gattung *Quercus* geprägt und ähneln sich physiognomisch in ihrer offenen Struktur und ihrem oft dichten krautigen Unterwuchs, dem zumeist Arten der Säume beigemischt sind. Krüppelig wachsende Bestände sind nicht selten. Eichenwälder bevorzugen ± trockene Standorte (F-Wert sehr häufig 4) der collinen Stufe (T-Werte oft 6 bis 7) und stocken oft auf wenig entwickelten Böden. Ansonsten aber haben die beiden im Folgenden unterschiedenen Typen wenig gemein und sind auf hoher syntaxonomischer Ebene voneinander geschieden.

4.12.1 Thermophile Eichenwälder (Quercetalia pubescentis)

Die namensgebende Flaum-Eiche (*Quercus pubescens*) ist in Deutschland sehr selten und wird meist durch die Trauben-Eiche (*Qu. petraea*) ersetzt[71]. Die Stiel-Eiche (*Qu. robur*) ist nur selten vertreten. Dies mag daran liegen, dass sie tiefgründige Böden bevorzugt, während die thermophilen Eichenwälder vor allem auf flachgründigen, sonnenexponierten Hanglagen zu finden sind. Selten (und deshalb hier nicht weiter behandelt) und stets vereinzelt, aber charakteristisch können sehr lokal und/oder in bestimmten Assoziationen noch weitere Gehölze vertreten sein: Strauchige Kronwicke (*Hippocrepis [Coronilla] emerus*), Buchsbaum (*Buxus sempervirens*) oder Wilder Birnbaum (*Pyrus pyraster*; auch in Auwäldern!).
Die Krautschicht ist artenreich, aber gegenüber Geranion-Arten schlecht abzugrenzen (vgl. 4.10.1.2). Interessant ist, dass sowohl mediterrane als auch kontinentale Arten relativ ausgeprägt vertreten sind. Säurezeiger, wie sie für die folgende Gesellschaft (4.12.2) typisch sind, fehlen dagegen weitestgehend.

71 Daher ist vielfach auch der Name *Quercetalia pubescentis-petraeae* im Gebrauch. – Die in der Literatur immer wieder erwähnten Bastarde *Qu. petraea x Qu. pubescens (Qu. x calvescens = Qu. x streimii)* bedürfen im Einzelnen der Nachprüfung; *Qu. petraea* ist bezüglich ihrer Behaarung sehr polymorph.

(308) *Acer monspessulanum* (Französischer Ahorn)

Kennzeichen: *Sapindaceae (Aceraceae).* Blätter gegenständig, 3-lappig, die Lappen ganzrandig. Geflügelte Spaltfrüchte, Flügel ± parallel. IV. Im Bild oben.
Zeigercharakter: OC Quercetalia pubescentis. Im Berberidion Zeiger für besonders thermophile Ausprägungen.
Ellenberg-Zahlen: L6, T8, K4, F3, R8, N2 – M2, Ä3
Bemerkungen: Nur an Rhein (und Seitentäler) und Main. Verwechslungen sind allenfalls mit dem gesellschaftsvagen *A. campestre* (Feld-Ahorn, im Bild unten) möglich, dessen Blätter aber fast immer 5-lappig sind. Außerdem ist *A. c.* milchsaftführend.

(309) *Quercus pubescens* (Flaum-Eiche)

Kennzeichen: *Fagaceae.* Typische, gelappte Eichenblätter, diese zumindest unterseits wie die jungen Äste dicht flaumig behaart, ein Großteil der Haare verzweigt oder büschelig, die einzelnen Strahlen > 0,3 mm. IV-V.
Zeigercharakter: AC in Quercetalia pubescentis. Nur in wärmsten Lagen. Mediterranes Element. Wertbestimmend.
Ellenberg-Zahlen: L(7), T8, K4, F3, R7, Nx – M2, Ä4
Bemerkungen: Zu den beiden anderen, ähnlichen Arten vgl. *(316) Qu. petraea* und *(317) Qu. robur.*

(310) *Sorbus torminalis* (Elsbeere)

Kennzeichen: *Rosaceae.* Blätter wechselständig, jederseits mit 3–4 spitzen, gezähnten Lappen. Spreite dabei bei den untersten Lappen auf die Hälfte (oder tiefer) eingeschnitten, beiderseits ± kahl. Blüten weiß, in Schirmrispen. Griffel 2. Frucht zuletzt bräunlich.
Zeigercharakter: OC Quercetalia pubescentis. Als Wärmezeiger auch in anderen Laubwäldern.
Ellenberg-Zahlen: L4, T7, K4, F4, R7, N4 – M5, Ä4
Bemerkungen: Ähnliche Ökosoziologie haben auch *S. aria* (Mehlbeere) mit ovalen, ungeteilten, gesägten, unterseits weißfilzigen Blättern sowie die seltene (M3; wertbestimmend) *S. domestica* (Speierling), deren Blätter einer Eberesche sehr ähnlich sind.

(311) *Lathyrus niger* (Schwarzwerdende Platterbse)

Kennzeichen: *Fabaceae.* Blüten purpurn, selten bläulich. Stängel ungeflügelt. Blätter mit ± 6 Fiederpaaren, ohne Endfieder und Ranke. Fiedern elliptisch, beim Trocknen schwarz werdend. 30–80 cm. V-VII.
Zeigercharakter: OC Quercetalia pubescentis. Submediterran-kontinentale Art. Wertbildend.
Ellenberg-Zahlen: L5, T6, K4, F3, R7, N3 – M4, Ä4
Bemerkungen: Gewissermaßen vikariierend zu *(321) L. linifolius.*

(308) Acer monspessulanum (oben) und Acer campestre (unten)

(309) Quercus pubescens

(310) Sorbus torminalis

(311) Lathyrus niger

(312) *Lithospermum [Buglossoides] purpurocaeruleum* (Blauroter Steinsame, Rindszunge)

Kennzeichen: *Boraginaceae*. Blüten erst rot, dann tiefblau. Teilfrüchte 4–5 mm lang, porzellanartig weiß glänzend. Triebe bogenförmig liegend und an der Spitze einwurzelnd, nur Blütentriebe aufrecht. Blätter 4–8-mal so lang wie breit. 10–40 cm. IV-VI.
Zeigercharakter: OC Quercetalia pubescentis, auch im Berberidion. Submediterranes Element. Wertbildend.
Ellenberg-Zahlen: L5, T7, K4, F4, R7, N4 – M3, Ä3
Bemerkungen: Die niederliegenden, beblätterten Triebe sind unverkennbar.

(313) *Melittis melissophyllum ssp. melissophyllum* (Immenblatt)

Kennzeichen: *Lamiaceae*. Blüten 30–45 mm lang, weißlich rosa mit rötlichen Flecken, zu 1–3 in den Achseln normal entwickelter, nesselartiger Laubblätter. Kelch 15–20 mm, ± 2-lippig, weitglockig. 20–40 cm. V-VII.
Zeigercharakter: OC Quercetalia pubescentis. Submediterranes Element. In Fagetalia-Gesellschaften Wärmezeiger. Wertbildend.
Ellenberg-Zahlen: L5, T7, K2, F4, R6, N3 – M3, Ä4?
Bemerkungen: Die Blüten sind unverkennbar.

(314) *Potentilla alba* (Weißes Fingerkraut) (!!)

Kennzeichen: *Rosaceae*. Blüten weiß, mit Außenkelch. Grundblätter 5-zählig gefingert, oberseits auffällig dunkelgrün, unterseits seidig behaart. 10–20 cm. IV-VI.
Zeigercharakter: AC in Quercetalia pubescentis. Kontinentalitätszeiger. Wertbestimmend.
Ellenberg-Zahlen: L6, T6, K5, F4, R5, N5 – M3, Ä2
Bemerkungen: Einzige weiß blühende *Potentilla* mit 5-zähligen Blättern außerhalb der Alpen.

(315) *Tanacetum corymbosum* (Gewöhnliche Straußmargerite)

Kennzeichen: *Asteraceae*. Köpfe 20–30 mm Durchmesser, in ± vielköpfiger Schirmrispe. Frucht ohne Pappus. Blätter 1–2-fach fiederschnittig, geruchlos. 50–100 cm. VI-VIII.
Zeigercharakter: OC Quercetalia pubescentis, als soziologische Kennart aber nicht sehr zuverlässig. Submediterran-kontinental. In Fagetalia-Gesellschaften Wärmezeiger.
Ellenberg-Zahlen: L6, T7, K5, F4, R5, N5 – M4, Ä3

▶ *Weitere Art: (330*) Melica picta*. Auch Arten des Geranion finden sich regelmäßig, vgl. den einleitenden Absatz zu 4.12.1.

(312) Lithospermum purpurocaeruleum

(313) Melittis melissophyllum ssp. melissophyllum

(314) Potentilla alba

(315) Tanacetum corymbosum

4.12.2 Bodensaure Eichenwälder (Quercetea robori-petraeae)

Diese Gesellschaften stocken bevorzugt auf sauren, nährstoffarmen Standorten. Auf tiefgründigen Sanden dominiert dabei in der Regel die Stiel-Eiche, die Trauben-Eiche findet sich vor allem auf flachgründigen Verwitterungsböden (vgl. 4.12.1). Häufig beigesellt sind Hänge-Birke (daher auch die alternative deutsche Bezeichnung „Birken-Eichen-Wälder") und Eberesche, aber auch die Buche kann wesentlichen Anteil haben. Eigene krautige Charakterarten sind dünn gesät, die meisten der häufigeren Taxa sind einfach Säurezeiger (vgl. die unten angeführten „*weiteren Arten*" aus 5.5) oder zumindest „gleichzeitig" auch Kennarten der sauren Säume (vgl. 4.10.1.4). Ist dies nicht der Fall, d. h.: sind Arten der anspruchsvolleren Wälder vertreten, besteht der Verdacht, dass die Eiche an diesem Standort anthropogen gefördert wurde (vgl. 4.13.3). Erster Anzeiger für einen solchen Verdacht ist z. B., wenn *(540) Deschampsia flexuosa* von *(333) Poa nemoralis* bzw. gar von *(330) Melica uniflora* abgelöst wird, oder *(318) Hieracium lachenalii* von *(318*) H. murorum*. Solche Eichenwälder mit Buchenwald-Unterwuchs sind ein gutes Beispiel dafür, dass der krautige Unterwuchs zur Beurteilung einer Standortpotenz besser geeignet ist als die Baumschicht: Er wird nicht gezielt vom Menschen verändert. Hinzu kommt, dass viele Bäume gegen ökologische Faktoren relativ indifferent und als Zeigerart schon deshalb von geringer Aussagekraft sind.
Die syntaxonomische Klasse besteht nur aus einem Verband, *Quercion roboris* (oder *Qu. robori-petraeae*). Die arealgeografische Grundtendenz ist subatlantisch.

Die Möglichkeit, die Hainsimsen-Buchenwälder hier einzugliedern, wird in 4.13.2.1 diskutiert.

(316) *Quercus petraea* (Trauben-Eiche)

Kennzeichen: *Fagaceae*. Typische gelappte Eichenblätter, deutlich gestielt und mit keilförmigem Spreitengrund. Blattunterseits mit wenigen mehrschenkeligen Haaren (deren Strahlen -0,2 mm). Früchte sitzend. IV-V.
Zeigercharakter: KC Quercetea robori-petraeae. Oft auf steinigem Substrat. Scheut grundfeuchte Böden.
Ellenberg-Zahlen: L(6), T6, K2, F5, Rx, Nx – M8, Ä5
Bemerkungen: Der F-Wert 5 ist zu hoch. – Zur ähnlichen *(317) Qu. robur* vgl. dort.

(317) *Quercus robur* (Stiel-Eiche)

Kennzeichen: *Fagaceae*. Typische gelappte Eichenblätter, nur sehr kurz gestielt. Spreitengrund gebuchtet, oft geöhrt. Blattunterseits ± völlig kahl. Früchte gestielt. IV-V.
Zeigercharakter: KC Quercetea robori-petraeae. Nur auf tiefgründigen, häufig grundfeuchten Böden, deshalb auch Kennart der Hartholz-Aue (vgl. 4.14.1). Sonst gegenüber Bodenfaktoren indifferent (vgl. auch Schema 4.12.a).
Ellenberg-Zahlen: L(7), T6, K6, Fx, Rx, Nx – M9, Ä5

(316) Quercus petraea

(317) Quercus robur

Bemerkungen: Vgl. *(316) Qu. petraea*. Es gibt alle Übergänge in der Blattform. Das sicherste Unterscheidungsmerkmal steriler Zweige ist die Behaarung der Blattunterseite.

(318) *Hieracium lachenalii* (Gewöhnliches Habichtskraut)

Kennzeichen: *Asteraceae*. Wie *(283) H. laevigatum*, aber Grundblattrosette vorhanden, dafür nur 3–6(-8) Stängelblätter. Hülle drüsig. 30–90 cm. VI-VIII.
Zeigercharakter: VC in Quercetea robori-petraeae.
Ellenberg-Zahlen: L5, T5, Kx, F4, R4, N2? – M8, Ä5
Bemerkungen: Formenreiches Taxon (Formen teilweise mit abweichender Soziologie). – *H. l.* steht hier stellvertretend für eine Reihe ähnlicher *Hieracium*-Arten vergleichbarer Soziologie. Im Übrigen vgl. Anmerkung zu *(283) H. laevigatum*. – Ziemlich selten (M3), aber mit nur (0–)1 wohlentwickeltem Stängelblatt und an den dunkelpurpurn gefleckten Rosettenblättern gut kenntlich ist *H. glaucinum* (Frühblühendes H.). Das diesem ähnliche *H. murorum* (Wald-H.) mit fast immer ungefleckten Blättern ist etwas anspruchsvoller (R5, N4), deshalb seltener in Eichenwäldern, ansonsten aber häufig und ± gesellschaftsvag.

(319) *Hieracium umbellatum* (Doldiges Habichtskraut)

Kennzeichen: *Asteraceae*. Köpfe von gleichem Aussehen wie bei *(283) H. laevigatum*, aber Hüllblätter zurückgekrümmt und Infloreszenz ± doldig. Keine Rosette, zahlreiche Stängelblätter. 50–100 cm. VII-X.
Zeigercharakter: Vor allem in Quercetea robori-petraeae-Gesellschaften. In anderen Gesellschaften Magerkeitszeiger.
Ellenberg-Zahlen: L6, T6, Kx, F4, R4, N2 – M9, Ä5
Bemerkungen: An den genannten Merkmalen gut kenntlich. Ebenfalls spät blühend und mit zahlreichen Stängelblättern ist *H. sabaudum* (Savoyer H.; Infloreszenz rispig, Hüllblätter nicht zurückgebogen; KC Quercetea robori-petraeae).

(320) *Hypericum pulchrum* (Schönes Johanniskraut)

Kennzeichen: *Hypericaceae*. Kelchblätter stumpf, drüsig gesägt (d. h. Drüsen sitzend). Blätter abgerundet 3-eckig. 20–60 cm. VI–VIII.
Zeigercharakter: VC Quercion robori-petraeae. Auch im Luzulo-Fagenion.
Ellenberg-Zahlen: L4, T6, K2, F5, R3, N2 – M6, Ä3?
Bemerkungen: Ähnlich, aber in lichten Wäldern (L5) auf ± basischem Untergrund (R7): *H. montanum* (Berg-J.; Kelchblätter spitz, mit gestielten Drüsen). Auf Waldschlägen (VC Atropion: L7, R8) noch *H. hirsutum* (Behaartes J.) mit behaartem Stängel.

(321) *Lathyrus linifolius* (Berg-Platterbse)

Kennzeichen: *Fabaceae*. Blüten hellpurpurn. Stängel schmal geflügelt. Blätter mit 2–3 Paaren lanzettlich bis linealischer Fiedern, ohne Ranke. 15–30 cm. IV-VI.

(318) Hieracium lachenalii

(319) Hieracium umbellatum

(320) Hypericum pulchrum

Zeigercharakter: KC Quercetea robori-petraeae, aber eher gesellschaftsvag: Als Rohhumus- und Säurezeiger auch in anderen Gehölzen, Säumen oder Wiesen.
Ellenberg-Zahlen: Lx, T5, K2, F5, R3, N2 – M6, Ä4
Bemerkungen: Ähnlich, aber mit breiteren Fiedern und ± ungeflügeltem Stängel *L. vernus* (Frühlings-P.), ein Kalkzeiger (R8) in verschiedenen Fagetalia-Gesellschaften. Vgl. auch Anmerkung zu *(311) L. niger.*

(322) ***Teucrium scorodonia*** (Salbei-Gamander)

Kennzeichen: *Lamiaceae.* Blüten blassgelb, scheinbar ohne Oberlippe, dafür Unterlippe 5-zipfelig. Kelch 2-lippig, mit ungeteilter Oberlippe. Blätter runzelig, gestielt. 30–50 cm. VI-IX.
Zeigercharakter: VC in Quercetea robori-petraeae. Auch in Gebüschen und Säumen (z. B. Melampyrion pratensis, vgl. 4.10.1.4), dort Säurezeiger.
Ellenberg-Zahlen: L6, T5, K2, F4, R2, N3 – M7, Ä5

(323) ***Viola riviniana*** (Hain-Veilchen)

Kennzeichen: *Violaceae.* Pflanze mit aufsteigendem, oberirdischem Stängel. Blüten hellblau mit weißlichem, unterseits gefurchtem Sporn und spitzen Kelchblättern. Spreite deutlich herzförmig, kahl. 5–30 cm. IV-VI.
Zeigercharakter: VC in Quercetea robori-petraeae. Auch (als Moderhumuszeiger) in anderen Gehölzen und Säumen.
Ellenberg-Zahlen: L5, Tx, K3, F4, R4, Nx – M8, Ä5
Bemerkungen: Leicht mit *(336) V. reichenbachiana* zu verwechseln, mit der es durch Übergänge verbunden ist.

▶ *Weitere Arten: (540) Deschampsia flexuosa, (547) Veronica officinalis.*

4.13 Buchen-, Hainbuchen- und Edellaubwälder

Syntaxonomisch gehören diese drei Waldtypen zur Ordnung Fagetalia (die ebenfalls in diese Ordnung gehörige Hartholz-Aue, also das Alno-Ulmion, wird hier allerdings zunächst ausgeklammert und erst in Kap. 4.14 besprochen[72]). Dabei handelt es sich um Laubwälder, die in der Regel dichte Bestände bilden. In ihren ökologischen Ansprüchen tendieren sie,

72 Der Umstand, dass auch die Hartholz-Aue zu den Fagetalia gerechnet werden muss, macht es schier unmöglich, dieser Ordnung auch einen griffigen deutschen Namen zu geben. Weder die vorgeschlagenen Bezeichnungen „Buchen- und Edellaubwälder", noch „mesophytische Laubmischwälder" bzw. das ± gleichsinnige „frische Sommerwälder" umgreifen das gesamte Spektrum. Dieser Schwierigkeiten bewusst, nennen wie die Fagetalia – wo es sich nicht vermeiden lässt – hier „frische Laubwälder".

(321) Lathyrus linifolius

(322) Teucrium scorodonia

(323) Viola riviniana

im Ganzen betrachtet, eher zum Mittelfeld. Die Zeigerwerte umgreifen – wenn man die hochmontanen Syntaxa nicht berücksichtigt – häufig relativ kleine Spannen, wenn man die große Zahl der Fagetalia-Arten bedenkt; das „Hauptfeld" liegt bei L3-4[73], T5-6, K2-4 (die Grundtendenz ist subatlantisch), F5-6, und N4-5; die R-Zahl schwankt stärker. Für eine feinere Gliederung der Wälder sind Zeigerwertberechnungen wegen dieser engen Spannen also mit Vorsicht zu handhaben; zumindest sollte man auf eine große Zahl von Arten zurückgreifen können.

Der Schwerpunkt dieser Wälder liegt im submontanen Bereich. Ansonsten ist der Übergang zu den Eichenwäldern einerseits bzw. zur Hartholz-Aue andererseits durchaus fließend. Buche bzw. Hainbuche kommen oft mit der Eiche vor – der Hainsimsen-Buchenwald ist floristisch (und damit soziologisch) und ökologisch sogar eher ein „Eichenwald" (vgl. 4.13.2.1) –, und mit der Hartholz-Aue haben sie viele der in Kap. 4.13.1 genannten krautigen Arten gemein (weshalb das Alno-Ulmion ja in allen üblichen syntaxonomischen Systemen Bestandteil der Fagetalia ist).

Einige dieser weitverbreiteten Arten sind in Kap. 4.13.1 aufgelistet, bevor die einzelnen Waldtypen mit ihren spezielleren Arten besprochen werden. Trotz der großen Zahl der krautigen Arten, die innerhalb der Fagetalia möglich sind, ist die Zahl der Arten in einer jeweils realen Fläche aber meist gering.

Anhangsweise – in Kap. 4.13.5 – sollen noch drei Typen von Laubgehölzen kurz erwähnt werden, die sich nur auf anthropogenen Standorten finden. Sie haben synsystematisch und ökologisch mit den übrigen Wäldern dieses Kapitels kaum etwas gemein und sind auch unter sich sehr verschieden.

4.13.1 Gemeinsame Arten

Bei vielen der im Folgenden angeführten Arten handelt es sich um Mullbodenpflanzen. Sie bevorzugen also eine ausgereifte, milde Form des Humus (den Mull). Dieser entsteht nur unter bestimmten bodenbiologischen Voraussetzungen, die bei stark saurem Ausgangsgestein nicht gegeben sind. Dort besteht vielmehr die Humusschicht aus Moder[74] (vgl. 4.13.2.1). Insofern ist die Kapitelüberschrift einzuschränken: Den in Kap. 4.13.2.1 behandelten Hainsimsen-Buchenwäldern fehlen die hier genannten Arten weitestgehend. – Viele Arten sind „Mullbodenkriecher", d. h. sie verfügen über Ausläufer oder Kriechtriebe, die in der Mullbodenschicht verzweigte Netze ausbilden; die Arten treten dann truppweise auf. Diese Ausbreitung ist im Wald sehr sinnvoll, da Insekten und Wind als bestäubendes Agens nur mangelhaft zur Verfügung stehen.

4.13.1.1 Arten frischer „Normalstandorte"

Ihre F-Zahl beträgt fast durchweg 5. Im Alno-Ulmion sind sie deshalb – im Gegensatz zu den Arten von Kap. 4.13.1.2 – eher selten.

73 L5 bei Arten, die ihren jährlichen Zyklus vor der Wiederbelaubung der Bäume, also unter günstigen Lichtbedingungen abschließen, z. B. *(348) Scilla*.

74 Zur dritten Humusform (Rohhumus) vgl. 4.6.

(324) *Asarum europaeum* (Haselwurz)

Kennzeichen: *Aristolochiaceae.* Blüten einzeln, braunrot. Blätter zu 2, nierenförmig, oberseits glänzend, immergrün. 5–10 cm. IV-V.
Zeigercharakter: OC Fagetalia. Auf basischen Lehm- und Tonböden. Kontinentalitätszeiger. Wertbildend.
Ellenberg-Zahlen: L3, T6, K5, F5, R7, N6 – M6, Ä5
Bemerkungen: Die Art ist nicht zu verwechseln.

(325) *Campanula trachelium* (Nesselblättrige Glockenblume)

Kennzeichen: *Campanulaceae.* Typische Glockenblüten in ± traubiger, ± allseitswendiger Infloreszenz, 30–40 mm lang, randlich bewimpert. Grundblätter nesselartig gesägt, wie der scharfkantige Stängel steifhaarig. 30–80 cm. VII–VIII.
Zeigercharakter: OC Fagetalia, v. a. auf basenreichen, zuweilen steinigen Lehmböden.
Ellenberg-Zahlen: L4, Tx, K3, F6, R8, N8 – M8, Ä3
Bemerkungen: Die ähnliche, aber wesentlich seltenere (M3) *C. latifolia* (Breitblättrige G.; Blüten meist größer, Stängel stumpfkantig und weichhaarig) findet sich gelegentlich im Tilio-Acerion.

(324) Asarum europaeum

(325) Campanula trachelium

(326) *Carex sylvatica* (Wald-Segge)

Kennzeichen: *Cyperaceae.* Eucarex. 1 ♂ Ähre, ♀ Ähren gestielt, überhängend, dünn und lockerblütig. Schlauch und Schnabel je ca. 2 mm. ± wintergrün. 20–60 cm. IV-VI.
Zeigercharakter: OC Fagetalia. Wird auch als „Feuchtezeiger" bezeichnet, ist aber oft nur Bodenverdichtungszeiger, z. B. an Waldwegen.
Ellenberg-Zahlen: L2, T5, K3, F5, R6, N5 – M8, Ä5
Bemerkungen: Am Standort nicht sehr verwechslungsträchtig.

(327) *Daphne mezereum* (Gewöhnlicher Seidelbast)

Kennzeichen: *Thymelaeaceae.* Strauch mit rosa, 4-zähligen Blüten, diese vor den Blättern erscheinend. Rote Beeren. 40–120 cm. II-IV.
Zeigercharakter: Schwache OC Fagetalia. Basenzeiger. Wertbildend.
Ellenberg-Zahlen: L4, Tx, K4, F5, R7, N5 – M6, Ä4

(328) *Euphorbia amygdaloides* (Mandelblättrige Wolfsmilch)

Kennzeichen: *Euphorbiaceae.* Typische grünliche Wolfsmilch-Scheinblüten mit verwachsenen Hochblättern und sichelförmigen Drüsen. Stängel verholzend. 30–60 cm. IV-V.
Zeigercharakter: OC Fagetalia. Lehm- und Basen- (meist Kalk-)Zeiger. Wertbildend.
Ellenberg-Zahlen: L4, T5, K3, F5, R8?, N5 – M4, Ä4
Bemerkungen: Ökosoziologisch entsprechend auch die krautige *Eu. dulcis* (Süße W.): Stängel oberwärts behaart, Hochblätter 3-eckig, nicht verwachsen (2 ssp.).

(329) *Lamium galeobdolon* s. l. (Goldnessel)

Kennzeichen: *Lamiaceae.* Blüten gelb. Unterlippe mit kleinen, spitzen Seitenzipfeln. Meist mit oberirdischen Kriechtrieben. 15–45 cm. V-VII.
Zeigercharakter: Im ganzen OC Fagetalia; vgl. **Bemerkungen**.
Ellenberg-Zahlen: L3, T5, K4, F5, R7, N5 – M9, Ä5
Bemerkungen: Hierher gehören – auf die natürlichen Standorte bezogen – 3 Taxa. *L. g.* ssp. *flavidum* (ohne Kriechtriebe) ist (hoch)montan (T3), *L. g.* ssp. *montanum* (mit 10–14-zähligen Blüten„quirlen") eher feuchteliebend und nährstoffanspruchsvoll (F6, N6). Die oben angegebenen Werte beziehen sich auf die abgebildete ssp. *galeobdolon* (Quirle meist 6-blütig). – Die Taxa werden auch als Arten einer Gattung *Galeobdolon* behandelt.

(330) *Melica uniflora* (Einblütiges Perlgras)

Kennzeichen: *Poaceae.* Rispe nur aus wenigen Ährchen bestehend. Ligula röhrenförmig verwachsen, der Spreite gegenüber mit 1–3 mm langem Sporn. 30–50 cm. V-VI.
Zeigercharakter: KC Querco-Fagetea. Vor allem in tieferen Lagen und im Westen des Gebiets (K2!). Zu Vorkommen in bodensauren Eichenwäldern vgl. Einleitung zu Kap. 4.12.2.

(326) Carex sylvatica

(327) Daphne mezereum

(328) Euphorbia amygdaloides

(329) Lamium galeobdolon

Ellenberg-Zahlen: L3, T5, K2, F5, R6, N6 – M7, Ä5
Bemerkungen: Insbesondere vor und nach der Blüte, wenn die Rispe etwas zusammengezogen ist, besteht Ähnlichkeit mit *M. nutans* (Nickendes P.) und *M. picta* (Buntes P.); Erstere ist ebenfalls in Querco-Fagetea-Gesellschaften zu finden (aber nicht auf sie beschränkt), Letztere ist sehr wärmebedürftig (T8) und ein seltenes Element der Flaumeichenwälder (M2). Beide haben gegenüber der Spreite keinen Sporn.

(331) *Mercurialis perennis* (Wald-Bingelkraut)

Kennzeichen: *Euphorbiaceae*. Ohne Milchsaft. Pflanze 2-häusig, Blüten mit ca. 10 Staubblättern oder 2 Narben (Frucht daher 2-teilig), in ährenartigen Teilinfloreszenzen. Blätter gegenständig, vor allem in der oberen Stängelhälfte. 15–30 cm. IV-V.
Zeigercharakter: OC Fagetalia. Gerne auf gut durchlüfteten (also auch mit Steinen durchsetzten) Böden. Sehr schattenertragend.
Ellenberg-Zahlen: L2, Tx, K3, Fx, R8, N7 – M8, Ä5

(332) *Milium effusum* (Flattergras)

Kennzeichen: *Poaceae*. Rispe sehr groß (15–30 cm lang), Seitenäste (besonders die unteren) teilweise herabgeschlagen. Ährchen 1-blütig. Blätter 6–15 mm breit, Ligula 3–9 mm. 60–120 cm. V-VII.
Zeigercharakter: Zuverlässiger Fagetalia-Zeiger (OC) auf kalkarmen Böden. Auch als AC des Milio-Fagetum bewertet, vgl. Einleitung zu Kap. 4.13.2.2. – Relativ lichtbedürftig.
Ellenberg-Zahlen: L4, Tx, K3, F5, R5, N5 – M9, Ä5
Bemerkungen: Die große Rispe mit den herabgeschlagenen Ästen ist unverkennbar.

(333) *Poa nemoralis* (Hain-Rispengras)

Kennzeichen: *Poaceae*. Horstbildendes Rispengras[75]. Ährchen 2–5-blütig, Ährchenachse zwischen den Blüten behaart (starke Lupe!). Spreite -2(3) mm breit, teilweise auffällig rechtwinklig abstehend („Wegweisergras", vgl. Abb.). Ligula selten > 0,3 mm. 20–50 cm. VI-VII.
Zeigercharakter: KC Querco-Fagetea (schwach). Kommt regelmäßig in allen möglichen Querco-Fagetea-Gesellschaften vor. Auch in relativ nährstoffarmen Ausprägungen (vgl. Einleitung zu 4.12.2).
Ellenberg-Zahlen: L5, Tx, K5, F5, R5, N4 – M9, Ä5
Bemerkungen: Eine habituell abweichende Sippe mit oft dichter, leicht gelblicher Rispe wächst häufig auf Felsen und Mauern. Entscheidendes Artmerkmal ist die behaarte Ährchenachse.

75 Beachte: „Rispengras" ist sowohl ein Gattungsname (für *Poa*) als auch eine beschreibende Aussage zur Form der Infloreszenz.

(330) Melica uniflora

(331) Mercurialis perennis

(332) Milium effusum

(333) Poa nemoralis

(334) ***Sanicula europaea*** (Sanikel)

Kennzeichen: *Apiaceae.* Mit für diese Familie untypischer Infloreszenz: Dolden wenigstrahlig, Döldchen knopfartig. Blätter tief handförmig geteilt. 20–40 cm. V-VI.
Zeigercharakter: OC Fagetalia, vor allem auf basischen Böden. Wertbildend.
Ellenberg-Zahlen: L4, T5, K3, F5, R8, N6 – M7, Ä5

(335) ***Veronica urticifolia*** (Brennnesselblättriger Ehrenpreis)

Kennzeichen: *Plantaginaceae (Scrophulariaceae).* Blüten meist ± rötlich, schwach zygomorph, Krone und Kelch 4-zählig. Teilinfloreszenzen alle seitenständig. Stängel rundum gleichmäßig behaart. Blätter ± sitzend, nesselartig gesägt. 20–50 cm. VI-IX.
Zeigercharakter: In verschiedenen Laubwaldgesellschaften Süddeutschlands. Montanzeiger. Wertbildend.
Ellenberg-Zahlen: L3, T4, K4, F5, R7, N7 – M3, Ä4
Bemerkungen: Ähnlich *(350) V. montana* mit deutlich gestielten Blättern und auffällig brillenförmiger Frucht (vgl. dort).

(336) ***Viola reichenbachiana*** (Wald-Veilchen)

Kennzeichen: *Violaceae.* Pflanze mit aufsteigendem, oberirdischem Stängel. Blüten (auch der dünne Sporn) violett, mit spitzen Kelchblättern. Spreite deutlich herzförmig, kahl. 10–20 cm. III-V.
Zeigercharakter: OC Fagetalia. Gelegentlich auch in Nadelwäldern, ansonsten aber zuverlässige Kennart.
Ellenberg-Zahlen: L4, Tx, K4, F5, R7, N6 – M9, Ä5
Bemerkungen: Sehr ähnlich die im Eichenwald „vikariierende" *(323) V. riviniana.* Zwischenformen sind im Grenzgebiet nicht selten.

▸ *Weitere Art:* Auch das bekannte Maiglöckchen *(Convallaria majalis)* lässt sich hier einordnen.

4.13.1.2 Feuchtezeiger

Diese Arten haben meist F6-7. Sie sind extra aufgelistet, weil sie fast alle auch für Kap. 4.14.1 übernommen werden können. Soziologisch gehören sie teilweise sogar ins Alno-Ulmion; da sie aber vielfach auch im Tilio-Acerion sowie im Carpinion vorkommen und regelhaft feuchte Ausprägungen von Galio-Fagenion-Gesellschaften kennzeichnen, sind sie bereits hier angeführt. Viele von ihnen sind besonders ausgeprägte Mullbodenpflanzen. Die R- bzw. N-Zahlen sind mit 7–8 oft hoch.

(334) Sanicula europaea

(335) Veronica urticifolia

(336) Viola reichenbachiana

(337) *Adoxa moschatellina* (Moschuskraut)

Kennzeichen: *Adoxaceae.* Blüten unscheinbar grünlich, in fast würfelförmigem Köpfchen. Blätter 2-fach 3-teilig, zu 2–3 am Stängel quirlständig. 5–15 cm. III-IV.
Zeigercharakter: OC Fagetalia. Mullboden- und Nährstoffzeiger.
Ellenberg-Zahlen: L5, Tx, K5, F6, R7, N8? – M8, Ä4

(338) *Allium ursinum* (Bärlauch)

Kennzeichen: *Amaryllidaceae (Liliaceae, Alliaceae).* Blüten weiß, in Dolden. 2(-3) ± grundständige, gestielte Blätter. Mit Knoblauchgeruch. Oft in großen Herden. 15–30 cm. IV-V.
Zeigercharakter: OC Fagetalia. Zeigt häufig Grundwassernähe an (in Auen, Geländemulden, Hangfüßen). Mullboden- und Nährstoffzeiger.
Ellenberg-Zahlen: L2, Tx, K2, F6, R7, N8 – M7, Ä5
Bemerkungen: Die Blätter können mit den geruchlosen, kaum gestielten und steiferen Blättern des Maiglöckchens verwechselt werden. – Zu *(179*) A. scorodoprasum* vgl. dort.

(339) *Anemone ranunculoides* (Gelbes Windröschen)

Kennzeichen: *Ranunculaceae.* Blüten gelb, zu (1-)2. Stängelblätter in 3-zähligem Quirl, fast sitzend, eingeschnitten 3-teilig. 10–20 cm. IV-V.
Zeigercharakter: OC Fagetalia. Besonders auf grundfeuchten Standorten. Mullboden- und Nährstoffzeiger. Trotz weiter Verbreitung wertbildend.
Ellenberg-Zahlen: L3, T6, K4, F6, R8, N8 – M7, Ä5
Bemerkungen: *A. nemorosa* (Busch-Windröschen; Blüten weiß, meist einzeln. Stängelblätter 1 cm lang gestielt) ist eine unspezifische Querco-Fagetea-Art, die sich auch in Gebüschen und auf Wiesen findet. Gegenüber den meisten ökologischen Faktoren ist sie indifferent.

(340) *Arum maculatum* (Aronstab)

Kennzeichen: *Araceae.* Typischer Kolben mit sehr kleinen Blüten, umhüllt von einem tütenförmigen, auffälligen Hochblatt. Blätter pfeilförmig, gelegentlich dunkel gefleckt. 15–30 cm. IV-V.
Zeigercharakter: OC Fagetalia, vor allem im Carpinion. Mullboden- und Nährstoffzeiger.
Ellenberg-Zahlen: L3, T6, K2, F7, R7, N8 – M8, Ä5

(341) *Circaea lutetiana* (Gewöhnliches Hexenkraut)

Kennzeichen: *Onagraceae.* Blüten klein, weiß, 2-zählig, in Trauben, ohne Tragblätter. Blätter gegenständig, am Grund ± gestutzt, gezähnelt. 20–50 cm. VI-VII.
Zeigercharakter: Gilt als schwache VC Alno-Ulmion, ist aber eher zuverlässiger Feuchtezeiger in Wäldern als soziologische Kennart. Häufig an aufgelichteten Stellen.

(337) Adoxa moschatellina

(338) Allium ursinum

(339) Anemone ranunculoides

(340) Arum maculatum

Ellenberg-Zahlen: L4, T5, K3, F6, R7, N7 – M9, Ä5
Bemerkungen: Ähnlich sind 2 weitere seltene *Circaea*-Arten mit ± deutlich herzförmigem Spreitengrund und kleinen, hinfälligen Tragblättern.

(342) *Corydalis cava* (Hohler Lerchensporn)

Kennzeichen: *Papaveraceae*. Blüten zygomorph, rosa, selten weiß, in > 5-zähliger Traube mit ganzrandigen Tragblättern. Stängelblätter zu 2, mehrfach 3-teilig. 10–30 cm. III-V.
Zeigercharakter: OC Fagetalia. Auf nährstoffreichen Lehmböden. Wertbildend.
Ellenberg-Zahlen: L3, T6, K4, F6, R8, N8 – M7, Ä4
Bemerkungen: Ähnlich *C. solida* (Gefingerter L.) mit fingerförmig eingeschnittenen Tragblättern. Ebenfalls OC Fagetalia (v. a. Carpinion), aber zunehmend auch in ruderal beeinflussten Hecken und Gehölzen. *C. intermedia* schließlich (mit wenigblütigen Trauben) wächst in verschiedenen anspruchsvollen Laubwaldgesellschaften; die Vorkommen dieser wertbildenden Art sind stark rückläufig (Ä3).

(343) *Impatiens noli-tangere* (Großes Springkraut)

Kennzeichen: *Balsaminaceae*. Blüten 20–30 mm, zygomorph, gelb, mit langem, gebogenem Sporn. Reife Frucht bei Berührung aufplatzend. Blätter wechselständig. Stängel auffällig glasig. 30–80 cm. VI-VIII.
Zeigercharakter: VC Alno-Ulmion, auch in Glechometalia. Zuverlässiger Feuchtezeiger in Wäldern, oft zusammen mit *(349) Stachys sylvatica*.
Ellenberg-Zahlen: L4, T5, K5, F7, R7, N6 – M9, Ä5
Bemerkungen: *I. parviflora* (Blüten -10 mm, Sporn gerade) zeigt im Wald einen stärker ruderalen Aspekt an (vor allem in Glechometalia, vgl. 4.17.3.1). – Vgl. auch *(588) I. glandulifera*.

(344) *Lathraea squamaria* (Schuppenwurz)

Kennzeichen: *Orobanchaceae (Scrophulariaceae)*. Pflanze völlig ohne Blattgrün, ± rosa bis weißlich. Blüten in einseitswendiger Traube. 10–25 cm. III-IV.
Zeigercharakter: KC Querco-Fagetea, aber vor allem im Alno-Ulmion, auch in Schluchtwäldern. Schmarotzt auf den Wurzeln von Erle, Hasel und Pappel. Wertbildend.
Ellenberg-Zahlen: L3, T5, K3, F6, R7, N6 – M5, Ä3
Bemerkungen: Außerhalb unseres Gebietes (von 3 Fundpunkten in Bayern abgesehen) auch auf Fichte (ssp. *tatrica*).

(345) *Paris quadrifolia* (Einbeere)

Kennzeichen: *Melianthaceae (Liliaceae, Trilliaceae)*. Blüten einzeln. Blätter fast immer 4, scheinwirtelig angeordnet und netznervig. 10–30 cm. V (Abb. s. S. 301).
Zeigercharakter: OC Fagetalia (schwach). Grund- oder Sickerwasserzeiger, vor allem im Alno-Ulmion sowie in feuchten Gesellschaften des Fagion oder Carpinion.
Ellenberg-Zahlen: L3, Tx, K4, F6, R7, N7 – M8, Ä4
Bemerkungen: Unverwechselbarer Habitus.

(341) Circaea lutetiana

(342) Corydalis cava

(343) Impatiens noli-tangere

(344) Lathraea squamaria

(346) *Pulmonaria obscura* (Dunkles Lungenkraut)

Kennzeichen: *Boraginaceae.* Blüten erst rot, dann blau, mit ausgebreiteten Kronzipfeln, ohne Schlundschuppen. Kelch höchstens bis zur Mitte geteilt. Spreiten der grundständigen Sommerblätter (hier nicht im Bild) abgerundet bis schwach herzförmig, oberseits mit Stachelhöckerchen, ohne weißliche Flecken, meist kürzer als ihr Stiel. 15–30 cm. III-IV.
Zeigercharakter: OC Fagetalia. Lehm- und Grund- oder Sickerwasserzeiger.
Ellenberg-Zahlen: L4, T5, K6?, F6, R8, N7 – M8, Ä5
Bemerkungen: *P. officinalis* (Echtes L.) hat ähnliche ökologische Ansprüche und ist ebenfalls OC Fagetalia. Dort sind die Spreiten fast stets weißlich gefleckt und meist länger als ihr Stiel. Die anderen *P.*-Arten haben lanzettliche, in den Stiel verschmälerte Grundblätter; sie sind meist ebenfalls Arten der Wälder, aber viel seltener (M1-3, teilweise !!).

(347) *Rumex sanguineus* (Hain-Ampfer)

Kennzeichen: *Polygonaceae.* Blüten unscheinbar, geknäuelt an zahlreichen ährenartigen Ästen. Perigon 2 x 3-zählig, die 3 inneren Perigonblätter schmal-länglich (davon eines mit Schwiele), die 3-kantige Frucht einhüllend. 30–60 cm. VII-VIII.
Zeigercharakter: AC im Alno-Ulmion, aber eher Vernässungs- und Bodenverdichtungsanzeiger in Laubwäldern allgemein. Oft auf gestörten Standorten mit Saum-Charakter.
Ellenberg-Zahlen: L4, T6, K2, F8, R7, N7 – M8, Ä5
Bemerkungen: Ähnlich *R. conglomeratus* (Knäuel-Ampfer; alle inneren Perigonblätter mit Schwiele) auf noch stärker gestörten und aufgelichteten Stellen (L8!). Vgl. auch *(526) R. crispus*.

(348) *Scilla bifolia* (Zweiblättriger Blaustern)

Kennzeichen: *Asparagaceae (Liliaceae).* Blüten blau, zu 2–7 in traubiger Infloreszenz. Stängel rund. Blätter meist 2. 10–20 cm. III-IV, nach der Blüte schlaff auf dem Boden liegend.
Zeigercharakter: KC Querco-Fagetea, jeweils nur in feuchten Ausprägungen (v. a. Hartholz-Aue). Wertbildend.
Ellenberg-Zahlen: L5, T7, K5, F7, R7, N6 – M3, Ä3
Bemerkungen: Häufig verwildert sind Zierpflanzen der Gattungen *Scilla* (Stängel kantig und/oder Blätter > 2) und der nah verwandten *Hyacinthoides* (Hasenglöckchen; Kronblätter basal verwachsen).

(349) *Stachys sylvatica* (Wald-Ziest)

Kennzeichen: *Lamiaceae.* Blüten purpurn, in 4–10-zähligen Scheinquirlen. Spreiten nesselartig, lang gestielt, mit herzförmigem Grund, unangenehm riechend. 30–100 cm. VI-IX.
Zeigercharakter: VC Alno-Ulmion (schwach). Eher Feuchtezeiger in Wäldern oder in waldnahen Staudenfluren und Krautsäumen (oft zusammen mit *(343) Impatiens noli-tangere*) oder *(341) Circaea lutetiana*).
Ellenberg-Zahlen: L4, Tx, K3, F7, R7, N7 – M9, Ä5

(345) Paris quadrifolia

(346) Pulmonaria obscura

(347) Rumex sanguineus

(348) Scilla bifolia

Bemerkungen: Ähnlich, aber viel seltener (M3, Ä3) *St. alpina* (Alpen-Z.) mit meist > 10-zähligen Quirlen. Sie findet sich vor allem auf Waldverlichtungen der montanen Lagen (Atropion), ist aber nicht auf die Alpen beschränkt.

(350) *Veronica montana* (Berg-Ehrenpreis)

Kennzeichen: *Plantaginaceae (Scrophulariaceae).* Blüten blau, schwach zygomorph, Krone und Kelch 4-zählig. Frucht auffällig brillenförmig. Teilinfloreszenzen alle seitenständig. Stängel rundum gleichmäßig behaart. Blätter deutlich gestielt. 20–50 cm. VI-IX.
Zeigercharakter: Schwache AC im Alno-Ulmion (vgl. Abb. *(388)*). Auch Feuchtezeiger in anderen Laubwäldern. Wertbildend. – Trotz des Namens *kein* Montanzeiger.
Ellenberg-Zahlen: L4, T5, K2, F7, R5, N6 – M6, Ä3
Bemerkungen: Habituell ähnlich *(335) V. urticifolia* mit oft rötlichen Blüten und ± ungestielten Blättern.

► *Weitere Art: (147*) Salvia glutinosa.*

4.13.2 Buchenwälder (Fagion)

Die Buche ist, wie einleitend bereits betont, von allen einheimischen Laubbäumen am konkurrenzkräftigsten. Deshalb kann sie es sich gewissermaßen erlauben, vor allem dort zu wachsen, wo die ökologischen Bedingungen ihren Ansprüchen am besten gerecht werden, mit anderen Worten: physiologisches und ökologisches Optimum entsprechen sich. Damit steht die Buche innerhalb der mitteleuropäischen Laubbäume ziemlich isoliert. Alle anderen Laubbäume (und die Kiefer) werden von der Buche ± in Randbereiche abgedrängt (vgl. auch Schema 4.12.a).
Deshalb sind ausgereifte, typische Buchenwälder (im Gegensatz z. B. zu Edellaubwäldern) sog. *Hallenwälder.* Die Buche, die wegen der Schattenverträglichkeit ihres Jungwuchses dicht stehen kann (im Gegensatz etwa zu Eichen), dominiert unbedingt. Die Bäume bilden deshalb auch keine „Stockwerke“ aus. Sträucher fehlen weithin. Der „Waldraum“ wird somit nur von den säulenartigen Stämmen der Buchen gegliedert.
Trotz dieser physiognomischen Einheitlichkeit dürfte die Zahl der beschriebenen Waldgesellschaften mit (anteiliger) Buche wahrscheinlich über hundert sein, zumal dann, wenn man auch die aus dem Blickwinkel der forstlichen Praxis aufgestellten Gesellschaften berücksichtigt. Dies hat mehrere Ursachen: Die Buche ist indifferent gegenüber Bodenfaktoren und kommt auf sauren Gesteinen wie auch auf Kalk (allerdings nicht immer in gleicher Wüchsigkeit) vor; sie bevorzugt zwar die submontane Stufe, ist ansonsten aber über einen weiten Höhenbereich konkurrenzfähig; und es gibt zahlreiche, oft regional auftretende Kombinationen im krautigen Unterwuchs, deren Zusammenstellung nicht immer voraussagbar ist, die aber herangezogen werden können, um floristisch definierte Buchenwälder zu unterscheiden.
Eine erste Großgliederung des Fagion umfasst bei vielen Autoren fünf bis sechs meist als Unterverbände geführte Syntaxa. Von diesen wollen wir im Folgenden die ersten 3 näher betrachten, die hochmontanen Formen nur summarisch erwähnen.

(350) Veronica montana

(349) Stachys sylvatica

- *(sub)montan:*
  - auf (stark) sauren Böden: Luzulo-Fagenion (4.13.2.1)
  - auf ± schwach sauren bis schwach basischen Böden: Galio-Fagenion (4.13.2.2)
  - auf ± kalkigen Böden, zumeist auf warmen, trockenen Hängen: Cephalanthero-Fagenion (4.13.2.4)
- *hochmontan (bis subalpin)* (4.13.2.3):
  - Aceri-Fagenion
  - Galio-Abietenion
  - (Lonicero alpigenae-Fagenion)

Rennwald (2000) weicht von dieser Gliederung in zwei wesentlichen Punkten ab: (a) Das Luzulo-Fagenion ordnet er bei den Quercetalia roboris ein; ein sicher berechtigtes Vorgehen (vgl. dazu 4.13.2.1). (b) Alle übrigen Unterverbände werden nicht mehr unterschieden, sondern in einem weitgefassten Fagion gebündelt. Auch dieses Vorgehen – nach Ausschluss des Luzulo-Fagenion! – ist sinnvoll, wenn man die gleitenden Übergänge zwischen dem typischen Waldmeister-Buchenwald einer- und den montanen Buchenwäldern bzw. Orchideen-Buchenwäldern andererseits berücksichtigt (vgl. auch Tab. 4.12.a).

Eine grafische Übersicht über die einzelnen Buchenwälder und andere Fagetalia-Gesellschaften bietet Schema 4.13.a.

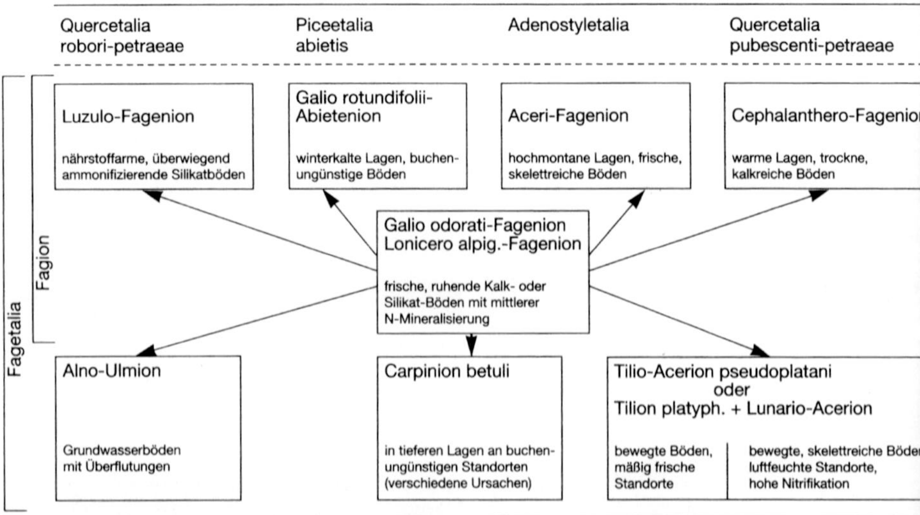

Schema 4.13.a: Die öko-soziologischen Beziehungen der Fagetalia-Syntaxa (nach Wilmanns 1998).

4.13.2.1 Hainsimsen-Buchenwälder (Luzulo-Fagenion)

Dass dieser Waldtyp überhaupt hier eingeordnet ist, verdankt er vor allem der normativen Kraft der Buche als bestandsbildender Baumart. Auch physiognomisch entspricht er einer Fagion-Gesellschaft, insofern, als er den Typus des Hallenwaldes repräsentieren kann (obwohl Trauben-Eiche oder Eberesche beigemischt sein können). Was jedoch den krautigen Unterwuchs betrifft, so fällt er völlig aus dem Rahmen – nicht nur des Fagion, sondern der Fagetalia überhaupt. Er ist außerordentlich artenarm und besteht im Wesentlichen aus Säurezeigern, die wir auch aus anderen Gesellschaften kennen. Weitaus die meisten der in Kap. 4.13.1 angeführten Arten wird man nie vorfinden, denn diese hatten wir ja als Mullbodenpflanzen zusammengefasst, während die vorherrschende Humusform des Luzulo-Fagenion der Moder ist, eine stärker saure Humusform mit anderer Kleinstlebewelt und – damit zusammenhängend – einer weitaus geringeren Nitrat-Mineralisation („Fruchtbarkeit"). Man könnte die Hainsimsen-Buchenwälder also auch als *Moder-Buchenwälder* den in den Folgekapiteln (bis 4.13.2.4) behandelten *Mull-Buchenwäldern* gegenüberstellen. Bei konsequenter Beachtung des Unterwuchses ist das Luzulo-Fagenion deshalb auch keine Fagetalia-, sondern eine Quercetea-robori-petraeae-Gesellschaft (wo man sie auch zunehmend in der soziologischen Literatur eingeordnet findet, vgl. 4.13.2)[76]. Wegen dieser Artenarmut ist die Gesellschaft auch wenig gegliedert: Man unterscheidet meist nur

76 Auch bezüglich des Vorkommens von Großpilzen ähneln sich die bodensauren Buchen- und Eichenwälder viel stärker als das Luzulo-Fagenion mit den übrigen Buchenwäldern.

eine oder zwei Assoziationen mit vielleicht einem halben Dutzend Ausprägungen, die sich z. B. im Anteil der Trauben-Eiche unterscheiden.
Einzige Kennart[77] der Gesellschaft ist die namensgebende Hainsimse, die allerdings auch in anderen Laubwäldern vorkommen kann und dort die bodensauren Ausprägungen kennzeichnet. Diagnostisch von Bedeutung sind zudem die unter „weitere Arten" angeführten, meist gesellschaftsvagen Säurezeiger sowie das weitgehende Fehlen der unter 4.13.1 genannten Taxa. Zur Buche selbst vgl. *(352)*.

(351) *Luzula luzuloides* (Weiße Hainsimse)

Kennzeichen: *Juncaceae*. Blüten 3-zählig, weißlich, unscheinbar, in zahlreichen 2–8-blütigen Büscheln. Tragblatt der Infloreszenz mindestens so lang wie diese. Blätter grasartig, meist 3–4 mm breit, besonders basal lang bewimpert. 30–60 cm. VI-VII (Abb. s. S. 307).
Zeigercharakter: AC im Luzulo-Fagenion.
Ellenberg-Zahlen: L4, Tx, K4, F5, R3, N4 – M8, Ä5
Bemerkungen: Auch *L. sylvatica* (Wald-Hainsimse; R4) und *L. pilosa* (Behaarte Hainsimse; R5) haben einen Verbreitungsschwerpunkt im Luzulo-Fagenion (ohne anderen Waldtypen zu fehlen); bei beiden sind die Blätter 6–8 mm breit, bei *L. pilosa* sind die Blüten zudem vereinzelt.

▶ *Weitere Arten: (161) Carex pilulifera, (320) Hypericum pulchrum, (416) Oxalis acetosella, (540) Deschampsia flexuosa, (544) Maianthemum bifolium, (546) Vaccinium myrtillus, (547) Veronica officinalis, (584*) Calamagrostis arundinacea*; vgl. auch *(285) Melampyrum pratense* und *(413) Hypopitys monotropa.*

Die Hainsimsen-Buchenwälder werden – auch in diesem Buch – häufig als „bodensaure Buchenwälder" bezeichnet. Dies ist natürlich richtig, doch können auch Waldmeister-Buchenwälder durchaus auf sauren Gesteinen stocken, wenngleich der Säurecharakter bei diesen nicht so ausgeprägt ist. Entscheidend ist, dass keine Mullböden entwickelt sind (vgl. 4.13.1).

4.13.2.2 Waldmeister-Buchenwälder (Buchenwälder mittlerer Standorte; Galio-Fagenion)

Hierunter fallen die weitaus meisten der in Kap. 4.13.2 erwähnten „zahlreichen Gesellschaften". Welcher syntaxonomischen Kategorie (von Assoziation abwärts) diese zuzuordnen sind, kann hier nicht weiter diskutiert werden; wir sprechen deshalb neutral von „Gesellschaften" oder „Ausprägungen". Deren reiche Differenzierung beruht hauptsächlich auf dem pH-Wert des Untergrundes (vgl. unten), der Bodenart und dem Bodentyp sowie der Wasserversorgung (in geringerem Maße auch auf der Höhenlage); deren Bezeichnung leitet sich von einer oder wenigen kennzeichnenden Art(en) ab. Der Artenreichtum ist stets größer als der der Hainsimsen-Buchenwälder, im Übrigen aber sehr unterschiedlich. Viele der in Kap. 4.13.1 genannten Arten haben hier ihren Schwerpunkt, sodass hier (und in den folgenden Abschnitten) nur wenige Arten zusätzlich genannt werden müssen.

77 Es gibt allerdings eine Reihe kennzeichnender Kryptogamen.

Zwei Assoziationen des Unterverbandes sollen kurz erwähnt werden – sie begrenzen das Galio-Fagenion gewissermaßen oben und unten: Das *Milio-Fagetum* auf eher sauren Böden mit *(332) Milium effusum* als Kennart enthält nur relativ wenige krautige Fagion-Arten und erinnert insofern an das Luzulo-Fagenion. Das *Hordelymo-Fagetum* auf eher basischen Böden andererseits hat schon gewisse floristische Ähnlichkeit mit dem Cephalanthero-Fagenion, von dem es sich aber durch insgesamt höhere Feuchte-Ansprüche unterscheidet. Neben *(357) Hordelymus europaeus* als AC sind z. B. auch die bereits genannten Arten *(321*) Lathyrus vernus*, *(324) Asarum europaeum*, *(325) Campanula trachelium* oder *(334) Sanicula europaea* typisch.

(352) *Fagus sylvatica* (Buche)

Kennzeichen: *Fagaceae*. Blätter (fast) ganzrandig, jung etwas gewellt. Borke glatt, grau. Charakteristische Früchte („Bucheckern"). IV-V.
Zeigercharakter: KC Querco-Fagetea, in reinen oder doch überwiegenden Beständen VC Fagion.
Ellenberg-Zahlen: L(3), T5, K2, F5, Rx, Nx – M9, Ä5

(353) *Cardamine [Dentaria] bulbifera* (Zwiebel-Zahnwurz)

Kennzeichen: *Brassicaceae*. Blüten meist hellviolett. Untere Blätter 5-zählig gefiedert, obere 1-fach. In den Blattachseln Brutzwiebeln. 30–50 cm. IV-V.
Zeigercharakter: VC Fagion. Gelegentlich auch im Carpinion, sonst sehr zuverlässige soziologische Kennart. Insofern wertbildend.
Ellenberg-Zahlen: L3, T5, K4, F5, R7, N6 – M5, Ä5
Bemerkungen: *„Dentaria"* unterscheidet sich von *Cardamine* s. str. u. a. durch eine von Anfang an fehlende Grundblattrosette. Die Blätter haben höchstens 7 ± lanzettliche und gezähnte Fiedern. Alle 4 Arten haben eine ähnliche Ökologie und gelten als wertbildende VC Fagion.

(354) *Festuca altissima* (Wald-Schwingel)

Kennzeichen: *Poaceae*. Horstgras. Rispe ± locker, 10–20 cm lang, mit 2–5-blütigen, unbegrannten Ährchen. Blattscheiden offen. Spreite 7–10 mm breit, glatt. Spreitengrund ohne Öhrchen, Ligula 1–5 mm, gezähnelt. 50–120 cm. VI-VII.
Zeigercharakter: VC Fagion. Zeigt leicht saure Böden an, insofern vikariierend zu *(357) Hordelymus*.
Ellenberg-Zahlen: L3, T5, K3, F5, R4, N6 – M7, Ä5
Bemerkungen: Ähnlich hochwüchsig, aber mit 10–20 mm lang begrannten Ährchen, auffällig resupinierten Blättern (d. h. mit nach oben weisender Unterseite) und stängelumfassenden Öhrchen: *F. gigantea* (Riesen-Sch.; mit F7 und R6), VC Alno-Ulmion und dort gerne etwas lichtere Stellen besiedelnd (L4).

(351) Luzula luzuloides

(352) Fagus sylvatica

(353) Cardamine bulbifera

(354) Festuca altissima

(355) *Galium odoratum* (Waldmeister)

Kennzeichen: *Rubiaceae.* Blüten klein, weiß, in endständigen „Rispen". Krone 4-zählig, ± trichterförmig. Blätter in 6–8-zähligen „Wirteln" am 4-kantigen Stängel. Früchte paarweckartig, behaart. 5–25 cm. V.
Zeigercharakter: Namensgebende (und zuverlässige) VC Fagion.
Ellenberg-Zahlen: L2, T5, K2, F5, R6, N5 – M8, Ä5
Bemerkungen: Gelegentlich auch im Carpinion; sonst ist dort *(368) G. sylvaticum* mit rundem Stängel typischer.

(356) *Hepatica nobilis* (Leberblümchen)

Kennzeichen: *Ranunculaceae.* Blüten meist blau (selten rosa), mit 3-zähligem „Kelch". Blätter 3-lappig. 5–15 cm. III-V.
Zeigercharakter: KC Querco-Fagetea (schwach). Vor allem in basenreichen Fagion-Gesellschaften (und insofern zu 4.13.2.4 überleitend). Wertbildend.
Ellenberg-Zahlen: L4, T6, K4, F4, R7, N5 – M5, Ä4
Bemerkungen: Die wintergrünen Blätter sind unverkennbar.

(357) *Hordelymus europaeus* (Waldgerste)

Kennzeichen: *Poaceae.* Ährengras. Jeder Absatz der Ährenachse mit ± 3 1(-2)-blütigen, begrannten Ährchen. Spreite 5–10 mm breit, behaart, mit Öhrchen. 60–120 cm. VI-VIII.
Zeigercharakter: AC im Fagion, vgl. Einleitung zu Kap. 4.13.2.2.
Ellenberg-Zahlen: L4, T5, K4, F5, R7, N6 – M6, Ä4

(358) *Neottia nidus-avis* (Nestwurz)

Kennzeichen: *Orchidaceae.* Ganze Pflanze gelblich braun, ohne grüne Blätter. Lippe 2-lappig, ohne Sporn. 15–30 cm. V-VI.
Zeigercharakter: VC Fagion (schwach). Sehr schattenverträglich (Parasit!). – Vor allem auch im Orchideen-Buchenwald (4.13.2.4). Wertbildend.
Ellenberg-Zahlen: L2, T5, K3, F5, R7, N5 – M7, Ä4
Bemerkungen: Mit *Epipogium aphyllum* (Widerbart; !!) und *Corallorhiza trifida* (Korallenwurz; !!) können selten auch andere parasitische Orchideen in Buchenwäldern auftreten, vor allem in montaner Lage. – Weitere Orchideen: vgl. 4.13.2.4.

(359) *Polygonatum multiflorum* (Vielblütige Weißwurz)

Kennzeichen: *Asparagaceae (Liliaceae).* Blüten weiß, röhrig, zu (1-)2–5 in den Achseln der Laubblätter. Diese oval, 2-zeilig am überhängenden, runden Stängel.30–60 cm. V-VI (Abb. s. S. 311).
Zeigercharakter: OC Fagetalia, aber Schwerpunkt im Fagion.
Ellenberg-Zahlen: L2, Tx, K5, F5, R6, N5 – M9, Ä5
Bemerkungen: Ähnlich mit deutlich kantigem Stängel und nur 1–2 Blüten pro Knoten *(277) P. odoratum* (VC Geranion).

(355) Galium odoratum

(356) Hepatica nobilis

(357) Hordelymus europaeus

(358) Neottia nidus-avis

(360) *Prenanthes purpurea* (Hasenlattich)

Kennzeichen: *Asteraceae.* Köpfchen überhängend nur mit 4–6 purpurnen Zungenblüten. Blätter blaugrün, unregelmäßig gezähnt bis seicht gebuchtet, mit stängelumfassenden Öhrchen. 50–150 cm. VII-VIII.
Zeigercharakter: VC Fagion. Besonders in höheren Lagen und insofern zu 4.13.2.3 überleitend. Wertbildend.
Ellenberg-Zahlen: L4, T4, K4, F5, R5, N5 – M4, Ä4

▶ *Weitere Arten:* vgl. die Arten aus Kap. 4.13.1.

4.13.2.3 Hochmontane Buchenmischwälder

Da diese Waldtypen im Alpenvorland auch in tiefere Lagen vorstoßen können, sollen sie wenigstens kurz erwähnt werden. Insbesondere das präalpine Lonicero alpigenae-Fagenion enthält eine Reihe von Arten, die sich auch schon in Wäldern auf unter 400 m NN finden können und oben bereits als „höhendifferenzierende" Taxa genannt sind, wie *(335) Veronica urticifolia.* Die Eigenständigkeit des Syntaxons wird deshalb auch bezweifelt (es wird zuweilen lediglich als hochmontane Form des Galio-Fagenion gesehen). Die einzelnen Assoziationen sind in der Regel nur durch Differenzialarten gekennzeichnet. – Das Galio-Abietenion (Buchen-Tannenwald) kann – neben der Tanne – auch Fichten enthalten und vermittelt insofern zu den Nadelwäldern. Der gemeinsame Artengrundstock mit dem Waldmeister-Buchenwald ist aber groß, der Artenreichtum kann beträchtlich sein. Die namensgebende Art *(361) Galium rotundifolium* ist typisch, aber nicht spezifisch (T5!). – Das Aceri-Fagenion (Ahorn-Buchenwälder) schließlich ist noch am ehesten auf hochmontane Lagen beschränkt und besteht deshalb häufig aus krüppelig gewachsenen, relativ locker stehenden Buchen und Berg-Ahornen. Im krautreichen Unterwuchs finden sich etliche Hochstauden ebenfalls (hoch)montaner Verbreitung, z. B. der blauviolett blühende Alpenlattich *Lactuca [Cicerbita] alpina* mit fiederschnittigen oder der weiß blühende Hahnenfuß *Ranunculus platanifolius* mit fingerschnittigen Blättern. Bevorzugte Unterlage sind blockreiche, basische Böden. Infolge einer hohen Luftfeuchte bedecken Kryptogame große Flächen.

(361) *Galium rotundifolium* (Rundblättriges Labkraut)

Kennzeichen: *Rubiaceae.* Blüten klein, weiß, radförmig ausgebreitet, 4-zipfelig. Blätter ± 3-nervig, in 4-zähligen „Quirlen". Frucht paarweckartig, hakig-borstig. 10–20 cm. VI-IX.
Zeigercharakter: VC Fagion (schwach). Auch gelegentlich in Nadelholzforsten (L2!) und dann auch in tiefere Lagen verschleppt (insofern ist Ä4 fraglich).
Ellenberg-Zahlen: L2, T5, K2, F5, R5, N4 – M5, Ä4
Bemerkungen: Das meist größere *G. boreale* mit ebenfalls 4-zähligen Quirlen kommt auch gelegentlich in lichten Wäldern (L6) vor, ist aber sonst eine Molinion-Art.

(359) Polygonatum multiflorum

(360) Prenanthes purpurea

(361) Galium rotundifolium

(362) *Polygonatum verticillatum* (Quirlblättrige Weißwurz)

Kennzeichen: *Asparagaceae (Liliaceae).* Blüten zu wenigen ± gebüschelt. Perigon verwachsen, weiß mit grünen Spitzen. Blätter in 3-8-zähligen Scheinquirlen. 30–70 cm. V–VI.
Zeigercharakter: Kennzeichnend für montane Fageten, aber auch in krautreichen Hochstauden montaner Lagen. Luftfeuchtezeiger, als solcher auch in Bachtälern niedriger Lagen.
Ellenberg-Zahlen: L4, T4, K2, F5, R4, N5 – M5, Ä4
Bemerkungen: Die Art weicht habituell deutlich von den beiden anderen *Polygonatum*-Arten ab, vgl. *(277)* und *(359).*

▶ *Weitere Arten: (297*) Lonicera alpigena* und *L. nigra.*

4.13.2.4 Orchideen-Buchenwälder (Cephalanthero-Fagenion)

Diese Wälder besiedeln trockenwarme Hanglagen auf Kalk (daher auch *Kalk-* oder *Trockenhang-Buchenwälder*). Die Buche gelangt hier an die Grenze ihrer Dominanz und ist oft schlechtwüchsig. Die Bestände sind – für einen Buchenwald – locker, die Strauchschicht ist demzufolge gut entwickelt. Der Unterwuchs ist meist artenreich, kennzeichnend sind einige Orchideen (*Cephalanthera-* und *Epipactis-*Arten), Seggen-Arten (daher auch *Carici-Fagenion* oder *Seggen-Buchenwälder*) oder das Kalk-Blaugras (*Sesleria caerulea = albicans*), Arten, die auch in lichten Kiefernwäldern vorkommen. Eine scharfe Trennung in mehrere Assoziationen ist hier nicht sinnvoll, die verschiedenen „Ausprägungen" werden am besten zu einer oder zwei Assoziation(en) zusammengefasst.
Vgl. auch das unter 4.13.2.2 erwähnte Hordelymo-Fagetum.

(363) *Carex alba* (Weiße Segge)

Kennzeichen: *Cyperaceae.* Ausläufertreibende Eucarex. ♀ Ähren locker 3–6-blütig, die oberste übergipfelt zuletzt (!) die ♂ Ähre. Tragblattscheiden ca. 1 cm lang, auffällig tütenförmig, ohne Spreite. Blätter borstlich, am Rand rau. 10–30 cm. IV-V.
Zeigercharakter: Differenzialart im Cephalanthero-Fagenion (sonst VC in Erico-Pinetea, vgl. 4.15.1). Oft auf kiesigen Böden, in lichten Gehölzen. Kontinentale Art. Wertbildend.
Ellenberg-Zahlen: L5, T5, K7, F4, R8, N2 – M3, Ä5
Bemerkungen: Gut kenntliche Segge.

(364) *Cephalanthera damasonium* (Weißes Waldvögelein)

Kennzeichen: *Orchidaceae.* Blüten zu 3–8, gelblich weiß, ± aufrecht, ohne Sporn. Lippe quer gegliedert, von den zusammenneigenden übrigen Perigonblättern teilweise eingehüllt. Pflanze kahl. 20–50 cm. V-VI.
Zeigercharakter: Gesellschaftstreue AC im Cephalanthero-Fagenion. Schattenverträglich. Wertbestimmend.

(362) Polygonatum verticillatum

(363) Carex alba

(364) Cephalanthera damasonium

Ellenberg-Zahlen: L3, T6, K2, F4, R7, N4 – M7, Ä5
Bemerkungen: *C. longifolia* (Schwertblättriges W.; Blüten -20, reinweiß) und *C. rubra* (Rotes W.; Blüten rot, Pflanze behaart) können ebenfalls vorkommen, sind aber weniger gesellschaftstreu.

▶ Vgl. auch die Arten aus 4.13.1.1. und 4.13.2.2 mit R7 bzw. R8.

4.13.3 Eichen-Hainbuchenwälder (Carpinion)

Wir haben in 4.13.2 die Buche als sehr konkurrenzfähig kennengelernt. Zu den Faktoren, die sie aber nicht schätzt, zählen Stau- oder Grundwasserfeuchte bzw. -wechselfeuchte (d. h. Sommertrockenheit). Solche Standorte sind oft von Eichen-Hainbuchenwäldern bestockt, insbesondere in der planar-collinen Stufe, die von der Buche ohnehin nicht gerne besiedelt wird. Es handelt sich vielfach um lehmige oder mergelige Böden, die besonders zur Ausbildung von Wechselfeuchte neigen.
Eichen-Hainbuchenwälder sind aber viel weiter verbreitet, als es diesen Voraussetzungen entspricht. Dies liegt an der Förderung durch den Menschen über Jahrhunderte – viele dieser Wälder sind anthropogener Ersatz für Buchenwälder. Die Buche ist dem Menschen nämlich wenig nützlich. Die Eiche – es ist fast immer die Stiel-Eiche – hingegen lieferte z. B. Bauholz, die rasch nachwachsende und ausschlagsfreudige Hainbuche Brennholz (auf die früher bedeutsame Waldweide können wir hier nicht eingehen). Diese Kombination von einstämmigen Eichen-Kernwüchsen und infolge des Ausschlagens mehrstämmigen Hainbuchen (ein klassischer „Mittelwald", vgl. die Hinweise zu den Nutzungsformen im Einleitungsteil zu den Wäldern) ist auch heute noch vielfach physiognomisch nachzuvollziehen, obwohl die Waldnutzung heute eine ganz andere ist.
Die Baumschicht kann relativ artenreich sein und neben den beiden bestandsbildenden Bäumen noch Esche, Ahorn-Arten und Vogel-Kirsche enthalten. Die Arten der Krautschicht entsprechen weitgehend denen eines Buchenwaldes.
Syntaxonomisch wird fast immer ein Sternmieren-Eichen-Hainbuchenwald (Stellario-Carpinetum; eher subatlantisch, auf eher (stau)feuchten Lehmböden) einem selteneren Waldlabkraut-Eichen-Hainbuchenwald (Galio-Carpinetum; eher subkontinental und auf trockeneren bzw. erst in größerer Tiefe vernässten Böden) gegenübergestellt (vgl. Schema 4.12.b). Ob diese Unterscheidung in der Praxis sinnvoll ist, sei dahingestellt. Die unten angegebenen „Kennarten" jedenfalls sind eher Differenzialarten.

(365) *Carpinus betulus* (Hainbuche)

Kennzeichen: *Betulaceae*. Baum oder Strauch. Blätter länglich-eiförmig, scharf doppelt gesägt, mit jederseits 9–14 Seitennerven 1. Ordnung, solche 2. Ordnung fehlend oder nur basal vereinzelt. Borke glatt, Stammquerschnitt aber durch Längswülste unregelmäßig. Blüten in ♂ und ♀ Kätzchen. Frucht 3-zipfelig, mit langem Mittelzipfel. IV-V.
Zeigercharakter: VC Carpinion. Fx, aber gern auf grund- oder stauwasserbeeinflussten Böden.
Ellenberg-Zahlen: L(4), T6, K4, Fx, Rx, Nx – M8, Ä5

(365) Carpinus betulus

(366) Prunus avium ssp. avium

(366) *Prunus avium* ssp. *avium* (Vogel-Kirsche)

Kennzeichen: *Rosaceae.* Baum. Blätter oval-zugespitzt, deutlich gezähnt. Am oberen Stiel 1–2 kleine Drüsen. Typische Ringelborke. Blüten in wenigblütigen Dolden. Frucht < 0,8 cm Durchmesser, etwas bitter. IV-V (Abb. s. S. 315).
Zeigercharakter: VC Carpinion. Vor allem in nutzungsbedingten Eichen-Hainbuchen-wäldern (Mittelwälder).
Ellenberg-Zahlen: L(4), T5, K4, F5, R7, N5 – M9, Ä5
Bemerkungen: Andere ssp. als Obstbäume mit Kirschen > 1 cm Durchmesser. – M9 bezieht sich wohl auf die Gesamtart.

(367) *Rosa arvensis* (Kriechende Rose)

Kennzeichen: *Rosaceae.* Rose mit niederliegenden oder spreizklimmenden Ästen. Blüten einzeln, weiß. Griffel auffällig zu einer aus dem Blütenbecher ragenden Säule verwachsen. VI-VII.
Zeigercharakter: In verschiedenen Wald-Gesellschaften, aber mit einem Schwerpunkt im Carpinion. Oft in aufgelichteten Beständen wie z. B. an Wegrändern, aber nie auf dem Acker („*arvensis*"). Wertbildend.
Ellenberg-Zahlen: L5, T5, K2, F5, R7, N5 – M6, Ä3

(368) *Galium sylvaticum* (Wald-Labkraut)

Kennzeichen: *Rubiaceae.* Blüten klein, weiß, radförmig ausgebreitet, 4-zipfelig. Blätter blaugrün, in 6–8-zähligen „Quirlen". Stängel bis oben rund. Frucht paarweckartig. 30–100 cm. VI-VIII.
Zeigercharakter: AC im Carpinion. Relativ gesellschaftsvag, aber *innerhalb des Carpinion* wichtige diagnostische Art, vgl. Einleitungstext zu 4.13.3.
Ellenberg-Zahlen: L5, T5, K4, F5, R6, N5 – M7, Ä5
Bemerkungen: Die M- und Ä-Zahl bezieht sich auf eine Artengruppe, zu der auch die sehr seltenen *G. aristatum* und *G. schultesii* (!!) gehören, beide ebenfalls im Carpinion. Sie haben, wie andere *Galium*-Arten auch, zumindest oben einen 4-kantigen Stängel.

(369) *Potentilla sterilis* (Erdbeer-Fingerkraut)

Kennzeichen: *Rosaceae.* Habituell einer Erdbeere sehr ähnlich, aber Kronblätter deutlich voneinander entfernt (sich nicht randlich fast berührend), Frucht trocken, nicht rot. Blattzähne jederseits nur 4–6. 5–10 cm. IV-V.
Zeigercharakter: VC Carpinion (wohl nur schwach). Oft in aufgelichteten Beständen, Wegrändern usw. Auch auf Schlägen und in Säumen (L7!).
Ellenberg-Zahlen: L7, T5, K2, F5, R6, N6 – M7, Ä4

(367) Rosa arvensis

(368) Galium sylvaticum

(369) Potentilla sterilis

(370) *Ranunculus auricomus* agg. (Artengruppe Gold-Hahnenfuß)

Kennzeichen: *Ranunculaceae.* Blüten gelb. Frucht behaart. Kelchblätter den Blütenblättern anliegend. Blütenstiele nicht gefurcht. Stängelblätter in lanzettliche bis linealische Zipfel geteilt, von den oft wenig geteilten Grundblättern deutlich verschieden. 15–50 cm. IV-V.
Zeigercharakter, Ellenberg-Zahlen, Bemerkungen: Die Artengruppe ist sehr weit verbreitet (M8). Vorkommen, ökologische Ansprüche und soziologische Einordnung der ca. 50 in der Praxis kaum unterscheidbaren Kleinarten sind jedoch ungenügend bekannt. Gewisse Schwerpunkte sind offenbar Carpinion- und Alno-Ulmion-Gesellschaften.

(371) *Stellaria holostea* (Große Sternmiere)

Kennzeichen: *Caryophyllaceae.* Kronblätter 10–15 mm lang, bis zur Mitte geteilt. 3 Griffel. Stängel kantig. 10–30 cm. IV-VI.
Zeigercharakter: VC Carpinion (schwach?). Oft in aufgelichteten Beständen, an Wegrändern usw.
Ellenberg-Zahlen: L5, T6, K3, F5, R6, N5 – M8, Ä5
Bemerkungen: Namensgebend für den Sternmieren-Eichen-Hainbuchenwald, vgl. oben.

Die Sternmieren-Ausprägung ist durch ein vermehrtes Vorkommen von *(329) Lamium galeobdolon* und (Wechsel-)Feuchtezeigern wie *(347) Rumex sanguineus, (349) Stachys sylvatica, (387) Carex remota* oder *(529) Deschampsia cespitosa* gekennzeichnet. Die Waldlabkraut-Ausprägung ist durch das Auftreten *beider* Eichen, der *(375*)* Winter-Linde, einer Schwingel-Art mit borstlichen Grund- und flächigen Halmblättern (*Festuca heterophylla*), dem vermehrten Auftreten von *(333) Poa nemoralis* und dem Maiglöckchen differenziert.

▶ *Weitere Arten: (131*) Dactylis polygama, (340) Arum maculatum, (342*) Corydalis solida.*

4.13.4 Edellaubwälder (Tilio-Acerion)

Ein wesentlicher Faktor, der den Charakter eines Waldbodens mitgestaltet, ist das herbstliche Falllaub; es beeinflusst Humusbildung und Humusform, pH-Wert, Nährstoffverfügbarkeit und wasserhaltende Kraft der Feinerde. Insofern bedingt nicht nur der Untergrund die Baumschicht, sondern die Baumschicht schafft sich auch ihren eigenen Untergrund.
Buche und – vor allem – Eiche kommen da schlecht weg. Die Blätter sind relativ derb und zersetzen sich nur zögerlich. Entsprechend gering ist die Nachlieferung mikrobiell freigesetzter Nährstoffe, insbesondere auf saurem Untergrund (vgl. 4.13.2.1). Jeder, der im Winterhalbjahr durch einen Buchenwald geht, kennt das raschelnde Geräusch der unzersetzten Streu.
Anders die Blätter von Ahorn und Linde sowie vor allem von Ulme und Esche: Diese zersetzen sich wesentlich schneller und „gründlicher", der daraus entstehende Mull ist besonders fruchtbar. Daher werden diese eben genannten Gattungen auch als „Edellaubhölzer" oder kurz „Edellaub" zusammengefasst.

(370) Ranunculus auricomus agg.

(371) Stellaria holostea

Typische Edellaubwälder unterscheiden sich in mehrfacher Hinsicht von Buchenwäldern:

- Sie vertreten die Buche auf Geröll, Blockschutt und ähnlichen Böden. Meist finden sie sich deshalb auch an Hängen und in Schluchten.
- Sie setzen sich aus mehreren Baumarten in wechselnden Mengenverhältnissen zusammen (wozu übrigens auch einzelne Exemplare der Buche zählen können). Da diese ein unterschiedliches Wuchsverhalten zeigen, ist das Kronendach gestaffelt – es sind keine typischen Hallenwälder.
- Infolge der aktiven Humusform enthält der krautige Unterwuchs regelmäßig einige Stickstoffzeiger.

Innerhalb des Tilio-Acerion lassen sich zwei Ausprägungen recht gut unterscheiden:

- Der *Schluchtwald* (1–4 Gesellschaften) in absonnigen, kühlen Lagen (nicht unbedingt in einer „Schlucht") mit hoher Luftfeuchte (und deshalb reich an Moosen und oft auch an Farnen)
- Der *Lindenmischwald* (1–3 Gesellschaften) auf eher trockenen und wärmeren Standorten. Insbesondere bei dem zweiten Typ lassen sich regional oft auch Höhenvarianten dokumentieren.

Der allgemeine Grundstock krautiger Arten rekrutiert sich wieder aus den in Kap. 4.13.1 genannten Arten.

(372) *Acer platanoides* (Spitz-Ahorn)

Kennzeichen: *Sapindaceae (Aceraceae).* Blätter gegenständig, handförmig innerviert, (jung) mit Milchsaft. Blattlappen lang zugespitzt, die Buchten dazwischen abgerundet. Zweiteilige, geflügelte Spaltfrucht, Fruchtflügel stark spreizend. IV-V.
Zeigercharakter: VC Tilio-Acerion. Vor allem im Lindenmischwald; erträgt mehr Trockenheit als der Berg-Ahorn.
Ellenberg-Zahlen: L(4), T6, K4, Fx, Rx, Nx – M8, Ä6
Bemerkungen: Vgl. *(373) A. pseudo-platanus.*

(373) *Acer pseudo-platanus* (Berg-Ahorn)

Kennzeichen: *Sapindaceae (Aceraceae).* Blätter ähnlich *(372) A. platanoides*, aber ohne Milchsaft, Blattlappen ± stumpf, gesägt, mit spitzen Buchten. Fruchtflügel wenig spreizend. V-VI.
Zeigercharakter: VC Tilio-Acerion (schwach). Im Schluchtwald vorherrschend (aber im Lindenmischwald keineswegs selten). Trotz Tx vor allem in montanen Lagen.
Ellenberg-Zahlen: L(4), Tx, K4?, F6, Rx, N7 – M9, Ä7
Bemerkungen: Vgl. *(372) A. platanoides.*

(374) *Fraxinus excelsior* (Gewöhnliche Esche)

Kennzeichen: *Oleaceae.* Blätter gegenständig, gefiedert. Knospen schwarz. Flügelfrüchte. IV-V.
Zeigercharakter: OC Fagetalia, Zeigerwert aber gering. Innerhalb der Fagetalia auf frische bis sickerfeuchte Standorte beschränkt, also auch im Alno-Ulmion. Innerhalb des Tilio-Acerion in beiden Ausprägungen. – Basenzeiger (vgl. auch **Bemerkungen**).

(372) Acer platanoides

(373) Acer pseudo-platanus

(374) Fraxinus excelsior

Ellenberg-Zahlen: L(4), T5, K3, Fx, R7, N7 – M9, Ä5
Bemerkungen: Die Esche hat zwei Verbreitungsschwerpunkte: Sie besiedelt neben den frisch-feuchten Fagetalia-Standorten (inkl. Auwälder) auch ± trockene, oft geröllige Hänge über basenreichem Gestein (daher auch „Fx"; vgl. auch Schema 4.12.a). Man hat daher früher eine „Wasser-" von einer „Kalk-Esche" unterschieden, ohne dass sich irgendwelche morphologischen Unterscheidungsmerkmale hätten finden lassen. Wahrscheinlicher ist deshalb, dass die Esche wirklich weitgehend indifferent gegenüber dem Feuchtefaktor ist und im „mittleren" Bereich lediglich von der Buche verdrängt wird. Offensichtlich ist jedoch, dass sie einen basenreichen Boden bevorzugt und eine gute Bodendurchlüftung benötigt; Letzteres wird durch geröllige Böden sichergestellt oder durch ± rasch fließendes (d. h. sauerstoffreiches) Wasser. In „Erlensümpfen" mit stehendem Wasser fehlt die Esche stets.

(375) *Tilia platyphyllos* (Sommer-Linde)

Kennzeichen: *Malvaceae (Tiliaceae).* Blätter ausgeprägt herzförmig, beiderseits behaart, mit hellen Domatien („Achselbärten"). Teilinfloreszenz 2–5-blütig, mit halb angewachsenem, zungenförmigem Tragblatt. VI.
Zeigercharakter: VC Tilio-Acerion. Soziologische Kennart, in beiden Ausprägungen, vor allem aber im Lindenmischwald.
Ellenberg-Zahlen: L(4), T6, K2, F6, Rx, N7 – M8, Ä5
Bemerkungen: Auch die später blühende *T. cordata*, die Winter-Linde (Blätter – außer den bräunlichen Domatien – kahl; Blütenstand 4–7-blütig) ist regelmäßig im Tilio-Acerion vertreten, gilt aber als VC Carpinion und kommt dort vor allem im eher subkontinentalen Waldlabkraut-Typ vor (K4; vgl. 4.13.3).

(376) *Ulmus glabra* (Berg-Ulme)

Kennzeichen: *Ulmaceae.* Blätter groß (oft > 10 cm), rau, im vorderen Drittel am breitesten, doppelt gesägt, im Schatten oft 3-spitzig. Spreitengrund deutlich asymmetrisch. Blüten (bzw. die rundum geflügelten, kahlen Nüsse) kurz gestielt, gebüschelt. III-IV.
Zeigercharakter: AC im Tilio-Acerion. Vor allem im Schluchtwald (selten auch in der Hartholz-Aue). Meist nur vereinzelt. Wertbildend.
Ellenberg-Zahlen: L(4), T5, K3, F6, R7, N7 – M7, Ä3
Bemerkungen: Vgl. die ähnlichen *(385) U. laevis* (Fruchtflügel bewimpert) und *(385*) U. minor* (Blätter kleiner, ± glatt).

(377) *Ribes alpinum* (Alpen-Johannisbeere)

Kennzeichen: *Grossulariaceae.* Strauch. Blüten grünlich, in aufrechten Trauben, meist 2-häusig. Beeren rot. Blätter 2–4 cm lang, 3-lappig, mit gezähntem Rand. 80–150 cm. IV-VI.
Zeigercharakter: VC Tilio-Acerion (schwach). Auch in anderen Wäldern und Gebüschen. Einer der wenigen schattenertragenden Sträucher. Basenzeiger.
Ellenberg-Zahlen: L5, T4, K4, Fx, R8, N7? – M4, Ä4

(375) Tilia platyphyllos

(376) Ulmus glabra

(377) Ribes alpinum

Bemerkungen: Der Name ist irreführend: Der Strauch ist südlich der Donau eher selten. – Auch andere *Ribes*-Arten können im Tilio-Acerion auftreten, so z. B. die Stachelbeere *(R. uva-crispa)*.

(378) *Aconitum lycoctonum s. l.* (Wolfs-Eisenhut)

Kennzeichen: *Ranunculaceae.* Blüten zygomorph, blassgelb. Helm ca. 3-mal so hoch wie breit. 3 Fruchtblätter. Untere Blätter handförmig 5–7-spaltig. 50–150 cm. VI-VIII.
Zeigercharakter: In verschiedenen staudenreichen, feuchten Wäldern (in Hochlagen auch frei stehend). Vor allem in kühlen Lagen. Anspruchsvoll. Wertbildend.
Ellenberg-Zahlen: L3, T4, K4, F7, R7, N8 – M6, Ä4
Bemerkungen: Die subspezifische Gliederung der Art wird sehr verschieden gehandhabt.

(379) *Actaea spicata* (Christophskraut)

Kennzeichen: *Ranunculaceae.* Blüten weiß, nur 1 Fruchtknoten, Beeren schwarz, Infloreszenz eine Traube. Blätter 3-fach gefiedert, Endfieder 3-spitzig. 30–60 cm. V-VII.
Zeigercharakter: AC im Tilio-Acerion, aber auch in anderen Fagetalia-Gesellschaften auf steinigen Böden. Schattenertragend. Wertbildend.
Ellenberg-Zahlen: L3, T5, K4, F5, R6, N7 – M7, Ä4
Bemerkungen: Ähnlich: *(380) Aruncus.*

(380) *Aruncus dioicus* (Geißbart)

Kennzeichen: *Rosaceae.* Blüten klein, weiß, in vielblütigen Rispen. Pflanze 2-häusig. Blätter ähnlich *(379) Actaea*, aber Endfieder ungeteilt. 80–150 cm. VI-VII.
Zeigercharakter: VC Tilio-Acerion. Auch in feucht-schattigen Säumen. Meist auf steinigen Böden. Wertbildend.
Ellenberg-Zahlen: L4, T5, K4, F6, Rx, N8 – M4, Ä4
Bemerkungen: Fast nur im Süden Deutschlands.

(381) *Lunaria rediviva* (Wildes Silberblatt)

Kennzeichen: *Brassicaceae.* Blüten groß, ± lila. Schötchen elliptisch, > 1,5 cm breit, Scheidewand silbrig glänzend. Blätter gestielt, sehr oft gegenständig, herzförmig. 30–120 cm. V-VII.
Zeigercharakter: AC im Tilio-Acerion. Vor allem im Schluchtwald, dort zuverlässige (wenn auch relativ seltene) Kennart. Wertbildend.
Ellenberg-Zahlen: L4, T5, K4, F6, R7, N8 – M4, Ä4
Bemerkungen: Ökoprofil und Areal ähnlich wie *(380) Aruncus.*

(378) Aconitum lycoctonum

(379) Actaea spicata

(380) Aruncus dioicus

(381) Lunaria rediviva

(382) ***Polystichum aculeatum*** (Gelappter Schildfarn)

Kennzeichen: *Pteridophyta/Dryopteridaceae.* Wedelspreite 2(-3)-fach gefiedert, am Grund deutlich verschmälert, oberseits dunkelgrün und glänzend, wintergrün. Die unterste, zur Wedelspitze gerichtete Fieder 2. Ordnung deutlich größer als die übrigen Fiedern. Indusium schildförmig. 30–80 cm.
Zeigercharakter: AC im Tilio-Acerion. Vor allem im Schluchtwald, dort zuverlässige (wenn auch relativ seltene) Kennart. Wertbildend.
Ellenberg-Zahlen: L3, T6, K2, F6, R6, N7 – M4, Ä3
Bemerkungen: Die Gattung als Ganzes ist am Indusium und meist auch an der vergrößerten Fieder 2. Ordnung gut zu erkennen. Auch 2 weitere *Polystichum*-Arten treten in schattigen Wäldern auf (stets L3), sind aber viel seltener (!!). Eine vierte Art, *P. lonchitis* (mit einfach gefiederten, kleineren Wedeln) findet sich, als AC in den Thlaspietea (vgl. 4.9.2) davon abweichend, vorwiegend auf montanen, ± offenen Schutthalden.

▶ *Weitere differenzierende Arten:*
Im Schluchtwald: *(325*) Campanula latifolia, (478) Geranium robertianum, (343) Impatiens noli-tangere.* Auf (Kalk-)Felsen gelegentlich *(257) Asplenium scolopendrium.*
Im Lindenmischwald: *(316) Quercus petraea, (310*) Sorbus aria* (diese beiden vor allem in den tieferen Lagen), *(294) Corylus avellana, (333) Poa nemoralis, (279) Vincetoxicum hirundinaria.*

4.13.5 Anhang: Anthropogene Gehölze

In Siedlungsnähe, auf Böschungen und Bahnanlagen usw. finden sich häufig Gehölzgesellschaften unterschiedlicher Physiognomie und Zusammensetzung. Synsystematisch hängen sie ein wenig in der Luft, es sei denn, man macht aus ihnen eigene Syntaxa. Gemeinsam ist ihnen ihr Reichtum an ruderalen Krautigen (man könnte sie aus diesem Blickwinkel also auch in Kap. 4.17 behandeln); sehr typische Arten sind dabei *(554) Alliaria petiolata, (555) Chaerophyllum temulum, (556) Chelidonium majus* und *(575) Geum urbanum.* Im Grüngürtel vieler Städte z. B. gibt es Gehölze („**Stadtwälder**"), deren Baumschicht durchaus bunt gemischt sein kann. Meist herrschen Ahorn-Arten vor, auch andere Edellaubarten sind häufig; typisch ist das vereinzelte Auftreten von Nutzbäumen wie Nussbaum oder Kirsche, gelegentlich sind auch Nadelbäume beigesellt. Die Strauchschicht ist oft gut entwickelt, relativ artenreich und enthält als „Kennart" fast immer *(560)* Schwarzen Holunder und häufig die Schneebeere *(592) Symphoricarpos albus.* Da diese Gehölze meist von zahlreichen Wegen und Trampelpfaden durchzogen sind, fällt auch ausreichend Licht ein für eine oft dichte Krautschicht, in der sich neben Ruderalen (s. o.) auch mal ein Veilchen, *(342*) Corydalis solida* oder eine der in Kap. 4.13.1 aufgeführten Arten findet.
Einen anderen Eindruck vermitteln **Robiniengehölze**. Sie sind nicht selten offen strukturiert. Ihr Substrat ist häufig Sand; Sandzeiger wie *(456) Bromus sterilis* finden sich deshalb im Unterwuchs neben dem bereits erwähnten nitrophytischen Unterwuchs, der zur mageren Bodenart „Sand" zunächst nicht passen will; aber die stickstoffbindende Kraft der

(382) Polystichum aculeatum

Robinie ist beachtlich, was sie in Sandgebieten – die ja häufig eine seltene Magervegetation trägt – zu einem enormen landespflegerischen Problem macht.
Letztlich bleiben noch ± lockere **Neophytengebüsche** zu erwähnen. Kennzeichnende Arten sind – neben der auch hier vertretenen Robinie – z. B. der bekannte Sommerflieder (*Buddleja davidii*), oder Götterbaum (*(582) Ailanthus altissima*). Sie besiedeln häufig anthropogene Rohböden und bevorzugen warme Klimata. Diese Kombination ist der Ansiedlung von Neophyten sehr dienlich, wie man an der explosionsartigen rezenten Ausbreitung des südafrikanischen *(590) Senecio inaequidens* sehen kann. Warm-trockene Rohböden sind aber auch für eine Reihe einheimischer Arten günstig; es kann sich also lohnen, diese Gebüsche genauer zu betrachten.

4.14 Nassgehölze

In den in Kap. 4.12 und 4.13 vorgestellten Gehölzgesellschaften kann die Trockenheit des Standortes ein vorherrschendes Problem werden. Im Folgenden geht es um das andere Extrem. Ein Zuviel an Wasser ist dabei dem Gehölzwuchs weniger *direkt* abträglich, es sind mehr die indirekten Folgen eines übergroßen Wasserangebots, das den Gehölzen zu schaffen macht, z. B. die damit verbundene Luftarmut des Bodens. Diese behindert nicht nur die Wurzelatmung, sondern auch die Lebensfähigkeit von Mykorrhiza-Partnern, auf die die meisten Bäume angewiesen sind.

Der Faktor „Wasser" prägt in unterschiedlicher Weise die hier vorgestellte Vegetation. Die **Weichholz-Aue** (vgl. 4.14.2). schließt bündig an die Ufer der Flüsse an. Sie wird ± jedes Jahr (*periodisch*) überschwemmt, wobei das fließende Wasser eine mechanische Belastung der Vegetation bedingt. Diese Überschwemmung dauert normalerweise drei bis sechs Monate (die *(392)* Silber-Weide erträgt bis zu 200 Tage Überflutung). Die **Hartholz-Aue** (vgl. 4.14.1) an größeren Flüssen wird in mehrjährigen, unregelmäßigen Abständen (*episodisch*) vom Hochwasser erreicht, das dann aber ebenfalls längere Zeit anhalten kann. Wenn das Wasser wieder zurückgeht, bleibt eingeschwemmtes Bodenmaterial und Getreibsel (das ist ein *terminus technicus* für tote organische Reste, die vom Hochwasser mitgeführt werden) zurück, welche düngend wirken – ähnlich den Nilüberschwemmungen im alten Ägypten. Beide Gehölztypen, in unterschiedlicher Weise mit einem Zuviel an Wasser gewissermaßen vertraut, finden sich auch (oft gepflanzt) am Ufer stehender Gewässer, zoniert nach der Höhe des anstehenden Grundwassers (permanent überflutete Gehölzstandorte sind Einzelfälle), die Hartholz-Aue gelegentlich auch auf sonstigen grundwasserbeeinflussten Standorten. – Entlang von Bächen sind Auen*gesellschaften* nicht häufig, wohl aber sind dort *Arten* aus Auengehölzen regelmäßig zu finden – als Einzelbäume, ± geschlossene Gehölzsäume oder sog. Galeriewälder, die als schmaler Streifen die Gewässer begleiten.
Grundsätzlich anders sind die Verhältnisse bei den **Bruchwäldern** (vgl. 4.14.3). Während in den Auen eine horizontale Wasserbewegung vorherrscht („Fließgewässer"), muss man bei diesen von stagnierendem Grundwasser ausgehen, das beim Ansteigen den Oberboden von unten her durchnässt. Dabei gibt es zwei floristisch und ökologisch nicht näher verwandte Typen: Den *Erlenbruchwald* (vgl. 4.14.3.1) und den *Birken-Kiefernbruchwald* (vgl. 4.14.3.2).
Ähnlich sind die Bedingungen in Mooren und „Sümpfen", wo regelmäßig die halbkugeligen Büsche von Ohr- und Grau-Weide **Moorweiden-Gebüsche** (vgl. 4.14.4) bilden.

Üblicherweise wird bei der Besprechung von Auenvegetation zunächst die Weichholz-Aue behandelt. Wenn wir hier mit der Hartholz-Aue beginnen, so geschieht dies wegen deren floristisch nahen Verwandtschaft zu den soeben behandelten Buchen- und Edellaubwäldern. Mit diesen bildet sie ja die Ordnung Fagetalia (vgl. 4.13), während die anderen Gesellschaften eigene Klassen repräsentieren.

4.14.1 Hartholz-Aue (Alno-Ulmion)

Nach dem oben Gesagten dürfen wir eine Vegetation mit hohen Ansprüchen an Wasser und Nährstoffe erwarten. In der Tat liegen die F-Werte der diagnostisch wichtigen Arten meist bei 7 oder 8, die N-Zahlen bei 6–7. Einige Arten, die wir von stickstoffüberfrachteten Ruderalstandorten kennen (z. B. die Brennnessel), stammen möglicherweise ursprünglich aus solchen Wäldern.
Das Alno-Ulmion kann in zwei Ausprägungen gegliedert werden, die sich schon topografisch und physiognomisch deutlich unterscheiden:

(a) Die *Eichen-Ulmen-Auenwälder* sind die „eigentliche" Hartholz-Aue, die sich am Ufer größerer Flüsse der Weichholz-Aue landeinwärts anschließt. Da die großen Flüsse alle wasserbaulich beeinflusst sind und insbesondere flussnahe Dämme den

Wasserhaushalt etwas entfernterer Uferzonen (also der potenziellen Hartholz-Aue) zum Erliegen haben kommen lassen, sind gut ausgebildete Hartholz-Auen sehr selten; dass die kennzeichnenden Gehölze oft noch vorhanden sind, darf darüber nicht hinwegtäuschen. – Eichen-Ulmen-Wälder finden sich, wie oben schon erwähnt, auch an grundwasserbeeinflussten Standorten ohne offenes Wasser. Syntaxonomisch werden sie fast immer unter *Querco-Ulmetum minoris* (oder *Fraxino-Ulmetum*) zusammengefasst.

(b) *Erlen-Eschen-Galeriewälder* bilden dagegen Säume im unmittelbaren Uferbereich kleinerer Gewässer, wo sie zuweilen mehrmals im Jahr kurzzeitig überschwemmt werden können. Gelegentlich besiedeln sie auch quellige Standorte. Hierher gehören rund ein halbes Dutzend Assoziationen.

Die unterschiedlich zusammengesetzte Baumschicht kommt in den deutschen Namen schon recht gut zur Geltung. Für (a) sind *(317) Quercus robur, (385) Ulmus laevis* und *U. minor* sowie die Liane *(293) Clematis vitalba* typisch; daneben finden sich interessanterweise zunehmend Verwilderungen des Nussbaums. Für (b) sind *(396) Alnus glutinosa* und *(383) A. incana* sowie *(384) Prunus padus* und verschiedene Weiden kennzeichnend. *(374) Fraxinus excelsior* sowie die Sträucher *(294) Corylus* und *(300) Viburnum opulus* kommen in beiden Ausprägungen vor, sind aber weniger überflutungstolerant. Die oft artenreiche Krautschicht dieser Gehölze setzt sich zusammen aus ± spezifischen Arten, wie sie im Folgenden angeführt sind. Hinzu kommen – vor allem in (a) – Feuchtezeiger der Fagetalia (vgl. 4.13.1.2) bzw. – in (b) – Arten der angrenzenden Nassgesellschaften (z. B. aus dem Filipendulion) sowie – wie schon erwähnt – in beiden Fällen Stickstoffzeiger aus den Convolvuletalia (vgl. 4.17.3.2).

(383) *Alnus incana* (Grau-Erle)

Kennzeichen: *Betulaceae.* Blätter oval, scharf doppelt gesägt, spitz, unterseits graugrün. Borke grau, ± glatt. ♂ Blüten in Kätzchen, ♀ zu kleinen verholzten, rundlichen Zapfen auswachsend. III-IV (Abb. s. S. 331).
Zeigercharakter: AC im Alno-Ulmion. In Galeriewäldern montaner Lagen auf gut durchlüfteten (Roh-)Böden. Nur kurzzeitige Überflutungen ertragend.
Ellenberg-Zahlen: L(6), T4, K5, F7=, R8, Nx – M4, Ä5
Bemerkungen: Vielfach gepflanzt, insofern (!) ist M4 sicher zu wenig. – Vgl. *(396) Alnus glutinosa.*

(384) *Prunus padus* ssp. *padus* (Gewöhnliche Traubenkirsche)

Kennzeichen: *Rosaceae.* Weiße Blüten in > 12-blütigen ± hängenden Trauben. Spreite am Grund schwach herzförmig, oberseits ± runzelig. IV-V (Abb. s. S. 331).
Zeigercharakter: VC Alno-Ulmion, vor allem in den Galeriewäldern. Grundwasserzeiger; als solcher auch in anderen Gehölzen.
Ellenberg-Zahlen: L(5), T5, K3, F8=, R7, N6 – M8, Ä4
Bemerkungen: Die ähnliche *P. serotina* (Späte T.; Spreite glatt, basal verschmälert, V-VII) ist ein vielfach angepflanztes oder subspontanes Gehölz ± trockener Standorte.

(385) *Ulmus laevis* (Flatter-Ulme)

Kennzeichen: *Ulmaceae*. Blätter 8–15 cm, Spreitengrund deutlich asymmetrisch (bis um 1,5 cm versetzt). Seitennerven verzweigen sich – wenn überhaupt – erst kurz vor dem Blattrand. Gelegentlich Brettwurzelbildung. Blüten (bzw. die randlich bewimperten Flügelfrüchte) lang gestielt, gebüschelt. III-IV.
Zeigercharakter: VC Alno-Ulmion. Zuverlässige soziologische Kennart, vor allem in den Galeriewäldern. Wertbildend.
Ellenberg-Zahlen: L(4), T6, K5, F8=, R7, N7 – M4, Ä5
Bemerkungen: Typisch für die Hartholz-Aue innerhalb des Alno-Ulmion ist auch *U. minor* (Feld-U., !!): Blätter kleiner, nicht so deutlich asymmetrisch. Früchte nur kurz gestielt, randlich kahl, Samen dem oberen Rand der Frucht genähert); namensgebende VC Alno-Ulmion, aber auch in anderen wechselfeuchten Gehölzen vertreten (sogar in Feldgebüschen). – Wenn Blätter teilweise 3-spitzig, vgl. *(376) Ulmus glabra*.

▶ *Weitere Gehölze:* vgl. Einleitungstext zu 4.14.1.

(386) *Carex pendula* (Hänge-Segge)

Kennzeichen: *Cyperaceae*. Eucarex. Horstbildend. ♂ Ähren 1(–2); ♀ Ähren 3-7, 7–15 mm lang, stark überhängend. Schläuche ungeschnäbelt. Blätter ca. 10–20 mm breit. 70–150 cm. VI.
Zeigercharakter: AC im Alno-Ulmion. Zuverlässige Kennart. Wertbildend.
Ellenberg-Zahlen: L5, T5, K2, F8, R6, N6 – M4, Ä5
Bemerkungen: Die Art ist schon infolge ihrer Größe gut kenntlich.

(387) *Carex remota* (Winkel-Segge)

Kennzeichen: *Cyperaceae*. Vignea. 6–9 rundliche Ähren (4–8 mm) z. T. weit (-5 cm) voneinander entfernt. Untere Tragblätter die Stängelspitze überragend. Schläuche ungeflügelt, lang geschnäbelt. Blätter -2 mm breit, schlaff. 30–50 cm. V-VII (Abb. s. S. 333).
Zeigercharakter: AC im Alno-Ulmion, meist in Galeriewäldern. Zeigt Gley- bzw. gleyähnliche Böden[78] mit hoch anstehendem Bodenwasser an, so auch z. B. im Carpinion. Auch in beschatteten Montio-Cardaminetea-Beständen.
Ellenberg-Zahlen: L3, T5, K3, F8, Rx, Nx – M9, Ä5
Bemerkungen: Die Art ist habituell nicht zu verwechseln.

78 Unter *Gley* versteht man einen vom anstehenden *Grund*wasser geprägten Boden. Wird er von *Stau*wasser wesentlich beeinflusst, wird er als *Pseudogley* bezeichnet. Beides sind hydromorphe (also von Wasser geformte), ± mineralische (und somit humusarme) Böden.

(383) Alnus incana

(384) Prunus padus ssp. padus

(385) Ulmus laevis

(386) Carex pendula

(388) *Chrysosplenium alternifolium* (Wechselblättriges Milzkraut)

Kennzeichen: *Saxifragaceae*. Kleine gelbe Blüten und gelbgrüne Hochblätter in tellerartiger Infloreszenz. Stängel 3-kantig. Blätter wechselständig, Spreite herz- bis nierenförmig, deutlich gekerbt. 5–15 cm. III-V.
Zeigercharakter: VC Alno-Ulmion, vor allem in Galeriewäldern. Auch auf quelligen Standorten. Gleybodenzeiger. Wertbildend.
Ellenberg-Zahlen: L4, T4, K5?, F8=, R7, N5 – M7, Ä5
Bemerkungen: *Ch. oppositifolium* (Gegenblättriges Milzkraut; Blätter flach gekerbt, gegenständig am 4-kantigen Stängel; L6, F9 =) kommt – auch neben *Ch. alternifolium!* – ebenfalls in bachbegleitenden Gehölzen vor, hat seine Hauptverbreitung aber in permanent durchnässten quelligen Standorten (Montio-Cardaminetea, vgl. 4.4.2.2). Auf dem Bild im Vordergrund *(350) Veronica montana.*

(389) *Equisetum sylvaticum* (Wald-Schachtelhalm)

Kennzeichen: *Pteridophyta/Equisetaceae*. Schaft reich verzweigt, Äste wiederum regelmäßig quirlig verzweigt. Scheidenzähne gruppenweise zu stumpfen Lappen verwachsen. 15–50 cm.
Zeigercharakter: VC Alno-Ulmion. Auch in anderen feuchten Wäldern und schattigen Quellfluren (verträgt im Vergleich zu allen anderen Schachtelhalmen Schatten am besten), ± montane Art.
Ellenberg-Zahlen: L3, T4, Kx, F7, R5, N4 – M8, Ä5
Bemerkungen: Weniger verzweigt, mit weißlichem, undeutlich > 20-rippigem 20–120 cm hohem Stängel ist *E. telmateia* (Riesen-Sch.; AC in Galeriewäldern, vor allem auf Kalk). Unverzweigt, mit wintergrünem, deutlich geripptem Stängel ist der Wechselfeuchtezeiger (F7~) *E. hyemale*, eine VC Alno-Ulmion, die oft noch lange nach Entfernung der Baumschicht am Standort verbleibt. – Vgl. auch *(29) E. fluviatile* und *(534*) E. pratense.*

(390) *Gagea lutea* (Gewöhnlicher Gelbstern, Wald-G.)

Kennzeichen: *Liliaceae*. Blüten gelb, kahl, doldig angeordnet, mit Hochblatthülle unter der Infloreszenz und sonst nur noch ein > 5 mm breites, schwach gekieltes Grundblatt. 10–20 cm. III-V.
Zeigercharakter: VC Alno-Ulmion. Gern auf lehmig-tonigen Mullböden. Auch im feuchten Carpinion. Oft gemeinsam mit den in Kap. 4.13.1.2 aufgeführten Arten. Wertbildend.
Ellenberg-Zahlen: L4, T5, K4, F6~, R7, N7 – M7, Ä5
Bemerkungen: Im Norden in ähnlichen Biotopen (OC Fagetalia) verbreitet ist noch *G. spathacea* (Scheiden-G.; !!; mit 2 röhrigen Grundblättern; L2). Weitere Arten (z. T. sehr selten und !!) in ± offenen Biotopen (L6-9).

(388) Chrysosplenium alternifolium

(387) Carex remota

(389) Equisetum sylvaticum

(390) Gagea lutea

(391) *Stellaria nemorum* ssp. *nemorum* (Hain-Sternmiere)

Kennzeichen: *Caryophyllaceae.* Kronblätter weiß, bis zum Grund geteilt (daher scheinbar 10). Griffel 3. Stängel rund, glasig-brechend. Blätter ei- bis herzförmig, die unteren (nicht im Bild) > 1 cm gestielt. 20–40 cm. V-VI.
Zeigercharakter: AC im Alno-Ulmion. Nicht auf basenreichen Böden, oft mit der *(396)* Schwarz-Erle.
Ellenberg-Zahlen: L4, Tx, K4, F7, R5, N7 – M7, Ä4
Bemerkungen: *St. n.* ssp. *montana* kommt vor allem in waldnahen Staudengesellschaften vor. Unterschiede (Samen!) s. Bestimmungsbuch. – Vgl. *(62) Stellaria aquatica* mit 5 Griffeln und ± sitzenden Blättern.

▶ Zu weiteren Arten vgl. auch Kap. 4.13.1.2.

4.14.2 Ufer-Weidengebüsche (Salicetea purpureae)

Die Ufer-Weidengebüsche bestehen nur aus einer Ordnung mit zwei Verbänden. Der erste beinhaltet die eigentliche Weichholz-Aue (Salicion albae), der zweite Ufergebüsche mit der Lavendel-Weide[79] *Salix eleagnos* (Salicion eleagni). Letzterer findet sich in Höhen > 500 m lediglich an (de)alpinen Flüssen mit hoher Strömungsenergie. Es ist der Standort der Deutschen Tamariske (*Myricaria germanica*; !!) und ist insofern interessant, als er gelegentlich Alpenpflanzen enthält, deren Diasporen angeschwemmt wurden („Alpenschwemmlinge").
In der Praxis wichtiger ist das Salicion albae. Es besteht im typischen Fall aus zwei uferparallelen Streifen: Uferseitig eine unterbrochene Linie von Strauchweiden (Korbweiden-Mandelweidengebüsch), daran landseitig anschließend und oft flächig entwickelt der Silber- oder Bruchweidenwald. Die namensgebenden Weiden – sie gehören alle dem schmalblättrigen Typ an – genügen völlig, um die Gesellschaften zu erkennen. Der krautige Unterwuchs ist nicht weiter interessant; Brennnessel und *(26)* Rohrglanzgras sind regelmäßig vertreten.
Auch wohlentwickelte Silberweidenwälder sind selten; die entsprechenden Standorte sind häufig mit Hybrid-Pappeln bepflanzt. Diese dürfen nicht mit der Schwarz-Pappel *Populus nigra* (!!) verwechselt werden, die sich nur noch selten wildwachsend (und meist vereinzelt) an größeren Flüssen im Grenzbereich Weichholz/Hartholz-Aue findet.

Es empfiehlt sich, Weiden nachzubestimmen. Lediglich die Blätter der Purpur-Weide sind hinlänglich unverwechselbar. – Der hier angegebene (oft überraschend hohe) Kontinentalitätsgrad wird von manchen Autoren auch anders eingeschätzt.

79 *Salix eleagnos* wird (nach ihrem alten wissenschaftlichen Namen *S. incana*) auch Grau-Weide genannt. Der Name ist aber doppeldeutig und wird meist – so auch von uns – für *(405*) S. cinerea* benutzt (die ihrerseits auch „Asch-Weide" genannt wird).

(391) Stellaria nemorum ssp. nemorum

(392) Salix alba

(392) *Salix alba* (Silber-Weide)

Kennzeichen: *Salicaceae.* Meist Baum. Blätter lanzettlich, ± in der Mitte am breitesten, zumindest unterseits seidenhaarig bleibend (Haare parallel zur Mittelrippe). Zweige zäh (bei Abbrechen nicht knackend). IV-V (Abb. s. S. 335).
Zeigercharakter: AC im Salicion albae. Vor allem an den großen Flüssen, sonst gelegentlich gepflanzt. Basenzeiger.
Ellenberg-Zahlen: L(5), T6/5, K6/3, F8=, R8/6, N7/6 – M 8/9, Ä5
Bemerkungen: Sehr ähnlich *S. fragilis* (Bruch-W.). Blätter zuletzt (!) kahl, im unteren Drittel am breitesten. Zweige knackend abbrechend[80]. *S. f.* unterscheidet sich von *S. a.* vor allem durch den geringeren Basenbedarf. Sie ist häufiger gepflanzt als *S. a.* Bei unterschiedlichen Ellenberg-Zahlen steht die erste Zahl für *S. a.*, die zweite für *S. f.* – Beide Weiden sind durch Übergänge (Bastarde) verbunden (*Salix* x *rubens*), mit unterseits erst spät verkahlenden Blättern, aber knackenden Zweigen. Viele der einzeln stehenden Weiden an kleinen Gewässern gehören hierher. Eine genaue Zuordnung ist im nicht blühenden Zustand in vielen Fällen kaum möglich. Blühende Exemplare vgl. Bestimmungsbuch.

(393) *Salix purpurea* (Purpur-Weide)

Kennzeichen: *Salicaceae.* Meist höherer Strauch. Blätter verkehrt-lanzettlich, völlig kahl, vorne fein gesägt, sonst ganzrandig, häufig unterseits bläulich und (teilweise) ± gegenständig. IV-V.
Zeigercharakter: OC in Salicetea. Oft auf Böden mit relativ grober Textur, daher sehr häufig Initialstrauch auf vernässten Steinbruchsohlen usw. Basenzeiger.
Ellenberg-Zahlen: L8, T5, K4, Fx=, R8, Nx – M7, Ä5
Bemerkungen: Einzige Weide mit (teilweise) gegenständigen Blättern.

(394) *Salix triandra* (Mandel-Weide)

Kennzeichen: *Salicaceae.* Meist höherer Strauch. Blätter länglich-lanzettlich, in der Mitte am breitesten, zuletzt kahl und oberseits glänzend. An alten Stämmen mit sich streifen- oder plattenförmig lösender alter Borke, neue Borke zimtbraun. IV-V.
Zeigercharakter: AC im Salicion albae. Oft zusammen mit *S. viminalis* als lückiger Saum zwischen Ufer und dem Silberweidenwald. Gern auf tonigen Böden. Wertbildend.
Ellenberg-Zahlen: L7, T5, K5, F8=, R7, N5 – M7, Ä4
Bemerkungen: Die zimtbraune Borke ist nicht immer deutlich ausgebildet, dann aber unverkennbar (vgl. Abb.).

(395) *Salix viminalis* (Korb-Weide)

Kennzeichen: *Salicaceae.* Meist höherer Strauch. Blätter linealisch-lanzettlich, am Rand schwach zurückgerollt, ± ganzrandig, Unterseite dicht silbrig-filzig (Haare parallel zu den Seitennerven), Oberseite verkahlend, dunkelgrün. III-IV.

80 Dieses Merkmal scheint ein wenig überschätzt zu werden.

(393) Salix purpurea

(394) Salix triandra

(395) Salix viminalis

Zeigercharakter: AC im Salicion albae. Oft zusammen mit *(394) S. triandra*, aber auch auf gröberen Böden.
Ellenberg-Zahlen: L7, T6, K7, F8=, R7, Nx – M8, Ä5
Bemerkungen: Sehr ähnlich die präalpine (vgl. oben), aber gelegentlich gepflanzte *S. eleagnos* (Lavendel-W.; Haare der filzigen Blattunterseite ungerichtet; F7~).

4.14.3 Bruchwälder

4.14.3.1 Erlenbruchwälder (Alnetea glutinosae/ Alnion glutinosae)

Erlenbrüche (oder -brücher) finden sich – in über weite Räume einheitlicher Ausprägung – in durchnässten Geländesenken. Hier steigt das Grundwasser in regelmäßigen Zeitabständen weiter an und überschwemmt den gesamten Boden (vgl. die Einleitung zu Kap. 4.14). Dies verhindert die Aktivität der Mykorrhizapartner der Gehölze; auch das Bodenleben allgemein wird zeitweise unterbunden und damit der Abbau des ursprünglichen Niedermoortorfs, auf dem Erlenbrüche normalerweise stocken. Die Phasen des oberflächlichen Austrocknens genügen jedoch offenbar für eine ausreichende Nitrifikation (beachte N6 bei den unten angeführten Arten). Die Begleiter sind vielfach Arten sumpfiger Standorte; dies unterscheidet Erlenbrüche von der Hartholz-Aue, in der der Schwerpunkt auf Arten feuchter *Wälder* liegt.

Nicht immer stocken Erlenwälder auf Torf; ist der Untergrund mineral- (und basen-)haltig, können auch anspruchsvollere Arten vorkommen. Dieser Waldtyp – er wird, im Gegensatz zum Erlen*bruch*wald, auch als Erlen*sumpf*wald bezeichnet und ist insgesamt weniger nass – steht gelegentlich im Kontakt zu Eichen-Hainbuchenwäldern und vermittelt schon zum Alno-Ulmion bzw. gehört bereits zu diesem.
Die Moorweiden-Gebüsche (vgl. 4.14.4) werden häufig ebenfalls zu den Alnetea gestellt.

(396) *Alnus glutinosa* (Schwarz-Erle)

Kennzeichen: *Betulaceae*. Blätter unregelmäßig gezähnt, in der vorderen Hälfte am breitesten und an der Spitze stumpf bis (meist) etwas ausgerandet, mit 5–8 Seitennervenpaaren. Borke rissig. III-IV.
Zeigercharakter: VC Alnion. Auch im Alno-Ulmion, dort Zeiger für basenarme Böden (die Art ist nicht auf R6 beschränkt).
Ellenberg-Zahlen: L(5), T5, K3, F9=, R6, Nx – M9, Ä5
Bemerkungen: Vgl. *(383) A. incana.*

(397) *Osmunda regalis* (Königsfarn) (!!)

Kennzeichen: *Pteridophyta/Osmundaceae*. Wedel unten doppelt gefiedert und steril, oben ± rispenartig verzweigt mit den Sporangien („Heteronomes Sporotrophophyll"). 50–180 cm.
Zeigercharakter: AC im Alnion. Wertbestimmend.

(396) Alnus glutinosa

(397) Osmunda regalis

Ellenberg-Zahlen: L5, T6, K2, F8, R4, N5 – M4, Ä2
Bemerkungen: Die Art ist im N (noch) weiter verbreitet, im S auf wenige Räume beschränkt.

(398) *Ribes nigrum* (Schwarze Johannisbeere) (!!)

Kennzeichen: *Grossulariaceae.* Strauch. Blüten grünlich, in hängenden Trauben. Blätter unterseits mit gelblichen Drüsen, charakteristisch riechend. Beeren schwarz. IV-V.
Zeigercharakter: AC im Alnion. Wertbildend.
Ellenberg-Zahlen: L4, Tx, K7, F9=, R6, N5 – M5, Ä4?
Bemerkungen: Die Art ist (besonders im Norden und Osten) weiter verbreitet, als man dem (!!)-Status entnehmen möchte, ist gelegentlich aber nur verwildert.

(399) *Carex elongata* (Walzen-Segge)

Kennzeichen: *Cyperaceae.* Horstwüchsige Vignea. Ähren 8–12 länglich, reichblütig, am Grund ♂, in einer 3–5(–8) cm langen Gesamtinfloreszenz. Stängel scharf 3-kantig, auch unten deutlich rau. Blätter ca. 4 mm breit, schlaff. 30–60 cm. IV-V.
Zeigercharakter: AC im Alnion. Gute soziologische Kennart, als Stau- bzw. Wechselnässezeiger aber auch im Alno-Ulmion. Wertbildend.
Ellenberg-Zahlen: L4, T6, K3, F9~, R7, N6 – M7, Ä3
Bemerkungen: Oft gemeinsam mit *(400) Dryopteris cristata.* – Ähnlich, aber kleiner (10–25 cm) *C. echinata* (Igel-Segge) mit 3–4 kugeligen Ähren, die in Kleinseggenriedern und im Nassgrünland vorkommt (L8).

(400) *Dryopteris cristata* (Kammfarn) (!!)

Kennzeichen: *Pteridophyta/Dryopteridaceae.* Trichterförmige Horste. Wedel z. T. steril und schräg ausgebreitet, z. T. fertil und aufrecht, 1-fach gefiedert, Fiedern aber tief geteilt. Fiederpaare < 20, die der Spreitenmitte 2–3-mal so lang wie breit. Das nierenförmige Indusium bleibt lange erhalten. 30–70 cm.
Zeigercharakter: AC im Alnion. Gute (aber seltene) soziologische Kennart. Wertbestimmend.
Ellenberg-Zahlen: L4, T6, K4, F9, R5, N6? – M3, Ä2
Bemerkungen: *Dryopteris*-Funde sollten im Zweifelsfall immer nachbestimmt werden.

(401) *Thelypteris palustris* (Sumpffarn) (!!)

Kennzeichen: *Pteridophyta/Thelypteridaceae.* Wedel einzeln, steif aufrecht, z. T. steril, z. T. fertil, 1-fach gefiedert, Fiedern aber tief geteilt, die der Spreitenmitte > 3-mal so lang wie breit, unterseits zuweilen drüsig. Indusium hinfällig. 30–80 cm.
Zeigercharakter: VC Alnion. Gute (seltene) soziologische Kennart, als Staunässezeiger aber auch im Magnocaricion. Wertbestimmend.

(398) Ribes nigrum

(399) Carex elongata

(400) Dryopteris cristata

Ellenberg-Zahlen: L5, T6, Kx, F8, R5, N6 – M4, Ä2
Bemerkungen: Auch *Oreopteris (Thelypteris) limbosperma* (Bergfarn; Wedel in Rosetten, Fiedern nach unten zu sehr klein werdend) kommt in montanen (T4) Erlenwäldern gelegentlich vor (F6~).

▶ *Weitere Arten: (537) Frangula alnus, (519) Symphytum officinale.*

4.14.3.2 Birken- und Kiefernbruchwälder (Vaccinio-Piceetea/Betulion pubescentis)

Diese Gesellschaften – es handelt sich um wenige, syntaxonomisch sehr unterschiedlich behandelte Assoziationen – stocken am Rand von (oft teilentwässerten) Hochmoorkomplexen und dystrophen Gewässern (d. h. im Gegensatz zu den in Kap. 4.14.3.1 beschriebenen Gesellschaften auf sauren, ausgeprägt oligotrophen Hochmoor- und Zwischenmoortorfen). Kennzeichnend sind *(402) Betula pubescens*, eine spezielle Form von *(406) Pinus sylvestris* („var. *turfosa*"), Ericaceen und zahlreiche Moose. Auch Arten der angrenzenden Moore, neben den soeben erwähnten Ericaceen z. B. Wollgräser (*Eriophorum*), kommen vor. – *Betula pubescens* ist keineswegs auf diese Gesellschaften beschränkt; von einem „Betuletum pubescentis" sollte man deshalb nur sprechen, wenn außer der Moor-Birke auch weitere kennzeichnende Taxa vorhanden sind.

(402) *Betula pubescens* ssp. *pubescens* (Moor-Birke)

Kennzeichen: *Betulaceae*. Blätter doppelt gesägt, ± eiförmig bis schwach rautenförmig, jung wie die Äste weichhaarig. Weiße Rinde lange glatt bleibend. Blüten eingeschlechtlich, in Kätzchen. Seitenlappen der kleinen Tragblätter der ♀ Blüten deutlich aufwärtsgerichtet. IV-V.
Zeigercharakter: Gesellschaftsvag (vgl. oben), aber fast immer auf stark humosen Böden, Säure- und Nässezeiger. V. a. in Bruch- und Moorwäldern.
Ellenberg-Zahlen: L(7), Tx, Kx, F8?, R3, N3 – M8, Ä6
Bemerkungen: *B. p.* ssp. *glutinosa [B. carpatica]*(Karpaten-B.: Blätter in der Mitte am breitesten, wie die Zweige rasch verkahlend. Rinde gelblich-bräunlich) kommt im Süden (selten) hauptsächlich in höheren Lagen vor (auch auf Geröll), im Norden auch in tieferen Lagen. Das Taxon ist sehr lichtbedürftig (L9). – Die gesellschaftsvage *B. pendula* (Hänge- oder Warzenbirke: Blätter stärker rautenförmig, junge Äste drüsig-warzig. Weiße Rinde bald – von unten her – schwarzrissig, Seitenlappen der Frucht abwärtsgebogen) findet sich vielfach in Vorwaldgesellschaften und anderen Initialgesellschaften, vor allem auf sauren Böden, ist ansonsten aber ziemlich indifferent gegenüber ökologischen Faktoren.

▶ *Weitere Arten: (532) Molinia caerulea* sowie der weitgehend auf den Osten beschränkte weißblütige Sumpf-Porst *Rhododendron tomentosum [Ledum palustre]* mit rostrot filzigen Zweigen. Vgl. auch *(407) Empetrum nigrum.*

(401) Thelypteris palustris

(402) Betula pubescens ssp. pubescens

4.14.4 Moorweiden-Gebüsche (Franguletea/ Salicion cinereae)

Moorweiden-Gebüsche sind zunächst einmal Mantelgesellschaften zum Erlenbruch, mit dem sie eine Reihe von Arten gemeinsam haben (sie werden deshalb ja auch gelegentlich zur gleichen Klasse bzw. Ordnung gezählt, vgl. 4.14.3.1). Sie bilden aber auch kleine Inseln in niedermoorartigem Nassgrünland, im Uferbereich verlandender Seen oder – in artenarmer Ausprägung – auf ungenutzten, permanent nassen Stellen inmitten ansonsten intensiv genutzter Flächen. In diesem Fall sind die meisten Krautigen wenig spezifische Nässezeiger.

(403) *Betula humilis* (Strauch-Birke) (!!)

Kennzeichen: *Betulaceae*. Strauch (0,5–1,5 m), ohne weiße Rinde. Blätter oval, -35 mm lang, stumpf, gesägt. Blüten usw. wie *(402) B. pubescens*. IV-V.
Zeigercharakter: AC im Salicion cinereae. Vor allem im Zwischenmoor. Kontinentalitätszeiger. Wertbestimmend (Eiszeitrelikt).
Ellenberg-Zahlen: L7, T5?, K8, F9, R4?, N3 – M3, Ä1
Bemerkungen: Rezent nur südlich der Donau und im äußersten Nordosten; insofern mit *(404) Myrica* vikariierend.

(404) *Myrica gale* (Gagelstrauch) (!!)

Kennzeichen: *Myricaceae*. Zweihäusiger Strauch (0,5–1,3 m) mit ± eiförmigen Zapfen. Blätter lanzettlich, im vorderen Drittel am breitesten und oft etwas gesägt. Infolge gelblicher Harzdrüsen aromatisch duftend. IV-V.
Zeigercharakter: AC im Salicion cinereae. Ozeanitätszeiger. Wertbestimmend.
Ellenberg-Zahlen:L8, T6?, K2, F9, R3, N3? – M4, Ä3
Bemerkungen: Nur im Nordwesten; insofern mit *(403) Betula humilis* vikariierend.

(405) *Salix aurita* (Ohr-Weide)

Kennzeichen: *Salicaceae*. Vorjährige Äste kahl, mit < 10 mm langen Striemen[81]. Blätter verkehrt eiförmig, 2–5 cm lang, mit welligem, ± ausgebissen-gezähntem Rand und meist gedrehter Spitze. Selten über 2 m. IV-V.
Zeigercharakter: AC im Salicion cinereae.
Ellenberg-Zahlen: L7, Tx?, K3, F8~, R4, N3? – M9, Ä5
Bemerkungen: Ähnlich *S. cinerea* (Grau- oder Asch-Weide): Äste behaart, Striemen z. T. länger. Blätter längsoval, meist > 5 cm, mit planer Spitze. Bis 4 m. III-IV. – Beide Weiden

81 Unter *Striemen* verstehen wir scharf hervortretende Längsleisten auf dem Holz frisch entrindeter, vorjähriger Zweige.

tula humilis

(404) Myrica gale

(405) Salix aurita

bilden charakteristische „Halbkugeln" in der Sumpf- bzw. Moorlandschaft. Sie finden sich auch nebeneinander und bilden nicht selten Bastarde („*S. x multinervis*"). – Weitere (striemenlose) Weiden sind möglich, darunter die nur bis 1 m hohe *S. repens* (Kriech-Weide, wegen ihres unterirdisch kriechenden Stammes; Blätter zumindest unterseits grausilbrig behaart) mit zwei Unterarten im Salicion cinereae.

▶ *Weitere Arten: (520) Agrostis stolonifera, (537) Frangula alnus, (513) Lysimachia vulgaris.*

4.15 Nadelgehölze

Der im einleitenden Kapitel zu den Wäldern getroffene Unterschied zwischen „Wald" und „Forst" – der im Übrigen von der Forstwirtschaft nicht nachvollzogen wird[82] – ist bei der Betrachtung von Nadelgehölzen von besonderer Wichtigkeit. Die meisten „Nadelwälder", die wir so kennen, sind in Wirklichkeit Forste. Das liegt daran, dass es nur etwa zehn einheimische (!) Nadelgehölze gibt (die genaue Zahl hängt davon ab, wie man die Formenkreise um *Pinus sylvestris* und *P. mugo* gliedert). Davon gehören fünf eher der Strauchschicht an (die beiden Wacholder, die Eibe und die Latsche bzw. die Moor-Kiefer), vier sind Elemente der montanen bis subalpinen Stufe (Tanne, Fichte, Lärche und Arve). Nur die Gewöhnliche Kiefer findet sich von Natur aus auch in tieferen Lagen (was aber nicht bedeutet, dass dort alle Kiefernwälder auch natürliche Bestände sind). Alle Nadel„wälder" der collinen und submontanen Stufe, die von anderen Koniferen gebildet werden, sind somit von vorneherein als „Forst" anzusprechen.
Was nun die Kiefer[83] betrifft, so ist diese sehr konkurrenzschwach; dies liegt vor allem an ihrem hohen Lichtbedürfnis auch in der Jugend. Ansonsten ist sie die Genügsamste unter allen einheimischen Bäumen, am indifferentesten bezüglich der anderen ökologischen Faktoren (vgl. *(406) Pinus sylvestris* und Schema 4.12.a, S. 276). Diese Fähigkeit, verschiedene extreme Biotoptypen zu besiedeln, die für andere Bäume kaum geeignet sind, führt natürlich zu einer Vielfalt von Kiefern-Gesellschaften. Mit diesen wollen wir unsere Besprechung der Nadelgehölze deshalb auch beginnen (4.15.1), dann einen Blick auf die montanen Nadelwäldern werfen (4.15.2) und schließlich auch noch kurz die Nadelforste erwähnen (4.15.3).

4.15.1 Kiefernwälder

Natürliche Kiefernwälder sind bei uns nur kleinflächig vertreten. Nichtsdestotrotz gehören sie pflanzensoziologisch gesehen nicht weniger als drei Klassen an, wobei allerdings sehr verschiedene Ansichten über die Synsystematik bestehen (vgl. Tab. 4.12.a, S. 275). Die **Kiefernbruchwälder** haben wir schon erwähnt (vgl. 4.14.3.2). Der gleichen Klas-

82 Alle einschlägigen Forstgesetze enthalten eine Definition etwa folgender Art: „Wald ist jede Grundfläche, die mit Waldbäumen oder Waldsträuchern bestockt ist".

83 Unter „Kiefer" wird im Folgenden stets *Pinus sylvestris* verstanden.

se – den Vaccinio-Piceetea – gehört ein **Moos-Kiefernwald** an, der auf sauren Sanden Ost-Deutschlands vorkommt. Er wird, wie der Name schon sagt, im Wesentlichen durch Moose (*Dicranum, Leucobryum, Pleurozium* usw.) und Säurezeiger charakterisiert; von diesen sind *(160) Calluna, (540) Deschampsia flexuosa* und *(419, 546) Vaccinium*-Arten besonders häufig. Noch ärmer an Blütenpflanzen, aber reich an Flechten (*Cladonia*-Arten) ist der **Flechten-Kiefernwald** an ähnlichen Standorten. Beide werden als **Sauerhumus-Kiefernwälder** (Dicrano-Pinion) zusammengefasst. – **Schneeheide-Kiefernwälder** (Erico-Pinetea) haben ihren Schwerpunkt in den Alpen und finden sich außerhalb dieser nur selten im Alpenvorland sowie auf felsigen Kalkstandorten im Bereich der Schwäbischen und Fränkischen Alb. Namensgebendes Taxon ist die Schnee-Heide (*Erica carnea*). An Sträuchern gelegentlich eingemischt sind *Juniperus* (Wacholder) und *(305*) Rhamnus saxatilis*. Die Krautschicht ist artenreich; Elemente der Halbtrockenrasen und Säume sind vielfach vertreten. *(363) Carex alba* verbindet mit den Kalkbuchenwäldern. Im Übrigen ist die syntaxonomische Gliederung ziemlich unübersichtlich, was bei der Vielfalt der besiedelten Biotope auch nicht verwundert.

Als letzte Klasse – sie ist nicht allgemein anerkannt – bleiben die **Kiefern-Steppenwälder** (Pulsatillo-Pinetea) mit (bei uns) nur einer (weitgefassten) Assoziation, dem *Pyrolo-* (oder *Peucedano-)Pinetum* (Wintergrün-Kiefernwald; er wird auch zum oben erwähnten Dicrano-Pinion gestellt). Der Kiefern-Steppenwald ist von allen Kiefernwäldern floristisch am besten charakterisiert und zeigt die allen Kiefernwäldern innewohnende kontinentale Tendenz am deutlichsten; leider ist seit wenigen Jahrzehnten eine erschreckende Abnahme der kennzeichnenden Arten festzustellen. Der Kiefern-Steppenwald stockt auf kalkreichen Sanden, die allerdings oberflächlich versauert sein können und dann ein extremes pH-Profil zeigen. Eine Folge davon ist eine charakteristische Durchmischung von acido- und basiphilen Arten (wie wir das in ähnlicher Weise auch von der „Wacholderheide" kennen, vgl. 4.7). Ebenfalls typisch ist – wie beim Vorgenannten – eine gewisse strukturelle Inhomogenität: Der ohnehin schon lockere Baumbestand wird öfter unterbrochen von saumartigen Bereichen mit entsprechender Vegetation, hauptsächlich aus dem Geranion. In neuerer Zeit freilich werden diese offenen Flächen zunehmend von verdämmenden Eindringlingen wie Brombeeren oder *(584)* Reitgras eingenommen.

Der Name Pyrolo-Pinetum bezieht sich nicht auf eine bestimmte *Pyrola*-Art sondern auf das Vorkommen der meisten unserer einheimischen „Pyrolaceen" (heute in die Ericaceen eingeschlossen), vor allem *(408) Pyrola chlorantha* und *Orthilia secunda*, daneben *(408*) Pyrola rotundifolia* und *Chimaphila umbellata*, manchmal *Moneses uniflora*. Ein Großteil davon kommt aber auch in anderen Nadelwäldern vor, selten in bodensauren Laubwäldern (vgl. *(415) Moneses uniflora* und *(417) Pyrola minor*).

(406) *Pinus sylvestris* (Gewöhnliche Kiefer, Föhre)

Kennzeichen: *Pinaceae.* Zapfen gestielt, zuletzt herabgekrümmt. Nadeln (2-)4–6(-8) cm lang. Borke (oben am Stamm) oft rötlich braun. V (Abb. s. S. 349).

Zeigercharakter: Auf sehr mageren Standorten, oft auf Sand oder steinigen Rohböden (dort auch vielfach gepflanzt), entweder auf (sehr) trockenen oder auf moorigen Standorten, in „mittleren" Bereichen von Natur aus fehlend (vgl. Schema 4.12.a, S. 276).

Ellenberg-Zahlen: L(7), Tx, K7, Fx, Rx, Nx – M9, Ä5

Bemerkungen: Verschiedene, ökologisch differenzierte Formen. – Gelegentlich auf ähnlichen Standorten gepflanzt ist die Schwarz-Kiefer (*P. nigra*; Nadeln > 8 cm, Zapfen sitzend, Borke schwarzgrau). Meist strauchig sind Spirke oder Moor-Kiefer (*P. mugo* ssp. *uncinata*; nicht mit der ebenfalls moorbewohnenden *P. sylvestris* „var. *turfosa*" verwechseln!) und die subalpine Latsche (*P. mugo* ssp. *mugo*), beide mit fast sitzenden Zapfen und 2–4 cm langen Nadeln.

(407) *Empetrum nigrum* (Schwarze Krähenbeere) (!!)

Kennzeichen: *Ericaceae (Empetraceae)*. Immergrüner, 2-häusiger Zwergstrauch mit niederliegend-aufsteigenden, oft ± rötlichen Ästen. Blätter zurückgerollt, daher nadelförmig, 4-5 mm lang. Blüten meist 3-zählig, (blass-)rot. 20–50 cm. IV–V.
Zeigercharakter: Hier genannt als Differenzialart des Dicrano-Pinion, aber auch im kiefernreichen Betulion pubescentis. In Küstennähe Kennart eines eigenen Verbandes Empetrion nigri (Calluno-Ulicetalia). Im NW häufig, im S wertbestimmend.
Ellenberg-Zahlen: L7, Tx, K3, F6, R4, N2 – M4, Ä5
Bemerkungen: Im S beschränkt sie sich auf die höheren Lagen von Mittelgebirgen (Tx!)

(408) *Pyrola chlorantha* (Grünblütiges Wintergrün) (!!)

Kennzeichen: *Ericaceae (Pyrolaceae)*. Blüten grünlich, glockig, in 3-10-blütiger Traube. Stängel unten scharfkantig. Blätter grundständig, ± rundlich. 10–20 cm. VI–VII.
Zeigercharakter: AC Pyrolo-Pinetum (vgl. oben). Wertbestimmend.
Ellenberg-Zahlen: L5, T5, K5, F4, R5, N2 – M3, Ä2
Bemerkungen: Ähnlich *(417*) P. rotundifolia* (Rundblättriges W.): Blüten weiß oder rötlich, in >8-blütiger Traube. Stängel unten stumpfkantig. OC Piceetalia, aber selten auch in anderen bodensauren Wäldern. Ebenfalls wertbestimmend.

(409) *Viola rupestris* (Sand-Veilchen) (!!)

Kennzeichen: *Violaceae*. Blüten hell blauviolett (selten rötlich), mit spitzen Kelchblättern, in den Achseln von Stängelblättern. Diese am Stängelgrund rosettig gehäuft, rundlich-herzförmig, < 2 cm lang, dunkelgrün, meist etwas flaumig behaart, höchstens schwach gekerbt. 3–8 cm. IV-VI.
Zeigercharakter: KC Pulsatillo-Pinetea. Zuverlässige soziologische Kennart *natürlicher* Kiefernwälder. Wertbestimmend.
Ellenberg-Zahlen: L6, T5, K7, F3, R8, N2 – M2, Ä2
Bemerkungen: Ähnlich, aber größer und stets kahl *(336) Viola reichenbachiana* und *(323) V. riviniana* aus Laubwäldern.

▸ Vgl. auch Anmerkung zu *(417) Pyrola minor*.

(407) Empetrum nigrum

(406) Pinus sylvestris

(408) Pyrola chlorantha

(409) Viola rupestris

4.15.2 Montane bis subalpine Nadelwälder

Neben den beiden von Natur aus nur in den höheren Lagen der Alpen vorkommenden Nadelbäumen - der Arve oder Zirbel-Kiefer (*Pinus cembra*, mit 5-nadeligen Büscheln) und der sommergrünen Lärche (*Larix decidua*, Nadeln zu > 15 gebüschelt) - sind hier Tanne und Fichte zu nennen.

Die **Tanne** (genauer: Weißtanne, *Abies alba*) interessiert vor allem als Mischbaumart mit Buche und/oder Fichte, selten auch mit Kiefer. Während Tannen-Fichten-Wälder ohne Buche auf hochmontane und subalpine Lagen beschränkt sind, finden sich Tannen als Beimischung zur Buche schon ab ca. 500 m Höhe über NN, wobei der Tannenanteil mit der Meereshöhe steigt und dann sukzessiv auch Fichten hinzutreten können. Solche Mischwälder, die häufig auch den *(373)* Berg-Ahorn enthalten, werden als **Galio-Abietenion** syntaxonomisch den Buchenwäldern (Fagion) zugeordnet (vgl. 4.13.2.3). Diese Einordnung lässt sich nicht nur mit dem Vorkommen etlicher Arten aus Kap. 4.13.1.1 begründen, sondern auch arealgeografisch und synökologisch: Die Tanne ist von den hier behandelten drei Nadelbäumen am stärksten atlantisch geprägt und ähnelt insofern der Buche, ist wie diese dürre- und spätfrostgefährdet und gilt überhaupt als „buchenähnlich" in ihren Ansprüchen. Wie bei der Buche kann man bei der weiteren Gliederung des Unterverbandes basenreiche und basenarme Ausprägungen unterscheiden.

Anders die **Fichte** (*Picea abies*). Sie ist von ausgeprägter Frosthärte (wenn der Frost nicht zu plötzlich kommt). Das erklärt ihr Vorkommen einerseits in höheren Lagen als auch in „Frostlöchern", z. B. Mooren, wobei ihr in diesem Fall auch ihre Fähigkeit zugutekommt, sich mit einem flach ausstreichenden Tellerwurzelsystem zu begnügen, das sich mit hoch anstehendem Wasser leichter arrangieren kann als die tiefer gehenden Systeme von Tanne und Buche.

Von diesen Sonderstandorten abgesehen, wo die Fichte meist vergesellschaftet ist (z. B. mit Birken), neigt sie stärker als die Tanne dazu, ± reine Bestände auszubilden. Dabei muss betont werden, dass mit solchen *natürlichen* Fichten-Reinbeständen erst ab etwa 800 m zu rechnen ist (vgl. 4.15.3). Dort besiedelt sie gerne felsendurchsetzte Hänge und entwickelt tief hinab beastete Stämme.

Solche natürlichen Fichtenwälder sind durch eine ausgeprägt saure Rohhumusschicht (bestenfalls Moderschicht) gekennzeichnet, die im Wesentlichen von den Fichtennadeln selbst gebildet wird. Dies wirkt sich natürlich auf den Unterwuchs aus, der nun keine Ähnlichkeit mit einem typischen Buchenwald mehr hat und nur durch die Existenz einzelner Säurezeiger allenfalls entfernt an ein Luzulo-Fagenion (vgl. 4.13.2.1) erinnert. Kennzeichnend für solche Rohhumuspflanzen sind R- und N-Zahlen von 2–3 und eine leistungsfähige Mykorrhiza – wie sie etwa den Ericaceen (inkl. Pyrolaceen) eigen ist – zur Erschließung von Nährstoffen aus dem schwer zersetzlichen Material.

Syntaxonomisch gehören die meisten der uns hier interessierenden Vergesellschaftungen dem Verband **Piceeion excelsae** (= Piceion abietis = Vaccinio-Piceion[84]; Klasse Vaccinio-Piceetea/Ordnung Piceetalia) an. Eine weitere syntaxonomische Diskussion wollen wir hier unterlassen; dafür müssten wir einen zu großen geografischen Raum abstecken. Insgesamt haben Fichtenwälder – im Gegensatz zur Tanne – eine boreal-kontinentale

84 Beachte *Piceeion* vs. *Piceion*

Tendenz. Gegenüber dem Temperaturfaktor sind sie häufig indifferent, was ihnen ermöglicht, sowohl im borealen als auch mitteleuropäischen Bereich bzw. von montan bis subalpin zu gedeihen.

(410) *Abies alba* (Tanne) (!!)

Kennzeichen: *Pinaceae*. Nadeln stumpf, flach, einzeln einem „Kissen" aufsitzend, unterseits mit 2 weißen Streifen. Zapfen aufrecht, Zapfenschuppen einzeln abfallend. V-VI.
Zeigercharakter: In verschiedenen ± montanen Wäldern, vor allem in (relativ!) sommerwarmen Lagen (vgl. Einleitungstext zu diesem Kapitel). Spätfrostempfindlich. Jungwuchs sehr schattenertragend.
Ellenberg-Zahlen: L(3), T5, K4, Fx, Rx, Nx – M7, Ä2
Bemerkungen: Die Nadeln der Eibe (*Taxus baccata*) sind ähnlich, aber ohne Streifen. Im Übrigen schließen sich diese beiden Arten aus.

(411) *Picea abies* (Fichte)

Kennzeichen: *Pinaceae*. Nadeln spitz, 4-kantig, einzeln, mit herablaufendem Blattgrund (entnadelte Äste daher raspelartig rau). Zapfen hängend, als Ganzes abfallend. V.
Zeigercharakter: OC Piceetalia. Unter 800 m von Natur aus nur in Einzelexemplaren, außer an Sonderstandorten (vgl. Einleitung zu diesem Kapitel). Sehr frosthart. Auch auf flachgründigen Böden.

(410) Abies alba

(411) Picea abies

Ellenberg-Zahlen: L(5), T3?, K6, Fx, Rx, Nx – M8, Ä6
Bemerkungen: Bei der gelegentlich forstlich eingebrachten Sitka-Fichte (*P. sitchensis*) sind die Nadeln flach.

(412) *Blechnum spicant* (Rippenfarn)

Kennzeichen: *Pteridophyta/Blechnaceae.* Wedel tief fiederteilig, „Fiedern" aber von der Spindel nicht verschmälert-abgesetzt. Die der straff aufrechten fertilen Wedel sehr schmal, die der ± ausgebreiteten bis niederliegenden sterilen etwas breiter. 15–45 cm.
Zeigercharakter: VC in Piceetalia. In (luft-)feuchten Lokalklimata. Moderzeiger. Wertbildend.
Ellenberg-Zahlen: L3, Tx, K2, F6, R2, N3 – M7, Ä5
Bemerkungen: Auch im Alnion und in Fichtenpflanzungen (dort oft eine durch Fichtenanbau bedingte zunehmende Bodenversauerung durch Rohhumus anzeigend). – Vor allem im Norden und Osten ist die Art stärker im Rückgang begriffen, als Ä5 erwarten ließe.

(413) *Hypopitys monotropa* ssp. *monotropa [Monotropa hypopitys* ssp. *h.]* (Fichtenspargel)

Kennzeichen: *Ericaceae (Monotropaceae).* Pflanze wachsgelb, ohne grüne Blätter. Blütenstand 10–15-blütig, nickend, Fruchtstand wieder aufgerichtet. Perigon radiär, wie der Griffel oft behaart. 10–20 cm. VI-VII.
Zeigercharakter: OC Piceetalia. Wertbildend.
Ellenberg-Zahlen: L4, Tx, K5, F5, R3, N2 – M6, Ä3
Bemerkungen: Es gibt noch eine ssp. *hypophegea* (Blütenstand ärmer, Griffel und Perigon stets kahl), eine Art der bodensauren Buchenwälder[85]. – Die Ellenberg-Zahlen beziehen sich auf die Gesamtart. L4 ist sicher zu hoch gegriffen; die Art parasitiert auf einem Pilz und ist daher – weil sie nicht selbst assimilieren muss – sehr schattenverträglich.

(414) *Lycopodium annotinum* (Sprossender Bärlapp)

Kennzeichen: *Pteridophyta/Lycopodiaceae.* Hauptachse 20–100 cm lang kriechend, gabelig verzweigt, mit linealischen, 3–8 mm langen Blättchen ± dicht-abstehend besetzt. Sporophyllstände ährenartig, habituell vom vegetativen Teil deutlich abgesetzt. 10–30 cm.
Zeigercharakter: Zuverlässige OC Piceetalia. Wie die Fichte in höheren Lagen oder in Mooren. Wertbildend.
Ellenberg-Zahlen: L3, T4, K3, F6, R3, N3 – M5, Ä2
Bemerkungen: *Huperzia selago* mit auffällig gabelig verzweigter Hauptachse, ohne abgesetzte Sporophyllstände ist ebenfalls OC Piceetalia (trotz des irreführenden deutschen

85 Wie der Name schon sagt: Griechisch *hypo:* unter; *pitys:* Fichte; *phēgos:* „Fagacee mit essbaren Früchten", *hier:* Buche (lat. *fagus*). – Die Bindung an die jeweilige Baumart ist aber nicht sehr eng; man findet *H. m.* ssp. *monotropa* durchaus auch unter Buchen – auch unser Bild ist in einem Buchenwald entstanden.

(412) Blechnum spicant

(413) Hypopitys monotropa ssp. monotropa

(414) Lycopodium annotinum

Namens *Tannen*bärlapp). Beide Taxa sind insbesondere im Norden stark zurückgehend. *Diphasiastrum complanatum* (Gewöhnlicher Flachbärlapp) mit flachen Trieben und schuppenförmigen Blättern kommt auch in Kiefernwäldern vor. – Die anderen (seltenen) *Lycopodiaceae* (es gibt insgesamt ca. 10 in unserem Gebiet) bevorzugen offene Standorte. Alle sind sie (Stark-)Säurezeiger (R1-3) und wertbildend.

(415) ***Moneses [Pyrola] uniflora*** (Einblütiges Wintergrün)

Kennzeichen: *Ericaceae (Pyrolaceae).* Blüten einzeln, aufrecht, weiß, 5-zählig, mit freien, ausgebreiteten Kronblättern. Blätter rosettig, ± stumpf, kaum länger als breit. 5–10 cm. VI-VII.
Zeigercharakter: OC Piceetalia. Wertbestimmend.
Ellenberg-Zahlen: L4, Tx, K5, F5, R4, N2 – M3, Ä2
Bemerkungen: Vgl. *(417) Pyrola.*

(416) ***Oxalis acetosella*** (Sauerklee)

Kennzeichen: *Oxalidaceae.* Blüten radiär, weiß, rosa geadert, 5-zählig, einzeln. Blätter 3-zählig gefingert, grundständig. 5–15 cm. IV-VI.
Zeigercharakter: Gesellschaftsvag. Vor allem in eher montanen Nadel- und Mischwäldern. Wenn – neben Moosen und vereinzelten Farnen – einziger Unterwuchs, ist der „Wald" vermutlich ein Forst: *Oxalis* ist die einzige Gefäßpflanze mit L1 (ob zu Recht, sei dahingestellt) und erträgt auch den Schatten dichter Fichtenpflanzungen, stellt dafür aber gewisse Ansprüche an die Nährstoffe (N6!).
Ellenberg-Zahlen: L1, Tx, K3, F5, R4, N6 – M9, Ä5

(417) ***Pyrola minor*** (Kleines Wintergrün)

Kennzeichen: *Ericaceae (Pyrolaceae).* Blüten weiß, 5-zählig, in allseitswendiger, aufrechter Traube. Kronblätter 3–5 mm, fast kugelig zusammenneigend, den Griffel einschließend. Blätter rosettig, ± stumpf, kaum länger als breit. 10–20 cm. VI-VII.
Zeigercharakter: OC Piceetalia. Als Moderhumuszeiger auch in anderen bodensauren Wäldern. Wertbildend.
Ellenberg-Zahlen: L6, Tx, Kx, F5, R3, N2 – M7, Ä3
Bemerkungen: Bemerkenswert sind die relativ hohen Lichtansprüche. – *P. m.* ist die häufigste einer Reihe von „Pyrolaceen", die sich in Nadelwäldern finden; andere Arten besiedeln (oder vielleicht besser: besiedelten) auch Kiefernwälder (vgl. 4.15.1) oder haben (hatten) dort sogar ihre Hauptverbreitung. – Vor allem in Fichtenwäldern noch vertreten ist z. B. die ähnliche *P. rotundifolia* mit offen-glockigen Blüten (Kronblätter 6–8 mm) und herausragenden Griffeln. Sie bevorzugt allerdings basenhaltige Böden (R5); vgl. *(408).*

(415) Moneses uniflora

(416) Oxalis acetosella

(417) Pyrola minor

(418) *Trientalis europaea* (Siebenstern)

Kennzeichen: *Primulaceae*. Blüten vereinzelt, meist mit 7 (!) weißen Kronblättern. Blätter wechselständig, die größeren unterhalb der Infloreszenz rosettig gehäuft. 5–20 cm. VI-VII.
Zeigercharakter: OC Piceetalia. Wertbildend.
Ellenberg-Zahlen: L5, T5, K7, Fx, R3, N2 – M6, Ä3
Bemerkungen: 7 weiße Kronblätter können sonst nur noch beim Busch-Windröschen (Blütezeit III-V) vorkommen.

(419) *Vaccinium vitis-idaea* (Preiselbeere)

Kennzeichen: *Ericaceae.* Zwergstrauch. Blüten 4-zählig, mit unterständigem Fruchtknoten, in (gestauchten) Trauben. Blätter immergrün, ledrig, randlich umgerollt, unterseits drüsig punktiert. Reife Beeren rot. 10–20 cm. V-VI.
Zeigercharakter: OC Piceetalia. Als Säurezeiger auch in anderen Gesellschaften (z. B. mit Eiche oder Kiefer). Schwacher Anzeiger für Wechseltrockenheit.
Ellenberg-Zahlen: L5, Tx, K5, F4~, R2, N1 – M7, Ä3
Bemerkungen: An ähnlichen Standorten kann weiterhin *V. uliginosum* (Rauschbeere) vorkommen, die allerdings auch Moore besiedelt (Fx): Blätter sommergrün, nicht umgerollt. Reife (!) Beeren blauschwarz. 20–80 cm; M4, Ä3; wertbildend; vgl. auch *(546) V. myrtillus.*

4.15.3 Nadelforste

Ein Forst ist eine anthropogene Ansammlung von Bäumen. Dies können Laub- oder Nadelbäume sein; in der Praxis spielen aber nur die Letzteren eine bedeutende Rolle, wenn man von den Pappelplantagen im Auenbereich absieht (vgl. 4.14.2). Einleitend zu den Wäldern wurde der Begriff bereits definiert: Von „Forst" sprechen wir, wenn die bestandsbildenden Bäume *floren-* und/oder *standortfremd* sind, ihre Existenz letztlich also der Forstwirtschaft verdanken.
Mit den florenfremden Bestandsbildnern („Exoten") wollen wir uns nicht weiter befassen. Sie sind meist nur kleinflächig angebaut (häufiger ist eine Beimischung von Exoten in andere Waldtypen). Sie haben aus vegetationskundlicher und bioökologischer Sicht keine Bedeutung. Dies gilt auch dann, wenn diese florenfremden Elemente durchaus „standortgerecht" gepflanzt sind, also in ihrer Heimat (!) genau an solchen Plätzen wachsen würden, wo sie bei uns eingebracht wurden. Grund dafür ist, dass ein „Wald" ein ± in sich geschlossenes Ökosystem darstellt, dessen einzelne Glieder sich über Jahrtausende sozusagen zusammengerauft haben. In einem solchen Gefüge haben Exoten keinen Platz.
Nun zu den Bestandsbildnern, die zwar „einheimisch" sind, an den betreffenden Standorten aber nicht – zumindest nicht in wesentlichen Anteilen – vorkommen würden. Hier können wir nach der Hauptbaumart unterscheiden zwischen Kiefernforsten und Fichtenforsten (Tannenforste gibt es nicht).
Kiefernforste stocken im Allgemeinen auf Böden, auf denen sie auch von Natur aus – wenn auch nicht im Reinbestand – vorkommen würden: Auf flachgründigen Böden über stark saurem Gestein oder auf Sand. Dies bringt es mit sich, dass sich die Bodenvegetation

(418) Trientalis europaea

(419) Vaccinium vitis-idaea

von Kiefern*wald* und Kiefern*forst* gar nicht so sehr unterscheiden muss – die Kiefer war ja gewissermaßen „immer schon da". Auch die strukturelle Gliederung eines Kiefernbestandes mit seinen zahlreichen offen-saumartigen Stellen (und damit die entsprechende Vegetation) können beide Typen gemeinsam haben.

Anders die **Fichtenforste**; die Bäume dort stehen eng beieinander („Fichtenacker") und haben mit ihren – forstlich so gewollten – hoch hinauf schaftartigen Stämmen physiognomisch wenig mit den Fichten vom natürlichen Standort gemein (vgl. 4.15.2). Für eine entwickelte Krautschicht fällt ganzjährig zu wenig Licht durch das (immergrüne!) Kronendach. Nur selten finden sich extrem schattenertragende Arten (z. B. *(416) Oxalis acetosella*). Die typischen Arten der Fichten*wälder (412)-(415)* und *(417)-(418)* fehlen fast immer.

Fichtenforste werden oft auf buchenfähigen Standorten angelegt. Sie können also nicht, wie die Kiefernforste, eine vorhandene Krautschicht an Fichtenwald-Arten einfach „übernehmen"; dies mindert die Zahl der krautigen Begleiter zusätzlich.

Ein weiteres Charakteristikum der Fichtenforste besteht darin, dass die Fichte den Boden mit einer Rohhumusschicht überzieht, die natürlich noch nachwirkt, wenn die Fichte durch eine andere Baumart ersetzt ist.

Es ist eine alte Streitfrage, ob Forste sich in die Synsystematik einfügen, also auch nach syntaxonomischen Regeln benannt werden können oder nicht. Diese Diskussion ist eher formal, für die Praxis nicht weiter von Belang und soll uns deshalb hier nicht weiter kümmern. Wichtig ist nur, dass wir uns bemühen, „Wald" und „Forst" begrifflich klar zu trennen, auch wenn es, wie wir bei den Kiefernforsten gesehen haben, Übergänge gibt.

Zu 4.16 und 4.17 Einführung zum Thema „Unkräuter"

Wir beschließen den Überblick über die einheimische Vegetation und ihrer jeweils kennzeichnenden Arten mit der Betrachtung von Pflanzen und Pflanzengesellschaften, die nicht nur ihre Verbreitung im Wesentlichen dem Menschen verdanken (das war z. B. beim Wirtschaftsgrünland auch der Fall), sondern deren Vorkommen in der Regel auch unerwünscht ist (aus welchen Gründen im Einzelnen auch immer). Daher eben „Un-Kraut".

Diesen zweifellos anthropozentrischen Begriff versucht man nun seit Längerem durch eine als weniger abwertend empfundene Bezeichnung zu ersetzen. Es hat sich aber bisher noch keine gefunden, es sei denn, man differenziert: Von *Wildkräutern* (auch *Beikräutern*) kann man reden, wenn es sich um unerwünschte Pflanzen innerhalb angelegter Pflanzungen handelt – also um die „Unkräuter" auf dem Acker und im Garten; so recht eingebürgert haben sich diese Begriffe jedoch auch (noch) nicht. – In anderen Fällen sprechen wir von *Ruderalpflanzen*. Aus sprachlicher Notwendigkeit fassen wir dabei den Begriff „ruderal" sehr weit; er bezeichnet nicht nur die klassischen Ruderalen, Pflanzen also, die auf den in den alten Bestimmungsbüchern als „wüste Plätze" bezeichneten Standorten wachsen (lat. *rudus, -eris* „Schutt"), sondern auch Staudenfluren (anthropogen-)nitrophytischer Standorte und selbst die halbruderalen Queckenrasen (vgl. dazu auch Kap. 5.11.1)

Verbindendes Element aller hier behandelten Gesellschaften ist das Prinzip der Störung des Standortes oder die Zerstörung der Standortstruktur. Die (Zer-)störung kann einmalig sein; dann setzt eine Ruderalgesellschaft eine Sukzession in Gang, bis sich – gegebenenfalls nach einer Abfolge weiterer Ruderalgesellschaften – die vom Menschen gewollte „Schlussnutzung" einstellt. Die Störung kann aber auch wiederholt eintreten – episodisch, periodisch oder ± permanent. Die Art der Störung wird im Folgenden als Einteilungskriterium der Unkrautgesellschaften verwendet:

- In Kap. 4.16 behandeln wir die **Wildkrautgesellschaften** der Äcker und der Gärten. Sie sind einer zumindest jährlichen, ± regelmäßigen periodischen – d. h. in gewisser Weise „vorhersagbaren" – Störung ausgesetzt (in manchen intensiv gepflegten Nutzgärten auch einer ± permanenten). Sie wiederholen sich also von (jährlichem) Zeitabstand zu Zeitabstand.
- Kap. 4.17 handelt von **Ruderalgesellschaften**. Sie können kurzlebig sein, entweder wegen häufiger (aber nicht „vorhersagbarer" periodischer) Störung oder weil sie als Initialgesellschaft eine Sukzession einleiten. Andere Gesellschaften werden nur episodisch mit längeren Zwischenzeiten oder – häufiger – nicht letal gestört; dann können mehrjährige, oft hochwüchsige Stauden den Standort besiedeln.

Im Fall der Ruderalgesellschaften ergibt sich eine weitere Gliederungsmöglichkeit nach dem Wasser- bzw. Stickstoff-Faktor. Die anthropogene Beeinflussung kann bei den Ruderalgesellschaften auch stärker zurücktreten, sodass man sie eigentlich nur mit großem Vorbehalt – und zuweilen auch nur aus Tradition – zu den „Ruderalgesellschaften" stellen kann: Die Agropyretea hätte man auch in Kap. 4.5.5 oder als Anhang zu Kap. 4.7, die Galio-Urticetea auch im Zusammenhang mit Kap. 4.2 oder 4.10 behandeln können.

Tab. 4.16.a gibt einen Überblick über die in den beiden folgenden Kapiteln behandelten Gesellschaften.

Tab. 4.16.a: Unkrautgesellschaften

Klasse/ (Unterklasse)	**Ackerwildkräuter** Stellarietea mediae (Violenea arvensis) [Secalietea + Chenopodietea p.p.]	**Kurzlebige Ruderalges.** Stellarietea mediae (Sisymbrienea) [Chenopodietea p.p.]	**Trockene mehrjährige Ruderalges.** Artemisietea	**Feuchte mehrjährige Ruderalges.** Galio-Urticetea	**Kurzlebige Trittfluren** Polygono-Poetea annuae	**Halbruderale Trockenrasen** Agropyretea inter-medio-repentis
Diagnostische Arten	*Stellarietea:* *Amaranthus spp.* *Capsella bursa-pastoris* *Chenopodium album* *Stellaria media*					
	Fallopia convolvulus *Lamium amplexicaule* *Veronica arvensis* *Viola arvensis*	*Bromus sterilis* *Descurainia sophia* *Erigeron canadensis* *Hordeum murinum*	*Artemisia vulgaris* *Cirsium vulgare* *Silene latifolia* *Tanacetum vulgare*	*Calystegia sepium* *Carduus crispus* *Galium aparine* *Urtica dioica*	*Lepidium ruderale* *Plantago major* *Poa annua* *Polygonum arenastrum*	*Bromus inermis* *Convolvulus arvensis* *Elymus repens* *Poa angustifolia*
Wichtige Ökofaktoren	periodische Zerstörung	häufige episodische (Störung/Zerstörung oder Initialstandort ± trocken, warm	seltenere episodische Störung/Zerstörung oder Sukzessionsstadium trocken bis mäßig frisch meist volles Licht stickstoffreich	seltenere episodische Störung oder Sukzessionsstadium feucht bis nass oft Halbschatten stickstoffreich	trittbeeinflusst (Bodenverdichtung) (wechsel)trocken	Initialstadium trocken, warm
vgl. Kap.	4.16 Tab. 4.16.b	4.17.1	4.17.2	4.17.3	4.17.4	4.17.5

Zu den Namen *Secalietea* und *Chenopodietea* vgl. Kap. 4.16, 4.17.1 und die Legende zu Tab. 4.16.b

Hackfrucht-Wildkräuter keimen deshalb auch erst spät (sie warten den Eingriff sozusagen ab). Im Einzelnen können wir hier auf diese ökologischen Zusammenhänge nicht eingehen. Wichtig ist nur, dass man früher die (Winter-)Halmfrucht- und die Hackfrucht-Wildkrautgesellschaften scharf auf Klassenebene trennen konnte (als Secalietea – „Segetalgesellschaften“ – bzw. Polygono-Chenopodietalia innerhalb der Chenopodietea). Da sich infolge der veränderten (nivellierenden) Bewirtschaftungsweisen die Unterschiede abgeschwächt haben und zahlreiche Arten beiden Typen gemeinsam sind, werden sie heute häufig in der Klasse Stellarietea im weiten Sinne (s. l.) und innerhalb dieser in der Unterklasse **Violenea arvensis** zusammengefasst[87] (zur zweiten Unterklasse vgl. 4.17.1).
Die Klassen-Kennarten der Stellarietea s. l. sind weitgehend Allerweltsarten, deren Aussagekraft in unserem Zusammenhang sehr gering ist. Bei der breiten ökologischen Spanne der darin subsummierten Gesellschaften überrascht das nicht. Sie sind hier deshalb nicht weiter behandelt.
Die weitere Gliederung der Violenea erfolgt nach Nutzfrucht und dem pH-Wert des Untergrundes. Dies ist in Tab. 4.16.b für unsere Zwecke ausreichend dargestellt. Etliche der dort genannten Taxa sowie weitere charakteristische Arten sind im Folgenden ausführlicher besprochen. Auf andere syntaxonomische Gliederungsmöglichkeiten bzw. Bezeichnungen einzelner Syntaxa wollen wir nicht näher eingehen.

So berücksichtigen wir hier auch nicht eine gelegentlich aufgestellte dritte Ordnung neben Sperguletalia und Papaveretalia, die Eragrostietalia (*Eragrostis:* Liebesgras), die vor allem Gesellschaften der Hackfrucht, aber auch der kurzlebigen Ruderalgesellschaften umfasst, also zwischen Violenea einer- und Sisymbrienea bzw. Trittpflanzengesellschaften (Polygono-Poetea) andererseits vermittelt. Sie stocken auf basischen, nährstoffreichen Sandböden und sind sehr thermophil. Als Kenntaxa werden z. B. *(455) Amaranthus*-Arten und Hirse-artige Gräser genannt. Obwohl etliche dieser Arten auch bei uns vorkommen, ist es fraglich, ob die Ordnung hier ausreichend repräsentiert ist.

Manche der hierher gehörigen Arten treten nur unbeständig auf, haben aber oft eine langlebige Samenbank am Standort, aus der sich auch nach Jahren erneut Populationen aufbauen können. Hinweise zur Langlebigkeit der einzelnen Samenbanken finden sich in Oberdorfer (2001).

4.16.1 Gemeinsame Arten der Violenea

(420) *Centaurea cyanus [Cyanus segetum]* (Kornblume)

Kennzeichen: *Asteraceae.* Köpfchen nur mit Röhrenblüten, die randlichen strahlend vergrößert und reinblau, die zentralen ± violett. Blätter meist ungeteilt, linealisch-lanzettlich, bis 5 mm breit. 30–80 cm. VI-X.
Zeigercharakter: Kennart Unterklasse. Gilt trotz Nx als nährstoffbedürftig. – Die Art ist oft randlich angereichert.
Ellenberg-Zahlen: L7, T6, K5, Fx, Rx, Nx – M8, Ä2

87 Ob dies auch im größeren geografischen Rahmen möglich ist, wird auch bezweifelt. Rennwald führt die beiden Unterklassen denn auch als selbstständige Klassen (Stellarietea „s. str.“ und Sisymbrietea), gliedert die nachgeordneten Syntaxa aber in ähnlicher Weise wie hier.

(421) *Fallopia [Polygonum] convolvulus* (Gewöhnlicher Windeknöterich)

Kennzeichen: *Polygonaceae.* Blüten klein, grünlich-weißlich, in traubigen Infloreszenzen. Perigonblätter am Rücken gekielt. Nussfrucht matt. Stängel windend, unten meist rau, mit gestielten, herzförmigen Blättern.
Zeigercharakter: Kennart Unterklasse. Auch auf Pionierstandorten, im Sisymbrion usw.
Ellenberg-Zahlen: L7, T6, Kx, F5, Rx, N6? – M9, Ä5
Bemerkungen: Sehr ähnlich, aber in nährstoffreichen Hecken (L6, N7) usw. (Glechometalia-Art): *F. dumetorum* (Hecken-Windeknöterich): Nuss glänzend, Stängel unten glatt. Weitere Merkmale vgl. Bestimmungsbuch.

(422) *Viola arvensis* (Acker-Stiefmütterchen)

Kennzeichen: *Violaceae.* Typische Veilchenblüten, ± gelb(lich) und/oder blau. Kronblatt mit Sporn meist 8–12 mm lang (Abb. s. S. 365).
Zeigercharakter: Relativ zuverlässige Kennart Unterklasse.
Ellenberg-Zahlen: L6, T5, Kx, Fx, Rx, Nx – M9, Ä5
Bemerkungen: Die Artengruppe der Stiefmütterchen ist sehr formenreich. Es empfiehlt sich, insbesondere bei größeren Blüten, die Pflanze nachzubestimmen, auch wenn das Gewöhnliche Stiefmütterchen (*V. tricolor*) normalerweise nicht auf dem Acker vorkommt.

(420) Centaurea cyanus

(421) Fallopia convolvulus

4.16.2 Kornblumenäcker[88] und Hackfruchtwildkräuter basenarmer Böden (Sperguletalia)

4.16.2.1 Windhalm-Äcker (Aperion)

Hier sind Wildkrautgesellschaften im Wintergetreide auf ± sauren Böden zusammengefasst. In der Hackfrucht finden sie sich normalerweise nicht. – Den Begriff „boden*saurer* Standort" muss man relativ sehen. Das ist auch daran erkenntlich, dass „echte" Säurezeiger meist auch Magerkeitszeiger sind, was man bei Ackerwildkräutern nicht voraussetzen kann; vgl. dazu auch Kap. 5.5. – Der Boden ist oft sandig; darunter darf man sich aber keinen reinen Sandboden wie etwa bei den Sandrasen (vgl. 4.8) vorstellen, sondern nur einen hohen Anteil der Fraktion „Sand" am Boden; entsprechend ist „Sandzeiger" zu verstehen.

(423) *Apera spica-venti* (Gewöhnlicher Windhalm)

Kennzeichen: *Poaceae.* 1-blütige Ährchen in reicher, graziler, zur Blütezeit locker ausgebreiteter Rispe. Granne 2–3-mal so lang wie die Deckspelze. Blätter 2–3 mm breit, rau. Ligula 4–6 mm. 30–100 cm. VI-VII.
Zeigercharakter: VC Aperion. Kommt auch in kurzlebigen Ruderalgesellschaften vor, ist auf Äckern aber eine zuverlässige Kennart. Vor allem auf sandigen, auch auf lehmigen Böden.
Ellenberg-Zahlen: L6, T6, K4, F6, R5, Nx – M9, Ä4
Bemerkungen: Ähnelt einem Straußgras (vgl. *(520) Agrostis*), hat aber Grannen.

(424) *Aphanes arvensis* (Gewöhnlicher Ackerfrauenmantel)

Kennzeichen: *Rosaceae.* Blütenhülle unscheinbar (ohne Kronblätter), 4-zählig, zur Blütezeit -2 mm, zur Fruchtreife -2,7 mm lang. Blüten in den Blattachseln geknäuelt. Blätter handförmig geteilt. Stipeln durch stumpf 3-eckige Zipfel bis auf etwa 2/3 geteilt. 5–15 cm. V-IX.
Zeigercharakter: Zuverlässige VC Aperion. Lehmzeiger.
Ellenberg-Zahlen: L6, T6, K2, F6, Rx, N5 – M8, Ä3
Bemerkungen: Sehr ähnlich, aber Stipeln durch zungenförmige (lanzettliche) Zipfel bis auf etwa 1/2 geteilt, Blüten kleiner: *A. australis [A. inexspectata, A. microcarpa]* (Kleinfrüchtiger A.). Dieses Taxon ist viel seltener und kommt bevorzugt auf stärker sauren, warmen Sandböden vor (T7, R4, M3).

---

88 Wir verwenden diesen eingeführten deutschen Namen trotz gewisser Bedenken: *Centaurea cyanus* ist (war) keineswegs auf diese Gesellschaften beschränkt (und wurde deshalb schon in Kap. 4.16.1 erwähnt). Sachlich besser wäre „Spark-" oder „Spörgeläcker". – „Mohnäcker" (vgl. 4.16.3; gemeint sind Klatschmohn-Äcker) ist dagegen eher zutreffend.

(422) Viola arvensis

(424) Aphanes arvensis

(423) Apera spica-venti

(425) Matricaria chamomilla

(425) *Matricaria chamomilla [M. recutita]* (Echte Kamille)

Kennzeichen: *Asteraceae.* Strahlenblüten weiß, zuletzt zurückgeschlagen; zentrale Blüten gelb, auf kegelförmigem, hohlem Köpfchenboden. Blätter 2–3-fach fiederschnittig, mit fädlichen Zipfeln. Charakteristischer Kamillen-Geruch. 15–30 cm. V-VII (Abb. s. S. 365).
Zeigercharakter: AC im Aperion (nicht sehr zuverlässig). Auch in anderen kurzlebigen Unkrautgesellschaften.
Ellenberg-Zahlen: L7, T6, K5, F5, R5, N5 – M9, Ä3
Bemerkungen: Ähnlich *Tripleurospermum inodorum [T. perforatum]* (Duftlose Kamille; Strahlenblüten ± ausgebreitet, Köpfchenboden halbkugelig, markig; Pflanze fast geruchlos); Ökologie ähnlich, aber vorwiegend in Ruderalgesellschaften.

(426) *Papaver argemone* (Sand-Mohn)

Kennzeichen: *Papaveraceae.* Typische Mohnblüte. Kapsel keulenförmig, mehrfach länger als breit, spärlich borstig, mit 4–5(–6) Narbenstrahlen. 10–30 cm. IV-VI.
Zeigercharakter: AC im Aperion. Auf sandigen, relativ trockenen Böden.
Ellenberg-Zahlen: L6, T6, K2, F4, R5, N5 – M7, Ä3
Bemerkungen: Ähnlich *P. hybridum* (Krummborstiger M.; !!) mit eiförmiger, dichtborstiger Kapsel. Die Art ist selten, unbeständig und kommt allgemein auf Getreidefeldern vor (R7!). – Zu den übrigen Mohn-Arten mit kahlen Kapseln vgl. *(437) P. rhoeas.*

(427) *Scleranthus annuus* (Einjähriger Knäuel)

Kennzeichen: *Caryophyllaceae.* Kronblätter fehlend, Kelchblätter spitz, schmal weißrandig, die 1-samige Frucht umhüllend. 5–15 cm. V-IX.
Zeigercharakter: OC Sperguletalia, aber hauptsächlich im Aperion. Versauerungszeiger.
Ellenberg-Zahlen: L6, T5, K4, F5, R2, N5 – M9, Ä3
Bemerkungen: Die anderen *Scleranthus*-Arten besiedeln trockene, nährstoffarme (F2, N1) Felsen und Rohböden. Wichtig als Kennart der Sedo-Scleranthetalia ist hier vor allem der mehrjährige *S. perennis* mit stumpfen, breit weißrandigen Kelchblättern.

▸ *Weitere Art: (253) Galeopsis segetum.*

4.16.2.2 Gesellschaften der Finger- und Borstenhirsen (Digitario-Setarion)

Sie finden sich vorwiegend in der Hackfrucht, aber auch im Sommergetreide, auf sauren, sommerwarmen (Sand-)Böden.

(428) *Digitaria [Panicum] ischaemum* (Faden-Fingerhirse)

Kennzeichen: *Poaceae.* Die 2–6 Ähren sind fingerförmig genähert. Ährchen ohne Granne. Obere Hüllspelze ca. so lang wie die Deckspelze. Obere Blattscheiden kahl, nur an der Mündung einzelne Haare. Ligula ein häutiger Saum.

(426) Papaver argemone

(427) Scleranthus annuus

(428) Digitaria ischaemum

Zeigercharakter: VC Digitario-Setarion. Auch auf lehmigen Böden.
Ellenberg-Zahlen: L7, T6, K4, F5, R2, N3 – M6, Ä4
Bemerkungen: Ähnlich (und auch mit ähnlichem Verbreitungsbild) *D. sanguinalis* (Blut-Fingerhirse: Hüllspelze nur halb so lang, Blattscheiden oft ± dicht behaart); deren Schwerpunkt liegt in warmen Sisymbrietalia-Gesellschaften (T7, F4, R5, N5).

(429) *Galinsoga parviflora* (Kleinblütiges Knopfkraut)

Kennzeichen: *Asteraceae*. Köpfchen nur 6–7 mm Durchmesser, mit 4–7 kurzen, weißen Strahlenblüten. Blätter gegenständig, fein gesägt. Stängel kahl oder kurzhaarig. 10–50 cm. VI-X.
Zeigercharakter: AC im Digitario-Setarion. Besonders eutrophe Standorte anzeigend – auch an Phosphat.
Ellenberg-Zahlen: L7, T6, K3, F5, R5, N8 – M8, Ä5
Bemerkungen: Ähnlich *G. quadriradiata [G. ciliata]* (Behaartes Knopfkraut) mit grob gesägten Blättern und zottigem Stängel; bevorzugt allerdings bindigere Lehm- und Tonböden und gehört vielleicht eher in den folgenden Verband (vgl. 4.16.2.3). *G. qu.* ist noch in lebhafter Ausbreitung begriffen (Ä8!) und inzwischen stellenweise häufiger als *G. p.* – Beide sind südamerikanischer Herkunft.

(430) *Gattung Setaria* (Borstenhirse)

Kennzeichen: *Poaceae*. Gattungsmerkmale: Infloreszenz ± zylindrisch, ährenartig. Ährchen von 1–12 Borsten überragt. Ligula ein Haarkranz. Artmerkmale vgl. **Bemerkungen** und Bestimmungsbuch. 10-150 cm. VI–X.
Zeigercharakter: Ca. 5 Arten, die alle mehr oder weniger in wärmeliebenden (T7!) Sperguletalia-Gesellschaften zu Hause sind (vgl. **Bemerkungen**). Gelegentlich auch im Sisymbrion.
Ellenberg-Zahlen: L±7, T±7, K4-7, F4, R5-7, N6-8 – M3-7, Ä2-3
Bemerkungen: Die Abb. zeigt *S. pumila*, gekennzeichnet durch ihre fuchsroten Borsten. Sie und *S. verticillata* (mit nur ca. 3 mm langen Borsten) sind recht eng in das Digitario-Setarion eingenischt. *S. viridis* mit meist grünlichen, mindestens 5 mm langen Borsten ist innerhalb der Sperguletalia eher gesellschaftsvag. *S. italica* (Ähre 15-25 mm breit) verwildert zuweilen aus Vogelfutter.

(431) *Stachys arvensis* (Acker-Ziest)

Kennzeichen: *Lamiaceae*. Blüten blassrot, kaum länger als der Kelch, in meist 6-blütigen „Quirlen". Blätter wenig länger als breit, stumpf gekerbt, ei- bis herzförmig. 5–25 cm. VII-X.
Zeigercharakter: Zuordnung zum Digitario-Setarion fraglich. Auch auf bindigen Böden (deshalb vielleicht besser dem folgenden Verband zugeordnet, vgl. 4.16.2.3). Wertbildend.
Ellenberg-Zahlen: L7, T6, K2, F5, R3, N6 – M6, Ä3
Bemerkungen: Der andere einjährige Ziest, *St. annua*, ist eine Art der Papaveretalia (Caucalidion?): Blüten weißlich, länger als der Kelch. Spreitengrund verschmälert. 20–60 cm.

(429) Galinsoga parviflora

(431) Stachys arvensis

(430) Gattung Setaria

4.16.2.3 Hackfrucht-Wildkrautgesellschaften basenarmer Böden (Polygono-Chenopodion)

Im Gegensatz zu 4.16.2.2 finden sich diese Gesellschaften vor allem auf lehmigen, ± frischen Böden.

(432) *Chenopodium polyspermum* (Vielsamiger Gänsefuß)

Kennzeichen: *Amaranthaceae (Chenopodiaceae).* Blüten sehr unscheinbar, mit grünlichem oder bräunlichem, einfachem, 5-zähligem Perigon. Pflanze kahl. Stängel 4-kantig, oft ± rötlich. Blätter wechselständig, eiförmig-elliptisch, stumpf, ganzrandig. Reife Frucht glänzend schwarz, im Perigon sichtbar. 10–50 cm. VII-IX.
Zeigercharakter: In verschiedenen feuchten nitrophytischen Gesellschaften; in der var. *polyspermum* im Polygono-Chenopodion, in der var. *acutifolium* (Blätter eiförmig-lanzettlich, spitz, nach oben zu rasch an Größe abnehmend) auch im Chenopodion glauci (vgl. 4.2.3). Besonders eutrophe Standorte anzeigend.
Ellenberg-Zahlen: L6, T6, K4, F6, Rx, N8 – M8, Ä5
Bemerkungen: Sehr kennzeichnend (innerhalb *Chenopodium*) sind die ganzrandigen Blätter.

(433) *Glebionis [Chrysanthemum] segetum* (Saat-Wucherblume)

Kennzeichen: *Asteraceae.* Köpfchen rein gelb. Blätter grob gezähnt bis fiederspaltig, kahl, etwas blaugrün. Frucht ohne Pappus. 20–50 cm. V–IX.
Zeigercharakter: AC im Polygono-Chenopodion.
Ellenberg-Zahlen: L7, T6, K2, F5, R5, N5 – M6, Ä3
Bemerkungen: Ä3 bezieht sich hauptsächlich auf S-Deutschland. Im N und O ist die Art noch gut vertreten. – Man beachte den relativ niedrigen N-Wert.

(434) *Oxalis fontana [O. stricta]* (Steifer Sauerklee)

Kennzeichen: *Oxalidaceae.* Blüten gelb, in wenigblütigen Teilinfloreszenzen. Blätter 3-zählig gefingert am aufrechten, kahlen Stängel. Kapsel kahl oder nur schwach behaart. 10–30 cm. VI-IX.
Zeigercharakter: AC im Polygono-Chenopodion.
Ellenberg-Zahlen: L6, T6, K?, F5, R5, N7 – M8, Ä5
Bemerkungen: Weitere gelbblühende *O.*-Arten: Viel seltener (M2) in ähnlichen Gesellschaften: *O. dillenii* (Dillenius-S.) hat dicht behaarte Stängel und Früchte und ist wie *O. fontana* nordamerikanischer Herkunft. Die mediterrane *O. corniculata* (Horn-S.) mit einwurzelnden Trieben ist eher eine Art der Trittgesellschaften.

(432) Chenopodium polyspermum

(434) Oxalis fontana

(433) Glebionis segetum

(435) *Polygonum persicaria [Persicaria maculosa]* (Floh-Knöterich)

Kennzeichen: *Polygonaceae*. Blüten rosa (selten weiß), in dichtblütigen, aufrechten, ährenartigen Infloreszenzen mit drüsenloser Achse. Tragblätter der Blüten bewimpert. Ochrea mit 1–2 mm langen Wimpern und auch auf der Fläche behaart. Spreite oberseits oft mit schwarzem Fleck. 10–60 cm. VII-X.
Zeigercharakter: Schwache Kennart Violenea, aber vor allem in diesem Verband. Auch auf Pionierstandorten (z. B. Bidention), im Sisymbrion usw.
Ellenberg-Zahlen: L6, T6, K3, F5, R7, N7 – M9, Ä5
Bemerkungen: Es gibt eine Reihe ähnlicher Arten (z. B. mit lockerer Infloreszenz, mit kahler Ochrea usw.), die aber feuchtere Standorte besiedeln; vgl. 4.2.3.

(436) *Spergula arvensis* (Feld-Spark, Feld-Spörgel)

Kennzeichen: *Caryophyllaceae*. Blüten weiß, 5-zählig, auf langen Stielen. Blätter 10–30 mm, linealisch, etwas fleischig, unterseits gefurcht, zu 6–10 in Scheinquirlen, mit Stipeln. Stängel ± drüsig. 10–30 cm. VI–VIII.
Zeigercharakter: Gilt zuweilen als VC Polygono-Chenopodion, wird aber wohl besser als OC Sperguletalia bezeichnet (so auch in Tab. 4.16.b). Meist auf sandigen Böden.
Ellenberg-Zahlen: L6, T5, K3, F5, R3, N6 – M9, Ä4
Bemerkungen: Nach der Samenmorphologie unterscheidet man 4 ssp., doch hat nur ssp. *arvensis* weitere Verbreitung. Eher möglich ist eine Verwechslung mit den beiden anderen *Sp.*-Arten *(Sp. morisonii* und *Sp. pentandra)* mit unterseits nicht gefurchten, meist <10 mm langen Blättern; sie sind beide Elemente der Sandrasen (L9, F3 bzw. 2, N2 bzw. 1) und (deshalb) auch seltener.

▶ Häufig auch Krumenfeuchtezeiger wie *(66) Gnaphalium uliginosum* oder weitere *Polygonum-(Persicaria-)Arten*; vgl. *(59)*. Vgl. auch *(480*) Lamium purpureum.*

4.16.3 Mohnäcker und Hackfruchtwildkräuter basenreicher Böden (Papaveretalia rhoeadis)

(437) *Papaver rhoeas* (Klatsch-Mohn)

Kennzeichen: *Papaveraceae*. Typische Mohnblüte, Kronblätter 2–4 cm. Kapsel ± eiförmig, meist nur wenig länger als breit, kahl, mit 8–12 Narbenstrahlen. Blütenstiele fast immer abstehend behaart. 20–80 cm. V-VIII.
Zeigercharakter: OC Papaveretalia.
Ellenberg-Zahlen: L6, T6, K3, F5, R7, N6 – M8, Ä3

(436) Spergula arvensis

(435) Polygonum persicaria

(437) Papaver rhoeas

Bemerkungen: Die ebenfalls kahle Kapsel von *P. dubium* ist keulenförmig, deutlich gerippt und hat meist nur 5–8 Narbenstrahlen. Die Kronblätter sind meist kleiner, die Blütenstiele zumindest oben stets anliegend behaart. Die Art besteht aus 3 Unterarten, wovon ssp. *dubium* ebenfalls ein Ackerunkraut ist, aber vorzugsweise im Aperion vorkommt; die beiden anderen sind eher ruderal.

4.16.3.1 Erdrauch-Wolfsmilch-Gesellschaften (Fumario-Euphorbion)

Der Verband kennzeichnet vorwiegend die Hackfruchtäcker und Weinberge basen- und nährstoffreicher Böden; die einzelnen Vertreter finden sich aber auch in der Halmfrucht. Der Verband heißt auch Veronico-Euphorbion (Ehrenpreis-Wolfsmilch-Gesellschaft).

(438) *Euphorbia helioscopia* (Sonnen-Wolfsmilch)

Kennzeichen: *Euphorbiaceae*. Typische grünlich gelbe Wolfsmilch-Scheinblüten mit ovalen, oft orangefarbenen Drüsen am Hüllbecher. Frucht glatt. Scheindolde meist 5-strahlig. Blätter vorne fein gesägt. 5–30 cm. IV-X.
Zeigercharakter: VC Fumario-Euphorbion. Lehmzeiger.
Ellenberg-Zahlen: L6, Tx, K3, F5, R7, N7 – M9, Ä5
Bemerkungen: An ähnlichen Standorten, aber primäre Dolde meist 3-strahlig und Drüsen mit 2 Hörnchen: *Eu. peplus* (Garten-W.); vgl. auch *(447) Eu. exigua*.

(439) *Fumaria officinalis* (Gewöhnlicher Erdrauch)

Kennzeichen: *Papaveraceae*. Blüten 5–9 mm, ± purpurn, zygomorph, gespornt, in > 10-blütiger Traube. 2 früh abfallende Kelchblätter, diese 2–3,5 mm lang. Frucht eine kugelige Nuss. Blätter 2–3-fach fein zerteilt. 10–30 cm. V-IX.
Zeigercharakter: VC Fumario-Euphorbion. Lehmzeiger.
Ellenberg-Zahlen: L6, T6, K3, F5, R6, N7 – M8, Ä5
Bemerkungen: 2 ssp.: *F. o.* ssp. *officinalis* mit 7–9 mm langen Blüten in > 20-zähliger Traube ist weit verbreitet, *F. o.* ssp. *wirtgenii* mit 5–7 mm langen Blüten in 10–20-zähliger Traube ist viel seltener; ökosoziologisch unterscheiden sie sich kaum. – Im Fumario-Euphorbion findet sich noch ein weiteres halbes Dutzend *Fumaria*-Arten. Sie haben kleinere Blüten und/oder kleinere Kelchblätter als *F. o.* ssp. *officinalis*.

(440) *Geranium rotundifolium* (Rundblättriger Storchschnabel)

Kennzeichen: *Geraniaceae*. Kronblätter (hell)rosa, 5–6(-7) mm, vorne gerundet (nicht ausgerandet wie bei vielen anderen annuellen *Geranium*-Arten). Blätter im Umriss rund, bis etwa zur Hälfte handförmig geteilt. Rosettenblätter (auch drüsig) behaart, Haare 0,3–0,8 mm lang. Stängelblätter gegenständig. 10–30 cm. V-X.
Zeigercharakter: In allen möglichen thermophilen (T8!) Unkrautgesellschaften innerhalb des Fumario-Euphorbion. Noch relativ häufige AC der seltenen Weinbergs-Wildkraut-Gesellschaft (Geranio rotundifolii-Allietum vinealis).

(438) Euphorbia helioscopia

(440) Geranium rotundifolium

(439) Fumaria officinalis

Ellenberg-Zahlen: L7, T8, K5, F4, R7, N6 – M3, Ä3
Bemerkungen: *G. dissectum* (Schlitzblättriger St.) mit bis fast zum Grund geteilten Blättern und rückwärts-abstehend behaartem Blattstiel ist ebenfalls eine Fumario-Euphorbion-Art, aber weniger thermophil (T6) und viel weiter verbreitet (M8).

(441) *Mercurialis annua* (Einjähriges Bingelkraut)

Kennzeichen: *Euphorbiaceae*. Ohne Milchsaft. Pflanze meist 2-häusig, Blüten mit ca. 10 Staubblättern oder 2 Narben (Frucht daher 2-teilig), in ährenartigen Teilinfloreszenzen. Blätter gegenständig, über den ganzen 4-kantigen Stängel verteilt. 15–30 cm. V-X.
Zeigercharakter: AC im Fumario-Euphorbion. Stickstoff- und Wärmezeiger.
Ellenberg-Zahlen: L7, T7, K3, F4, R7, N8 – M4, Ä4?

(442) *Veronica polita* (Glänzender Ehrenpreis)

Kennzeichen: *Plantaginaceae (Scrophulariaceae)*. Blüten gestielt, einzeln in den Achseln von Laubblättern, tief- und hellblau abgesetzt, schwach zygomorph, Krone und Kelch 4-zählig. Frucht paarweckartig, (fast) ungekielt, mit Drüsen und drüsenlosen Haaren. Kelchblätter an der Frucht < 2-mal so lang wie breit. 5–15 cm. III-IX.
Zeigercharakter: VC Fumario-Euphorbion, auch im Caucalidion.
Ellenberg-Zahlen: L5, T6, K3, F4, R8, N7 – M6, Ä5
Bemerkungen: Es gibt ca. 5 ± ähnliche *Veronica*-Arten, die im Fumario-Euphorbion vorkommen können: *V. hederifolia* (Efeublättriger E.; Kelchzipfel breit herzförmig, Frucht fast kugelig mit < 4 Samen) und *V. persica* (Persischer E.; Blüten 8–14 mm Durchmesser, Frucht stark zusammengedrückt, ihr Stiel deutlich länger als das Tragblatt) sind sehr häufig (M9) und deshalb nicht so aussagekräftig. Wichtiger sind: *V. agrestis* (Acker-E.; Blüten weiß, blassblau oder rosa, Frucht nur mit Drüsenhaaren, F6, M6, Ä2) und *V. opaca* (Glanzloser E.; Blüten tiefblau, Frucht deutlich gekielt, deren Kelchblätter > 2-mal so lang wie breit; M3, Ä2, !!); die beiden letztgenannten Arten sind wegen ihrer Rückgangstendenz wertbildend.

4.16.3.2 Kalk- und Tonacker-Gesellschaften (Caucalidion)

Dieser Verband findet sich im Wintergetreide auf entsprechenden Böden. Er hat innerhalb der in Kap. 4.16 genannten Gesellschaften sicher das größte Arteninventar, doch sind viele dieser Arten sehr selten geworden. Die hierher gehörigen Assoziationen sind häufig regional begrenzt und durchweg selten. Ökologisch ein wenig abweichend innerhalb der wärme- und trockenheitsliebenden Gesellschaften ist nur das Kickxietum, das sich gerne in Stoppelfeldern und jungen Brachen bzw. auch auf kalkärmeren und/oder episodisch staufeuchten Böden findet. Gemeinsam ist diesen Gesellschaften jedoch der relativ geringe Anspruch an die Bodennährstoffe – in der Summe sicher der geringste innerhalb der Violenea. Interessant ist auch die starke Streuung der (insgesamt eher hohen) K-Zahlen.

(441) Mercurialis annua

(442) Veronica polita

(443) *Adonis aestivalis* (Sommer-Adonisröschen) (!!)

Kennzeichen: *Ranunculaceae*. Blüten vereinzelt, mit kahlen Kelch- und –10 (orange)roten (oder gelben) Kronblättern. Frucht verlängert, Teilfrüchte dicht stehend, einzeln abfallend. Blätter 2–3-fach in fädliche Zipfel geteilt. 20–60 cm. V-VII.
Zeigercharakter: Zuverlässige AC im Caucalidion. Trockenzeiger. Nur auf Kalk. Wertbestimmend.
Ellenberg-Zahlen: L6, T6, K7, F3, R8, N3 – M4, Ä2
Bemerkungen: Ähnlich, aber (noch) seltener (M2, Ä1, !! – vom Aussterben bedroht) *A. flammea* mit blutroten (oder gelben) Blüten, anfangs behaartem Kelch und lockerer Frucht.

(444) *Anagallis foemina* (Blauer Gauchheil)

Kennzeichen: *Primulaceae*. Kronblätter blau (am Grund oft etwas rötlich), die Zipfel 2–3,5 mm breit (Ränder sich nicht berührend), vorne deutlich gezähnelt. Frucht eine kugelige Deckelkapsel. Blätter eiförmig-oval, ganzrandig, gegenständig. 10–20 cm. VI-IX.
Zeigercharakter: Zuverlässige, noch ziemlich häufige VC Caucalidion.
Ellenberg-Zahlen: L8, T7, K5, F4, R9, N5 – M5, Ä2
Bemerkungen: *A. arvensis* (Acker-G.) blüht meist rot, manchmal aber auch blau (hat aber breitere und kaum gezähnelte Kronblattzipfel). Diese Art ist viel häufiger (M9) und gehört eher zum Fumario-Euphorbion (Rx).

(445) *Caucalis platycarpos [C. lappula]* (Möhren-Haftdolde) (!!)

Kennzeichen: *Apiaceae*. Dolde nur 2–4-strahlig, Hülle 0–2-, Hüllchen 3–5-zählig. Kronblätter am Doldenrand etwas strahlend. Frucht 6–12 mm, mit gebogenen Stacheln, oft zusätzlich mit kleinen Borsten. Blätter 2–3-fach gefiedert. Einjährig. 10–30 cm. V-VII.
Zeigercharakter: Zuverlässige VC Caucalidion. Wertbildend.
Ellenberg-Zahlen: L6, T6, K5, F4, R9, N4 – M4, Ä2
Bemerkungen: Es gibt weitere, nah verwandte annuelle Apiaceen im Caucalidion (mit wenigstrahligen Dolden und Klettfrüchten), die aber vom Aussterben bedroht sind. Überhaupt sind die meisten annuellen Apiaceen < 20 cm wertbildend.

(446) *Consolida regalis* (Feld-Rittersporn)

Kennzeichen: *Ranunculaceae*. Blüten zygomorph, blau(violett), gespornt, mit 1 Fruchtblatt, in 5–8-blütigen Trauben. Frucht meist kahl. Blätter 2–3-fach in fädliche Zipfel geteilt. 20–50 cm. VI-VIII.
Zeigercharakter: VC Caucalidion.
Ellenberg-Zahlen: L6, T7, K6, F4, R8, N5 – M5, Ä3
Bemerkungen: Es gibt noch 2 gelegentlich auch auf Äckern verwilderte Zierpflanzen aus der Gattung (Infloreszenz > 8-blütig, Frucht behaart).

(443) Adonis aestivalis

(444) Anagallis foemina

(445) Caucalis platycarpos

(446) Consolida regalis

(447) *Euphorbia exigua* (Kleine Wolfsmilch)

Kennzeichen: *Euphorbiaceae.* Typische grünlich gelbe Wolfsmilch-Scheinblüten mit 2-hörnigen Drüsen am Hüllbecher. Frucht glatt. Scheindolde 3–5-strahlig. Blätter linealisch, 1–3 mm breit. 5–20 cm. V-X.
Zeigercharakter: VC Caucalidion, aber nicht sehr zuverlässig und auch als Basenzeiger in anderen Segetalgesellschaften.
Ellenberg-Zahlen: L6, T6, K4, F4, R8, N4 – M7, Ä3
Bemerkungen: Vgl. auch *(438) Eu. helioscopia.*

(448) *Kickxia elatine* (Echtes Tännelkraut)

Kennzeichen: *Plantaginaceae (Scrophulariaceae).* Blüten hellgelb mit violetter Oberlippe, mit Sporn 8–11 mm, auf ± kahlen Stielen. Blätter pfeil- oder spießförmig. Pflanze niederliegend, 10–40 cm. VII-X.
Zeigercharakter: AC im Caucalidion. Vgl. Einleitungstext zu diesem Kapitel.
Ellenberg-Zahlen: L7, T6, K2, F4, R7, N3 – M4, Ä3
Bemerkungen: Fast identisch in den Ansprüchen (nur T7) und deshalb auch oft zusammen vorkommend: *K. spuria* (Unechtes Tännelkraut: Blüten mit dem stets deutlich gebogenen Sporn, 10–13 mm, auf behaartem Stiel. Blätter ± eiförmig).

(449) *Legousia speculum-veneris* (Gewöhnlicher Frauenspiegel) (!!)

Kennzeichen: *Campanulaceae.* Blüten ± radförmig ausgebreitet, meist 15–20 mm Durchmesser, violett. Kelchblätter etwa so lang wie der unterständige, linealische Fruchtknoten und wie die Kronzipfel. 10–25 cm. VI-VIII.
Zeigercharakter: VC Caucalidion, oft unbeständig. Wertbildend.
Ellenberg-Zahlen: L7, T7, K4, F4, R8, N3 – M4, Ä2
Bemerkungen: Ebenfalls VC Caucalidion die seltenere (M2; !!) *L. hybrida* (Kleiner Frauenspiegel): Blüten kleiner, Kelchblätter halb so lang wie der Fruchtknoten, aber länger als die Kronblattzipfel.

(450) *Ranunculus arvensis* (Acker-Hahnenfuß) (!!)

Kennzeichen: *Ranunculaceae.* Gelb blühender Hahnenfuß mit aufgerichteten Kelchblättern. Blütenstiele nicht gefurcht. Teilfrüchte (Nüsschen) zu 3–8, jede ca. 5 mm und auffällig bestachelt. 20–60 cm. V-VII.
Zeigercharakter: OC Papaveretalia. Schwerpunkt im Caucalidion, aber als Basenzeiger auch in anderen Segetalgesellschaften. Wertbildend.
Ellenberg-Zahlen: L6, T6, K3, F4, R8, Nx – M5, Ä2

(447) Euphorbia exigua

(448) Kickxia elatine

(449) Legousia speculum-veneris

(450) Ranunculus arvensis

4.17 Ruderalgesellschaften

Einiges Grundsätzliches zu Ruderalgesellschaften ist bereits in der „Einleitung zum Thema Unkräuter" gesagt worden. Wir können also sogleich mit der Besprechung der einzelnen Gesellschaftstypen beginnen (Tab. 4.16.a). Die *kurzlebigen Ruderalgesellschaften* (vgl. 4.17.1) schließen synsystematisch unmittelbar an die Ackerwildkräuter an, gehören sie doch zur selben Klasse. Es folgen die beiden Klassen von *Mehrjährigen Ruderalgesellschaften* (vgl. 4.17.2 und 4.17.3). Die zwei letzten Gesellschaftstypen (vgl. 4.17.4 und 4.17.5) weichen jeweils von den eigentlichen Ruderalgesellschaften in unterschiedlicher Weise ab.
Die Reihenfolge der Kapitel ist eher didaktisch orientiert und entspricht nicht den neueren pflanzensoziologischen Systemen, nach denen z. B. die Agropyretea innerhalb der Artemisietea und die Sisymbrienea schon im vorigen Kapitel hätten behandelt werden müssen.

4.17.1 Kurzlebige Ruderalgesellschaften (Stellarietea/Sisymbrienea)

„Kurzlebigkeit" kann zweierlei Ursachen haben: Der Standort wird entweder in kürzeren Abständen ge- oder zerstört (die Vegetation betreffend), dann verbleibt die *Gesellschaft* – als Ganzes betrachtet – auch längere Zeit am gleichen Platz, wobei die Pflanzen*individuen* natürlich immer andere sind und sich die Gesellschaft deshalb von Jahr zu Jahr in ihrer quantitativen (weniger in der qualitativen) Zusammensetzung verändern kann – je nach Intensität der Störung, aus klimatischen Gründen oder aus „Zufall". Folgerichtig sind fast alle typischen Vertreter einjährig.
Die andere Möglichkeit ist, dass eine grundlegende Störung erst vor kurzem geschehen ist. Für die erstbesiedelnden Pflanzen macht dies natürlich keinen Unterschied – weshalb sich die Gesellschaften zunächst gleichen. Es setzt dann aber eine Sukzession ein, und die Sisymbrienea werden durch einen der beiden folgenden Gesellschaftstypen (zumeist Artemisietea s. str., vgl 4.17.2) abgelöst.

Ihre beste Entfaltung zeigen die Gesellschaften in trockenwarmen Regionalklimata. Das heißt natürlich nicht, dass es im kühlfeuchten Klima keine „kurzlebigen Ruderalgesellschaften" gibt; sie sind dort aber viel artenärmer und häufig nur als sog. Rumpf- oder Fragmentgesellschaft ausgebildet (es fehlt also an diagnostischen Arten). Möglicherweise hängt das damit zusammen, dass im feuchten Klima der Wasserfaktor als „Begrenzer der Lebensspanne" keine so wesentliche Rolle spielt.

Man unterscheidet innerhalb der Sisymbrienea zwei Verbände. Einer davon, das Salsolion (vgl. 4.17.1.1) besiedelt trockene, z. T. recht nährstoffreiche Sandböden in warmen Klimagebieten, vor allem in Ostdeutschland. Er ist regelhaft verbunden mit Sandtrockenrasen (vgl. v. a. 4.8.4). Ein rundes Dutzend weiterer Assoziationen gehören zum Verband Sisymbrion (vgl. 4.17.1.2).

In älteren syntaxonomischen Systemen waren die Sisymbrienea Teil der „Chenopodietea"; vgl. Kap. 4.16. Heute werden sie auch gelegentlich als eigene Klasse Sisymbrietea *neben* den Stellarietea geführt. An der Gliederung in zwei Verbände ändert sich dadurch nichts.

4.17.1.1 Salzkraut-Gesellschaften (Salsolion)

Zwei bzw. drei der hier genannten vier Taxa sind – außerhalb der Küsten – Neophyten; dies zeigt das relativ junge Alter der Gesellschaft und erklärt vielleicht auch das lückige – gewissermaßen „noch nicht vollständige“ – Auftreten ihrer Vertreter. Die für diese Neophyten angegebene M-Zahl von jeweils 2 berücksichtigt nicht die zahlreichen Vorkommen der Arten in Ost-Deutschland. – Auch einige *(455) Amaranthus*-Arten werden diesem Syntaxon zugerechnet.

(451) ***Bromus tectorum*** (Dach-Trespe)

Kennzeichen: *Poaceae*. Ähnlich *(456) B. sterilis*, Rispe aber dichter, stärker einseitswendig überhängend, pro Ast meist mit > 3 Ährchen. Stängel oben stets behaart. 10–30 cm. V-VI.
Zeigercharakter: OC Sisymbrietalia, hat aber im Salsolion einen Schwerpunkt. Sonst allgemein typisch für ± ruderalisierte, lückige Gesellschaften auf trockenen Sanden; bildet dort gelegentlich dichte Bestände.
Ellenberg-Zahlen: L8, T6, K7, F3, R8, N4 – M7, Ä4

(451) Bromus tectorum

(452) ***Corispermum leptopterum*** (Schmalflügeliger Wanzensame)

Kennzeichen: *Amaranthaceae (Chenopodiaceae).* Büschelig wachsende Annuelle. Blüten zu 1(–3) in ährenartigen Infloreszenzen, stark reduziert (nur 1 Perigonblatt). Früchte mit umlaufendem, schmalem Flügel. Blätter linealisch, stachelspitzig. Neophyt. 10–50 cm. VII-IX.
Zeigercharakter: AC im Salsolion, in anderen Assoziationen des Salsolion oft völlig fehlend. Als Sandzeiger aber auch in anderen Sisymbrietalia-Gesellschaften, vor allem im Osten.
Ellenberg-Zahlen: L8, T7?, K5, F3, R7?, N6? – M s.o., Ä5?
Bemerkungen: Zur Verwechslungsgefahr mit *(454) Salsola* vgl. dort.

(453) ***Plantago arenaria*** (Sand-Wegerich)

Kennzeichen: *Plantaginaceae.* Blüten sehr klein, in dichten, köpfchenförmigen Ähren, diese jeweils am Ende von Stängelverzweigungen. Blätter gegenständig, linealisch. Am Rhein autochthon, sonst meist unbeständig oder eingebürgert. 15–40 cm. VII-VIII.
Zeigercharakter: AC im Salsolion. Als Sandzeiger auch vielfach im Sisymbrion.
Ellenberg-Zahlen: L8, T7, K5, F4, R7, N5 – M s.o., Ä2

(454) ***Salsola kali ssp. iberica [ssp. ruthenica = ssp. tragus]*** (Kali-Salzkraut)

Kennzeichen: *Amaranthaceae (Chenopodiaceae).* Habituell ähnlich *Corispermum*, aber Blätter steif, basal verbreitert. Perigonzipfel mehrere, am Rücken mit querlaufendem Kiel. Neophyt. 20–40 cm. VII-IX.
Zeigercharakter: Zuverlässige VC Salsolion.
Ellenberg-Zahlen: L9, T7, K8, F4?, R8, N5? – M s.o., Ä6
Bemerkungen: Die einheimische *S. k.* ssp. *kali* ist auf die Küsten beschränkt.

▶ *Weitere Arten: (430) Setaria spp.*

4.17.1.2 Wegrauken-Gesellschaften (Sisymbrion)

(455) ***Gattung Amaranthus*** (Amaranth, Fuchsschwanz)

Kennzeichen: *Amaranthaceae.* Gattungsmerkmale: Blüten sehr klein, in knäueligen Teilblütenständen, diese entweder in den Blattachseln oder in ährigen Gesamtinfloreszenzen vereinigt. Perigonblätter (2-)3-5, weißlich oder grünlich, spelzenartig, lanzettlich oder spatelförmig, oft grannenspitzig. Unterhalb derselben 3 ähnliche Vorblätter. Frucht 1-samig, oft als Deckelkapsel aufreißend. Blätter ganzrandig, oft rautenförmig und vorne ausgerandet mit Stachelspitzchen.

(452) Corispermum leptopterum

(454) Salsola kali ssp. iberica

(453) Plantago arenaria

(455) Gattung Amaranthus ▶ ▼

Zeigercharakter: Circa 10 Taxa, zumeist Neophyten, die in allen möglichen Unkrautgesellschaften (vielfach in den Sisymbrietalia; vgl. auch 4.17.1.1) vorkommen können und dort als Trocken- und vor allem als Wärmezeiger fungieren. Über ihre Rolle innerhalb der „Eragrostietalia" vgl. das einleitend zu 4.16 Gesagte.
Ellenberg-Zahlen: L8-9, T7-9, K3-6, F2-4, R?, N7-8 – M2-6, Ä2-6
Bemerkungen: Die Taxa sind habituell sehr unterschiedlich. Eine erste Gruppenbildung erfolgt nach der Stellung der Teil-Infloreszenzen: sie sind an den Ästen rispenartig zusammengefasst (z. B. bei der häufigsten Art *A. retroflexus* (Rauhaariger F., großes Bild) oder als kleine Knäuel in den Blattachseln (z. B. *A. blitoides*, kleines Bild).

(456) *Bromus sterilis* (Taube Trespe)

Kennzeichen: *Poaceae*. Rispengras. Rispe etwas überhängend, aber nicht ausgeprägt einseitswendig, pro Ast nur 1–3 Ährchen. Ährchen 4–15-blütig, begrannt. Hüllspelzen ungleich, 1- bzw. 3-nervig. Deckspelze 2-spitzig. Stängel oben meist kahl. 30–50 cm. V-VI.
Zeigercharakter: VC Sisymbrion (schwach), selten im Salsolion. Als Sandzeiger auch in anderen Ruderal- und Segetalgesellschaften.
Ellenberg-Zahlen: L7, T6, K4, F4, Rx, N5 – M8, Ä5
Bemerkungen: *(451) B. tectorum* kann sehr ähnlich aussehen (vgl. dort); die beiden Arten kommen auch nebeneinander vor.

(457) *Hordeum murinum* (Mäuse-Gerste)

Kennzeichen: *Poaceae*. Büschelig verzweigtes Ährengras. Auf jedem Ährenabsatz ± 3 begrannte Ährchen, Hüllspelzen des mittleren davon randlich bewimpert. 10–40 cm. V-VIII.
Zeigercharakter: AC im Sisymbrion. Gelegentlich Reinbestände bildend. Oft auf Sand. Wärmezeiger.
Ellenberg-Zahlen: L8, T7, Kx, F4, R7, N5 – M6, Ä4

(458) *Malva neglecta* (Weg-Malve, Käsepappel)

Kennzeichen: *Malvaceae*. 3 freie Außenkelch-Blätter. Kronblätter 7–12 mm, rosa (bis fast weiß). Mehrteilige Spaltfrucht, Teilfrüchte am Rücken ± glatt (höchstens behaart). Stängelblätter flach handförmig gebuchtet. 10–40 cm. VI-IX.
Zeigercharakter: AC im Sisymbrion, aber auch in Hackfrucht-Unkrautgesellschaften. Ausgeprägter Stickstoffzeiger (v. a. Ammonium), daher (früher) typische Dorfpflanze (vgl. *(474) Chenopodium bonus-henricus*).
Ellenberg-Zahlen: L8, T6, K7, F5, R7, N9 – M8, Ä5
Bemerkungen: Ähnlich *M. pusilla* mit kürzeren Kronblättern und netzförmig gefurchtem Rücken der Teilfrüchte. Sie hat geringere Nährstoffansprüche (N5) und ihren Schwerpunkt in der Hackfrucht. Zu *(467) M. sylvestris* vgl. dort.

(456) Bromus sterilis

(457) Hordeum murinum

(458) Malva neglecta

(459) *Gattung Sisymbrium* (Rauke)

Kennzeichen: *Brassicaceae.* Gattungsmerkmale: Blüten gelb. Schoten mindestens (8-)10-mal so lang wie breit, meist 3-nervig, ungeschnäbelt. Blätter meist behaart, außer bei *S. strictissimum* 1–2-fach fiederschnittig. V-VIII. – Meist Neophyten.
Zeigercharakter: Der Name „Sisymbrion" ist gut gewählt: Ca. 5 Arten der Gattung gehören als AC oder VC diesem Verband an. Gelegentlich unbeständig (die M- und Ä-Zahlen sind bei *Sisymbrium* oft unzuverlässig). – Beachte die große Spanne der K-Werte.
Ellenberg-Zahlen: L6-8, T6-8, K3-8, F3-6, R7-8, N4-7 – M2-9, Ä2-5
Bemerkungen: *Sisymbrium* fällt durch seine > 2 cm langen (*S. altissimum*, links: 5–10 cm), sehr dünnen Schoten auf. Nur *S. officinale* (rechts) hat kürzere, nach oben hin verjüngte, dem Stängel dicht angedrückte Schoten. *S. o.* ist die mit Abstand häufigste Rauke (M9) und in seinem Vorkommen nicht auf das Sisymbrion beschränkt. – Ebenfalls AC im Sisymbrion ist die hauptsächlich im Osten verbreitete *Descurainia sophia* (Besenrauke) mit 2–3-fach gefiederten Blättern und von *Sisymbrium* durch den Besitz verzweigter Haare unterschieden.

▶ *Weitere Arten: (157) Crepis capillaris* und *(157*) C. tectorum*

4.17.2 Mehrjährige Ruderalgesellschaften ± trockener Standorte (Artemisietea s. str.)

„Artemisietea s. str." besagt, dass wir die halbruderalen Trockenrasen, die hier, der neueren Literatur folgend, ebenfalls in die Artemisietea eingeschlossen sein müssten, zunächst ausklammern wollen. „Trocken" ist ein relativer Begriff und besagt lediglich, dass viele Vertreter – im Gegensatz zu den kennzeichnenden Arten der Galio-Urticetea (Kap. 4.17.3) – F-Werte von 4 oder 5 haben und die Standorte meist ± besonnt sind.
Nach Ausschluss der halbruderalen Trockenrasen verbleiben zwei Ordnungen mit jeweils zwei Verbänden:

- Die Ordnung **Onopordetalia** (vgl. 4.17.2.2) umgreift den xerothermen Flügel und schließt sich damit an die Sisymbrienea an – auch dadurch, dass kurzlebige Arten (vor allem Zweijährige) eine wesentliche Rolle spielen. Die beiden Verbände sind ökologisch und floristisch nicht sehr deutlich geschieden. Insgesamt hat das (seltenere) Onopordion vielleicht höhere Ansprüche an Wasser und Nährstoffe als das oft ± initiale Standorte besiedelnde Dauco-Melilotion.
- Bei den **Artemisietalia** dominieren die Mehrjährigen; die Ansprüche an einen geregelten Wasserhaushalt sind größer, die Gesellschaften bilden oft hochwüchsige, dichte Bestände. Von den beiden Verbänden interessiert uns hier nur das Arction (vgl. 4.17.2.3), das extrem nitrophytische Rumicion alpini („Lägerfluren") findet sich nur im Umfeld subalpiner Viehwirtschaft und ist vielleicht ohnehin eher den Glechometalia des folgenden Kapitels zuzurechnen.

(459) Gattung Sisymbrium

(460) Artemisia vulgaris

4.17.2.1 Gemeinsame Arten

(460) *Artemisia vulgaris* (Gewöhnlicher Beifuß)

Kennzeichen: *Asteraceae.* Köpfchen eiförmig, unscheinbar (meist 2–4 mm Durchmesser), nur mit Röhrenblüten, in vielköpfigen Rispen. Pappus fehlend. Blätter 1(-2)-fach fiederschnittig, Abschnitte > 2 mm breit, unterseits weißfilzig, am Spreitengrund Öhrchen ausbildend. Typischer (aber schwach entwickelter) Wermut-Geruch. 50–150(–200) cm. VII-IX (Abb. s. S. 389).
Zeigercharakter: KC Artemisietea, auch in Galio-Urticetea. Als soziologische Kennart allerorten. Oft nur allgemeiner Ruderalisierungszeiger (z. B. im Grünland, vgl. 4.5.5).
Ellenberg-Zahlen: L7, T6, Kx, F6, Rx, N8 – M9, Ä6
Bemerkungen: Sehr ähnlich, aber selten (wenn auch in Ausbreitung begriffen) der Neophyt *A. verlotiorum* (Kamtschatka-B.) mit kampfer- bis kamillenartigem Geruch (weitere Merkmale vgl. Bestimmungsbuch).

(461) *Cirsium vulgare* (Gewöhnliche Kratzdistel)

Kennzeichen: *Asteraceae.* Typische „Distel". Köpfchen ansehnlich, mit purpurfarbenen Röhrenblüten. Pappus gefiedert. Blätter oberseits fast stechend steifborstig, am Stängel mit dornigen Flügeln herablaufend. 60–150 cm. VII-IX.
Zeigercharakter: KC Artemisietea. Auch in saumartigen Gesellschaften.
Ellenberg-Zahlen: L8, T5, K3, F5, R7, N8 – M9, Ä5
Bemerkungen: T5 ist vielleicht ein wenig zu tief. – Ähnlich, aber auf eher trockenen Standorten (F4): *Carduus acanthoides* (Weg-Distel) mit ungefiedertem Pappus (OC Onopordetalia; T5 ist sicher zu niedrig). – Zum gesellschaftsvagen Störzeiger *Cirsium arvense* (Acker-Kratzdistel) vgl. *(571).*

(462) *Silene latifolia* ssp. *alba* (Weiße Lichtnelke)

Kennzeichen: *Caryophyllaceae.* Pflanze 2-häusig, ♀ Blüten mit 5 Griffeln. Kronblätter weiß, 2-spaltig, mit Nebenkrone. Kelchzähne schmal 3-eckig. 40–90 cm. VI-IX.
Zeigercharakter: KC Artemisietea (schwach). Vor allem in jüngeren Stadien der Gesellschaft und eher auf trockenen Standorten. Auch im Sisymbrion oder auf Äckern.
Ellenberg-Zahlen: L8, T6, Kx, F4, Rx, N7 – M9, Ä5
Bemerkungen: Zu *S. dioica* mit gleicher Beschreibung, aber rot blühend vgl. *(518).*

(463) *Tanacetum vulgare* (Rainfarn)

Kennzeichen: *Asteraceae.* Köpfchen knopfartig, nur mit Röhrenblüten, in flachen, dichten Schirmrispen (Scheindolden). Blätter tief fiederspaltig mit fiederteiligen Abschnitten und zahnartigen Zwischenfiedern. 40–120 cm. VII-IX.
Zeigercharakter: AC im Dauco-Melilotion, aber häufig auch in anderen Artemisietea- und vergleichbaren Gesellschaften. Eigentlich nur Ruderalisierungszeiger, ähnlich *(460) Artemisia vulgaris*; vgl. auch 5.11.
Ellenberg-Zahlen: L8, T6, K4?, F5, R8, N5 – M9, Ä5

(461) Cirsium vulgare

(463) Tanacetum vulgare

(462) Silene latifolia ssp. alba

4.17.2.2 Wärmebedürftige Distel-Gesellschaften (Onopordetalia)

„Distel" wird hier im physiognomischen Sinn, nicht als Gattungsnamen für *Carduus* verwendet. Neben der namensgebenden Distel *(469) Onopordum* sind auch die bereits erwähnten Disteln *(461) Cirsium vulgare* und *(461*) Carduus acanthoides* (zu deren Wärmeansprüchen vgl. dort) häufig vertreten.

(464) *Berteroa incana* (Graukresse)

Kennzeichen: *Brassicaceae*. Kronblätter weiß, tief 2-spaltig. Frucht elliptisch, wie die ganze Pflanze von Sternhaaren grau. 20–40 cm. VI-VIII.
Zeigercharakter: AC im Dauco-Melilotion. Als Sandzeiger auch in ruderalisierten Sedo-Scleranthetalia-Gesellschaften.
Ellenberg-Zahlen: L9, T6, K7, F3, R6?, N4 – M7, Ä5
Bemerkungen: Tief gespaltene Kronblätter hat innerhalb der einheimischen *Brassicaceae* sonst nur noch *(222) Draba verna s. l.* (mit blattlosem, –15 cm hohem Stängel).

(465) *Cirsium eriophorum* (Wollige Kratzdistel)

Kennzeichen: *Asteraceae*. Typische „Distel". Köpfe >4 cm breit, spinnwebig behaart. Pappus gefiedert. Blätter tief fiederspaltig, oberseits bedornt. 60–150 cm. VII–IX.
Zeigercharakter: AC im Onopordion, meist auf Kalk.
Ellenberg-Zahlen: L8, Tx, K3?, F4, R9, N5 – M4, Ä3
Bemerkungen: Die großen, spinnwebigen Köpfe sind unverkennbar. „3-dimensionale" Blätter dieser Art (aber kleiner) hat innerhalb *Cirsium* sonst nur *(461) C. vulgare.*

(466) *Cynoglossum officinale* (Echte Hundszunge)

Kennzeichen: *Boraginaceae*. Blüten trichterförmig, violett bis braunrot, in Wickeln[89]. Früchte abgeflacht, widerhakig bestachelt. Blätter ± graufilzig. 30–60 cm. V-VII.
Zeigercharakter: VC Onopordion. Auf Sandböden in Wärmegebieten auch Stör- bzw. Stickstoffzeiger.
Ellenberg-Zahlen: L8, T6, K5, F4, R7, N7 – M5, Ä3

(467) *Malva sylvestris* (Wilde Malve)

Kennzeichen: *Malvaceae*. Wie *(458) M. neglecta*, aber Kronblätter 25–30 mm, mit 3 dunklen Streifen. Teilfrucht am Rücken netzgrubig. 20–100 cm. V-IX.
Zeigercharakter: OC Onopordetalia, aber auch in anderen Ruderalgesellschaften. Stickstoffzeiger.

89 Eine Wickel (*die* Wickel) ist ein oft traubenähnlicher (Teil-)Blütenstand, bei dem die aufeinanderfolgenden Blüten aber jeweils einer neuen Sprossgeneration angehören. Bei den Boraginaceen sind die jüngeren Sprossgenerationen dabei oft schneckenförmig eingerollt (vgl. etwa auch das Vergissmeinnicht).

(464) Berteroa incana

(465) Cirsium eriophorum

(466) Cynoglossum officinale

(467) Malva sylvestris

Ellenberg-Zahlen: L8, T6, K3, F4, R7, N8 – M6, Ä3
Bemerkungen: Auch *M. alcea* (Rosen-M.) gilt als OC Onopordetalia. Sie hat eine feine Längsrille am Rücken der Teilfrucht, bis fast zum Grund geteilte (obere) Stängelblätter, der Stängel trägt oben Sternhaare. Der *M. alcea* sehr ähnlich, aber am Stängel mit abstehenden einfachen Haaren ist *M. moschata* (Moschus-Malve). Sie findet sich gelegentlich in trockenen Glatthaferwiesen oder in Säumen.

(468) *Melilotus albus* (Weißer Steinklee)

Kennzeichen: *Fabaceae.* Blüten 4–7 mm lang, weiß, in schmalen Trauben. Frucht kugelig bis eiförmig, bespitzt, netzrunzelig, kahl. Blätter 3-zählig gefiedert (d. h. Endfieder deutlich gestielt). 30–120 cm. VI-VII.
Zeigercharakter: AC im Dauco-Melilotion.
Ellenberg-Zahlen: L9, T6, K6, F3, R7, N4 – M9, Ä5
Bemerkungen: Alle anderen Steinklee-Arten blühen gelb. Ähnliche Standorte besiedelnd und mit *M. a.* oft vergesellschaftet ist *M. officinalis* (Frucht quer gerunzelt). Die anderen Arten bevorzugen feuchtere Stellen (vgl. z. B. *(487) M. altissimus*).

(469) *Onopordum acanthium* (Eselsdistel)

Kennzeichen: *Asteraceae.* Distel mit großen (> 3 cm Durchmesser) Köpfchen von lila Röhrenblüten. Stängel auffällig geflügelt. Blätter z. T. sehr groß, gelappt, wie die ganze Pflanze spinnwebig-filzig. 50–200 cm. VII-IX.
Zeigercharakter: AC im Onopordion. Wärmezeiger. Wertbildend.
Ellenberg-Zahlen: L9, T7, K6, F4, R7, N8 – M3, Ä3
Bemerkungen: Die Art war vorübergehend stark zurückgegangen, scheint sich aber wieder zu erholen – möglicherweise wegen inzwischen schonenderer Unkrautbekämpfungsmaßnahmen an Dämmen usw.

(470) *Reseda luteola* (Färber-Wau)

Kennzeichen: *Resedaceae.* Blüten gelb, 4-zählig, in langen, straffen „Ähren". Blätter ungeteilt. 60–120 cm. VI-IX.
Zeigercharakter: VC Onopordion. Rohbodenpflanze, v. a. auf sandigen Böden. Wärmezeiger.
Ellenberg-Zahlen: L8, T7, K3, F4, R9, N6 – M6, Ä4
Bemerkungen: R9 ist sicher zu hoch – Ähnlich (OC Onopordetalia): die kleinere (20–50 cm) *R. lutea* mit 6-zähligen Blüten und fiederschnittigen Blättern.

(471) *Verbascum densiflorum* (Großblütige Königskerze)

Kennzeichen: *Scrophulariaceae.* Blüten hellgelb, nur schwach zygomorph, 35–50 mm Durchmesser. 2 Staubblätter fast kahl, 3 hell-wollig behaart. Infloreszenz wenig verzweigt. Stängelblätter beiderseits filzig, nach unten hin bis zum nächsten Blatt herablaufend. 50–200 cm. VII-IX.

(468) Melilotus albus

(469) Onopordum acanthium

(470) Reseda luteola

(471) Verbascum densiflorum

Zeigercharakter: VC Onopordion, auch auf anderen gestörten Standorten vorkommend.
Ellenberg-Zahlen: L8, T6, K5, F4, R8, N5 – M6, Ä3
Bemerkungen: Sehr ähnlich, aber mit nur wenig herablaufenden Blättern: *V. phlomoides* (Windblumen-K.). – Im Onopordion kommen mehrere Königskerzen vor, die meisten davon aber auch entweder in Säumen oder auf Waldschlägen. Eine relativ enge Bindung zeigt die seltene (M2, Ä2) Art *V. blattaria* (Schabenkraut; !!) mit einzeln blattachselständigen Blüten und violett-wolligen Staubblättern (K7). Gut kenntlich sind noch *V. lychnitis* (Mehlige K.) mit weißlichen Blüten in reich verzweigter Infloreszenz und *V. nigrum* (Dunkle K.) mit basal rot gefleckten Kronblättern.

▶ *Weitere Art: (565) Echium vulgare*; vgl. auch *(146) Pastinaca sativa* und *(590) Senecio inaequidens.*
Die für das Dauco-Melilotion namensgebende Möhre (*Daucus carota*) wird zwar als VC geführt, ist aber eher gesellschaftsvag und findet sich auch in Halbtrockenrasen, Säumen und Brachen. Im Wirtschaftsgrünland gilt sie als Magerkeitszeiger (N4) insbesondere der collinen Stufe; ihr Zeigerwert ist insgesamt also gering.

4.17.2.3 Beifuß-Kletten-Gesellschaften (Artemisietalia/ Arction)

(472) *Arctium minus* (Kleine Klette)

Kennzeichen: *Asteraceae.* Köpfe meist 1,5–2,5 cm Durchmesser, mit rotvioletten Röhrenblüten. Hüllblätter an der Spitze hakig, die inneren an der Spitze rötlich. Frucht 5–7 mm. Blattstiel oberseits mit ± enger Rinne, im Querschnitt hohl. 50–120 cm. VII-IX.
Zeigercharakter: VC Arction.
Ellenberg-Zahlen: L9, T5, K3, F5, Rx, N8 – M9, Ä5
Bemerkungen: Ähnlich: *A. lappa* (Große K.; Köpfe größer, Hüllblätter alle grün, Blattstiel nicht hohl) und *A. tomentosum* (Filzige K.; Hüllblätter zumindest teilweise nicht hakig, dicht spinnwebig, Blattstiel nicht hohl). *A. nemorosum* (Hain-K.) ist dagegen eine Atropion-Art (wie *A. minus*, aber Köpfe und Frucht größer, Blattstiel oberseits weit rinnig). – Die *Arctium*-Arten sind recht heterogen bezüglich ihrer K-Zahl, was sich im Verbreitungsbild innerhalb Deutschlands aber nicht ausdrückt.

(473) *Ballota nigra* (Schwarznessel)

Kennzeichen: *Lamiaceae.* Blüten lila, in jeweils kurz gestielten (!), lockeren, 4–10-zähligen Teilblütenständen (Zymen). Kelch 10-nervig, ± radiär. Blätter grob gekerbt, unangenehm riechend. 60–100 cm. VII-IX.
Zeigercharakter: 2 ssp., die jeweils eine Assoziation im Arction repräsentieren. – Innerhalb des Arction Wärmezeiger.
Ellenberg-Zahlen: L8, T6, K5, F5, Rx, N8 – M7, Ä3
Bemerkungen: Die Teilblütenstände der entfernt ähnlichen Taubnesseln *(Lamium)* sind ungestielt.

(472) Arctium minus

(473) Ballota nigra

(474) *Chenopodium [Blitum] bonus-henricus* (Guter Heinrich) (!!)

Kennzeichen: *Amaranthaceae (Chenopodiaceae).* Blüten sehr unscheinbar, in einer endständigen, nur basal durchblätterten, schmal-pyramidalen Rispe, mit grünlichem, einfachem, (3-)5-zähligem Perigon. Blätter 3-eckig bis spießförmig, -10 cm lang, ± ganzrandig, lang gestielt. 20–60 cm. VI-VIII.
Zeigercharakter: AC im Arction. Ausgeprägter Stickstoffzeiger (v. a. Ammonium), daher (früher) typische Dorfpflanze; vgl. *(458) Malva neglecta.* Wertbildend.
Ellenberg-Zahlen: L8, Tx, K2, F5, Rx, N9 – M7, Ä3?

▶ Weitere Art: *(559) Lamium album*; vgl. auch *(583) Bunias orientalis*

4.17.3 Ruderalgesellschaften feuchter und nasser Standorte (Galio-Urticetea)

Dieser Typ von Ruderalgesellschaften ist in anderen syntaxonomischen Systemen Bestandteil der Artemisietea (s. l.), bildet aber auch dort schon eine eigene Unterklasse. In der Tat gibt es eine Reihe von Arten, die beiden Typen gemeinsam sind – z. B. die namensgebende *(460) Artemisia vulgaris* selbst, die hier als Nährstoffzeiger (vgl. 5.6) geführten Arten *(558) Galium aparine* und *(559) Lamium album* oder die allbekannte Brennnessel.
Ökologisch unterscheiden sich die beiden Typen vor allem in den Feuchteverhältnissen. Die Galio-Urticetea sind aber tendenziell auch nitrophytischer (wenn wir den ebenfalls nitrophytischen Verband Rumicion – vgl. 4.17.2 – aus unserer Betrachtung ausklammern), wärmegetönte Gesellschaften wie in den Onopordetalia fehlen. Auf die unterschiedlichen Lichtverhältnisse wurde in Tab. 4.16.a schon hingewiesen (vgl. auch unten). Und nicht zuletzt: Während sich die Artemisietea fast ausschließlich an anthropogenen Standorten einstellen, finden wir Galio-Urticetea-Gesellschaften auch an Plätzen, die sich eine gewisse Natürlichkeit bewahrt haben (darauf kommen wir sogleich zurück). Manche der Arten haben sich von dort aus weiter auf rein anthropogene Standorte ausgebreitet, weshalb man sie als allgemeine Nährstoffzeiger betrachten kann; sie werden aus diesem Grund erst in Kap. 5.6 behandelt.
Auch bei den Galio-Urticetea lassen sich zwei Ordnungen unterscheiden. Die **Glechometalia** sind Staudenfluren mäßig frischer (dann aber, im Gegensatz zum Arction, meist ± schattiger) bis feuchter Standorte. Sie finden sich oft in Gehölznähe, in Robinienhainen (vgl. 4.13.5), an den Rändern von Waldwegen, auf Waldverlichtungen und ähnlichen Standorten, soweit sie ausreichend nährstoffreich und (luft)feucht sind. Sie erinnern physiognomisch und strukturell also in mancher Hinsicht an Säume (vgl. 4.10.1) und Schlagfluren (vgl. 4.10.2). – Man unterscheidet zumeist zwei Verbände: das *Aegopodion* und das *Alliarion* (zuzüglich eventuell dem bereits im vorigen Kapitel erwähnten *Rumicion*) und zahlreiche Assoziationen, die wir hier aber nicht im Einzelnen analysieren wollen.
Die **Convolvuletalia** (oder Calystegietalia) **sepium** (mit einem weitgefassten *Senecionion fluviatilis [Convolvulion]* als einzigem Verband) stocken auf nassen Standorten, also vor allem entlang großer oder kleiner Gewässer, deren Ufer entweder von Natur aus nährstoff-

(475) Bryonia dioica

(474) Chenopodium bonus-henricus

reich (vgl. 4.14) oder die infolge der angrenzenden Intensivnutzung nährstoffbefrachtet sind; dies ist bei Kleingewässern die Regel, wo die Arten dann auch mit solchen aus dem Filipendulion und/oder Phragmition (vgl. 4.2) gemeinsam vorkommen können und schwierig zu analysierende Mischgesellschaften aufbauen.
Ähnlich den Glechometalia bilden auch die Convolvuletalia häufig saumartige Strukturen. Sie gehören zu den wüchsigsten krautigen Gesellschaften. Der Eindruck des „Wucherns" wird noch verstärkt durch das regelmäßige Auftreten von Schlingpflanzen wie z. B. der namensgebenden *(483) Calystegia sepium* selbst; sie gehören damit zu den sog. Schleiergesellschaften.
Die Zahl der Assoziationen ist geringer als bei den Glechometalia. Auffällig ist der hohe Anteil an Neophyten bzw. Invasiven in diesen Beständen: *(489) Symphyotrichum*-Arten bzw. *(586) Helianthus tuberosus, (587) Heracleum mantegazzianum* und *(588) Impatiens glandulifera*, um nur einige zu nennen.
Zu ruderalen Arten *wechsel*feuchter Standorte vgl. 5.2.3.

4.17.3.1 Nitrophytische Säume und Verlichtungsgesellschaften (Glechometalia)

(475) *Bryonia dioica* (Zweihäusige Zaunrübe)

Kennzeichen: *Cucurbitaceae*. Zweihäusige Pflanze mit korkenzieherartigen Ranken. Blüten gelblich grün. Reife Beeren rot. Blätter handförmig gelappt. 100–300 cm. VI–VII (Abb. s. S. 399).
Zeigercharakter: VC Alliarion.
Ellenberg-Zahlen: L7, T6, K3, F5, R8, N6 – M7, Ä3
Bemerkungen: Ähnlich *B. alba* (Weiße Z.; Pflanze einhäusig, Beeren schwarz). Die beiden Arten entsprechen sich auch ökosoziologisch völlig, haben aber unterschiedliche Verbreitungsgebiete: *B. d.* ist vor allem im Süden und Südwesten verbreitet und im Norden und Osten nur synanthrop, (K3!), *B. a.* dominiert in der Mitte und im Osten (K5!).

(476) *Chaerophyllum bulbosum* (Knolliger Kälberkropf)

Kennzeichen: *Apiaceae*. Hülle hinfällig, Hüllchen mehrblättrig, Hüllchenblätter unterschiedlich lang, kahl. Blätter 3–4-fach gefiedert. Stängel rund, unterhalb der Knoten angeschwollen, rotfleckig, oben kahl, unten borstig. Wurzel knollenförmig verdickt. 80–180 cm. VI-VIII.
Zeigercharakter: AC im Aegopodion. Tonzeiger.
Ellenberg-Zahlen: L7, T6, K5, F7, R8, N8 – M5, Ä4
Bemerkungen: Ähnlich: *Ch. aureum* (Gold-K.; Hüllchenblätter gleich lang, bewimpert, Stängel unten kantig gefurcht und auch oben behaart, Wurzel nicht knollig) auf trockeneren Standorten (F5), auch submontan (T5). Ferner (Stängel ebenfalls rotfleckig, aber kahl und nicht verdickt): *Conium maculatum* (Schierling). – Vgl. auch *(555) Ch. temulum*.

(477) *Cruciata laevipes* (Gewöhnliches Kreuzlabkraut)

Kennzeichen: *Rubiaceae*. Blüten gelb, 4-zählig. Blätter 3-nervig, zu 4. Stängel auch oben steifhaarig. 10–30 cm. IV-VI.
Zeigercharakter: VC Aegopodion.
Ellenberg-Zahlen: L7, T5, K5, F6, R6, N7 – M7, Ä5

(478) *Geranium robertianum* (Ruprechtskraut, Stinkender Storchschnabel)

Kennzeichen: *Geraniaceae*. Kronblätter rosa, ca. 1 cm lang. Staubbeutel orange. Blätter 3–5-zählig gefiedert mit fiederspaltigen Abschnitten. Stängel oft rot überlaufen, behaart (viele Haare 1–3 mm lang). Pflanze unangenehm riechend. 20–50 cm. V-IX.
Zeigercharakter: AC im Alliarion. In Wäldern (L5!) Stör- oder Stickstoffzeiger. Auch auf Geröll (vgl. 4.9.2). Insgesamt also eher gesellschaftsvag.

(476) Chaerophyllum bulbosum

(477) Cruciata laevipes

(478) Geranium robertianum

Ellenberg-Zahlen: L5, Tx, K3, Fx, Rx, N7 – M9, Ä5
Bemerkungen: Sehr ähnlich (Kronblätter und Stängelhaare kürzer, Staubbeutel gelb), aber heller und vor allem stets trocken stehend (z. B. auf Bahnanlagen) der Neophyt *G. purpureum* (Purpur-St.).

(479) *Glechoma hederacea ssp. hederacea* (Gundermann)

Kennzeichen: *Lamiaceae.* Blüten blau, zu 2–3 in den Achseln rundlich-nierenförmiger, gekerbter Laubblätter. 10–15 cm. III-V.
Zeigercharakter: OC Glechometalia. Auch in feuchten Wiesen.
Ellenberg-Zahlen: L6, T6, K3, F6, Rx, N7 – M9, Ä5

(480) *Lamium maculatum* (Gefleckte Taubnessel)

Kennzeichen: *Lamiaceae.* Typische purpurne Lippenblüte von 2–3 cm mit hochbogiger Oberlippe, auch Kronröhre aufwärts gebogen. Unterlippe 2-lappig, jeder Lappen mit einem kleinen, seitlichen Zahn. 20–40 cm. IV–VI.
Zeigercharakter: VC Aegopodion.
Ellenberg-Zahlen: L5, Tx, K4, F6, R7, N8 – M8, Ä5
Bemerkungen: Ähnlich, aber mit nur 1–2 cm großen Blüten und ± gerader Kronröhre *L. purpureum* (weit verbreitete Polygono-Chenopodion-Art, dort Phosphatzeiger). Zur weißblühenden *L. album* vgl. *(559).*

(481) *Lapsana communis ssp. communis* (Rainkohl)

Kennzeichen: *Asteraceae.* Köpfchen mit zahlreichen gelben Zungenblüten in lockerer Rispe. Pappus fehlend. Stängelblätter mit großem Endabschnitt. 30–100 cm. VII-IX.
Zeigercharakter: VC Alliarion. Auch auf feuchten Äckern und in gestörten Wäldern.
Ellenberg-Zahlen: L5, T6, K3, F5, Rx, N7 – M9, Ä5
Bemerkungen: Eine gewisse Ähnlichkeit hat *Lactuca [Mycelis] muralis* mit stets 5 Blüten pro Köpfchen und Frucht mit Pappus. Beide Arten sind auch vergesellschaftet.

(482) *Torilis japonica* (Gewöhnlicher Klettenkerbel)

Kennzeichen: *Apiaceae.* Dolden 4–12-strahlig, mit wohlentwickelter Hülle. Frucht mit gebogenen Stachelborsten (kleines Bild). Stängel rückwärts anliegend behaart. 30–90 cm. VII-VIII.
Zeigercharakter: AC im Alliarion. Auch auf Waldlichtungen usw.
Ellenberg-Zahlen: L6, T6, K3, F5, R8, N8 – M9, Ä5
Bemerkungen: *T. arvensis* (Acker-K.; Hülle 0–2-blättrig; !!) steht meist trockener (F4) und wärmer (T7) und weicht mit N4 deutlich ab. – Gewisse Ähnlichkeit auch mit *(555) Chaerophyllum temulum.*

(479) Glechoma hederacea ssp. hederacea

(480) Lamium maculatum

(481) Lapsana communis ssp. communis

(482) Torilis japonica

4.17.3.2 Uferstauden und Säume ± nasser Standorte (Convolvuletalia)

(483) *Calystegia [Convolvulus] sepium* (Zaunwinde)

Kennzeichen: *Convolvulaceae.* Pflanze windend. Trichterblüten groß, > 3 cm lang. Kelch am Grund mit 2 Vorblättern. VI-IX.
Zeigercharakter: Namensgebende Convolvuletalia-Art. Auch in anderen feuchten, stickstoffreichen Ruderal- und Auengesellschaften.
Ellenberg-Zahlen: L8, T6, K5, F6, R7, N9 – M9, Ä5
Bemerkungen: Vgl. *(500) Convolvulus arvensis.*

(484) *Carduus crispus* (Krause Distel)

Kennzeichen: *Asteraceae.* Distel mit purpurnen, 1–2,5 cm breiten, zu 2–5 zusammentretenden Köpfchen ohne Zungenblüten. Pappushaare nicht gefiedert. Blätter buchtig gelappt bis fiederspaltig, unterseits spinnwebig-filzig. 50–150 cm. VII-IX.
Zeigercharakter: KC Artemisietea, aber mit Schwerpunkt in Convolvuletalia.
Ellenberg-Zahlen: L7, T6, Kx, F6, R7, N9 – M8, Ä5
Bemerkungen: Vgl. *(461*) C. acanthoides* mit fast kahlen Blättern.

(485) *Cuscuta europaea* (Europäische Seide)

Kennzeichen: *Convolvulaceae.* Pflanze ohne Blattgrün, auf verschiedenen Pflanzen schmarotzend. Stängel fädlich, windend, gelblich bis rötlich. Blüten klein, meist rötlich, in 10–15 mm breiten Knäueln. Narben fädlich. 20–100 cm. VI-IX.
Zeigercharakter: AC in Convolvuletalia.
Ellenberg-Zahlen: Lx, T6, K5, F7?, Rx, N7 – M7, Ä4
Bemerkungen: Es gibt in den gewässerbegleitenden Convolvuletalia noch weitere (± seltene) *C.*-Arten. Habituell abweichend ist *C. lupuliformis* (bindfadenstarker Stängel, Blüten in wenigblütiger Rispe).

(486) *Epilobium hirsutum* (Zottiges Weidenröschen)

Kennzeichen: *Onagraceae.* Kronblätter dunkelrosa, 10–20 mm. Griffel mit 4 Narbenästen. Stängel abstehend behaart. 60–120 cm. VI-IX.
Zeigercharakter: OC Convolvuletalia. Auch in anderen Gesellschaften der Gewässerränder (Nässezeiger).
Ellenberg-Zahlen: L7, T5, K5, F8=, R8, N8 – M9, Ä5
Bemerkungen: Ähnlich: *E. parviflorum* mit kürzeren, hellrosa Kronblättern und kleiner (20–50 cm).

(483) Calystegia sepium

(485) Cuscuta europaea

(484) Carduus crispus

(486) Epilobium hirsutum

(487) *Melilotus altissimus* (Hoher Steinklee)

Kennzeichen: *Fabaceae.* Blüten 5–7 mm lang, gelb, in schmalen Trauben. Frucht kugelig bis eiförmig, bespitzt, netzrunzelig, behaart. Blätter 3-zählig gefiedert (d. h. Endfieder deutlich gestielt). 50–120 cm. VII-IX.
Zeigercharakter: AC in Convolvuletalia. Gering salzertragend.
Ellenberg-Zahlen: L8, T6, K5, F7~, R7, N7 – M5, Ä4
Bemerkungen: Vgl. *(468) M. albus* und *(468*) M. officinalis.*

(488) *Senecio sarracenicus [S. fluviatilis]* (Fluss-Greiskraut)

Kennzeichen: *Asteraceae.* Zahlreiche gelbe Köpfchen in doldiger Rispe. Außenhülle ca. 5-blättrig, Strahlenblüten 5–8. Blätter lanzettlich, gesägt. Meist in Trupps. 60–170 cm. VIII–IX.
Zeigercharakter: VC in Convolvuletalia; namensgebend für den Verband Senecionion fluviatilis. Stromtalpflanze (T7). Wertbestimmend.
Ellenberg-Zahlen: L7, T7, K5, F9=, R7, N8 – M3, Ä2
Bemerkungen: Sehr ähnlich und mit ähnlicher Verbreitung, aber eher in (flussbegleitenden) Seggenriedern *S. paludosus* (Sumpf-G.; !!) mit 7-12-blättriger Außenhülle und 10-20 Strahlenblüten.

(489) *Gattung Symphyotrichum [Aster p. p.]* (Aster)

Kennzeichen: *Asteraceae.* Gattungsmerkmale: Strahlenblüten 1-reihig, meist bläulich (selten rosa oder weiß), sehr schmal. Hüllblätter meist 0,4–0,7 mm breit. Köpfchen zahlreich, in rispiger Infloreszenz. Meist mit Ausläufern. 60–120 cm. VIII-X.
Zeigercharakter: In verschiedenen Galio-Urticetea-Gesellschaften, vor allem in den Convolvuletalia der Stromtäler. Auch im Arction. Auf Ton- und Lehmböden.
Ellenberg-Zahlen: L7-9, T6-7, K2-6, F6-7=, R7-8, N8-9 – M6, Ä9
Bemerkungen: Etwa ein halbes Dutzend einander ähnlicher Neophyten mit rascher Ausbreitungstendenz. *S. novae-angliae* hat borstig behaarte Blätter, die übrigen Arten sind auf der Blattfläche kahl. – Zu anderen Neophyten in Flusstälern vgl. 5.11.

▶ *Weitere Arten zu 4.17.3: (54) Petasites hybridus, (55) Scrophularia umbrosa, (62) Stellaria aquatica* und *(573) Eupatorium cannabinum.* Vgl. auch Kap. 4.4.2 (Filipendulion).

4.17.4 Kurzlebige Trittfluren (Polygono-Poetea annuae)

Auf die syntaxonomische Problematik der Trittgesellschaften wurde bereits einleitend zu den Kap. 4.4 bis 4.8 hingewiesen. In diesem Kapitel werden nun Gesellschaften behandelt, die zwar – den Tritt*rasen* ähnlich – mechanische Belastung und Bodenverdichtung gut ertragen, sich aber großenteils aus Einjährigen zusammensetzen. Die mechanische Belastung ist wohl höher als bei den Trittrasen; Staufeuchte hingegen, die bei den Trittrasen oft eine wesentliche Rolle spielt, ist hier von geringerer Bedeutung. Im Gegenteil, oberflächliche Austrocknung ist nicht selten – sicher ein Grund für die Häufigkeit annueller Arten.

(487) Melilotus altissimus

(488) Senecio sarracenicus

(489) Gattung Symphyotrichum

Ansonsten sind die Feuchteansprüche innerhalb des Syntaxons verschieden. Interessant ist eine gewisse Salzverträglichkeit mancher kennzeichnender Taxa, die vielfach wohl im Zusammenhang mit dem Einsatz von Streusalz in Siedlungsgebieten zu sehen ist.
Typische Lebensräume sind Pflasterfugen, lehmige, festgetretene Wege und Wegränder, Spielplätze usw. Die Gesellschaften treten selten großflächiger auf. Die Physiognomie ist meist sehr lückig, Gräser – außer *(494) Poa annua* – spielen eine geringe Rolle. Aufgrund der ähnlichen ökologischen Umstände besteht ein gemeinsamer Artenstock mit den Trittrasen (z. B. *(579) Plantago major* ssp. *major*); nicht umsonst bildeten diese Gesellschaften früher eine gemeinsame Klasse.
Im Übrigen ist die Klasse (bzw. deren einzige Ordnung Poo-Polygonetalia) nicht sehr einheitlich, was die „Strategien" ihrer Vertreter betrifft, der Trittbelastung zu entgehen; es ist keineswegs so, dass sie alle besonders tritt*resistent* wären; manche bleiben einfach so niedrig, dass sie zum Beispiel die Pflasterritzen nicht überragen.
Obwohl die Gesamtzahl der hier möglichen Arten gar nicht so klein ist, ist die Artenzahl pro Aufnahmefläche meist gering. Es wird also durchaus vorkommen, dass eine reale, vorgegebene Fläche keine der im Folgenden beispielhaft genannten Arten enthält.

(490) ***Euphorbia maculata*** (Gefleckte Wolfsmilch)

Kennzeichen: *Euphorbiaceae.* Pflanze niederliegend, milchsaftführend. Frucht gänzlich anliegend behaart. Samen mit 3–5 Querfurchen. Blätter (scheinbar) gegenständig (aber nicht kreuzgegenständig), mit Stipeln. 5–15 cm. VI-IX.
Zeigercharakter: In verschiedenen Trittgesellschaften. Auch im Sisymbrion. Sand- und Wärmezeiger.
Ellenberg-Zahlen: L9, T8?, K?, F4, R7, N5? – M-, Ä-
Bemerkungen: Die Art gehört zur (bei uns neophytischen) Untergattung *Chamaesyce*. Es gibt noch weitere Arten aus dieser Gruppe. Nicht selten ist *Eu. humifusa* (Niederliegende W.) mit kahlen Früchten und eiförmigen, glatten Samen.

(491) ***Herniaria glabra*** (Kahles Bruchkraut)

Kennzeichen: *Caryophyllaceae.* Pflanze niederliegend, zuweilen polsterartig, gelblich grün, kahl oder spärlich behaart. Blüten sehr klein (ca. 1 mm Durchmesser) in blattachselständigen Knäueln. Blätter 3–8 mm, mit Stipeln. 5–15 cm. VI–IX.
Zeigercharakter: In verschiedenen Trittgesellschaften. Auch in den Sedo-Scleranthetea.
Ellenberg-Zahlen: L8, T6, K5, F3, R4, N2 – M7, Ä4
Bemerkungen: Ähnlich, aber viel seltener (M2, Ä3) und wärmebedürftiger (T7) die oft nur unbeständige *H. hirsuta* (Behaartes B.; Pflanze steifhaarig).

(492) ***Lepidium didymum [Coronopus didymus]*** (Zweiknotiger Krähenfuß)

Kennzeichen: *Brassicaceae.* Kronblätter klein, weiß, bisweilen fehlend. Schötchen zweiteilig, nussartig, glatt, in blattgegenständigen Trauben. Blätter gefiedert. 5–20 cm. V-VIII.

(491) Herniaria glabra

(490) Euphorbia maculata

(492) Lepidium didymum

Zeigercharakter: VC in Polygono-Poetea. Neophyt, aber schon typische soziologische Kennart. Auf sandig-lehmigen Böden.
Ellenberg-Zahlen: L9, T7?, K4?, F5, R6?, N6? – M2, Ä6
Bemerkungen: Einheimisch, ebenfalls selten, aber stark zurückgehend (M3, Ä2): *L. (C.) squamatum* (Niederliegender K.; !!) mit gezähnelten Schötchen. Ammoniak- und Tonzeiger. Salzertragend. Wertbildend. – Die Gattung *„Coronopus"* ist habituell unverkennbar.

(493) *Lepidium ruderale* (Stink-Kresse)

Kennzeichen: *Brassicaceae.* Kronblätter fehlend. Schötchen eiförmig, 2–2,5 mm lang, oben schmal geflügelt. Untere Blätter (bald absterbend!) gefiedert, die oberen ganzrandig, aber nicht stängelumfassend. 10–30 cm. V-VII(-X).
Zeigercharakter: VC in Polygono-Poetea. Auch im Sisymbrion.
Ellenberg-Zahlen: L9, T6, K7, F4, Rx, N6 – M5, Ä4
Bemerkungen: Verbreitungsschwerpunkt der meisten anderen *Lepidium*-Arten ist das Sisymbrion. In Polygono-Poetea-Gesellschaften findet sich gelegentlich noch *L. densiflorum* (Dichtblütige K.) mit größeren Schötchen und gesägten Stängelblättern sowie sehr selten das salzertragende *L. perfoliatum* (Durchwachsenblättrige K.) mit auffällig unterschiedlichen Rosetten- und eiförmigen, den Stängel fast umgreifenden Stängelblättern. – Zu den habituell völlig abweichenden *„Coronopus"*-Arten vgl. *(492)*, zu *Lepidium [Cardaria] draba (503).*

(494) *Poa annua* (Einjähriges Rispengras)

Kennzeichen: *Poaceae.* Unterste Rispenstufe (meist) 2-ästig. Ährchen am Rücken gekielt, 3–6-blütig, grannenlos. Ligula an der Blattscheide herablaufend. Pflanze oft niederliegend. 3–20 cm. I-XII.
Zeigercharakter: Namensgebende soziologische Kennart, als Kennart aber nicht sonderlich zuverlässig. Auch in Weiden, in Hackfruchtgesellschaften usw. Eigentlich hauptsächlich Lückenzeiger.
Ellenberg-Zahlen: L7, Tx, K5, F6, Rx, N8 – M9, Ä5
Bemerkungen: Formenreich. Auf Trittrasen auch gesät.

(495) *Polygonum aviculare* agg. (Artengruppe Vogelknöterich)

Kennzeichen: *Polygonaceae.* Blüten unscheinbar, grünlich, weißlich oder rosa, mit ± 5-zähligem Perigon, einzeln oder zu wenigen in den Blattachseln. Frucht eine 3-kantige Nuss. Ochrea silbrig-hell. Stängel niederliegend oder aufsteigend. 10–40 cm lang. VI-X. Im Übrigen vgl. Bestimmungsbuch.
Zeigercharakter: Je nach Klein-/Unterart verschieden, im Ganzen KC Polygono-Poetea; vgl. aber **Bemerkungen**.
Ellenberg-Zahlen: L7, T6, Kx, F4, Rx, N6 – M9, Ä5
Bemerkungen: Umfasst *P. aviculare* und *P. arenastrum* im Sinne des Schmeil-Fitschen. Nur *P. arenastrum* hat seinen Schwerpunkt in Polygono-Poetea-Gesellschaften, *P. aviculare* ist vorwiegend eine Art der Hackfruchtkulturen. – Der Komplex wird sehr unterschiedlich strukturiert. Die Ellenberg-Zahlen sind für die Gesamtart angegeben; deren Übertragung auf die Kleintaxa ist problematisch. – *P. arenastrum* ist nach Landolt ein Wechelfeuchtezeiger.

(493) Lepidium ruderale

(494) Poa annua

(495) Polygonum aviculare agg.

(496) *Sagina procumbens* (Niederliegendes Mastkraut)

Kennzeichen: *Caryophyllaceae.* Blüten sehr klein, (meist) durchweg 4-zählig, Kronblätter aber oft hinfällig. Kelchblätter stumpf, ohne Stachelspitze. Fruchtstiele abwärtsgebogen. Blätter linealisch. Pflanze meist niederliegend und einwurzelnd. 2–5 cm. V-IX.
Zeigercharakter: AC in Polygono-Poetea. Als Wechselfeuchte- und Verdichtungszeiger auch auf Äckern usw. Verträgt von den in diesem Kapitel genannten Arten Salz am besten.
Ellenberg-Zahlen: L7, Tx, K3, F5~, R7, N6 – M9, Ä5
Bemerkungen: Ähnliche weitere *Sagina*-Arten in anderen Gesellschaften (z. B. Nanocyperion, vgl. 4.2.4), teilweise (!!).

▶ *Weitere Arten: (434*) Oxalis corniculata, (564*) Spergularia rubra.*

4.17.5 Halbruderale Trockenrasen (Agropyretea intermedio-repentis)

Dieses Syntaxon wurde schon früher mit gewissem Vorbehalt gesehen, weil es – zumindest bei uns – kaum eigene gesellschaftstreue Kennarten hat. Deshalb wird es heute oft als Ordnung in die Klasse der Artemisietea gestellt, obwohl „klassische" Artemisietea-Arten meist gar nicht besonders ins Gewicht fallen. – Diese Frage der syntaxonomischen Zuordnung lässt sich aus mitteleuropäischer Sicht kaum beantworten, weil das Syntaxon hier nur fragmentarisch vorhanden ist: Sein Grundzug ist nämlich kontinental, schon der namensgebende *Elymus hispidus [Agropyron intermedium, Elytrigia intermedia]* kommt in Deutschland nur noch an wenigen Punkten im Osten vor. Die bei uns kennzeichnenden Arten (vgl. unten) haben denn auch meist hohe K-Werte. Im Übrigen sind fast alle wenig gesellschaftsspezifisch. Manche sind durch unterirdische Erneuerungsorgane wie Ausläufer oder Wurzelsprosse gekennzeichnet, aus welchen sie nach schwerwiegenden Eingriffen in den Standort sofort wieder austreiben können; hier besteht eine gewisse strukturelle Ähnlichkeit mit den Flutrasen (vgl. 4.4.7), nur dass dort die Ausläufer wegen des luftarmen, häufig durchnässten Bodens in der Regel oberirdisch verlaufen. Beide Rasentypen werden wegen dieser Fähigkeit zur raschen (Wieder-)Besiedlung sekundärer Initialstandorte auch als „Heilgesellschaften" bezeichnet.
Aus ökologischer Sicht handelt es sich um Vergesellschaftungen von Pflanzen ± (wechsel-)trockener Standorte mit basenreichen, nicht unbedingt stickstoffreichen Böden in wärmeren Lagen. Manche kennzeichnende Arten bevorzugen Rohböden (vgl. dazu auch Kap. 5.8). „Klassische" Biotope sind Böschungen in landwirtschaftlichem Umfeld, z. B. Weinbaugebiete. Solche Lagen sind in Süddeutschland typischer ausgebildet, was wohl mit ein Grund dafür ist, dass aus „süddeutscher Sicht" die Behandlung des Syntaxon als eigenständige Klasse viel plausibler ist als aus „norddeutscher Sicht".
Unabhängig von der synsystematischen Einstufung des Syntaxon ist dessen innere Gliederung wenig ausgereift.

(496) Sagina procumbens

(498) Bromus inermis

(497) Anthemis tinctoria

(497) *Anthemis tinctoria* (Färber-Hundskamille)

Kennzeichen: *Asteraceae*. Typischer Korbblütler, Köpfchen 2,5–4 cm Durchmesser, mit gelben Strahlenblüten und spitzen Spreublättern. Ohne Pappus. Blätter gefiedert, Fiedern kammförmig eingeschnitten. 20–50 cm. VI–IX (Abb. s. S. 413).
Zeigercharakter: AC in Agropyretea, aber auch sonst auf flachgründigen Rohböden und dort häufig mit *(566) Poa compressa* vergesellschaftet.
Ellenberg-Zahlen: L8, T6, K5, F3, R6, N4 – M6, Ä4
Bemerkungen: Die Gattung *Anthemis* ist insgesamt von margeritenartigem Habitus, hat aber Spreublätter. Alle übrigen Arten haben weiße Strahlenblüten und kommen in verschiedenen Violenea-Gesellschaften vor.

(498) *Bromus inermis* (Unbegrannte Trespe)

Kennzeichen: *Poaceae*. Rispe zur Blütezeit locker ausgebreitet, unterste Stufe 5–7-ästig. Ährchen 4–10-blütig, Deckspelzen nur kurz bespitzt (ca. 0,5 mm). Blattscheiden geschlossen, Spreite 4–10 mm breit, beides meist kahl. Mit Kriechsprossen. 30–100 cm. VI-VII (Abb. s. S. 413.
Zeigercharakter: KC Agropyretea. Auch ruderal. Trotz Tx vor allem in sommerwarmen Gebieten.
Ellenberg-Zahlen: L8, Tx, K7, F4~, R8, N5 – M8, Ä5?
Bemerkungen: Die Ä-Zahl dürfte höher liegen. – Auch angesät.

(499) *Chondrilla juncea* (Binsen-Knorpellattich)

Kennzeichen: *Asteraceae*. Köpfchen in Gruppen zu 1–4, jeweils mit 5–15 gelben Zungenblüten. Stängel rutenförmig, (nur) unten auffällig borstig, mit reduzierten Blättern 30–100 cm. VI–VIII.
Zeigercharakter: AC in Agropyretea. Auch in anderen xerothermen Gesellschaften, v. a. auf Rohböden.
Ellenberg-Zahlen: L8, T7, K5, F3, R6, Nx – M3, Ä2
Bemerkungen: Die Art ist im Osten nicht selten. M- und Ä-Zahl sind, bezogen auf Gesamtdeutschland, sicher zu niedrig.

(500) *Convolvulus arvensis* (Acker-Winde)

Kennzeichen: *Convolvulaceae*. Pflanze windend (oder auch dem unbewachsenen Boden aufliegend). Typische, 2–3 cm lange, weiße bis rosa Trichterblüten. Kelch ohne umhüllendes Hochblattpaar. 20–80 cm. VI-IX.
Zeigercharakter: VC in Agropyretea. Auch in anderen Ruderalgesellschaften und auf Äckern, dort wegen tiefliegender Erneuerungsknospen sehr störungsunempfindlich. – Nx, aber Phosphatzeiger.
Ellenberg-Zahlen: L7, T6, Kx, F4, R7, Nx – M9, Ä5
Bemerkungen: Vgl. *(483) Calystegia sepium*.

(499) Chondrilla juncea

(501) Elymus repens

(500) Convolvulus arvensis

(501) *Elymus repens* (Gewöhnliche Quecke)

Kennzeichen: *Poaceae.* Ährengras. Auf jedem Absatz der Ährenachse nur 1 völlig ungestieltes Ährchen, dieses mit der Breitseite der Achse zugewandt und mit 2 gleichgroßen Hüllspelzen (vgl. *(578) Lolium perenne*) . Deckspelzen < 10 mm begrannt. Blätter schlaff, um die Längsachse spiralig gewunden. 30–120 cm. VI-VII (Abb. s. S. 415).
Zeigercharakter: In verschiedenen (halb-)ruderalen (Rasen-)Gesellschaften. Eine der wenigen stickstoffliebenden Arten in den Agropyretea.
Ellenberg-Zahlen: L7, T6, K7, Fx~, Rx, N7 – M9, Ä8
Bemerkungen: Ä8 ist wohl zu hoch. – Es gibt eine Reihe anderer (z. T. schwierig zu unterscheidender) *Elymus*-Arten in ähnlichen Gesellschaften. Zu *E. hispidus* (Graugrüne Quecke; Blätter steif, gerippt, Scheidenränder bewimpert) vgl. oben. – *E. caninus* (Hunds-Quecke, mit > 10 mm langen geschlängelten Grannen) ist eine Pflanze feuchter, stickstoffreicher Standorte (z. B. Auwälder).

(502) *Falcaria vulgaris* (Sichelmöhre)

Kennzeichen: *Apiaceae.* Mit Hülle und Hüllchen. Blätter 2–3 x 2–3-teilig, mit linealischen, > 5 cm langen, randlich scharf gesägten Zipfeln. 20–50 cm. VI-VIII.
Zeigercharakter: AC in Agropyretea. Oft auf Löss. Wertbildend.
Ellenberg-Zahlen: L7, T7, K6, F3, R9, Nx – M5, Ä3
Bemerkungen: Die Blätter sind unverkennbar.

(503) *Lepidium [Cardaria] draba* (Pfeilkresse)

Kennzeichen: *Brassicaceae.* Blüten weiß, in dichten, ± doldigen Infloreszenzen. Frucht eine verkehrt herzförmige Nuss. Blätter grauhaarig, grob gesägt. 20–50 cm. V-VI.
Zeigercharakter: AC in Agropyretea. Neigt zur Herdenbildung (v. a. in Trockenrasen), wirkt dann verdämmend und ist wertmindernd.
Ellenberg-Zahlen: L8, T7, K7, F3, R8, N4 – M5, Ä6
Bemerkungen: Wegen der tief liegenden Wurzelknospen schwierig zu bekämpfen.

(504) *Poa angustifolia* (Schmalblättriges Rispengras)

Kennzeichen: *Poaceae.* Rispen ± locker, mit 3–5-ästiger unterster Stufe, fast 2-mal so lang wie breit. Ährchen am Rücken gekielt, 2–5-blütig, grannenlos. Grundblätter borstlich gefaltet, < 1 mm breit, auch entfaltet nur 1–2 mm breit, die wenigen Stängelblätter breiter, oft flach. 20–60 cm. V-VI.
Zeigercharakter: KC Agropyretea. Auch in Trockenrasen.
Ellenberg-Zahlen: L7, T6, Kx, Fx, Rx, N3 – M-, Ä-
Bemerkungen: Das Taxon wird auch als ssp. von *P. pratensis* s. l. geführt; *P. pratensis* s. str. ist ein häufiges Gras im Wirtschaftsgrünland; die Blätter sind alle flach und meist breiter, die Rispe meist kaum länger als breit.

▶ *Weitere Arten: (184) Eryngium campestre, (566) Poa compressa, (570) Tussilago farfara*; vgl. auch *(246*) Melica transsilvanica*.

(502) Falcaria vulgaris

(503) Lepidium draba

(504) Poa angustifolia

5. Zeigerpflanzen für bestimmte Ökofaktoren

In Kap. 2.1 wurde begründet, warum hier in Kap. 5 relativ wenige Arten besprochen werden, wo doch die meisten der in diesem Buch erwähnten Taxa durchaus als Zeigerpflanzen für einen oder mehrere Ökofaktoren geeignet wären. Es sind in diesem Kapitel also vor allem gesellschaftsvage Arten angeführt, somit solche, die z. B. im Grünland und/oder in Gehölzen ± gleichermaßen ohne nähere soziologische Bindung vorkommen. Oft haben sie zwar eine gewisse Bindung an ein Syntaxon (und werden sogar als diagnostische Arten geführt), sind aber doch so häufig auch anderwärts zu finden, dass sie diesem Syntaxon nicht zwingend zugewiesen werden sollten. Es steht außer Frage, dass es in vielen Fällen pure Ermessenssache ist, ob man z. B. *(522) Potentilla anserina* als Agropyro-Rumicion-Art in Kap. 4.4.7 oder in 5.2.1 als Wechselfeuchtezeiger anführt. Schon in Kap. 4 waren ja öfter Angaben zu lesen, die etwa lauteten: „Als Säurezeiger auch in ...-Gesellschaften" oder ähnlich.
Ein faktorenbezogener Zeigerwert kann sich auch darin äußern, dass die betreffende Art gegenüber jeweils anderen Öko-Faktoren relativ indifferent („x") ist.
In den 85 Steckbriefen – sie werden zu Beginn von Kap. 4 ausführlich erläutert – ist der Absatz **Zeigercharakter** zuweilen nur sehr kurz gefasst, da der Zeigerwert im Wesentlichen schon aus der Kapitelüberschrift ersichtlich ist.

5.1 Feuchte- und Nässezeiger

Die meisten der hier angeführten Arten haben F-Werte von 8 oder 9. Irritieren mag vielleicht, dass einige von ihnen das Wechselfeuchtezeichen „~" haben, wo Wechselfeuchte doch erst im nächsten Kapitel Thema ist. Das liegt daran, dass bei Arten mit 8~ bzw. 9~ die jeweiligen Trockenphasen sehr kurz sind, sodass sie nur eine geringe ökologische Rolle spielen und/oder dass man sie gewissermaßen nicht mitbekommt: Der Biotop ist den größten Teil des Jahres nass. Man könnte diese Arten also, wenn man es genau nimmt, als „Wechsel*nässe*zeiger" den eigentlichen Wechsel*feuchte*zeigern (mit 5~ bis 7~) gegenüberstellen (wie dies Ellenberg 2001:68 auch tut, vgl. 2.3.1.1).

(505) *Cardamine pratensis s. str.* (Wiesen-Schaumkraut)

Kennzeichen: *Brassicaceae.* Kronblätter 8–13 mm, weiß oder helllila. Staubbeutel gelb. Schoten meist > 2 cm. Blätter gefiedert, Fiedern der Stängelblätter lanzettlich, die der rosettenartig angeordneten Grundblätter ± rundlich, mit vergrößerter Endfieder. Stängel hohl, rund. Ohne Ausläufer.
Zeigercharakter: Vgl. **Bemerkungen**.
Ellenberg-Zahlen: L4, Tx, Kx, F6, Rx, Nx – M9, Ä4

(505) Cardamine pratensis

(506) Carex acutiformis

Bemerkungen: Zur Artengruppe von *C. p.* zählen etwa 5 Taxa (vgl. Bestimmungsbuch). Das häufigste – *C. pratensis* s. str. – findet sich bevorzugt auf Wiesen, aber auch in Gehölzen oder an deren Rand, andere Taxa sind – mit F9 und höherer L-Zahl – etwas enger in Sümpfe und Moore eingenischt. Über ihre Verbreitung – also M- und Ä-Zahl – ist wenig bekannt (die oben angegebenen Zahlen beziehen sich auf die ganze Gruppe, dürften aber auch für *C. p.* s. str. übernommen werden). – Vgl. auch unter *(44) Nasturtium officinale.*

(506) *Carex acutiformis* (Sumpf-Segge)

Kennzeichen: *Cyperaceae.* Eucarex mit mehreren ♂ Ähren. ♀ Ähren 6–7 mm dick, ± kurz gestielt, ± aufrecht. Schläuche kurz 2-zähnig geschnäbelt. Blätter meist < 10 mm breit, nicht gitternervig, aber untere Blattscheiden stark netzfasrig (vgl. Abb. rechts). 30–100 cm. V-VI (Abb. s. S. 419).
Zeigercharakter: In Seggenriedern und Nassgehölzen (dort zuweilen steril), oft Dominanzbestände bildend (vgl. 5.12).
Ellenberg-Zahlen: L7, Tx, K3, F9~, R7, N5 – M9, Ä5
Bemerkungen: Ähnlich, aber weitgehend auf Großseggenrieder beschränkt ist *(79) C. acuta [C. gracilis]* (Schlanke Segge) mit 2 Narben und ohne Fasernetz. Auch diese Segge bildet gelegentlich Reinbestände aus. Vgl. auch *(83) C. riparia* und *(90) C. nigra.*

(507) *Crepis paludosa* (Sumpf-Pippau)

Kennzeichen: *Asteraceae.* Köpfchen nur mit gelben Zungenblüten und drüsiger Hülle. Frucht oben ± verschmälert, mit schmutzigweißem, zerbröselndem Pappus. Stängelblätter mit herz- oder pfeilförmigem Spreitengrund stängelumfassend, meist grob gezähnt. 30–80 cm. V-VIII.
Zeigercharakter: Gilt als VC Calthion, findet sich aber auch in Hochstaudenfluren oder aufgelichteten Nasswäldern.
Ellenberg-Zahlen: L7, Tx, K3, F8~, R8, N6 – M9, Ä4
Bemerkungen: Bei allen anderen Pippau-Arten ist der Pappus biegsam; ein zerbröckelnder Pappus gilt sonst – zu Recht – als gutes Merkmal für *Hieracium.* Insofern besteht Verwechslungsgefahr, zumal der Gesamthabitus einem Habichtskraut nicht unähnlich und die Frucht apikal nur wenig verjüngt ist (eine oben gestutzte Frucht ist ebenfalls kennzeichnend für *Hieracium*).

(508) *Eleocharis palustris* (Gewöhnliche Sumpfbinse)

Kennzeichen: *Cyperaceae.* Stängel nur mit 1 endständigen, schmal-eiförmigen, 5–20 mm langen Ährchen[90], an deren Basis 2 Hüllspelzen. (Obere) Blattscheide ohne Spreite. 5–30 cm. V-VIII.
Zeigercharakter: In Röhrichten (Phragmitetalia-Art?) und auf Nasswiesen, gelegentlich Reinbestände bildend. Trotz M9 wertbildend.
Ellenberg-Zahlen: L8, Tx, Kx, F10, Rx, N? – M9, Ä4

90 In der Literatur auch als *Ähre* bezeichnet.

(507) Crepis paludosa

(508) Eleocharis palustris

Bemerkungen: Es gibt etwa 10 *E.*-Taxa, allesamt in Nassbiotopen, die meisten selten, einige (!!). Die ganze Gattung ist wertbildend bzw. -bestimmend. Neben der bereits in Kap. 4.1.3 erwähnten *(22) E. acicularis* (M5) soll noch auf die salztolerante *E. uniglumis* (Einspelzige S.; eine der beiden basalen Hüllspelzen umgreift fast die gesamte Ährenbasis) hingewiesen werden, die auch in Flutrasen vorkommt (F 9=, M4).

(509) *Iris pseudacorus* (Wasser-Schwertlilie)

Kennzeichen: *Iridaceae*. Typische gelbe Irisblüte. Blätter 10–30 mm breit, schwertförmig (d. h. seitlich zusammengedrückt), ohne Riffelwellung und nicht riechend (vgl. *(27) Acorus*). 50–100 cm. V-VI.
Zeigercharakter: OC Phragmitetalia, aber auch in Nasswäldern oder nassen Convolvuletalia-Gesellschaften.
Ellenberg-Zahlen: L7, T6, K3, F9=, Rx, N7 – M9, Ä5
Bemerkungen: Alle anderen einheimischen (!) *Iris*-Arten blühen ± blau und haben zumeist auch schmälere Blätter. Nur *I. sibirica* hat davon (noch) eine gewisse Verbreitung (M3, Ä2, !!). Sie ist eine wertbestimmende Molinion-Art (F8~, N2).

(510) *Juncus acutiflorus* (Spitzblütige Binse)

Kennzeichen: *Juncaceae*. Viele kleine Blütenköpfchen in lockerer Rispe. Blätter quer gefächert. Perigonblätter spitz. 30–80 cm. VII-VIII.
Zeigercharakter: *J. a.* gilt als Kennart eines eigenen Syntaxons auf permanent nassen Standorten, das zu den Molinietalia oder zu den Caricetalia nigrae gerechnet wird. Wir betrachten diese Art deshalb hier nur als Nässezeiger.
Ellenberg-Zahlen: L9, T6, K2, F8, R5, N3 – M8, Ä4
Bemerkungen: Leicht mit *J. articulatus* zu verwechseln (trennende Merkmale vgl. Bestimmungsbuch), der aber meist kleiner bleibt; auf ähnlichen Standorten, gilt aber als Störzeiger.

(511) *Juncus effusus* (Flatter-Binse)

Kennzeichen: *Juncaceae*. Infloreszenz scheinbar seitenständig (das röhrige Tragblatt setzt den Stängel fort), ± büschelig[91], reichblütig. Stängel frisch ganz glatt, trocken mit > 30 sehr feinen Riefen. Stängel und Blätter mit ungekammertem Mark. Scheide des Tragblattes nicht erweitert. 30–80 cm. VI-VIII.
Zeigercharakter: Gilt als Molinietalia-Art, aber auch in Sümpfen, auf Waldverlichtungen usw. Auch Staunässe-, im Grünland Störzeiger.
Ellenberg-Zahlen: L8, T5, K3, F7, R3, N4 – M9, Ä5
Bemerkungen: Ähnlich mit ± deutlich gerieftem Stängel *J. conglomeratus* (Knäuel-B.; 15–25 Riefen; Mark ungekammert. Infloreszenz geknäuelt) und *J. inflexus* (Blaugrüne B.; 12–16 Riefen, Mark gekammert, Infloreszenz locker). Beide kommen als Störzeiger auf wechselnassen Standorten vor (F7~), *J. i.* vor allem auf basenreichen Böden (R8).

91 Es gibt auch eine Form von *J. e.* mit kopfartig zusammengezogener Infloreszenz (var. *compactus*), die nicht mit *J. conglomeratus* verwechselt werden darf.

(509) Iris pseudacorus

(511) Juncus effusus

(510) Juncus acutiflorus

(512) ***Lycopus europaeus* ssp. *europaeus*** (Gewöhnlicher Wolfstrapp)

Kennzeichen: *Lamiaceae*. Blüten klein, weißlich, fast radiär, in knopfartigen Scheinwirteln. Mittlere Stängelblätter grob gesägt. 20–100 cm. VII-VIII.
Zeigercharakter: OC Phragmitetalia, aber auch in Nasswäldern oder auf nassen Äckern.
Ellenberg-Zahlen: L7, T6, K5, F9=, R7, N7 – M9, Ä5

(513) ***Lysimachia vulgaris*** (Gewöhnlicher Gilbweiderich)

Kennzeichen: *Primulaceae*. Blüten gelb, mit kahlen Zipfeln, in schmal-pyramidalen Rispen. Kelchblätter rot berandet. Blätter lanzettlich, zu 3–4 quirlig. 50–150 cm. VI-VIII.
Zeigercharakter: In allen möglichen Nassgrünländereien, auch im Erlenbruch.
Ellenberg-Zahlen: L6, Tx, Kx, F8~, Rx, Nx – M9, Ä5
Bemerkungen: *L. punctata* (Punktierter Gilbweiderich) mit drüsig punktierten Kronblattzipfeln und grünem Kelch ist eine auf ähnlichen Standorten verwilderte Zierpflanze.

(514) ***Myosotis scorpioides* agg.** (Artengruppe Sumpf-Vergissmeinnicht)

Kennzeichen: *Boraginaceae*. Die Artengruppe unterscheidet sich von allen anderen Vergissmeinnicht-Arten durch anliegende und gerade (nicht abstehende und meist auch hakig gekrümmte) Kelchhaare. (2–)10–40 cm. IV–X.
Zeigercharakter: Vor allem im Nassgrünland, vgl. **Bemerkungen.**
Ellenberg-Zahlen: L7, T5-6, K3-5, F8-9, R4-5, N5-7 – M5/9, Ä3/5
Bemerkungen: Hierher gehören drei relativ häufige Taxa (auf diese beziehen sich die Ellenberg-Zahlen). Sie finden sich vor allem im Calthion, aber auch an Grabenrändern, in Seggenriedern, Röhrichten usw. Da ihre Unterscheidung schwierig ist (vgl. Bestimmungsbuch), ist ihre genaue Verbreitung und ökosoziologische Einnischung nicht ausreichend bekannt. – Zwei weitere Arten sind sehr selten (nur an der Ostsee bzw. ± nur am Bodensee).

(515) ***Ranunculus flammula* ssp. *flammula*** (Brennender Hahnenfuß)

Kennzeichen: *Ranunculaceae*. Typische, 8–15 mm breite, gelbe Hahnenfußblüte. Mittlere und obere Blätter lanzettlich, ganzrandig. Stängel aufrecht oder aufsteigend, nur unten sprossbürtig bewurzelt. 10–40 cm. VI-X.
Zeigercharakter: In offenen, oft gestörten (oder initialen) Nassgesellschaften; Schwerpunkt sind saure Kleinseggenrieder.
Ellenberg-Zahlen: L7, Tx, K3, F9~, R3, N2 – M9, Ä4
Bemerkungen: Die fast ausgestorbene ssp. *reptans* (M1, Ä2, !!) hat kriechende, dünne, sprossbürtig bewurzelte Stängel und einzelstehende, -10 mm breite Blüten. *R. lingua*

(512) Lycopus europaeus ssp. europaeus

(513) Lysimachia vulgaris

(515) Ranunculus flammula ssp. flammula

(514) Myosotis scorpioides

(Zungen-H.) mit ebenfalls lanzettlichen, ungeteilten Blättern hat größere Blüten (20–40 mm Durchmesser), wird 50–150 cm hoch und ist ein wertbildendes Element der Röhrichte und Großseggenrieder (!!).

(516) *Scirpus sylvaticus* (Wald-Simse)

Kennzeichen: *Cyperaceae.* Ährchen 4–6 mm, zu mehreren gebüschelt, insgesamt sehr zahlreich, in weit ausgebreiteter (bis > 20 cm!) Infloreszenz. Blätter 8–15 mm breit. 30–100 cm. V-VIII.
Zeigercharakter: Gilt als Calthion-Art, ist aber eher nur ein (zuverlässiger) Nässezeiger (beispielsweise auf Waldverlichtungen).
Ellenberg-Zahlen: L6, T5, K4, F8, R4, N4 – M9, Ä5
Bemerkungen: Oft Reinbestände bildend.

(517) *Gattung Scutellaria* (Helmkraut)

Kennzeichen: *Lamiaceae.* Die Gattung ist am quer über den Kelch verlaufenden „Schild" gut kenntlich. 10–50 cm. VI–IX.
Zeigercharakter: s. u.
Ellenberg-Zahlen: L7, T6-7, K2-6, F8-9, R2/7, N3-6 – M s.u., Ä s.u.
Bemerkungen: *S. galericulata* (Sumpf-H., vgl. Abb.), die häufigste Art (M9), gilt als VC Magnocaricion, ist aber in Röhrichten, an Grabenrändern und anderen zeitweise überfluteten (F9=) Biotopen, selbst im Erlenwald ziemlich häufig. Mit ähnlichen Ansprüchen, aber vor allem im Westen viel seltener (M2) ist *S. hastifolia* (Spießblättriges H.; !!). Die ebenfalls seltene (M3) *S. minor* schließlich (Kleines H.; !!) ist eine Art eher saurer, binsenreicher Molinion-Gesellschaften (R2, N3?).

(518) *Silene dioica* (Rote Lichtnelke)

Kennzeichen: *Caryophyllaceae.* Typische rote Nelken-Blüten mit 5 tiefgeschlitzten Kronblättern und entweder 5 Griffeln (dann ist der Kelch oft etwas aufgeblasen) oder 10 Staubblättern. Stängel oft ausgeprägt dichasial („gabelig") verzweigt. 30–80 cm. IV–VI.
Zeigercharakter: Die Rote Lichtnelke ist gesellschaftsvag, kommt aber meist nur auf jeweils relativ luftfeuchten Standorten vor („Luftfeuchtezeiger"), z. B. an Wegrändern in schattigen Tälern oder auf montanen Wiesen, weil die Luftfeuchte mit der Meereshöhe tendenziell zunimmt. Der Standort selbst muss dabei gar nicht besonders bodenfeucht sein (F6!).
Ellenberg-Zahlen: Lx, Tx, K4, F6, R7, N8 – M9, Ä5
Bemerkungen: Zur ähnlichen *Silene latifolia* ssp. *alba* (Weiße Lichtnelke) mit weißen Blüten vgl. *(462)*.

(516) Scirpus sylvaticus

(517) Gattung Scutellaria

(518) Silene dioica

(519) *Symphytum officinale* (Gewöhnlicher Beinwell)

Kennzeichen: *Boraginaceae*. Hängende, meist rötlich violette (*S. o.* ssp. *officinale*) oder (gelb-)weißliche (*S. o.* ssp. *bohemicum*, vor allem in Wärmegebieten) röhrenförmige Blüten. Stängel durch herablaufende Blattränder geflügelt. 30–80 cm. V-VII.
Zeigercharakter: Zuverlässiger und gut kenntlicher, gesellschaftsvager Nässezeiger. Vor allem geeignet, um nasse Bereiche innerhalb von Grünland zu markieren. In Seggenriedern Nitrifizierungszeiger. An Wegen und im Kulturland Hinweis auf Staunässe im Untergrund.
Ellenberg-Zahlen: L7, T6, K3, F8, Rx, N8 – M9, Ä5
Bemerkungen: Ähnlich: *S. tuberosum* (Knolliger B.; Blüten stets weißlich gelb; in frischen Laubwäldern).

▶ *Weitere Arten: (50) Lythrum salicaria, (90) Carex nigra, (110) Caltha palustris, (112) Geum rivale, (593) Filipendula ulmaria;* vgl. auch 4.13.1.2, 4.14, 4.4.3, 4.4.4 und 5.2.4.

5.2 Wechselfeuchtezeiger

In ihren Biotopen spielt der Wechsel zwischen eher trockener und feuchter bzw. nasser Phase eine wichtige ökologische und physiognomische Rolle, sodass es angebracht ist, diese Gruppe gesondert zu behandeln. Dabei ist die jeweils wirkende Feuchtigkeits*menge* gelegentlich gar nicht entscheidend, nur der Wechsel „als solcher" (x~). – Ein Großteil der genannten Arten hat einen Verbreitungsschwerpunkt im Grünland. Dies hängt unter anderem damit zusammen, dass dort Bodenverdichtung ein nicht seltenes Phänomen ist und diese mit Wechselfeuchte häufig korreliert. Vor allem gilt dies für die Flutrasen (vgl. 4.4.7). Sie sollen deshalb zuerst genannt werden.

5.2.1 Arten mit Hauptverbreitung in Flutrasen

Alle in den folgenden Steckbriefen genannten Taxa werden auch als Kennarten innerhalb der Agrostietea geführt und zeigen auch verdichtete (luftarme) Böden an (Verdichtungszeiger).

(520) *Agrostis stolonifera* (Weißes Straußgras)

Kennzeichen: *Poaceae*. Einblütige Ährchen in reicher, graziler, nach der Blütezeit zusammengezogener Rispe. Ligula 2–5 mm. Fast immer mit normal beblätterten, oberirdischen Kriechtrieben. Selten > 50 cm. VI-VII. Formenreich.
Zeigercharakter: Verbreitungsschwerpunkt im Agropyro-Rumicion.
Ellenberg-Zahlen: L8, Tx, K5, F7~, Rx, N5 – M-, Ä-
Bemerkungen: *Agrostis*-Arten sind schwierig zu bestimmen. Die ähnliche *A. gigantea* (Fioringras) hat unterirdische Ausläufer und wird meist größer, die Rispe bleibt auch nach der Blütezeit ausgebreitet. Sie bevorzugt dauernasse Standorte (F8). Zu *A. capillaris (= A. tenuis;* Rotes Straußgras) vgl. Schema 4.4.b.

(519) Symphytum officinale

(521) Carex hirta

(520) Agrostis stolonifera

(521) *Carex hirta* (Behaarte Segge)

Kennzeichen: *Cyperaceae*. Eucarex. ♀ Ähren gestielt, aber ± aufrecht. Schläuche (wie die ganze Pflanze) gleichmäßig behaart. ♂ Ähren 1–3. 10–80 cm. V-VI (Abb. s. S. 429).
Zeigercharakter: Verbreitungsschwerpunkt im Agropyro-Rumicion.
Ellenberg-Zahlen: L7, T6, K3, F6~, Rx, N5 – M9, Ä5
Bemerkungen: Infolge der Behaarung eine der bestkenntlichen Seggen.

(522) *Potentilla anserina* (Gänse-Fingerkraut)

Kennzeichen: *Rosaceae*. Blüten gelb, 18–20 mm breit, mit Außenkelch, einzeln lang gestielt. Typische Rosaceen-Fiederblätter mit Zwischenfiedern, zumindest unterseits weißfilzig behaart. Ausgeprägte Ausläuferpflanze, aber nur 10–20 cm hoch. V-VIII.
Zeigercharakter: Verbreitungsschwerpunkt im Agropyro-Rumicion.
Ellenberg-Zahlen: L7, T6, Kx, F6~, Rx, N7 – M9, Ä5
Bemerkungen: Ebenfalls mit langen Ausläufern, aber mit gefingerten Blättern und oft größeren Blüten: *P. reptans* (in ähnlichen Biotopen, auch im Wirtschaftsgrünland).

(523) *Pulicaria dysenterica* (Ruhrwurz, Großes Flohkraut)

Kennzeichen: *Asteraceae*. Köpfchen 15–20 mm Durchmesser. Zungen- und Röhrenblüten gelb, Hülle unregelmäßig mehrreihig, dicht behaart. Frucht mit Pappus, dieser aber nur aus 15–20 Haaren bestehend und von einem aus Schuppen zusammengesetzen Krönchen umgeben. Blätter mit herzförmigem Grund halb stängelumfassend. 20–50 cm. VII-VIII.
Zeigercharakter: Als Störzeiger auch in anderen wechselfeuchten Rasengesellschaften. Wertbildend.
Ellenberg-Zahlen: L8, T6, K3, F7~, R7, N5 – M7, Ä3
Bemerkungen: Viel seltener (M3, Ä1; !!) *P. vulgaris* (Köpfchen kleiner, Zungenblüten kaum größer als Röhrenblüten; 10–30 cm; vor allem in Bidentetalia-Gesellschaften entlang der großen Ströme). – Zur ähnlichen *(125) Inula britannica* vgl. dort.

(524) *Ranunculus repens* (Kriechender Hahnenfuß)

Kennzeichen: *Ranunculaceae*. Typische gelbe Hahnenfußblüte. Blütenstiel gefurcht. Blätter 3-zählig gefiedert, mit verlängert gestielter Endfieder. Einwurzelnde Kriechsprosse bildend. 10–30 cm, in dichten Beständen auch höher und dann oft ohne Kriechtriebe. V-IX.
Zeigercharakter: Gilt als VC Agropyro-Rumicion, ist aber in allen möglichen – oft lückigen – nassen und (wechsel)feuchten Wiesen, (wechsel)feuchten Unkrautgesellschaften, Äckern, Auen usw. anzutreffen.
Ellenberg-Zahlen: L6, Tx, Kx, F7~, Rx, N7? – M9, Ä5
Bemerkungen: Zu anderen *Ranunculus*-Arten des Grünlandes vgl. *(136) R. acris* und *(216) R. bulbosus*.

(522) Potentilla anserina

(523) Pulicaria dysenterica

(524) Ranunculus repens

(525) ***Rorippa sylvestris*** (Wilde Sumpfkresse)

Kennzeichen: *Brassicaceae.* Blüten goldgelb. Schoten 8–18 x 1–1,2 mm, < 1 mm geschnäbelt, aufrecht abstehend. Obere Blätter gestielt, ± gefiedert. Mit Ausläufern. 10–30 cm. VI–IX.
Zeigercharakter: AC im Agropyro-Rumicion, aber auch Grundfeuchtezeiger in anderen Gesellschaften (z. B. Äcker).
Ellenberg-Zahlen: L6, T6, K3, F8=, R8, N6 – M8, Ä5
Bemerkungen: Außer der seltenen *R. pyrenaica* (Pyrenäen-S.) sind alle *R.*-Arten ± Nässezeiger im Grünland, an Gräben, in Ruderalgesellschaften und auf Äckern, *R. amphibia* (Wasser-S.) auch an Ufern, in Röhrichten usw. Früchte und Blattschnitt der einzelnen Arten sind sehr unterschiedlich. Zu nennen sind weiterhin noch *R. palustris* (Gewöhnliche S.; Frucht –8 mm lang, dicklich) und die seltenere *R. austriaca* (Österreichische S., mit ungeteilten Blättern und kugeligen Schötchen).

(526) ***Rumex crispus*** (Krauser Ampfer)

Kennzeichen: *Polygonaceae.* Blüten unscheinbar. Perigon 2 x 3-zählig, die 3 inneren Perigonblätter eiförmig, ± ganzrandig, 1 oder alle 3 mit knorpeliger Schwiele, die 3-kantige Frucht einhüllend. Untere Blätter lanzettlich, randlich auffällig wellig-kraus, basal gestutzt. 30–120 cm. VI-VIII.
Zeigercharakter: Verbreitungsschwerpunkt im Agropyro-Rumicion, ferner auf Äckern und im Grünland.
Ellenberg-Zahlen: L7, T5, K3, F7~, Rx, N6 – M9, Ä5
Bemerkungen: Ähnlich: *(347*) R. conglomeratus* (mit N8). – Vgl. auch *(581) R. obtusifolius.*

▶ *Weitere Arten: (276*) Peucedanum*; vgl. auch *(511) Juncus effusus, J. conglomeratus* und *J. inflexus.*

5.2.2 Arten mit Hauptverbreitung im sonstigen Grünland

(527) ***Carex flacca*** (Blaugrüne Segge)

Kennzeichen: *Cyperaceae.* Eucarex mit meist einer gestielten und einer ± ungestielten ♂ Ähre. Unteres Tragblatt nicht oder nur kurz scheidig, dessen ♀ Ähre zuletzt meist nickend. Schläuche rau punktiert. Pflanze (vor allem Blattunterseite) oft (!) blaugrün.
Zeigercharakter: Als Wechselfeuchtezeiger nicht sehr zuverlässig. Gesellschaftsvag.
Ellenberg-Zahlen: L7, Tx, K3, F6~, R7, Nx – M8, Ä5
Bemerkungen: Exemplare mit nur 1 ♂ Ähre ähneln *(91) Carex panicea.* Diese Art unterscheidet sich aber u. a. durch eine ± lange Scheide des untersten Tragblattes.

(525) Rorippa sylvestris

(526) Rumex crispus

(527) Carex flacca

(528) ***Colchicum autumnale*** (Herbstzeitlose)

Kennzeichen: *Colchicaceae (Liliaceae)*. Aussehen jahreszeitlich unterschiedlich. Herbst (VIII-X): einzelne rosa, krokusartige Blüten. Perigonzipfel 4–6 cm lang. Keine Blätter. Frühjahr und Sommer: lanzettliche bis schmal-ovale, längsrippig gefaltete Blätter (bis ca. 25 x 5 cm) im Trichter stehend, im Zentrum die kurz gestielte Fruchtkapsel. VIII-X.
Zeigercharakter: Ist weitgehend auf das Wirtschaftsgrünland beschränkt (selten auch in der Aue), innerhalb dessen aber gesellschaftsvag und in allen (wechsel)feuchten Gesellschaften anzutreffen.
Ellenberg-Zahlen: L6, T5, K2, F6~, R7, Nx – M7, Ä4
Bemerkungen: Die Art ist das ganze Jahr über gut kenntlich.

(529) ***Deschampsia cespitosa* ssp. *cespitosa*** (Rasen-Schmiele)

Kennzeichen: *Poaceae*. Auffällig dichte Horste. Rispe groß (> 10 cm lang), vielästig, ausladend. Ährchen meist 2-blütig. Deckspelze oben gezähnelt, mit tief ansitzender, die Spelze kaum überragender, geknieter Granne. Blätter oberseits mit stark hervortretenden Rippen („Wellblechgras"), in der Durchsicht daher mit hellen Linien. Ligula 6–8 mm. 40–150 cm. VI–VIII.
Zeigercharakter: Einer der zuverlässigsten Wechselfeuchtezeiger. Im Grünland oft auch Beweidungszeiger (scharfrandige Blätter!). Ansonsten gesellschaftsvag.
Ellenberg-Zahlen: L6, Tx, Kx, F7~, Rx, N3 – M9, Ä6
Bemerkungen: Die Art ist an den Blättern das ganze Jahr über gut kenntlich. – Es gibt noch weitere *Deschampsia*-Arten auf Nassstandorten, die aber durchweg sehr selten sind.

(530) ***Genista tinctoria*** (Färber-Ginster)

Kennzeichen: *Fabaceae*. Blüten gelb, in Trauben. Blätter ungeteilt, mit kleinen Stipeln. Pflanze nicht dornig.
Zeigercharakter: Gilt als schwache Molinietalia-Art.
Ellenberg-Zahlen: L8, T6, K3, F6~, R6?, N1 – M7, Ä4
Bemerkungen: Die anderen Ginster-Arten haben keine Stipeln und oft auch Dornen (vgl. 4.6.3).

(531) ***Hydrocotyle vulgaris*** (Wassernabel)

Kennzeichen: *Araliaceae*. Blüten klein, weiß, 5-zählig, zu wenigen in kopfiger Dolde. Blätter kreisrund, schildförmig, am Rand gekerbt. Stängel kriechend (-1 m!), an den Knoten wurzelnd. 5–20 cm. VII-VIII.
Zeigercharakter: Auf moorigen Standorten, in Seggenriedern und auf wechselfeuchten Wiesen. Gern an offenen Stellen. Wertbildend.
Ellenberg-Zahlen: L7, T5, K2, F9~, R3, N2 – M6, Ä4
Bemerkungen: Die Blätter sind unverkennbar. – Die Art wurde früher zu den *Apiaceae* gestellt.

(528) Colchicum autumnale

(529) Deschampsia cespitosa ssp. cespitosa

(530) Genista tinctoria

(531) Hydrocotyle vulgaris

(532) *Molinia caerulea* agg. (Artengruppe Pfeifengras)

Kennzeichen: *Poaceae*. Rispe meist schmal, oft dunkel bläulich. Ährchen 1–5-blütig, grannenlos. Halm nur ganz an der Basis mit Knoten. Ligula ein Haarkranz. VII–IX.
Zeigercharakter, Ellenberg-Zahlen, Bemerkungen: Es werden 2 Taxa unterschieden: *M. caerulea* und *M. arundinacea*. Die Merkmale entnehme man dem Bestimmungsbuch – sie sind aber nicht zuverlässig. Die ökosoziologische Aussage des jeweiligen Vorkommens wird unterschiedlich beurteilt (die Ellenberg-Werte erscheinen bei Berücksichtigung der Literatur wenig nützlich). Selbst die Wechselfeuchte als ökologisches Kriterium wird für *M. c.* – nicht für *M. a.* – gelegentlich bestritten. *M. c.* ist jedenfalls ein Humuszeiger, hat einen Schwerpunkt in Moorlandschaften und zeigt dort häufig beginnende Degeneration an; *M. a.* kommt eher in offenen Waldgesellschaften und Säumen Süddeutschlands vor. Beide meiden stickstoffreiche Standorte. – Kurz: Das Vorkommen eines der Taxa muss im Einzelfall interpretiert werden.

(533) *Stachys [Betonica] officinalis* (Echter Ziest, Heil-Ziest)

Kennzeichen: *Lamiaceae*. Blüten rot, mit wenig gewölbter, schwach behaarter Oberlippe, die Scheinquirle in kompakten zylindrischen Gesamtinfloreszenzen vereint. Blätter hauptsächlich in einer Rosette, lang (-15 cm!) gestielt, am Rand gekerbt, die Basis herzförmig. 20–70 cm. VI-VIII.
Zeigercharakter: VC Molinion, aber auch in vielen anderen Gesellschaften Wechselfeuchtezeiger.
Ellenberg-Zahlen: L7, T6, K5, Fx~, Rx, N3 – M7, Ä3

▶ *Weitere Arten:* vgl. 4.2.2, 4.4.5 und 4.6.2 sowie *(584) Calamagrostis epigejos*, und *(551) Linum catharticum* mit jeweils x~, *(594*) Hypericum maculatum* (6~), *(213) Ononis spinosa* ssp. *maritima* (4~) sowie *(593*) Filipendula vulgaris* (3~).

5.2.3 ± Ruderale Arten

(534) *Equisetum arvense* (Acker-Schachtelhalm)

Kennzeichen: *Pteridophyta/Equisetaceae*. Fertile Sprosse (Abb. links) gelblich-bräunlich, stets unverzweigt, 3–5 mm Durchmesser. Stängelscheiden mit meist 8–12 dunkelbraunen Zähnen. Sterile Sprosse (Abb. rechts) grün, ± reich quirlig verzweigt. Unterstes Internodium der 4(-5)-rippigen Seitenäste[92] mindestens so lang wie die dazugehörige, meist 10–12-zähnige Stängelscheide. 10–50 cm.
Zeigercharakter: Auf grundfeuchten, oft lehmig-tonigen Böden. Ansonsten gesellschaftsvag.
Ellenberg-Zahlen: L6, Tx, Kx, Fx~, Rx, N3 – M9, Ä5
Bemerkungen: *E. pratense* (Wiesen-Sch.) hat ebenfalls getrennte sterile und fertile Stängel. Letztere verzweigen sich etwas, die Scheidenzähne sind gelblich. Die sterilen sehen ähnlich aus, die Seitenäste sind ± stets 3-rippig. Die Art ist eine VC Alno-Ulmion (F6) und

92 Das „unterste Internodium" darf nicht mit der basalen, ca. 1 mm langen gelblichen Asthülle verwechselt werden.

(532) Molinia caerulea agg.

(533) Stachys officinalis

(534) Equisetum arvense

wächst *nicht* auf der Wiese. – Bei sterilen Exemplaren von *E. palustre* (Sumpf-Sch., Duwock) ist das unterste Internodium deutlich kürzer als die meist 7–8-zähnige Stängelscheide. Es wächst im Nassgrünland (F8) und gilt dort, da für Vieh giftig, als Unkraut. Beide zeigen keine *Wechsel*feuchte an.

(535) *Juncus bufonius* (Kröten-Binse)

Kennzeichen: *Juncaceae*. Infloreszenz (Spirre) endständig, insgesamt länger als der unverzweigte Teil des Stängels. Blüten zu 1–3 an den Spirrenästen, basal jeweils mit 2 Vorblättern. Perigonblätter weißlich-grünlich, > als die 3–5 mm lange Kapsel. Pflanze einjährig, 5–20 cm. VI-IX.
Zeigercharakter: Gilt als KC Isoëto-Nanojuncetea, ist aber oft nur Verdichtungs- und in Folge davon Vernässungszeiger.
Ellenberg-Zahlen: L7, T5, Kx, F7~, R3, N4 – M9, Ä5
Bemerkungen: Ähnlich (vgl. Bestimmungsbuch), aber viel seltener *J. ranarius* (Frosch-Binse, salzertragend) und *J. minutulus* (Kleinste Binse. Nur -5 cm hoch). – Die Ellenberg-Zahlen beziehen sich auf die ganze Artengruppe; R3 ist für *J. ranarius* allerdings zu niedrig.

(536) *Sonchus arvensis* ssp. *arvensis* (Acker-Gänsedistel)

Kennzeichen: *Asteraceae*. Köpfchen 4–5 cm Durchmesser, nur mit gelben Zungenblüten. Hülle ± gelbdrüsig. Frucht mit Pappus, stark zusammengedrückt. Blätter ± gebuchtet, am Rand stachelig gezähnt, basale Öhrchen dem Stängel angedrückt. 50–120 cm. VII-IX.
Zeigercharakter: In verschiedenen Unkrautgesellschaften, vor allem in der Hackfrucht (tiefliegende Erneuerungsorgane, vgl. 4.16).
Ellenberg-Zahlen: L7, T5, Kx, F5~, R7, Nx – M9, Ä5
Bemerkungen: *S. a.* ssp. *uliginosus* (Hülle fast ohne Drüsenhaare) kommt auf gestörten Wiesen vor und ist ein Ton- und Salzzeiger; über das Taxon ist wenig bekannt. – Ebenfalls ein Wechselnässezeiger (F8~) ist *S. palustris* (Sumpf-G.). Hier sind die Köpfchen nur ca. 3 cm breit, die Hülle ist meist schwarzdrüsig, die Öhrchen sind abstehend, die Pflanze wird 100–250 cm hoch (vor allem in gewässerbegleitenden Unkrautfluren).

▶ *Weitere Arten: (51) Stachys palustris* (7~), *(501) Elymus repens* (x~).

5.2.4 Gehölze

(537) *Frangula alnus* (Faulbaum)

Kennzeichen: *Rhamnaceae*. Strauch. Blätter wechselständig, ganzrandig, elliptisch, kahl. Die bogenförmigen Seitennerven sind randnah zu Schleifen verbunden. Blüten grünlich, 5-zählig. Früchte schwärzlich oder rötlich.
Zeigercharakter: Einer der wenigen strauchigen (und dabei häufiger) Wechselfeuchtezeiger außerhalb der Gattung *Salix*. Sonst gesellschaftsvag.
Ellenberg-Zahlen: L6, T6, K5, F8~, R4, Nx – M9, Ä5

(535) Juncus bufonius

(537) Frangula alnus

(536) Sonchus arvensis ssp. arvensis

Bemerkungen: *Frangula* hat ein tiefgehendes Wurzelsystem. Die (Wechsel-)Nässe des Standortes ist deshalb nicht immer offenkundig.

▶ *Weitere Arten:* Gehölze als Wechselfeuchtezeiger sind relativ selten. *(385*) Ulmus minor* (x~) und manche Weiden z. B. gehören hierher, vgl. *(405) Salix aurita* (8~) und *(405*) S. cinerea* (9~).

5.3 Trockenzeiger

Es ist interessant, dass es zwar ± gesellschaftsvage Nässezeiger, aber kaum Trockenzeiger gibt, die *nur* Trockenzeiger sind. Oft lässt sich unschwer erkennen, dass die Trockenheit des Standortes *Folge* eines anderen (primären) Umstandes ist, für den die betreffende Pflanze natürlich ebenfalls Zeigerwert hat; so sind z. B. Rohbodenzeiger (vgl. 4.9 bzw. 5.8) fast alle auch Trockenzeiger. Bei Trocken- und Sandrasen (vgl. 4.7 – vor allem 4.7.3.2 – bzw. 4.8), aber auch bei vielen Ruderalen (vgl. 4.17: Sisymbrion, Onopordion und Agropyretea) sind niedrige F-Werte mit relativ hohen T-Zahlen gekoppelt. Bei den Ackerunkräutern kann man allenfalls die seltenen Gattungen *Muscari* (Träubelhyazinthe) und *(443) Adonis* als Trockenzeiger bezeichnen, was nicht verwundert, da Ackerbau in Trockengebieten sehr zurücktritt. Nicht selten ist F3 bei den Geranion-Gesellschaften innerhalb der Säume, was ebenfalls nicht verwundert, weil es sich hier nicht nur um den warmen Flügel der Saumgesellschaften handelt, sondern auch vielfach um ± natürlicherweise waldfreie (d. h. in der Regel flachgründige) Standorte (vgl. 4.10.1.2). In der Praxis wichtiger ist das Erkennen von Trockenzeigern in Gebüschgesellschaften, weil es Gebüsche über ein sehr breites Feuchtespektrum gibt und eine genauere Zuordnung wünschenswert ist; hier sei vor allem auf *(261) Amelanchier, (261*) Cotoneaster, (304) Prunus mahaleb* und *(304*) Prunus fruticosa* verwiesen, aber auch die anderen Sträucher aus dem Berberidion (vgl. 4.11.4) gehören zum trockenen Flügel. – Innerhalb der Wälder sind die Feuchtezahlen jeweils nach Waldtyp ziemlich einheitlich; dass sich dabei die niedrigeren Werte (F4) in thermophilen Eichenwäldern und Kalk-Buchenwäldern (vgl. 4.12.1 bzw.14.13.2.4) finden, liegt auf der Hand.

▶ *Weitere Arten: (455) Amaranthus* sowie die Säurezeiger *(541) Dianthus deltoides, (427*) Scleranthus perennis* und *(545) Rumex acetosella*

5.4 Kalkzeiger

Die tief greifenden floristischen Unterschiede zwischen den Kalkalpen einerseits und den Zentralalpen auf saurem „Urgestein“ andererseits hat man schon sehr früh erkannt (vgl. Kap. 1). Außerhalb der Alpen spielen „Kalkzeiger“ aber nur eine geringe Rolle. Viele der Pflanzen mit hoher R-Zahl außerhalb der Alpen sind nämlich keine Kalk-, sondern ganz allgemein Basenzeiger. Merkwürdigerweise wird dieser wichtige Unterschied immer noch oft übersehen, auch in aktuellen Floren. Dabei handelt es sich insofern um etwas wesentlich anderes, als Calcium *als Nährstoff* nur selten von Bedeutung ist[93], im Gegensatz zu den anderen Basen (Magnesium, Kalium), die unmittelbar als Pflanzennährstoffe dienen; „basenreiche" Böden sind in diesem Fall also auch ± nährstoffreich (ohne dass hier jetzt der Stickstoff berücksichtigt werden soll). Man sollte deshalb stets R- *und* N-Zahl (die ja nicht nur eine Stickstoff-, sondern allgemein eine Nährstoffzahl ist) vergleichen. R8 oder 9 (etwa 120 davon sind in unserem Buch enthalten), korreliert mit N1–3, lässt einen „echten" *Kalk*zeiger vermuten: Die hohe R-Zahl wird hier nicht durch „Nährstoff-Basen", sondern durch Calcium bedingt. Leider gibt es von dieser plausibel klingenden Regel zahlreiche Ausnahmen. Von den ca. 50 hier genannten Arten mit dieser Kombination sind z. B. *(272) Bupleurum falcatum*, *(566) Poa compressa* oder *(198) Helianthemum nummularium* ssp. *obscurum* (jeweils R9/N3) keineswegs auf eine Kalkunterlage angewiesen.

Der Umkehrschluss gilt nicht; natürlich gibt es „Kalkzeiger" auch mit höherer N-Zahl, z. B. dann, wenn das Stickstoffangebot groß ist.

Im Übrigen gilt, dass sich die Kombination R_{hoch} / $N_{niedrig}$ häufig auf trockenen Standorten findet (F-Zahl selten > 3, oft auch T-Zahl > 6), aber auch in durchnässten Biotopen (vgl. Kalk-Niedermoore in 4.3 bzw. 4.4.2.1): In solchen Böden ist nämlich die Mineralisierungsrate gehemmt, was die Menge des verfügbaren Stickstoffs begrenzt.
Ein anderer Umstand ist noch zu beachten: Einem Kalkuntergrund kann eine eher saure Humusschicht aufliegen, z. B. Moder. Dann können flachwurzelnde „Säure-" und tiefwurzelnde „Kalkzeiger" unmittelbar nebeneinander wachsen; hier hilft dann auch kein Blick auf die geologische Karte (vgl. *(543) Hieracium pilosella*). – Ein damit verwandtes Phänomen ist das Auftreten von Kalk- und Säurezeigern an Mauern, z. B. von *(256) Asplenium ruta-muraria* (R8, N2) neben *(258) Asplenium septentrionale* (R2, N2); vgl. 4.9.3.1.
Fast alle Kalk- bzw. Basenzeiger sind ± kennzeichnender Bestandteil eines Syntaxons oder haben doch zumindest dort ihren Schwerpunkt. Nicht ohne Grund haben wir in Kap. 4 oft zwischen „basenreicher" und „bodensaurer" Ausprägung unterschieden, z. B. bei den Kleinseggenriedern (vgl. 4.4.2.1), Trocken- und Sandrasen (vgl. 4.7 bzw. 4.8), Buchenwäldern (vgl. 4.13.2) usw. Gesellschaftsvage Kalkzeiger gibt es nur sehr wenige. Wir brauchen deshalb hier keine speziellen Arten zu nennen – sie sind gewissermaßen in Kap. 4 schon genannt.

5.5 Säurezeiger, Magerkeitszeiger

Zu Recht werden viele Pflanzen als Säure- *und* Magerkeitszeiger bezeichnet. Niedrige R-Zahlen (R1–3) sind sehr häufig mit niedrigen N-Zahlen (N1–3) gekoppelt; fast 90 % aller hier im Buch genannten Taxa mit R1–3 haben auch eine N-Zahl von 1–3; der umgekehrte Schluss gilt nicht (vgl. 5.5.2).
Im Gegensatz zu den Basenzeigern sind einige der Säurezeiger gesellschaftsvag oder doch nur sehr locker an ein bestimmtes Syntaxon (meist eine Nardetalia-Gesellschaft) gebunden. Wir können sie also als „gute" Säure- und Magerkeitszeiger heranziehen, weil diese Faktoren offenbar ihr Vorkommen bestimmen, nicht eine bestimmte Gesellschaft.

93 Die ökologische Hauptbedeutung des Kalks liegt indirekt in seinen bodenverbessernden Eigenschaften. Dies hat viele Aspekte und kann hier nicht weiter ausgeführt werden.

5.5.1 Säure- und Magerkeitszeiger

(538) *Chamaespartium sagittale [Genista sagittalis]* (Flügelginster)

Kennzeichen: *Fabaceae.* Blüten gelb, in einer endständigen, kopfig gedrängten Ähre. Blätter einfach, hinfällig. Stängel breit geflügelt, gegliedert. 10–20 cm. V-VI.
Zeigercharakter: Wird oft als Violion-Art geführt, aber auch im Koelerio-Phleion usw. (vgl. Tab. 4.6.a bzw. 4.7.a).
Ellenberg-Zahlen: L8, T5, K4, F4, R4, N2 – M5, Ä2?
Bemerkungen: *Ch. s.* ist trotz R4 hier angeführt, weil es sich eindeutig als Säurezeiger verwenden lässt und dabei sehr gut kenntlich ist.

(539) *Cytisus [Sarothamnus] scoparius* (Besenginster)

Kennzeichen: *Fabaceae.* Rutenstrauch mit teilweise einfachen, teilweise 3-zähligen Blättern. Zweige 5-kantig. Blüten groß (10–25 mm). 50–200 cm. V-VII.
Zeigercharakter: Gilt als Kennart eines eigenen Verbandes (Sarothamnion) innerhalb der Calluno-Ulicetalia, aber auch als AC in den Prunetalia und als Differenzialart der Quercetalia – ist also sehr gesellschaftsvag. Die in den Luftraum ragenden Zweige sind frostempfindlich, die Art bedarf also wintermilder Lagen.
Ellenberg-Zahlen: L8, T5, K2, F4, R3, N4 – M9, Ä6
Bemerkungen: Der Strauch stellt relativ hohe Ansprüche an die Nährstoffe (N4), ist hier aber aus ähnlichen Gründen aufgenommen wie *(538) Chamaespartium*. – Sehr erfolgreich (zuweilen herdenbildend) als Rohboden-Pionier (häufig mit ebenfalls herdenbildenden Brombeeren oder Adlerfarn). Reichert als Schmetterlingsblütler den Boden mit Stickstoff an. Aus diesen beiden Gründen landespflegerisch unerwünscht und wertmindernd.

(540) *Deschampsia flexuosa* (Geschlängelte Schmiele)

Kennzeichen: *Poaceae.* Rispe locker, die Äste oft etwas geschlängelt. Ährchen 2-blütig. Grannen gekniet, am Grund der Deckspelzen entspringend und diese überragend. Blätter < 1 mm breit, borstlich. Horste. 30–50 cm. VI-VIII.
Zeigercharakter: Gesellschaftsvag, mit gewissem Schwerpunkt in Gehölzen (ähnlich *(546) Vaccinium myrtillus*). Trotz Fx liegt der Schwerpunkt im eher trockenen Bereich.
Ellenberg-Zahlen: L6, Tx, K2, Fx, R2, N3 – M9, Ä5

(541) *Dianthus deltoides* (Heide-Nelke)

Kennzeichen: *Caryophyllaceae.* Gestielte Einzelblüten in gabeliger Infloreszenz. Kronblätter gezähnelt, rot-weiß punktiert. Griffel 2. Kelch nicht längsrippig, mit 2-blättrigem Außenkelch, dieser halb so lang wie der Kelch. Stängel kurzhaarig-rau. 10–30 cm. VI–IX.
Zeigercharakter: Als Violion-Art geführt, aber auch in bodensauren Trockenrasen und Säumen.
Ellenberg-Zahlen: L8, T5, K4, F3, R3, N2 – M7, Ä3

(538) Chamaespartium sagittale

(539) Cytisus scoparius

(541) Dianthus deltoides

(540) Deschampsia flexuosa

Bemerkungen: In ähnlichen Gesellschaften, aber nicht säurebevorzugend (Rx, N3) auch *D. armeria* (Raue Nelke) mit (fast) ungestielten, zu 2–10 büschelig gehäuften Blüten. Außenkelch 2-4-blättrig, ca. so lang wie der Kelch. Stängel vor allem oben rauhaarig. Die Angabe „Ä6" für *D. a.* ist sicher nicht richtig, die Art zeigt insbesondere im Norden und Osten starken Rückgang. – *D. d.* und *D. a.* sind die beiden einzigen behaarten einheimischen *Dianthus*-Arten.

(542) *Galium saxatile* (Harzer Labkraut)

Kennzeichen: *Rubiaceae.* Krone radförmig, weiß, 4-zählig, mit spitzen (aber nicht grannenspitzigen) Zipfeln. Frucht fein gekörnelt. Blätter in meist 6–7-zähligen Quirlen, 2–5-mal so lang wie breit, am Rand oft mit vorwärts gerichteten Wimpern und kurzem Spitzchen, beim Trocknen schwarz werdend. 5–20 cm. VI-VIII.
Zeigercharakter: Als Nardetalia-Art geführt, aber auch in bodensauren Wäldern.
Ellenberg-Zahlen: L7, T5, K2, F5, R2, N3 – M7, Ä5
Bemerkungen: In vielen Merkmalen ähnlich und auch in ähnlichen Gesellschaften: *(168) G. pumilum* (Heide-L.) mit meist glatten Früchten und schmäleren, oft sichelförmig gekrümmten und randlich zurückgerollten Blättern in meist 8–9-zähligen Wirteln (R4, N2).

(543) *Hieracium pilosella [Pilosella officinarum]* (Mausohr-Habichtskraut)

Kennzeichen: *Asteraceae.* Köpfchen stets einzeln auf schaftartigem (blattlosem) Stängel, nur mit gelben, unterseits meist rot gestreiften Zungenblüten. Hüllblätter meist < 1,5 mm breit. Frucht oben gestutzt, mit schmutzigweißem Pappus. Blätter lanzettlich, ganzrandig, zumindest randlich lang bewimpert. Mit schlanken (< 1,3 mm dicken) Ausläufern. 5–30 cm. V-X.
Zeigercharakter: Vgl. **Bemerkungen**
Ellenberg-Zahlen: L7, Tx, K3, F4, R s.u., N2 – M9, Ä5
Bemerkungen: Die einzelnen subspezifischen Taxa verhalten sich zum Basengehalt des Bodens sehr unterschiedlich; für die Gesamtart müsste man also Rx setzen. Allerdings ist die weitaus häufigste ssp. *pilosella* wohl schon ein Säurezeiger mit Verbreitungsschwerpunkt in den Nardo-Callunetea und auf Rohböden ± saurer Gesteine, kann als sehr flachwurzelnde Art aber auch in saurer Humusauflage über Kalk vorkommen. – Ähnlich, aber sehr selten (M2): *H. peleterianum* (Peletiers H.; !!): Hüllblätter breiter, mit 3–4 mm langen Haaren. Ausläufer kurz, dick. In verschiedenen offenen Gesellschaften, nur in warmen Gegenden (T8?, R4?, N2?).

(544) *Maianthemum bifolium* (Schattenblume)

Kennzeichen: *Asparagaceae (Liliaceae).* Blüten weiß, 4-zählig, in vielblütiger Traube. Stängelblätter meist 2 (steril nur 1 Blatt), kurz gestielt, ausgeprägt herzförmig und bogennervig.
Zeigercharakter: Vor allem in Wäldern (L3!).
Ellenberg-Zahlen: L3, Tx, K6, F5, R3, N3 – M9, Ä5
Bemerkungen: Die Art ist nicht zu verwechseln.

(542) Galium saxatile

(543) Hieracium pilosella

(544) Maianthemum bifolium

(545) ***Rumex acetosella*** (Kleiner Sauerampfer)

Kennzeichen: *Polygonaceae.* Blüten unscheinbar, eingeschlechtlich. Perigon 2 x 3-zählig, alle Zipfel auch zur Fruchtzeit aufrecht. Blätter oft spießförmig, mehrfach so lang wie breit. 10–25 cm. V-VIII.
Zeigercharakter: *R. a.* ssp. *acetosella* ist gesellschaftsvag; *R. a.* ssp. *tenuifolius* ist eine Koelerio-Corynephoretea-Art; über *R. a.* ssp. *pyrenaicus* ist wenig bekannt. Als Säure- und Magerkeitszeiger sind sie alle geeignet.
Ellenberg-Zahlen: L8, T5, K3, F3, R2, N2? – M9, Ä5
Bemerkungen: Ähnlich, aber größer und vor allem im Wirtschaftsgrünland: *(137) R. acetosa* (vgl. dort).

(546) ***Vaccinium myrtillus*** (Heidelbeere)

Kennzeichen: *Ericaceae.* Zwergstrauch. Blütenkrone glockig, grünlich-rötlich, 4-zipfelig. Fruchtknoten unterständig. Frucht blauschwarz. Äste scharfkantig, grün. Blätter sommergrün, randlich nicht umgerollt. 15–50 cm. IV-VI.
Zeigercharakter: Gesellschaftsvag. Gerne in bodensauren Wäldern (L5!).
Ellenberg-Zahlen: L5, Tx, K5, Fx, R2, N3 – M9, Ä5
Bemerkungen: Auch andere *Vaccinium*-Arten sind Säure- und Magerkeitszeiger, z. B. die wintergrüne *(419) V. vitis-idaea* mit (reif!) roten Früchten (vgl. dort).

(547) ***Veronica officinalis*** (Wald-Ehrenpreis)

Kennzeichen: *Plantaginaceae (Scrophulariaceae).* Krone ± lila, wie der Kelch 4-zählig, in seitenständigen, 15–25-blütigen Trauben. Blätter behaart, 2–4 mm gestielt, gekerbt. Stängel kriechend.
Zeigercharakter: Gesellschaftsvag.
Ellenberg-Zahlen: L6, Tx, K3, F4, R3, N4 – M9, Ä5

► *Weitere (± gesellschaftsgebunde) Arten mit R1/N1: (71) Andromeda polifolia, (160) Calluna vulgaris, (72) Drosera rotundifolia, (170) Juncus squarrosus, (230) Teesdalia nudicaulis*; ferner die Rohbodenzeiger *(567) Potentilla argentea* und *(569) Trifolium arvense,* vgl. auch *(163) Luzula campestris* und *(164) Potentilla erecta.*

5.5.2 Nur Magerkeitszeiger

Wie oben und in Kap. 5.4 schon angedeutet, gilt zwar, dass fast alle Säurezeiger auch Magerkeitszeiger sind, es aber Magerkeitszeiger auch im basischen Bereich gibt; rund drei Viertel aller in diesem Buch erwähnten Arten mit N1–3 – es sind etwa 200 – haben eine R-Zahl von 4–9. Die meisten davon lassen sich einer Grünland-Gesellschaft (vor allem Trockenrasen) oder dem Geranion zuordnen und sind dort bereits erwähnt.

(545) Rumex acetosella

(546) Vaccinium myrtillus

(547) Veronica officinalis

Es verbleiben fünf Taxa, die in allen möglichen Rasengesellschaften vorkommen, dort aber jeweils eine magere (und damit häufig eine wertvolle) Ausprägung kennzeichnen. Dabei ist allerdings zu bedenken, dass ihr Vorkommen in mageren Gesellschaften auch dadurch bedingt sein kann, dass sie infolge geringer Wuchshöhe wenig konkurrenzfähig und deshalb auf ± lückige Bestände angewiesen sind, die sich auf mageren Standorten eher finden. N > 3 und „Magerkeitszeiger" sind in diesem Fall kein Widerspruch.

(548) ***Anthoxanthum odoratum*** (Gewöhnliches Ruchgras)

Kennzeichen: *Poaceae.* Schmal-eiförmige, selten zylindrische Ährenrispe (meist 3–6-mal so lang wie breit). Ährchen mit (scheinbar[94]) 4 sehr unterschiedlichen Hüllspelzen und nur 1 fertilen Blüte. An der geöhrten Scheidenmündung längere Haare. 20–45 cm. IV-VI.
Zeigercharakter: Gesellschaftsvag.
Ellenberg-Zahlen: Lx, Tx, Kx, Fx, R5, Nx – M9, Ä4
Bemerkungen: Nx ist eine zweifelhafte Angabe.

(549) ***Briza media*** (Zittergras)

Kennzeichen: *Poaceae.* Rispe ausgebreitet, basal 2-ästig, mit mehrblütigen, breit-eiförmigen (kaum länger als breiten), grannenlosen Ährchen; deren Spelzen ± waagrecht abstehend. 20–50 cm. V-VII. – Die Art ist nicht zu verwechseln
Zeigercharakter: In verschiedenen Rasengesellschaften. Wertbildend.
Ellenberg-Zahlen: L8, Tx, K3, Fx, Rx, N2 – M8, Ä3
Bemerkungen: Trotz Fx vorwiegend auf ± trockenen Standorten.

(550) ***Gattung Euphrasia*** (Augentrost)

Kennzeichen: *Orobanchaceae (Scrophulariaceae).* Gattungsmerkmale: Blüten weiß mit blau und/oder gelb, meist 9–13 mm (*E. officinalis*) oder 5–8 mm. Oberlippe gerade vorgestreckt, seitlich gewölbt, aber nicht zusammengedrückt, kürzer als die Unterlippe. Blätter gegenständig, ± tief spitz gezähnt, Zähne oft kurz begrannt. Weiteres s. Bestimmungsbuch. 5–30 cm. V-VIII.
Zeigercharakter: Wertbildend; im Übrigen vgl. **Bemerkungen**.
Ellenberg-Zahlen: L6-8, T5, K3-4, F4-5, R4, N2-4 – M4-8, Ä3-5
Bemerkungen: Hierher gehören ein gutes Dutzend Arten, die jeweils wieder gegliedert werden können. Die meisten sind selten (M1-2) und/oder alpin (T2-3). In tieferen Lagen zu erwarten sind *Eu. stricta*, *Eu. nemorosa* und *Eu. officinalis* s. l. Nur für diese 3 Arten gilt die oben genannte Spanne der Ellenberg-Zahlen (das häufige „x" ist nicht berücksichtigt). – Die Abb. zeigt *Eu. rostkoviana*; als Magerkeitszeiger können aber alle *Euphrasia*-Arten gelten.

94 Die beiden oberen (begrannten!) „Hüllspelzen" sind in Wirklichkeit Deckspelzen weiterer, aber steriler Blüten.

(548) Anthoxanthum odoratum

(549) Briza media

(550) Gattung Euphrasia

(551) *Linum catharticum* s. l. (Purgier-Lein)

Kennzeichen: *Linaceae*. Blüten klein, weiß, mit gelbem Schlund. Frucht eine 10-fächrige Kapsel. Blätter gegenständig. Verzweigung ausgeprägt gabelig (Gesamthabitus einer Caryophyllacee ähnlich). 5–20 cm. V-VIII.
Zeigercharakter: In verschiedenen Rasengesellschaften. Gilt auch als Ton- und vor allem auch als Wechselfeuchtezeiger; insofern könnte man „Fx" durch „Fx~" ersetzen.
Ellenberg-Zahlen: L7, Tx, K3, Fx, R7, N2 – M8, Ä5
Bemerkungen: Die Art wird auch in 2 ssp. gegliedert; dabei ist *L. c.* ssp. *suecicum* eher montan.

(552) *Gattung Rhinanthus* (Klappertopf)

Kennzeichen: *Orobanchaceae (Scrophulariaceae)*. Gattungsmerkmale: Blüten gelb. Oberlippe seitlich zusammengedrückt. Kronröhre gerade vorgestreckt (*Rh. minor*, vgl. Abb.) oder bogig aufwärts gekrümmt. Blätter gegenständig, lanzettlich, gekerbt-gezähnt, Deckblätter ± 3-eckig bis rautenförmig, (tief) gezähnt. Weiteres s. Bestimmungsbuch. 10–50 cm. V-VIII.
Zeigercharakter: Hauptsächlich im Grasland, selten auf Äckern. Wertbildend, auch bei zahlreichem Vorkommen. Allzu dichtes Vorkommen kann aber auf Aussaat zurückzuführen sein: *Rhinanthus* ist ein Halbschmarotzer und wird gelegentlich in der Landespflege eingesetzt, um verdämmende Obergräser zu schwächen.
Ellenberg-Zahlen: L7, T5, K3, F4, Rx, N3 – M8, Ä4
Bemerkungen: Hier gilt insofern Ähnliches wie für den anderen Halbparasiten *(550) Euphrasia*, als alle Taxa (es gibt rund 5–6 Arten und etliche Unterarten) als Magerkeitszeiger dienen können. Die übrigen Parameter sind unterschiedlich. – Die Ellenberg-Zahlen gelten für den abgebildeten *Rh. minor*, der noch relativ häufig ist und – ähnlich *Rh. alectorolophus* auf basenreichen Standorten – eine gewisse Bindung an das Wirtschaftsgrünland hat, insofern also für dessen Bewertung besonders wichtig ist.

▶ *Weitere Arten: (158) Cynosurus cristatus, (185) Pimpinella saxifraga* und der Rohbodenzeiger *(566) Poa compressa*. Vgl. auch Schema 4.4.b und c.

5.6 Stickstoffzeiger

Es gibt mehrere Gesellschaften, die gewissermaßen *per se* nährstoffreich sind oder vielleicht besser: die sich nur auf nährstoffreichen Böden entwickeln. Erinnert sei etwa an das Calthion (vgl. 4.4.4), an die Auwälder (vgl. 4.14) oder in gewisser Weise auch an die Schluchtwälder (vgl. 4.13.4). Am deutlichsten ausgeprägt ist die Nährstoffbedürftigkeit naturgemäß bei vielen (nicht allen!) Ackerunkräutern (vgl. 4.16) und Ruderalgesellschaften (vgl. 4.17). Einige Elemente dieser Gesellschaften – insbesondere der Glechometalia (vgl. 4.17.3) – haben sich nun sozusagen verselbstständigt und finden sich häufig auch ohne ihren „syntaxonomischen Kontext" vereinzelt oder ± isoliert in anderen Gesellschaften, sodass man sie auch allgemein als Stickstoffzeiger heranziehen kann; ihre syntaxonomische Bindung geht dadurch natürlich nicht verloren und wird im Folgenden auch immer genannt.

(551) Linum catharticum

(552) Gattung Rhinanthus

Kennzeichnend ist eine N-Zahl von 8 oder 9 und ein geregelter Wasserhaushalt (F5-6). Gegenüber dem Basengehalt des Bodens sind sie häufig indifferent – es geht hier also tatsächlich vor allem um den (Nitrat-)Stickstoff, nicht um „Nährstoffe" allgemein. – Mit Stickstoff überfrachtete Böden sind aus landespflegerischer Sicht häufig bedeutungslos; das (vermehrte) Auftreten der nachstehend genannten Arten kann also zur Abwertung eines Biotops führen.

(553) *Aegopodium podagraria* (Geißfuß, Giersch)

Kennzeichen: *Apiaceae*. Weiß blühend, ohne Hülle und Hüllchen. Blätter 2-fach 3-teilig, bei den seitlichen Fiedern 1. Ordnung sind aber die nach oben gerichteten Fiedern 2. Ordnung oft mit der Endfieder verwachsen, sodass scheinbar nur 2 Fiedern 2. Ordnung vorliegen. 50–80 cm. V-VII.
Zeigercharakter: Ist zwar namensgebende Art des Aegopodion, aber auch in anderen halbschattigen (luft-)feuchten Gesellschaften verbreitet.
Ellenberg-Zahlen: L5, T5, K3, F6, R7, N8 – M7, Ä5
Bemerkungen: Hat sich einen Rest von Ursprünglichkeit bewahrt und ist von den hier genannten Arten vielleicht noch am wenigsten von anthropogenen Standorten abhängig. – Die Blätter sind unverkennbar.

(554) *Alliaria petiolata* (Knoblauchsrauke)

Kennzeichen: *Brassicaceae*. Blüten weiß. Blätter gestielt, die unteren mit ± herzförmigem Spreitengrund, nach Knoblauch riechend. 30–100 cm. IV-V.
Zeigercharakter: Ist zwar namensgebende Art des Alliarion, aber auch in anderen halbschattigen Ruderalgesellschaften verbreitet.
Ellenberg-Zahlen: L5, T6, K3, F5, R7, N9 – M8, Ä5

(555) *Chaerophyllum temulum* (Taumel-Kälberkropf)

Kennzeichen: *Apiaceae*. Weiß blühend. Hülle fehlend, Hüllchen bewimpert. Frucht 5–7 mm. Stängel unter den Knoten verdickt, meist rot gefleckt. Blätter 2–3-fach gefiedert. Pflanze einjährig.
Zeigercharakter: Oft mit *(554) Alliaria* vergesellschaftet.
Ellenberg-Zahlen: L5, T6, K3, F5, Rx, N8 – M8, Ä5
Bemerkungen: In ähnlichen Gesellschaften (R9, N9), aber eher in höheren Lagen (T5) das mehrjährige *Ch. aureum* (Gold-K.; Frucht 8–11 mm, Blätter 3–4-fach gefiedert). – Vgl. auch *(476) Chaerophyllum bulbosum*.

(556) *Chelidonium majus* (Schöllkraut)

Kennzeichen: *Papaveraceae*. Kronblätter 4, gelb. Blüten in 2–8-zähligen Dolden. Früchte schotenartige Kapseln. Blätter unregelmäßig fiederteilig. Pflanze mit reichlich gelbem Milchsaft. 30–50 cm. V-IX.

(553) Aegopodium podagraria

(555) Chaerophyllum temulum

(556) Chelidonium majus

(554) Alliaria petiolata

Zeigercharakter: In verschiedenen Galio-Urticetea-Gesellschaften, aber auch anderwärts, vor allem in Siedlungsnähe.
Ellenberg-Zahlen: L6, T6, Kx, F5, Rx, N8 – M9, Ä5
Bemerkungen: Die Art ist nicht zu verwechseln.

(557) *Gattung Chenopodium* s. l. (Gänsefuß)

Amaranthaceae (Chenopodiaceae). Zu den Gattungsmerkmalen vgl. *(474) Ch. bonus-henricus, (432) Ch. polyspermum* und *(58) Ch. glaucum*. – Die meisten der 10–15 ± einheimischen Arten gehören zu den Hackfrucht-Unkräutern (Polygono-Chenopodion, vgl. 4.16.2.3), einige auch in die Schlammufer-Gesellschaften (Bidentetea, vgl. 4.2.3). Etwa zwei Drittel der Arten haben N8 oder 9, der Rest N6 oder 7. – Die Arten sind schwierig zu bestimmen. Das häufigste *Chenopodium* ist das ± gesellschaftsvage, sehr formenreiche *Ch. album* (Weißer Gänsefuß; N7, M9). 3 Arten sind (!!). – Die Abb. zeigt *Ch. ficifolium* (Feigenblatt-G.), das an den fast parallelen Blatträndern mit den vergrößerten Basallappen meist gut kenntlich ist.

(558) *Galium aparine* (Kleb-Labkraut)

Kennzeichen: *Rubiaceae*. Krone weiß, 4-zählig, 1,5–2 mm Durchmesser, in 2–5-blütigen Teilblütenständen. Frucht mit Hakenborsten (Klettverbreitung), > 3 mm hoch. Blätter 3–8 mm breit, in 6–8-zähligen Quirlen. Stängel klimmend, mit rückwärts gerichteten Stacheln. 50–150 cm. VI-X.
Zeigercharakter: In verschiedenen Unkrautgesellschaften, auch Störzeiger, z. B. an Gewässerrändern, Gehölzen usw.
Ellenberg-Zahlen: L7, T6, K3, Fx, R6, N8 – M9, Ä5

(559) *Lamium album* (Weiße Taubnessel)

Kennzeichen: *Lamiaceae*. Krone 2–2,5 cm, (gelblich-)weiß, mit ± aufwärts gebogener Kronröhre. Unterlippe 2-lappig, jeder Lappen mit einem kleinen, seitlichen Zahn. Tragblätter der Scheinquirle 2–3-mal so lang wie breit. 20–50 cm. IV-X.
Zeigercharakter: VC Arction, aber auch in anderen Ruderalgesellschaften.
Ellenberg-Zahlen: L7, Tx, K3, F5, Rx, N9 – M9, Ä5
Bemerkungen: Zu den ähnlichen rotblühenden *L.*-Arten vgl. *(480) L. maculatum*. Auch diese kann selten weiß blühen, unterscheidet sich dann aber von *L. a.* durch den ± roten (nicht gelben) Pollen und die ± anliegende (nicht ± abstehende) Behaarung der Oberlippe.

(560) *Sambucus nigra* (Schwarzer Holunder)

Kennzeichen: *Adoxaceae (Caprifoliaceae)*. Strauch. Blätter gegenständig, mit meist 5 Fiedern, beim Zerreiben stinkend. Blüten weiß, in flachen Schirmdolden. Frucht blauschwarz. V-VI.
Zeigercharakter: Vor allem in Vorwaldgesellschaften, in Feldgehölzen, in Siedlungsnähe.

(557) Gattung Chenopodium

(558) Galium aparine

(560) Sambucus nigra

(559) Lamium album

Ellenberg-Zahlen: L7, T5, K3, F5, Rx, N9 – M9, Ä5
Bemerkungen: Die Gattung *Sambucus* stellt die einzigen Sträucher unserer Flora mit N7–9; die verwandten *(291) S. racemosa* (Trauben-H.; Blüten grünlich gelb, in pyramidaler Rispe; Frucht rot; vor allem in ± montanen Waldverlichtungen) und die krautige *S. ebulus* (Attich; eine Glechometalia-Art) haben N8 bzw. N7.

▸ *Weitere Arten:* Auch *(460) Artemisia vulgaris* und die als bekannt vorausgesetzte Brennnessel (*Urtica dioica*) finden sich häufig außerhalb der Artemisietea als Stickstoffzeiger, z. B. in Auen (vgl. 4.14.1) oder im ruderalisierten Grünland (vgl. 4.5.5). – Vgl. auch *(518) Silene dioica* (N8).

5.7 Salzzeiger

Da wir die Meeresküsten nicht behandeln (vgl. 2.2), können wir uns hier kurz fassen. Kennzeichnend für die wenigen (und meist zerstörten) *natürlichen* binnenländische Salzstellen sind u. a. die im Folgenden genannten *Puccinellia* und *Samolus*. – Etwas anderes sind die anthropogenen (streu-)salzbeeinflussten Biotope wie Straßenränder. Hier finden sich neben fakultativ salzertragenden Taxa aus der Familie der Amaranthaceen (bzw. Chenopodiaceen) inzwischen auch ± obligate Halophyten wie die erwähnte *Puccinellia* (Ä9!) oder seit Kurzem – vom Meeresstrand kommend – *Cochlearia* – Vgl. auch 4.17.4.

Die unter **Zeigercharakter** angegebene Salzzahl ist ähnlich zu verstehen wie die übrigen Zeigerwerte und wird in Kap. 2.3.1.1 definiert. Bei Pflanzen bis zu S5 kann man davon ausgehen, dass sie auf zumindest zeitweise (z. B. nach langen Regenfällen) salzarmen Böden wachsen.

(561) *Cochlearia danica* (Dänisches Löffelkraut)

Kennzeichen: *Brassicaceae*. Krone weiß, 4–5 mm Durchmesser. Schötchen fast kugelig bis elliptisch, 3–6 mm. Stängelblätter gestielt (die obersten zuweilen sitzend), mit efeuähnlicher, 3–7-lappiger Spreite. 10–20 cm. V-VI.
Zeigercharakter: Salzzahl 4.
Ellenberg-Zahlen: L9, T6, K3?, F8=?, R8?, N5? – M3, Ä5
Bemerkungen: Ä5 ist inzwischen sicher zu niedrig. – An natürlichen Salzstellen des Binnenlandes selten auch andere *C.*-Arten mit ± sitzenden Stängelblättern und/oder größeren Früchten. Einzig *C. pyrenaica* mit elliptischen Früchten an aufrecht abstehenden Stielen verträgt kein Salz (vgl. 4.4.2.2).

(562) *Puccinellia distans* (Gewöhnlicher Salzschwaden)

Kennzeichen: *Poaceae*. Rispe locker, zuletzt mit herabgeschlagenen basalen Ästen. Ährchen am Rücken gerundet, 3–6-blütig, grannenlos, mit auffällig breit gerundeten Deckspelzen. Hüllspelzen 1–2 mm. 15–50 cm. VII-X.
Zeigercharakter: Salzzahl 7.
Ellenberg-Zahlen: L8, T6, K6, F6~, R7, N4 – M4, Ä9

(561) Cochlearia danica

(562) Puccinellia distans

Bemerkungen: M4 ist infolge von Ä9 sicher überholt, allerdings ist die Art an *natürlichen* Standorten durchaus bedroht und damit wertbildend. – Alle 4 Arten der Gattung sind Halophyten (Salzzahlen 6–8), aber nur mit *P. d.* kann man im Binnenland rechnen (von der ebenfalls binnenländischen *P. limosa* (!!) sind nur ein Dutzend rezenter Fundstellen bekannt).

(563) *Samolus valerandi* (Bunge) (!!)

Kennzeichen: *Primulaceae.* Blüten weiß, 3–4 mm Durchmesser, 5-zählig (auch im Androeceum), ca. 1 cm gestielt, am Blütenstiel 1 Schuppenblatt. (Teil-)Blütenstände traubig. Kelch hoch hinauf verwachsen, im unteren Teil mit dem Fruchtknoten verbunden (dieser daher halbunterständig). Grundblattrosette, Stängelblätter wechselständig, ganzrandig, die unteren mit geflügeltem Stiel. 10–30 cm. VI-VIII.
Zeigercharakter: Salzzahl 4, kommt aber auch auf nicht erkennbar salzbeeinflussten Standorten vor. Wertbestimmend.
Ellenberg-Zahlen: L8, T6, K3, F8=, R7, N5 – M3, Ä2

(564) *Spergularia salina [S. marina]* (Salz-Schuppenmiere)

Kennzeichen: *Caryophyllaceae.* Krone rosa, 6–8 mm, am Grund weiß. Griffel 3. Kapsel kaum länger als der Kelch. Samen (meist) ungeflügelt. Blätter gegenständig, linealisch, mit etwas silber glänzenden, unter sich ± verwachsenen Stipeln. 5–20 cm. V-IX.
Zeigercharakter: Salzzahl 9. An natürlichen Standorten außerhalb der Küsten wertbildend.
Ellenberg-Zahlen: L7, T6, Kx, F7=, R9, N? – M3, Ä2
Bemerkungen: Ähnlich (Salzzahl 8): *S. maritima [S. media]* (Flügel-Sch.; Blüten größer, Kapsel etwa doppelt so lang wie der Kelch. Samen ringsum breit geflügelt). – Die häufige (M7) *S. rubra* mit deutlich stachelspitzigen Blättern, ein Element kurzlebiger Trittgesellschaften, ist nicht salzresistent.

▸ *Weitere Arten (in Klammern die Salzzahlen): (508*) Eleocharis uniglumis* (5), *(125) Inula britannica* (2), *(126*) Juncus gerardii* (7) und *(535*) J. ranarius* (2?), *(113*) Lotus tenuis* (4?), *(487) Melilotus altissimus* (2), *(579*) Plantago major* ssp. *winteri* (2), *(60) Potentilla supina* (2?), *(496) Sagina procumbens* (2), *(40*) Schoenoplectus tabernaemontani* (3) und *(70) Triglochin palustre* (3) bzw. *T. maritimum* (8). Vgl. auch *(47) Bolboschoenus maritimus* agg.

5.8 Rohbodenzeiger

Der Begriff „Rohboden" bezieht sich eigentlich auf ein anfängliches Entwicklungsstadium des Bodens: Die für den entwickelten Boden typische Horizontbildung ist (noch) nicht vorhanden, das Ausgangsmaterial ist (noch) das kennzeichnende Element des Substrats. Um *welches* Ausgangsmaterial es sich dabei handelt, ist zunächst ohne Belang. Ist es festes

(563) Samolus valerandi

(564) Spergularia salina

Gestein, treten bei einer solchen Kennzeichnung auch keine weiteren Probleme auf. Anders bei Lockergesteinen wie Sand: Sande sind beweglich, was die Bodenbildung hemmt. Die in Kap. 4.8 behandelten Sandrasen stocken vielfach auf solchen unentwickelten Böden mit nur schwach ausgeprägter Horizontbildung (wenn überhaupt). Insofern lassen sich viele Sand„böden" auch als Rohböden auffassen.

Für Rohbodenzeiger gilt *mutatis mutandis* das Gleiche wie für die Stickstoffzeiger: Die meisten sind einem Syntaxon ± zugeordnet, vor allem natürlich den Gesellschaften von Kap. 4.9, aber auch von Kap. 4.8 und interessanterweise auch zu den halbruderalen Trockenrasen (Kap. 4.17.5, vgl. dort). – Umgekehrt können vor allem die in den Kap. 4.8.3, 4.9.1 und 4.9.2 genannten Arten auch als Rohbodenzeiger gelten. Doch gibt es hier wieder einige Taxa, die sich oft genug auch außerhalb ihres syntaxonomisch zugewiesenen Rahmens bewegen; einige davon sollen hier vorgestellt werden. Mit einer Ausnahme bewohnen sie ± trockene, nährstoffarme Böden, was im synsystematischen Umfeld der Sedo-Scleranthetalia nicht weiter verwundert; zur „Ausnahme" vgl. *(570) Tussilago*. – In ihrer Lebensform sind die Rohbodenbesiedler uneinheitlich: *Poa* und *Tussilago* sind ausläufertreibende Pionierpflanzen, *Saxifraga* ist eine ausgeprägte Frühjahrsannuelle, *Trifolium*, ebenfalls annuell, blüht erst im Sommer. *Echium* ist zweijährig, *Potentilla* bildet basal etwas verholzende, mehrjährige Stängel(büschel) aus.

(565) *Echium vulgare* (Natternkopf)

Kennzeichen: *Boraginaceae*. Blüten zunächst rötlich, dann blau, zygomorph, mit ungleich langen Staubblättern und 2-spaltiger Narbe, in achselständigen Wickeln[95]. Stachelige Borsten auf kleinen Höckern sitzend. 30–80 cm. VI-VIII.

Zeigercharakter: Gilt als Sedo-Scleranthetalia-Art, ist aber auch Kennart im Dauco-Melilotion.

Ellenberg-Zahlen: L9, T6, K3, F4, R8, N4 – M9, Ä5

(566) *Poa compressa* (Flaches Rispengras)

Kennzeichen: *Poaceae*. Rispe 2–8 cm lang, schmal. Ährchen 4–8-blütig, von der Seite zusammengedrückt (am Rücken gekielt), grannenlos. Stängel deutlich zusammengedrückt (2-schneidig), oft ± knickig aufsteigend, lange Ausläufer bildend. Blätter 1–4 mm breit. Pflanze oft blaugrün oder oliv. 20–40 cm. VI-VII.

Zeigercharakter: Gilt als Art der Agropyretea, ist aber viel weiter verbreitet und besiedelt regelmäßig grobskelettige Böden mit langen Trockenphasen (z. B. Sedo-Scleranthetalia-Standorte). Auch auf Mauerkronen usw.

Ellenberg-Zahlen: L9, Tx, K4, F3, R9, N3 – M8, Ä4

Bemerkungen: Andere *Poa*-Arten (u. a. erkennbar an den grannenlosen, gekielten Ährchen) mit deutlich (!) zusammengedrückten Halmen haben breitere Blätter und größere Rispen. Verwechslungsgefahr besteht vom Biotoptyp her nur mit *(504) P. angustifolia*, auch bei dieser Art können Halm bzw. Blattscheiden etwas zusammengedrückt sein.

95 Zum Begriff „Wickel" vgl. das zur gleichen Familie gehörende *(466) Cynoglossum*.

(565) Echium vulgare

(566) Poa compressa

(567) Potentilla argentea

(567) *Potentilla argentea* (Silber-Fingerkraut)

Kennzeichen: *Rosaceae.* Blüten gelb, 5-zählig, mit Außenkelch. Blätter (meist 5-zählig) gefingert, die Fiedern unterseits silbrig-filzig. Stängel aufrecht, 10–30 cm. VI-VIII (Abb. s. S. 461).
Zeigercharakter: OC Sedo-Scleranthetalia, aber auch in anderen lückigen Gesellschaften. Säurezeiger.
Ellenberg-Zahlen: L9, T6, K3, F2, R3, N1 – M7, Ä3
Bemerkungen: Formenreich; Verbreitung und Ökosoziologie der einzelnen subspezifischen Taxa sind wenig bekannt.

(568) *Saxifraga tridactylites* (Dreifinger-Steinbrech)

Kennzeichen: *Saxifragaceae.* Blüten klein, milchweiß. Stängelblätter 3–5-lappig geteilt. Stängel drüsig, meist rötlich, 3–15 cm. III-V.
Zeigercharakter: Sedo-Scleranthetalia-Art, aber auch in anderen lückigen Gesellschaften, häufig mit anderen Frühjahrsannuellen wie *(222) Draba verna* oder *(243) Cerastium brachypetalum.* Sandzeiger. Auf Sandrasen wertbildend.
Ellenberg-Zahlen: L8, T6, K2, F2, R7, N1 – M4, Ä3
Bemerkungen: Die Stängelblätter sind unverkennbar. – Die Art ist regional wieder in Ausbreitung begriffen.

(569) *Trifolium arvense* (Hasen-Klee)

Kennzeichen: *Fabaceae.* Blüten weißlich bis rötlich, vom stark behaarten Kelch überragt. Köpfchen einzeln endständig, ohne Trag-(Hüll-)blatt, oval, infolge der vorstehenden, bewimperten Kelchzipfel wollig aussehend. Fiedern linealisch. Stängel aufrecht, 5–25 cm. VI-IX.
Zeigercharakter: Sedo-Scleranthetalia-Art, aber auch in anderen lückigen Gesellschaften. Säurezeiger.
Ellenberg-Zahlen: L8, T6, K3, F3, R2, N1 – M8, Ä3
Bemerkungen: Die wolligen Köpfchen sind nicht zu verwechseln.

(570) *Tussilago farfara* (Huflattich)

Kennzeichen: *Asteraceae.* Köpfchen gelb, einzeln auf schuppig beblätterten Schäften, zur Blütezeit anfangs ohne grüne Blätter. Diese rundlich-herzförmig, seicht gebuchtet, randlich gezähnt, oberseits jung mit abwischbarem Filz, unterseits bleibend weißfilzig, ca. 10–25 cm breit. Blattstiel infolge einer oberseitigen Rinne im Querschnitt u-förmig. 5–20 cm. II-IV.
Zeigercharakter: Die Pflanze besiedelt schwere, lehmige (also feinerdereiche), wasserzügige Rohböden; ansonsten gesellschaftsvag. Phosphatliebend.
Ellenberg-Zahlen: L8, Tx, K3, F6~, R8, Nx – M9, Ä5
Bemerkungen: *T. f.* unterscheidet sich wesentlich von den anderen hier erwähnten Arten. Typische Standorte sind Böschungen, Rutschungen usw.

(568) Saxifraga tridactylites

(569) Trifolium arvense

(570) Tussilago farfara

5.9 Sonstige Bodenzeiger

Die bisher genannten Bodenfaktoren sind für die Artenzusammensetzung am Standort relativ bestimmend. Bei anderen Faktoren ist dies weniger der Fall. Die wichtige Rolle des **Humus** beispielsweise ist zwar unbestritten, er ist aber genau genommen ein sekundärer Faktor, da er von der Vegetation selbst gebildet wird (dass seine Beschaffenheit für Neuansiedler dann ein primärer ist, bleibt davon unberührt). Wir können also die Zeiger für die Humusform bei den Gesellschaften nachschauen, für die die betreffende Form typisch ist: *Mull* unter 4.13.1, *Moder* unter 4.13.2.1 und 4.15.2 bzw. *Rohhumus* unter 4.6, 4.12.2 und 4.15.2.
Während Humus(form) und Vegetation noch in direkter Wechselwirkung stehen, ist das bei Lehm und Ton nur bedingt der Fall. **Ton** spielt gewissermaßen eine indirekte Rolle: Er trocknet tiefer aus als Sand (vgl. 4.8), er ist nährstoffreich, vor allem aber neigt er zur Stau- bzw. Wechselfeuchte. Eigene Gesellschaftstypen, wie sie sich z. B. auf Sand finden, bildet der Ton nicht aus. Oder, anders ausgedrückt: Es ist anschaulicher, in diesem Fall z. B. von „Wechselfeuchtezeigern" und nicht von „Tonzeigern" zu reden. Noch weniger spezifisch ist der in vieler Hinsicht „durchschnittliche" **Lehm**. Etwas spezifischer ist **Löss**, aber wohl auch hauptsächlich deshalb, weil Lössgebiete meist ein spezielles, warmtrockenes Klima haben.

5.10 Klimazeiger

Im Weltmaßstab ist das Klima die primäre Ursache für die Vielfalt der Vegetation. In gewisser Weise gilt dies auch für kleinere Bezugsräume wie Mitteleuropa, nur spielt dort die klimabedingende Meereshöhe des Standortes eine viel wichtigere Rolle. Hier unterscheiden wir, von niedrigen Meereshöhen bis in die Alpengipfel aufsteigend, die *planare* (Ebene, meist mit der folgenden Stufe zusammengefasst[96]), *colline* (Hügel-), *montane* (Berg-) und zuletzt die *alpine* (Gebirgs-) Stufe[97]. Zwischenstufen werden mit *sub-* bezeichnet: *submontan* bedeutet also zwischen collin und montan. Der Bereich zwischen montan und subalpin wird gelegentlich auch als *hochmontan (oreal)* extra geführt. – Die alpine und die subalpine Stufe berücksichtigen wir hier nicht (vgl. 2.2). – Diesen Stufen lassen sich – jeweils innerhalb eines Vegetationstyps! – durchaus Zeigerarten zuordnen, und zwar über die T-Zahl[98]. So sind z. B. Wiesenpflanzen mit T4 meist Zeigerarten für „montan" (vgl. 4.5.3), umgekehrt wird man wohlentwickelte Ackerwildkrautgesellschaften (T6–7(–8)) vorwiegend in der planar-collinen Stufe finden. Nur in den wärmsten Tieflagen werden wir *(3*) Ceratophyllum submersum* im Wasser, *(255) Asplenium ceterach* an Mauern oder *(308) Acer*

96 Diese Zusammenfassung sollte man – wenn überhaupt – nur durchführen, wenn es um die *klimatische Höhenstufe* geht. In der *Geländeausformung* bestehen durchaus Unterschiede; z. B. kennt die ebene planare Stufe keine unterschiedlichen Expositionen.

97 Der Begriff *dealpin* bezeichnet ein an sich (sub-)alpines Element, das aber, z. B. von Gebirgsflüssen herabgeschwemmt, auch in tieferen Lagen vorkommen kann.

98 Einen Versuch, diese beiden Faktoren zu parallelisieren, macht Ellenberg (in Ellenberg & al. 2001:14) selbst.

monspessulanum und *(304*) Prunus fruticosa* in Gebüschen antreffen. Eine ähnliche Rolle spielen *(455) Amaranthus*-Arten im Sisymbrion usw.
Hohe bzw. niedrige T-Zahlen können aber auch arealgeografische Gründe haben. Pflanzen mit einer insgesamt *borealen* („nordischen“) Verbreitung haben naturgemäß geringe, solche mit *mediterraner* („Mittelmeer-“) Verbreitung höhere T-Zahlen. Dies ist jedoch eher von allgemein-theoretischer Bedeutung.
Ähnliches gilt für eine andere, für die Pflanze wichtige klimatische Komponente, nämlich für den Unterschied zwischen dem Maximum und dem Minimum der Temperatur innerhalb des Jahres. Hier gibt die T-Zahl nur ungenügend Auskunft, da sie sich eher an der Jahresdurchschnittstemperatur und nicht am jährlichen Temperaturverlauf orientiert. Was diesen betrifft, so unterscheiden wir zwei Grundtypen: Im *ozeanischen* (bei uns: *atlantischen*, vgl. 2.3.1.1, Fußnote) Klima ist die Jahresamplitude nur schwach; die Winter sind mild, die Sommer nicht zu warm, längere Trockenphasen sind die Ausnahme. Im *kontinentalen* Klima gilt das Gegenteil. Die Ansprüche einer Pflanzenart kann man der K-Zahl entnehmen (zu dieser vgl. auch 2.3.1.1). Deutschland liegt dabei eher im Mittelfeld mit einer gewissen Tendenz zu subatlantisch. Das kontinentale Element wird bei uns häufig von „pontischen“ Arten geprägt, die ihre Heimat in (Süd-)Osteuropa haben; vgl. dazu Kap. 4.7 bzw. 4.7.2. Gelegentlich kann man anhand von „K-Zeigerpflanzen“ bestimmte arealgeografische Ausbildungen eines Vegetationstyps unterscheiden; so kennzeichnet z. B. *(330) Melica uniflora* einen ausgeprägt (sub-)atlantischen Buchenwaldtyp (vgl. dort), *(194*) Veronica longifolia* ein eher kontinentales Filipendulion usw.
Eine knappe Übersicht über diese Begriffe, soweit sie unser Gebiet betreffen, findet sich z. B. im SCHMEIL-FITSCHEN (2011) unter „Bemerkungen zur Verbreitung der Pflanzen“.

5.11 „Störzeiger“

„Störzeiger“ ist ein etwas schwammiger, aber durchaus praktischer (und deshalb üblicher) Begriff. Er benennt (wenigstens zunächst) nicht den störenden Faktor, sondern meldet bloß, dass in irgendeiner Weise in die bestehende Vegetation verändernd eingegriffen wird bzw. wurde. In der Landespflege führt das (gehäufte) Auftreten von Störzeigern oft zur Abwertung des betreffenden Biotops.
Genau genommen ist jede Pflanze, die nicht in eine Gesellschaft gehört, ein „Störzeiger“; in der Praxis jedoch beschränkt man den Begriff vor allem auf

- Ruderalisierung,
- Störung durch Tritt (durch Vieh oder Naherholung),
- das Auftreten invasiver Pflanzenarten.

Pflanzen, die eine Sukzession anzeigen bzw. einleiten und insofern einen bestehenden Pflanzenverband „stören“, werden in Kap. 5.12 gesondert betrachtet. Eher diffuse Störzeiger, die man keinem der drei Faktoren so recht zuordnen kann, sind hier nicht angeführt; in der Regel ist dies aber bei der Besprechung der betreffenden Art in Kap. 4 vermerkt.
„Störzeiger“ ist in gewisser Weise ein relativer Begriff. *(460) Artemisia vulgaris* z. B. zeigt in einer Glatthaferwiese beginnende Ruderalisierung an und ist insofern ein „Störzeiger“. In

einer Ruderalgesellschaft innerhalb der Artemisietea ist sie das nicht, hier erwartet man sie ja. Hier ist allenfalls die ganze Gesellschaft ein „Störzeiger", weil deren Vorhandensein an episodische Störungen gebunden ist. Aus dieser Sicht kann (und sollte) man die meisten Unkräuter (vgl. 4.17) wie auch die Arten der Trittrasen (vgl. 4.4.7) als „Störzeiger" betrachten, wenn sie außerhalb ihrer angestammten Gesellschaften auftreten.

5.11.1 Ruderalisierung

Unter „Ruderalisierung" verstehen wir – vereinfacht ausgedrückt – das Eindringen von Arten, die aus dem Umfeld der in Kap. 4.17 behandelten Syntaxa stammen. Anlass dazu sind in der Regel störende Einflüsse auf den betreffenden Biotop, sehr häufig in Form zusätzlicher Nährstoffe, vor allem Stickstoff (vgl. auch die Einführung in Kap. 4.16 und 4.17). *(571), (572), (574) und (575)* sind von trockenen bis frischen, *(573) und (576)* von ± nassen Standorten.

(571) *Cirsium arvense* (Acker-Kratzdistel)

Kennzeichen: *Asteraceae.* Blüten rosa-purpurn. Köpfchen <15 mm Durchmesser, ± vereinzelt, trugdoldig angeordnet. Pappus gefiedert. Blätter nur am Rand bedornt. Meist in Trupps auftretend. 50-120 cm. VII–VIII.
Zeigercharakter: Kennzeichnender Stör- und Ruderalisierungszeiger in allen möglichen Gesellschaften.
Ellenberg-Zahlen: L8, T5, Kx, Fx, Rx, N7 – M9, Ä5
Bemerkungen: Ein gefiederter Pappus unterscheidet die Gattung „Kratzdistel" von der eigentlichen „Distel" im botanischen Sinn. Vgl. die ähnliche *(102) Cirsium palustre* (Köpfchen geknäuelt, feuchte Standorte) und die ebenfalls ruderale *(461) Cirsium vulgare* (Köpfchen größer).

(572) *Erodium cicutarium* (Gewöhnlicher Reiherschnabel)

Kennzeichen: *Geraniaceae.* Blüten ± purpurn, 5-zählig, in wenigblütigen Dolden. Frucht mit auffälligen, 30–40 mm langen, in sich gewundenen Schnäbeln. Blätter gefiedert, mit Stipeln. Fiedern sitzend, tief geteilt. 5–30 cm. IV-IX.
Zeigercharakter: Störzeiger vor allem in Sandrasen.
Ellenberg-Zahlen: L8, T6, K5, F4, Rx, Nx – M9, Ä4

(573) *Eupatorium cannabinum* (Wasserdost)

Kennzeichen: *Asteraceae.* Köpfchen wenigblütig, nur 2–5 mm Durchmesser, rosa, zahlreich in dichten Schirmrispen. Blätter gegenständig, 3(-5)-teilig. 70–150 cm. VII-IX.
Zeigercharakter: AC im Convolvulion, aber weit verbreitet an sumpfigen Standorten, gestörten Auwäldern usw.; vgl. *(62) Stellaria aquatica.*

(571) Cirsium arvense

(573) Eupatorium cannabinum

(572) Erodium cicutarium

Ellenberg-Zahlen: L7, T5, K3, F7, R7, N8 – M9, Ä5
Bemerkungen: Gegenständige, 3-teilige Blätter gibt es sonst nur noch bei *(56) Bidens* und bei dem Neophyten *Ambrosia trifida*; beide können an ähnlichen Standorten vorkommen.

(574) *Galeopsis tetrahit* (Gewöhnlicher Hohlzahn)

Kennzeichen: *Lamiaceae.* Krone 15–20 mm, rot (selten weiß). Unterlippe oberseits mit 2 zahnartigen Ausstülpungen. Infloreszenz meist schwarzdrüsig, aus dichten Scheinquirlen zusammengesetzt. Stängel unter den Knoten verdickt und abstehend borstig. 10–60 cm. VI-X.
Zeigercharakter: Störzeiger in allen möglichen Staudenfluren auf frischen Standorten.
Ellenberg-Zahlen: L7, Tx, K3, F5, Rx, N6 – M9, Ä5
Bemerkungen: Sehr ähnlich (Krone kleiner, Infloreszenz meist helldrüsig), aber etwas seltener *G. bifida* (Zweispaltiger H.). Ebenfalls in stickstoffliebenden (N8) Staudenfluren mit einem gewissen Schwerpunkt in waldnahen Standorten, mit 20-35 mm langen, gelb/violetten Blüten: *G. speciosa* (Bunter Hohlzahn).

(575) *Geum urbanum* (Echte Nelkenwurz)

Kennzeichen: *Rosaceae.* Blüten aufrecht, gelb, 5-zählig, mit Außenkelch. Frucht aus Nüsschen mit langem, hakigem Griffel zusammengesetzt. Blätter gefiedert, untere Blätter mit auffällig großer Endfieder. 20–80 cm. V-IX.
Zeigercharakter: Vor allem in ruderalisierten Gehölzen. Gilt als Glechometalia-Art.
Ellenberg-Zahlen: L4, T5, K5, F5, Rx, N7 – M9, Ä5
Bemerkungen: *(112) G. rivale* mit nickenden, rötlichen Blüten ist ein (Wechsel-)Nässezeiger.

(576) *Mentha longifolia* (Ross-Minze)

Kennzeichen: *Lamiaceae.* Blüten klein, fast radiär, rötlich lila. Infloreszenz endständig, Scheinquirle ährenartig genähert. Blätter länglich-lanzettlich, unterseits stark behaart, scharf gesägt, mit unangenehmem Minzgeruch. 40–80 cm. VII-IX.
Zeigercharakter: Zeigt beginnende Ruderalisierung an Gewässerrändern (vergleichbar *(55) Scrophularia umbrosa*), besonders in Kalkgebieten. Auch Beweidungszeiger an Grünlandbächen.
Ellenberg-Zahlen: L7, T5, K4, F8=, R9, N7 – M7, Ä3
Bemerkungen: Es gibt in hygrischen Biotopen noch weitere Minzen, die aber anders aussehen; *M. l.* ähnlich (aber Blätter ± kahl) ist *M. spicata* in trockeneren Ruderalgesellschaften auf weniger basischen Standorten.

▶ *Weitere Arten: (463) Tanacetum vulgare* (im Grünland; vgl. 4.5.5), *(466) Cynoglossum officinale* (auf Sand), *(510*, 511) Juncus articulatus* und andere *Juncus*-Arten (im Nassgrünland).

(574) Galeopsis tetrahit

(575) Geum urbanum

(576) Mentha longifolia

5.11.2 Tritt

Die Arten sind selbstverständlich alle auch Bodenverdichtungszeiger.

(577) *Juncus tenuis* (Zarte Binse)

Kennzeichen: *Juncaceae.* Infloreszenz (Spirre) endständig, ± locker, insgesamt kürzer als der Stängel, von Tragblättern (weit) überragt. Blattscheiden oben mit 2 seitlichen, häutigen Öhrchen. 15–40 cm. VI-IX.
Zeigercharakter: Im Gegensatz zu vielen anderen Trittzeigern gewissen Schatten ertragend, deshalb gern auf Waldwegen usw.
Ellenberg-Zahlen: L6, T6, K3, F6, R5, N5 – M9, Ä5

(578) *Lolium perenne* (Deutsches Weidelgras, Englisches Raygras)

Kennzeichen: *Poaceae.* Ährchen sitzend, mit der Schmalseite der Ährenachse zugewandt; daher nur 1 Hüllspelze (vgl. *(458) Elymus repens*). Diese etwa so lang wie die unbegrannte Deckspelze. Blätter 2–4 mm breit. 20–50 cm. V-VII.
Zeigercharakter: In strapazierten Trittrasen (oft ausgesät), auf Intensivweiden, auch sehr schnittfest.
Ellenberg-Zahlen: L8, T6, K3, F5, R7, N7 – M9, Ä5
Bemerkungen: Ebenfalls oft ausgesät ist *L. multiflorum* (Vielblütiger Lolch, Italienisches Raygras; Deckspelze meist begrannt, Blätter 3–8 mm breit). Wahrscheinlich ausgestorben ist *L. temulentum* (Taumel-Lolch; !!, Hüllspelze viel länger als Deckspelze; im Sommergetreide).

(579) *Plantago major* ssp. *major* (Großer Wegerich, Breitblättriger W.)

Kennzeichen: *Plantaginaceae.* Blüten sehr klein, in dichter, linealisch-walzlicher Ähre auf blattlosem Schaft; dieser meist 1(-2)-mal so lang wie der Fruchtstand. Frucht 6–10-samig. Rosettenblätter elliptisch, mit 5–7(–9) Bogennerven, Stiel deutlich abgesetzt, ± so lang wie die Spreite. 10–30 cm. VI-X.
Zeigercharakter: In stark strapazierten Trittrasen, auf Wegen und ± kahlen Plätzen, auf Intensivweiden.
Ellenberg-Zahlen: L8, Tx, Kx, F5, Rx, N6 – M9, Ä5
Bemerkungen: Die beiden anderen ssp. sind kleiner (bis 15 cm) und haben nur 3–5-nervige, in den Stiel verschmälerte Blattspreiten. Sie weichen ökologisch deutlich ab: *P. m.* ssp. *intermedia* (F7=; Kapsel über 15-samig) ist eher ein Taxon der Flutrasen, die seltene *P. m.* ssp. *winteri* (Salzzahl 2, vgl. 5.7; Kapsel 8-12-samig) wächst an Salzstellen (auch im Binnenland). – Kümmerformen von ssp. *major* können leicht mit diesen anderen Taxa verwechselt werden.

(577) Juncus tenuis

(578) Lolium perenne

(579) Plantago major ssp. major

(580) *Trifolium repens* (Weiß-Klee)

Kennzeichen: *Fabaceae*. Blüten weiß (selten hellrosa), ± deutlich gestielt in doldigen Köpfchen, zuletzt verbraunend und zurückgeschlagen. Kelch 10-nervig. Typische Kleeblätter, oft mit heller Zeichnung. Stipeln trockenhäutig. Stängel kriechend-einwurzelnd. 5–30 cm. V-X.
Zeigercharakter: VC Cynosurion, aber auch sonst im Wirtschaftsgrünland und in Trittrasen verbreitet.
Ellenberg-Zahlen: L8, Tx, Kx, F5, R6, N6 – M9, Ä5
Bemerkungen: Ähnlich, vor allem in Nasswiesen und Flutrasen: *T. hybridum* (Bastard-Klee) mit 5-nervigem Kelch, krautigen Stipeln und nicht kriechendem Stängel.

▶ *Weitere Arten: (66) Gnaphalium uliginosum, (491) Herniaria glabra* und *(564*) Spergularia rubra*; vgl. auch 5.2.1.

5.11.3 Beweidung

Neben den soeben erwähnten Trittzeigern findet sich auf übernutzten Weiden neben Brennnesseln auf sog. „Geilstellen" gerne auch die folgende Art.

(581) *Rumex obtusifolius ssp. obtusifolius* (Stumpfblättriger Ampfer)

Kennzeichen: *Polygonaceae*. Blüten unscheinbar. Perigon 2 x 3-zählig, die 3 inneren Perigonblätter (Valven) eiförmig, lang gezähnt, 1 mit knorpeliger Schwiele, diese z. T. fast so breit wie die betreffende Valve. Die Spreite unterer Blätter mit gestutztem oder ± herzförmigem Grund. Seitenäste aufrecht abstehend.
Zeigercharakter: Auch Güllezeiger.
Ellenberg-Zahlen: L7, T5, K3, F6, Rx, N9 – M9, Ä5
Bemerkungen: Es werden häufig 3 subspezifische Taxa unterschieden, über deren ökosoziologische Einnischung wenig bekannt ist; *R. o.* ssp. *sylvestris* (vor allem im Osten) hat kaum gezähnelte Valven, alle mit Schwielen; *R. o.* ssp. *transiens* steht zwischen den beiden anderen. – In den Merkmalen ähnlich: die seltene (M2), auffällig sparrig verzweigte Art *R. pulcher* (Schöner A.) aus dem Sisymbrion. Vgl. auch *(526) R. crispus* und *(347*) R. conglomeratus*.

5.11.4 Invasive Arten

Invasive Arten sind ganz allgemein an ihren hohen Ä-Zahlen zu erkennen, vorausgesetzt, der invasive Charakter der Pflanze war zum Zeitpunkt der Herausgabe der „Zeigerwerte" – 2001 – bereits ersichtlich (vgl. z.B. *(583) Bunias*). Aus landespflegerischer Sicht müssen diese Arten – bei *(588) Impatiens glandulifera und (589) Mahonia* nur eingeschränkt – als „gefährlich" eingeschätzt werden, weil sie oft ausgeprägte verdämmende Herden bilden,

(580) Trifolium repens

(581) Rumex obtusifolius
ssp. obtusifolius

die schwierig zu bekämpfen sind. Bei den ebenso „invasiven" Arten aus der Gattung *(489) Symphyotrichum* ist dies nicht der Fall; sie brauchen nicht als „Störzeiger" behandelt zu werden und wurden deshalb bereits in Kap. 4.7.3.2 erwähnt.
Man sollte den Begriff „invasive Art" nur verwenden, wenn von der Pflanze auch eine (potenzielle) Gefahr für die einheimische Vegetation ausgeht und ihn nicht als Synonym für „Neophyt" benutzen, wie dies gelegentlich geschieht.
Die einzige einheimische Art ist *(584) Calamagrostis epigejos*. Wie sie ihre erst rezent erkennbare Ausbreitungsfähigkeit erlangt hat, ist nicht ausreichend bekannt. Bei Neophyten ist eine (anfänglich) rasche Ausbreitung ein bekanntes Phänomen.

(582) *Ailanthus altissima [A. glandulosa]* (Götterbaum)

Kennzeichen: *Simaroubaceae*. (Kleiner) Baum. Blüten gelblich, in großen Rispen, getrenntgeschlechtlich. Blätter bis 1 m lang, gefiedert. Fiedern basal mit 1–4 unterseits drüsigen Zähnen, sonst ganzrandig.
Zeigercharakter: Verwildert oder eingebürgert auf Schutt- und Trümmerplätzen (Sambuco-Salicion-Art?). Vgl. Kap. 4.13.5.
Ellenberg-Zahlen: L(8), T8, K2, F5, R7, N8 – M2, Ä7
Bemerkungen: Heimat: Ostasien. – Die Zeigerwerte sind wenig gesichert, M2 ist zu gering. – Ebenfalls große (bis 50 cm) lange Fiederblätter (mit auffälliger roter Herbstfärbung) hat der weitläufig verwandte und in ähnlichen Biotopen vorkommende Essigbaum *(Rhus typhina)*; dort sind die Fiedern aber rundum gesägt.

(583) *Bunias orientalis* (Orientalische Zackenschote)

Kennzeichen: *Brassicaceae*. Blüten gelb, duftend, in (oft ausladenden) Doppeltrauben. Rosettenblätter buchtig geteilt bis fiederlappig, obere Blätter nicht stängelumfassend. Frucht eine unverwechselbare schief-eiförmige, warzige „Nuss". Wurzelsprosse. 30–120 cm. V–VII.
Zeigercharakter: In verschiedenen Artemisietea-Gesellschaften (v.a. entlang von Verkehrswegen), auch in „Ruderalen Wiesen" (zu diesen vgl. Kap. 4.5.5).
Ellenberg-Zahlen: L7, T6, K5, F5, R8, N5 – M5, Ä3
Bemerkungen: Herkunft: Ost-Europa, bei uns fest eingebürgert. Im Norden und Nordosten zwar nicht häufig, insgesamt wäre aber ein Ä6–8 aus heutiger Sicht eher angebracht.

(584) *Calamagrostis epigejos* (Gewöhnliches Reitgras, Land-Reitgras)

Kennzeichen: *Poaceae*. Einblütige Ährchen in reicher, ziemlich dichter Rispe. Unterste Rispenstufe mehrästig. Deckspelze kahl, aber am Grund derselben ein deutlicher Haarkranz, dieser die 3-nervige Deckspelze überragend. Granne (vom Haarkranz versteckt!) ca. in deren Mitte entspringend. Hüllspelzen ± gleich lang, linealisch. 80–150 cm. VI-VIII.
Zeigercharakter: Ausgeprägt gesellschaftsvag. Besonders gefährlich auf Sand. In der Tiefe (–2 m!) oft wasserzügige Schichten.

(582) Ailanthus altissima

(583) Bunias orientalis

Ellenberg-Zahlen: L7, T5, K7, Fx~, Rx, N6 – M9, Ä7
Bemerkungen: Es gibt eine Reihe weiterer verwechslungsträchtiger *Calamagrostis*-Arten (Bestimmungsbuch!), sie sind aber alle (viel) seltener (z.T. !!); ein Großteil davon ist gesellschaftsvag (z.B. *C. arundinacea*) oder (Wechsel-)Feuchtezeiger (z.B. *C. canescens*). – Vgl. auch *(26) Phalaris*.

(585) *Fallopia [Reynoutria] japonica [Polygonum cuspidatum]* (Japanischer Staudenknöterich)

Kennzeichen: *Polygonaceae*. Blüten klein, weiß. Die 3 äußeren Perigonblätter mit 3 ca. 2 mm breiten Flügeln, die Nussfrucht einschließend. 3 fransige Narben. Blattspreite 10–20 cm lang, unterseits ± kahl, basal gestutzt. Stängel rot gefleckt. 1–3 m. VII-IX.
Zeigercharakter: Gesellschaftsvag. An Ufern, in Weidengebüschen und Galeriewäldern, auf kiesigen Böden herdenbildend.
Ellenberg-Zahlen: L8, T6, K2, F8=, R5, N7 – M6, Ä9
Bemerkungen: Aus Ostasien. – Ähnlich, aber seltener und „nur" mit Ä6: *F. sachalinensis* (Sachalin-St.: Blätter größer, unterseits kurz behaart, basal ± herzförmig, Stängel grün; 2–4 m).

(586) *Helianthus tuberosus* (Topinambur)

Kennzeichen: *Asteraceae*. Köpfchen 4–10 cm Durchmesser, mit gelben Röhren- und Zungenblüten (sonnenblumenähnlich). Untere und mittlere Blätter gegenständig, (schmal-) eiförmig, oberseits wie der Stängel rau. 1–2 m. IX-X.
Zeigercharakter: Vor allem an Gewässerrändern herdenbildend (Convolvuletalia-Art), aber auch an trockeneren Standorten.
Ellenberg-Zahlen: L8, T7, K?, F6, R7, N8 – M5, Ä8
Bemerkungen: Es sind noch 2 oder 3 weitere *Helianthus*-Arten in feuchten Staudengesellschaften eingebürgert. Sie stammen alle aus N-Amerika.

(587) *Heracleum mantegazzianum* (Riesen-Bärenklau, Herkulesstaude)

Kennzeichen: *Apiaceae*. Blüten weiß, in übergroßen Doppeldolden (bis 50 cm Durchmesser!). Randblüten strahlend. Frucht zusammengedrückt, mit Randflügeln, meist >10 mm lang. Stängelgrund bis 10 cm dick, oft rotfleckig. Blattschnitt ähnlich *(133) H. sphondylium*, die unteren Blätter (mit Stiel) aber bis 3 m lang, die oberen mit auffälligen Blattscheiden. 200–400 cm. VII-IX.
Zeigercharakter: An Gewässerufern, auf feuchten Brachen (Convolvuletalia-Art?).
Ellenberg-Zahlen: L9, T6, Kx, F6, Rx, N8 – M5, Ä9
Bemerkungen: Frühere Zierpflanze (Heimat: Kaukasus). Die Giftwirkung auf die Haut ist erheblich stärker als bei *(133) H. sphondylium,* allein deshalb ist die Art schwierig zu bekämpfen. – M5 ist inzwischen zu niedrig; nur im Osten und Südosten ist sie (noch) nicht allgemein verbreitet. – Die Pflanze ist schon infolge ihrer Größe unverkennbar. – Inkl. dem etwas kleineren *H. persicum* (noch sehr selten und unbeständig)

(584) Calamagrostis epigejos

(585) Fallopia japonica

(586) Helianthus tuberosus

(588) *Impatiens glandulifera* (Drüsiges Springkraut)

Kennzeichen: Balsaminaceae. Blüten 20–40 mm, zygomorph, ± rötlich, mit langem, gebogenem Sporn. Reife Frucht bei Berührung aufplatzend. Blätter gegen- oder quirlständig. Stängel auffällig glasig. 50–200 cm. VI-X.
Zeigercharakter: An Ufern (Convolvuletalia-Art?), auch in Auwäldern, Weidengebüschen usw. stellenweise fest eingebürgert.
Ellenberg-Zahlen: L5, T7, K2, F8=, R7, N7 – M5, Ä8
Bemerkungen: Ursprünglich Zierpflanze aus dem Himalaya. – Vgl. *(343) I. noli-tangere.*

(589) *Mahonia aquifolium* (Mahonie)

Kennzeichen: Strauch mit immergrünen, ledrigen Fiederblättern, Fiedern dornig gezähnt. Blüten gelb, 3-zählig, in hängenden Trauben. Frucht eine blauschwarze Beere. IV-VI.
Zeigercharakter: In lichten (Kiefern-)Wäldern und Hecken.
Ellenberg-Zahlen: Keine Angaben. – Wärmeliebende Halbschattenpflanze. Offenbar gewisse Trockenheit ertragend. Ein soziologischer Anschluss ist nicht erkennbar, eine M- bzw. Ä-Zahl schwierig anzugeben, da viele Vorkommen nur synanthrop bzw. wegen Frostempfindlichkeit unbeständig sind. Wegen der zunehmend warmen Winter ist aber mit einer weiteren Etablierung zu rechnen.
Bemerkungen: Verwildernder Zierstrauch aus N-Amerika; oft handelt es sich um Hybriden. – Im Süden selten.

(590) *Senecio inaequidens* (Schmalblättriges Greiskraut)

Kennzeichen: *Asteraceae*. Röhren- und die (meist >10) Strahlenblüten gelb. Auch Außenhüllblätter >10. Hülle schmal-walzlich. Blätter bis 5 mm breit, mit zurückgerolltem fein gezähneltem Rand. 20–50(-100) cm. VII-XI.
Zeigercharakter: In ± wärmeliebenden Ruderalgesellschaften, v.a. entlang von Verkehrswegen (Dauco-Melilotion-Art?).
Ellenberg-Zahlen: L8, T7, K?, F3, R7, N3 – M2, Ä8
Bemerkungen: Schwerpunkt des Vorkommens liegt im Nordwesten; dies spricht für eine subatlantische Ausbreitungstendenz (K3 oder 4). „M2" ist ca. 3 Stufen zu niedrig. – Herkunft: S-Afrika.

(591) *Solidago canadensis* (Kanadische Goldrute)

Kennzeichen: *Asteraceae*. Köpfchen 3–6 mm lang, mit gelben Röhren- und Zungenblüten (diese aber kaum länger), in pyramidalen Rispen mit ± herabgebogenen Rispenästen. Hülle zylindrisch, mit ausgeprägt dachziegelig angeordneten Hüllblättern. Stängel zumindest ab der Mitte kurzhaarig, mit lanzettlichen, ± gezähnelten Blättern.
Zeigercharakter: In verschiedene Artemisietea- und Arrhenatheretalia-Gesellschaften eindringend.
Ellenberg-Zahlen: L8, T6, K5, Fx, Rx, N6 – M7, Ä8

(587) Heracleum mantegazzianum

(588) Impatiens glandulifera

(589) Mahonia aquifolium

Bemerkungen: Ähnlich: *S. gigantea* (Riesen-Goldrute) mit (außerhalb der Infloreszenz) ± kahlem Stängel; Zungenblüten > Röhrenblüten (Ä7). Beide Arten kommen nebeneinander vor, *S. c.* bevorzugt tendenziell aber sonnige, *S. g.* eher schattig-feuchte Standorte; L8 für *S. g.* ist sicher zu hoch. – Beide Arten kommen aus N-Amerika.

(592) *Symphoricarpos albus* (Schneebeere)

Kennzeichen: *Caprifoliaceae.* Strauch. Blüten außen rosa, innen stark behaart, in gedrängten, wenigblütigen Gruppen. Die weiße, beerenartige Steinfrucht zerplatzt beim Zerdrücken mit leichtem Knall. Blätter gegenständig, ganzrandig oder unregelmäßig gelappt. Mit Ausläufern. VI-IX.
Zeigercharakter: Vielfach unbeständig verwildert oder eingebürgert, meist in Siedlungsnähe. Vgl. Kap. 4.13.5.
Ellenberg-Zahlen: Keine Angaben. – Gerne im Halbschatten, auf frischen bis feuchten, nährstoffreichen, oft verdichteten Böden. Die Art ist v.a. im Norden und Osten weit verbreitet, die Ausbreitung scheint aber einen gewissen Stillstand erreicht zu haben („Ä5 oder 6").
Bemerkungen: Verwildernder Zierstrauch aus N-Amerika.

5.12 Sukzessionszeiger

Jede Pflanze, die nicht in eine am Ort bestehende Gesellschaft gehört, ist ein „Störzeiger", insofern gehören auch Sukzessionszeiger dazu (vgl. 5.11); wegen ihrer speziellen Aussagekraft wollen wir sie aber getrennt behandeln.
Die „klassische" Sukzession, die vom blanken Boden bzw. vom vegetationslosen Wasser ausgeht, gibt es in unserer Kulturlandschaft eigentlich nur noch in anthropogenen Sekundärbiotopen wie Steinbrüchen oder Baggerseen. Häufiger sind Sukzessionen, wie sie etwa nach einem Kahlschlag im Wald (vgl. 4.10.2) stattfinden. Besonders wichtig (gerade in der Landespflege) sind Sukzessionen, die von einem bestehenden Vegetationstyp ausgehend dessen Umwandlung in einen anderen Typ einleiten. Dies kann durch eine Veränderung der abiotischen Voraussetzungen geschehen (z. B. durch die Absenkung des Grundwasserspiegels) oder durch Nutzungsänderung bzw. -aufgabe („Brachfallen"). Eine solche Sukzession schon im Ansatz zu erkennen, ist außerordentlich hilfreich bei der Analyse einer bestehenden Situation, einer Bewertung der Fläche unter dem Aspekt ihrer Entwicklungsmöglichkeiten sowie deren landespflegerischer Umsetzung („Pflegeplan").
Viele Pflanzen lassen sich als Sukzessionszeiger einsetzen; man muss ihren Zeigercharakter – den man freilich kennen muss – lediglich uminterpretieren. Wenn z. B. in einer Nasswiese Knaulgras auftritt, kann man vermuten, dass der Grundwasserspiegel gesunken und somit die ganze Nasswiese „als solche" in Gefahr ist – das Knaulgras wird zum „Sukzessionszeiger"; das Auftreten einzelner Stickstoffzeiger berechtigt zu der Befürchtung, dass sich die Qualität des Biotops auch weiterhin verschlechtern wird; das Auftreten von

(590) Senecio inaequidens

(591) Solidago canadensis

Land-Reitgras oder Robinie in einem Sandtrockenrasen erfordert rasche Gegenmaßnahmen, um ein Überwachsen bzw. eine Nitrifizierung zu verhindern.
Ausschließliche „Sukzessionszeiger" gibt es also wenige; es handelt sich vielmehr um Arten einer anderen Gesellschaft, die den sich neu entwickelnden abiotischen Verhältnissen besser entsprechen. Diese „neuen Verhältnisse" können Boden- oder Klimafaktoren sein – dann sind die Sukzessionszeiger auf diesen Faktor geeicht (wie das erwähnte Knaulgras). Handelt es sich um eine veränderte Nutzung, sind es oft bestimmte Merkmale der Lebens- oder Wuchsform, die eine beginnende Sukzession verraten, so z. B. das Auftreten von Sträuchern im brachgefallenen Grünland oder eine Zunahme hochwüchsiger Taxa bei ausbleibender Mahd (vgl. unten).
Gerade im Grünland können solche Sukzessionszeiger wichtig sein, weil dort die Veränderung meist schleichend erfolgt. Bei der Umsetzung von Pflegeplänen dienen sie dem langjährigen Monitoring (etwa bei Aushagerung oder Wiedervernässung). – Bei Verbrachung gibt es mehrere Möglichkeiten der Weiterentwicklung; so kann insbesondere bei oft wertvollen Halbtrockenrasen z. B. eine Verbuschung einsetzen. In diesem Fall sind in erster Linie Sträucher mit Wurzelsprossen „Sukzessionszeiger", bei denen Tochterpflanzen direkt aus den radial ausstreichenden Wurzeln der Mutterpflanze entstehen. Dies ermöglicht es den Jungpflanzen, sich auch bei dichter Wurzelkonkurrenz durch Gräser zu behaupten. Die Überwucherung der Grasbestände durch Hartriegel oder Schlehe sind Beispiele dafür. Ein anderer Weg ist die „Versaumung" (vgl. 4.10). Diese wird naturgemäß von Saumarten (vor allem den in Kap. 4.10.1.1 und 4.10.1.3 genannten) eingeleitet. Nicht selten beginnt nach erfolgtem Brachfallen auch eine Art, die schon vorher unter vielen anderen vorhanden war, sich ± plötzlich auszubreiten und Dominanzbestände zu bilden: *(181) Brachypodium pinnatum* in ehemals beweideten Kalk-Magerrasen; *(506) Carex acutiformis* oder *(79) C. acuta* im Nassgrünland; *(101) Cirsium oleraceum*, *(284*) Holcus lanatus* oder *(156) Polygonum bistorta* auf feuchten Wiesen usw. Es gibt sogar Arten, die auf solche Standorte bzw. auf solch ein Verhalten geradezu „spezialisiert" sind; drei davon wollen wir zum Abschluss exemplarisch vorstellen.

(593) *Filipendula ulmaria* (Echtes Mädesüß)

Kennzeichen: *Rosaceae.* Blüten klein, weiß, in charakteristischen trichterförmigen Blütenständen. Blätter mit abwechselnd kleinen und großen, doppelt gesägten Fiedern. 70–130 cm. VI-VIII.
Zeigercharakter: VC Filipendulion, aber besser allgemeiner Nässezeiger. Bei nachlassender Bewirtschaftung flächenhafte Ausbreitung möglich (z. B. im Calthion), verdämmend und wertmindernd.
Ellenberg-Zahlen: L7, T5, Kx, F8, Rx, N5 – M9, Ä5
Bemerkungen: Flächige Vorkommen von *Filipendula* entsprechen trotz der Dominanz der namensgebenden Art in den seltensten Fällen einem „Filipendulion" im pflanzensoziologischen Sinn (vgl. 2.4). – Verwechslungsgefahr mit *F. vulgaris* (Kleines oder Knolliges Mädesüß, mit über 8 Paaren fiederspaltiger Fiedern) besteht schon vom Biotoptyp her kaum: Diese Art kennzeichnet wechseltrockene Halbtrockenrasen (F3~, N2).

(592) Symphoricarpos albus

(593) Filipendula ulmaria

(594) *Hypericum perforatum* (Tüpfel-Johanniskraut)

Kennzeichen: *Hypericaceae*. Blüten goldgelb, 5-zählig, mit zahlreichen Staubblättern. Kronblätter randlich schwarz gepunktet. Blätter gegenständig, ganzrandig, durchscheinend punktiert. Stängel 2-kantig. 30–60 cm. VII-VIII.
Zeigercharakter: Vielfach in Säumen und auf Waldverlichtungen. Sukzessionszeiger vor allem in ± trockenen Magerrasen.
Ellenberg-Zahlen: L7, T6, K5, F4, R6, N4 – M9, Ä5
Bemerkungen: Auch andere *Hypericum*-Arten verhalten sich ähnlich, vor allem *H. tetrapterum* (Flügel-J.) und *H. maculatum* (Geflecktes J.) mit (wenigstens unten) 4-flügeligem bzw. 4-kantigem Stängel; beide bevorzugen aber (wechsel-)feuchte Standorte (F8= bzw. 6~); *H. m.* bevorzugt zudem saure Böden (R3).

(595) *Inula conyzae* (Dürrwurz)

Kennzeichen: *Asteraceae*. Köpfchen 9–15 mm lang und 5–10 mm Durchmesser, gelblich-bräunlich, ohne erkennbare Zungenblüten, schirmrispig angeordnet. Hüllblätter dachziegelig, die äußeren mit zurückgebogener Spitze. Blätter elliptisch bis lanzeolat, fein gesägt, oberseits spärlich, unterseits dicht und kurz behaart. 50–100 cm. VI-VIII.
Zeigercharakter: OC Origanetalia, aber auch in lichten Gehölzen. Sukzessionszeiger vor allem in Glatthaferwiesen, Weinbergsbrachen und Halbtrockenrasen.
Ellenberg-Zahlen: L6, T6, K2, F4, R7, N3 – M7, Ä4

(594) Hypericum perforatum

(595) Inula conyzae

6. Zusammenstellung der erwähnten Syntaxa

Im Folgenden sind alle im Buch behandelten Syntaxa hierarchisch geordnet. Grundlegender Bezugspunkt ist dabei die Klasse. Da die syntaxonomischen Bezüge bei dieser Zusammenstellung Priorität haben, ist es nicht möglich, die Syntaxa in der gleichen Reihenfolge wie in Kap. 4 behandelt aufzulisten. Dort werden einige Klassen in unterschiedlichen Unterkapiteln behandelt (z. B. die Querco-Fagetea s. str., vgl. 4.13 und 4.14).
Ein offenbar nicht lösbares Problem bei einer solchen auf Klassen bezogenen Liste ist nun aber deren Reihenfolge. In der reinen Pflanzensoziologie ist es vielfach üblich, die Klassen u. a. nach zunehmender Strukturvielfalt[99] zu reihen: Man beginnt z. B. mit einfach strukturierten („einschichtigen") Wasserpflanzen-Gesellschaften und endet bei den reich strukturierten Wäldern; ein solches System mit 47 Klassen ist etwa in Oberdorfer (2001) nachzulesen, das von Dierschke (in Ellenberg & Leuschner 2010) umfasst 53 Klassen. Dieses Gliederungsprinzip nach der Komplexität hat seine wissenschaftliche Berechtigung, ist aber nicht sehr anschaulich. Zum einen kann man über eine strukturdefinierte Reihung etwa der Artemisietea, Phragmitetea und Festuco-Brometea durchaus verschiedener Ansicht sein, zum anderen werden dann räumlich und/oder ökologisch effektiv zusammenhängende Klassen weit getrennt, z. B. innerhalb der Wasserpflanzen (vgl. auch 2.4.3). Häufig werden deshalb in Lehrbüchern jeweils mehrere Klassen zu Gruppen zusammengefasst, die – um Ellenberg & al. (2001) zu zitieren – „ökologisch und meist auch physiognomisch und geographisch sinnvoll erscheinen", z. B. „Krautige Vegetation oft gestörter Plätze"; insgesamt unterscheidet Ellenberg (und, ihm folgend, Dierschke in Ellenberg & Leuschner) 8 solcher „Gruppen". Ähnliche Gruppen bilden auch Wilmanns (13 Gruppen) sowie Pott, Rennwald und Rothmaler (jeweils 11 Gruppen). Ob man sie nun „Klassengruppen" oder „Formationen" nennt, ist für unsere Zwecke belanglos. Etwas abweichend ist die hierarchisch strukturierte Zusammenstellung von 21 „Hauptbiotoptypen" bei Haeupler & Muer (2007) bzw., dieser im Prinzip folgend, Schubert & al. (2010); vgl. dazu auch Kap. 2.4.3. – Obwohl manche der „Gruppen" bei den genannten Autoren durchaus vergleichbare Inhalte haben, ist eine einheitliche (und damit einzig plausible) Reihung der Klassen daraus aber nicht abzulesen.
Die folgende Zusammenstellung orientiert sich in ihrer Reihung der Gruppen und Klassen an Pott, weil wir seinen Umgrenzungen der einzelnen Klassen auch in Kap. 4 weitgehend gefolgt sind. Außerdem decken sich Zahl, Reihung und Bezeichnungen der Gruppen (nicht immer die Inhalte) mit der Gruppierung von Rennwald, sodass dieses System gewissermaßen einen breiten Rückhalt hat. – Die Gruppen haben römische Zahlen; der Gruppenname ist nicht immer wörtlich übernommen. Die Klassen sind arabisch nummeriert. Wo die Zahlen nicht fortlaufend sind, werden bei Pott meernahe oder Hochgebirgs-

99 „Strukturvielfalt" im allgemeinen Sinn, also z. B. die Komplexität des Schichtenaufbaus betreffend (Kraut-, Baumschicht usw.), als auch Vernetzungsstrukturen zwischen den Lebewesen der Lebensgemeinschaft umfassend.

Klassen genannt, die hier nicht berücksichtigt sind. Klassen ohne Nummer sind in Pott nicht anerkannt. Es wird aber gesagt, wo das betreffende Syntaxon bei Pott eingegliedert ist („→").

In der Spalte „Name von ..." werden die Taxa genannt, auf welche sich der wissenschaftliche Name gründet. Dies vor allem auch deshalb, weil nicht alle namensgebenden Taxa in diesem Buch behandelt werden. Dabei wird innerhalb einer Klasse ein namensgebendes Taxon nur einmal angeführt und in weiteren Fällen nur mit „s. o." auf diesen Namen hingewiesen.

Die Formatierung der Syntaxa geschieht wie folgt:
Klasse
  Unterklasse
Ordnung
Verband
  Unterverband

Weitere Anmerkungen:

Es sind nur Syntaxa genannt, die im Text auch erwähnt sind; demnach sind nicht immer alle Untereinheiten eines Syntaxons aufgeführt.

Ist ein Ordnungsname unterhalb der Klassenbezeichnung eingeklammert und eingerückt, besteht diese Klasse nur aus dieser Ordnung; Entsprechendes gilt für eingeklammerte Verbandsbezeichnungen.

(Eingeklammerte) Zusätze zu den wissenschaftlichen Namen der Syntaxa können weggelassen werden.

Synonyme sind [in eckigen Klammern] angeführt.

→: Alternative Zuordnung. Die alternativen Zuordnungen nach Pott decken sich mit denen von Rennwald und Sturm & al. (2018). Sie entsprechen der heute meist akzeptierten Ansicht. Warum dem hier nicht gefolgt wird, ist in den jeweiligen Kapiteln begründet.

– Ges. (nach Pflanzennamen) bzw. – ges. (in sonstigen Zusammensetzungen): Gesellschaft(en).

Zu den Klassen 40 bis 48 vgl. auch die Gegenüberstellung in Tab. 4.12.a.

Zu den Klassen 13, 15, 16, 24, 25 (sub Koelerio-Corynephoretea und Sedo-Scleranthetea), 26, 33, 36 (sub Calluno-Ulicetea) sowie Agrostietea (sub Molinio-Arrhenatheretea) und Agropyretea (sub Artemisietea) vgl. Sturm & al. (2018).

Wissenschaftlich	Deutsch	Name von …	Kap.
I Wasserpflanzen-Gesellschaften			
1.Lemnetea	Wasserlinsen-Ges.	*Lemna* (Wasserlinse)	4.1.1
(Lemnetalia (minoris))	[Freischwimmende Stillwasser-Ges.]	*Lemna minor* (Kleine Wasserlinse)	
Lemnion (minoris)	Wasserlinsendecken	s. o.	4.1.1.1
Hydrocharition (Pott: → *Potamogetonetea)*	Wasserschweber-Ges.	*Hydrocharis morsus-ranae* (Froschbiss)	4.1.1.2
5. Potamogetonetea (pectinati)	Wurzelnde Wasserpflanzen-Ges.	*Potamogeton pectinatus* (Kamm-Laichkraut)	4.1.2
[Potametea (pectinati)]	[Laichkraut- und Schwimmblatt-Ges.]		
(Potamogetonetalia (pectinati))			
Potamogetonion (pectinati)	Unterwasser-Ges.	s. o.	4.1.2.1
	[Laichkrautwiesen]		
Nymphaeion (albae)	Schwimmblatt-Ges.	*Nymphaea alba* (Seerose)	4.1.2.2
(inkl. Ranunculion aquatilis)	[Seerosendecken]	*Ranunculus aquatilis* (Wasser-Hahnenfuß)	
Ranunculion fluitantis	Fluthahnenfuß-Ges.	*Ranunculus fluitans* (Flutender Hahnenfuß)	4.1.2.3
6. Utricularietea intermedio-minoris	Zwergwasserschlauch-Ges.	*Utricularia intermedia* (Mittlerer Wasserschlauch)	
(Utricularietalia intermedio-minoris)		*U. minor* (Kleiner W.)	
Sphagno-Utricularion	Moorgewässer	*Sphagnum* (Torfmoos)	4.3.3
7. Littorelletea (uniflorae)	Flachwasserrasen	*Plantago [Littorella] uniflora* (Strandling)	4.1.3
[Isoëto-Littorelletea]	[Strandlings-Ges.]		
(Littorelletalia (uniflorae))			
II Schuttfluren, Felsspalten- und Mauerfugen-Gesellschaften			
8. Thlaspietea (rotundifolii)	Steinschutt- und Geröll-Ges.	*Thlaspi rotundifolium* (Rundblättriges Hellerkraut)	4.9.2
Epilobietalia fleischeri	Pionier-Ges. der Schutt-Alluvionen	*Epilobium fleischeri* (Kies-Weideröschen)	
Stipetalia [Achnatheretalia] calamagrostis	(sub)montane Kalkschutt-Ges.	*Achnatherum [Stipa] calamagrostis* (Raugras)	
[Galio-Parietarietalia officinalis]		*Galium album* (Weißes Labkraut)	
		Parietaria officinalis (Aufrechtes Glaskraut)	
Galeopsietalia segetum	(sub)montane Silikatschutt-Ges.	*Galeopsis segetum* (Gelber Hohlzahn)	
9. Asplenietea (trichomanis) s. l.	Ges. der Felsspalten und Mauerfugen	*Asplenium trichomanes* (Brauner Streifenfarn)	4.9.3
(inkl. Parietarietea judaicae)		*Parietaria judaica* (Mauer-Glaskraut)	

III Therophytenreiche Pionierfluren			
10. Bidentetea (tripartitae)	Spülsäume und Schlammufer-Ges.	*Bidens tripartitus* (Dreiteiliger Zweizahn)	4.2.3
(Bidentetalia (tripartitae))	[Zweizahn-Ges.]		
Bidention (tripartitae)	Zweizahn-Knöterich-Uferges.	s. o.	
Chenopodion glauci	Melden-Ufersäume	*Chenopodium glaucum* (Blaugrüner Gänsefuß)	
[Chenopodion rubri]		*Ch. rubrum* (Roter G.)	
11. Isoëto-Nanojuncetea	Zwergbinsen-Ges.	*Isoëtes* (Brachsenkraut)	4.2.4
		nano- (Zwerg-), *Juncus* (Binse)	
(Cyperetalia (fusci)		*Cyperus fuscus* (Braunes Zypergras)	
[Nano-Cyperetalia])		s. o.	
(Nanocyperion)			
12. Stellarietea (mediae) s. l. Violenea (arvensis)	Wildkrautgesellschaften der Äcker und Gärten	*Stellaria media* (Vogelmiere)	4.16
	[Einjährige Unkrautges.]		
Sperguletalia arvensis	Kornblumenäcker und Hackfrucht-Wildkräuter basenarmer Böden	*Spergula arvensis* (Feld-Spark)	4.16.2
[Aperetalia (spica-venti)]			
Aperion (spicae-venti)	Windhalm-Äcker	*Apera spica-venti* (Gewöhnlicher Windhalm)	
[≈ Aphanion arvensis]		*Aphanes arvensis* (Ackerfrauenmantel)	4.16.2.1
Digitario-Setarion	Ges. der Finger- und Borstenhirsen	*Digitaria [Panicum] ischaemum* (Faden-Fingerhirse)	
[Panico-Setarion]		*Setaria* (Borstenhirse)	4.16.2.2
Polygono-Chenopodion (polyspermi)	Hackfrucht-Wildkräuter basenarmer Böden	*Polygonum* Untergattung *Persicaria* (Knöterich)	
[Spergulo-Oxalidion]		*Chenopodium polyspermum* (Vielsamiger Gänsefuß)	4.16.2.3
		Spergula s. o.	
		Oxalis fontana (Steifer Sauerklee)	
Papaveretalia rhoeadis	Mohnäcker und Hackfrucht-Wildkräuter basenreicher Böden	*Papaver rhoeas* (Klatsch-Mohn)	4.16.3
Fumario-Euphorbion	Erdrauch-Wolfsmilch-Ges.	*Fumaria* (Erdrauch)	4.16.3.1
[Veronico-Euphorbion]	[Ehrenpreis-Wolfsmilch-Ges.]	*Euphorbia helioscopia* (Sonnen-Wolfsmilch)	
		Veronica (Ehrenpreis)	
Caucalidion (platycarpi)	Kalk- und Tonacker-Ges.	*Caucalis platycarpos [C. lappula]* (Möhren-Haftdolde)	4.16.3.2
[Caucalidion (lappulae)]			
Sisymbrienea	Kurzlebige Ruderalges.	*Sisymbrium* (Rauke)	4.17.1
(Sisymbrietalia)	[Rauken-Ges.]		
Sisymbrion (officinalis)	Wegrauken-Ges.	*Sisymbrium officinale* (Weg-Rauke)	4.17.1.2
Salsolion (ruthenicae)	Salzkraut-Ges.	*Salsola kali* ssp. *iberica* [ssp. *ruthenica*] (Salzkraut)	4.17.1.1

Wissenschaftlich	Deutsch	Name von …	Kap.
IV Röhrichte und Großseggenrieder			
13. Phragmitetea (australis) [Phragmito-Magnocaricetea]	Röhrichte und Großseggenrieder	*Phragmites australis* (Schilf) *magno-* (groß); *Carex* (Segge)	4.2.1
Phragmition (australis)	Stillwasserröhrichte	s. o.	4.2.1.1
Bolboschoenion maritimi	Brackwasserröhrichte	*Bolboschoenus maritimus* (Gewöhnliche Strandsimse)	4.2.1.3
Magnocaricion [Caricion elatae]	Großseggenrieder	s. o. *Carex elata* (Steife Segge)	4.4.1
Glycerio (fluitantis)-Sparganion [Sparganio-Glycerion (fluitantis)]	Bachröhrichte	*Glyceria fluitans* (Manna-Schwaden) *Sparganium* (Igelkolben)	4.2.1.2
Phalaridion arundinaceae	Glanzgras- [Landschilf-]Röhrichte [Flussuferröhrichte]	*Phalaris aurundinacea* (Glanzgras)	
V Quellflur- und Moorgesellschaften			
14. Montio-Cardaminetea	Quellfluren	*Montia* spp. (Quellkraut) *Cardamine amara* (Bitteres Schaumkraut)	4.4.2.2
15. Scheuchzerio-Caricetea nigrae [Scheuchzerio-Caricetea fuscae]	Hochmoorschlenken, Nieder- und Zwischenmoore sowie Kleinseggenrieder	*Scheuchzeria palustris* (Blumenbinse) *Carex nigra* (Wiesen-Segge)	4.3
Scheuchzeretalia (palustris)	Schlenken und Zwischenmoore	s. o.	4.3.2.2
Rhynchosporion (albae)	Hochmoorschlenken	*Rhynchospora alba* (Weißes Schnabelried)	
Caricion lasiocarpae	Mesotrophe Zwischenmoore	*Carex lasiocarpa* (Faden-Segge)	
Caricetalia nigrae [fuscae] (*Caricion nigrae*)	Niedermoore und Kleinseggenrieder auf basenarmem Untergrund	s. o.	4.4.2.1
Caricetalia davallianae [Tofieldietalia] (*Caricion davallianae*)	Niedermoore und Kleinseggenrieder auf basenreichem Untergrund	*Carex davalliana* (Davalls Segge) *Tofieldia calyculata* (Kelch-Simsenlilie)	4.4.2.1
16. Oxycocco-Sphagnetea	Hochmoorbulte und Heidemoore	*Vaccinium oxycoccus* (Gewöhnliche Moosbeere) *Sphagnum* (Torfmoos)	4.3.2
(VI Gesellschaften der Meeresküsten)			
VII Tritt- und Rasengesellschaften			
23. Polygono (arenastri)-Poetea annuae	Kurzlebige [Einjährige] Trittfluren	*Polygonum arenastrum* (Vogelknöterich) *Poa annua* (Einjähriges Rispengras)	4.17.4

Agrostietea stoloniferae (Pott: → Molinio-Arrhenatheretea s. l.)	Flut- und Trittrasen	*Agrostis stolonifera* (Weißes Straußgras)	4.4.7
Agropyro-Rumicion (crispi) s. l. *[Potentillion anserinae]*	Flutrasen	*Elymus [Agropyron] repens* (Quecke) *Rumex crispus* (Krauser Ampfer) *Potentilla anserina* (Gänse-Fingerkraut)	
Lolio-Plantaginion (→ *Agropyro-Rumicion?*)	Trittrasen	*Lolium perenne* (Weidelgras) *Plantago major* (Großer Wegerich)	
24. Molinio-Arrhenatheretea s. str.	Wirtschaftsgrünland	*Molinia caerulea* (Pfeifengras) *Arrhenatherum elatius* (Glatthafer)	
Arrhenatheretalia	Grünland mittlerer Standorte [Fettwiesen und -weiden]	s. o.	4.5
Arrhenatherion	Mähwiesen colliner Höhenlage [Glatthaferwiesen]	s. o.	4.5.2
Polygono-Trisetion	Mähwiesen (sub)montaner Höhenlage [Berg-Goldhaferwiesen]	*Polygonum bistorta* (Schlangen-Knöterich) *Trisetum flavescens* (Goldhafer)	4.5.3
Cynosurion	Fettweiden [Intensivweiden]	*Cynosurus cristatus* (Kammgras)	4.5.4
Molinietalia (caeruleae [coeruleae])	Feucht- und Nassgrünland	*Molinia caerulea* (Pfeifengras)	
Calthion	Nährstoffreiche Nasswiesen	*Caltha palustris* (Sumpfdotterblume)	4.4.4
Molinion (caeruleae)	Wechselfeuchte (Streu-)Wiesen [Pfeifengraswiesen]	*Molinia caerulea* (Pfeifengras)	4.4.5
Cnidion (dubii)	Brenndoldenwiesen	*Selinum venosum [Cnidium dubium]* (Brenndolde)	4.4.6
Filipendulion (ulmariae)	(Hoch-)Staudenfluren nasser Standorte	*Filipendula ulmaria* (Mädesüß)	4.2.2
25. Koelerio-Corynephoretea s. l.	Sandrasen und Felsgrusges.	*Koeleria glauca* (Blaugrünes Schillergras) *Corynephorus canescens* (Silbergras)	4.8, 4.9.1
Corynephoretalia (canescentis) s. str.	Silbergrasfluren	s. o.	4.8.2
Thero-Airetalia	Kleinschmielenrasen [Silikatmagerrasen]	*ther-* (Sommer-), *Aira* (Schmielenhafer)	4.8.3
Festuco-Sedetalia	Sandsteppen [Schafschwingelrasen]	*Festuca* (Schwingel) *Sedum acre* (Scharfer Mauerpfeffer)	4.8.4
Koelerion glaucae	Blauschillergras-Rasen	*Koeleria glauca* (Blaugrünes Schillergras)	
Sileno conicae-Cerastion semidecandri	Pionier-Sandtrockenrasen	*Silene conica* (Kegelfrüchtiges Leimkraut) *Cerastium semidecandrum* (Sand-Hornkraut)	
Sedo-Scleranthetalia	Felsgrusges. [Mauerpfeffer-Ges.]	*Sedum* (Fetthenne, Mauerpfeffer) *Scleranthus perennis* (Ausdauernder Knäuel)	4.9.1
Seslerio-Festucion (pallentis)	Subkontinentale Felsgrusges.	*Sesleria caerulea [albicans]* (Kalk-Blaugras) *Festuca pallens* (Blasser Schwingel)	
Alysso-Sedion (albi)	Submediterrane Felsgrusges.	*Alyssum alyssoides* (Kelch-Steinkraut) *Sedum album* (Weißer Mauerpfeffer)	

Wissenschaftlich	Deutsch	Name von …	Kap.
26. Festuco-Brometea	Steppen- und Trespenrasen	*Festuca valesiaca* (Walliser Schwingel)	4.7
		Bromus erectus (Aufrechte Trespe)	
Festucetalia valesiacae	Kontinentale Steppenrasen	s. o.	4.7.2
Brometalia (erecti)	Submediterrane Trespenrasen	s. o.	4.7.3
Xerobromion (inkl. *Seslerio-Xerobromion*)	Volltrockenrasen	*xero-* (trocken)	4.7.3.2
Mesobromion [Bromion erecti]	Halbtrockenrasen	*meso-* (halb-, mittel-)	4.7.3.3
Koelerio-Phleion (phleoidis)	Bodensaurer Trockenrasen	*Koeleria macrantha* (Zierliches Schillergras) *Phleum phleoides* (Glanz-Lieschgras)	4.7.3.4
VIII ± Nitrophytische Gesellschaften, Säume und Schlagfluren			
31. Artemisietea (vulgaris) s. str.	Mehrjährige Ruderalges. trockener Standorte [Ruderale Beifuß- und Distel-Ges.]	*Artemisia vulgaris* (Gewöhnlicher Beifuß)	4.17
Onopordetalia (acanthii)	Wärmebedürftige Distel-Ges.	*Onopordon acanthium* (Eselsdistel)	4.17.2.2
Onopordion (acanthii)	Eselsdistel-Ges.	s. o.	
Dauco-Melilotion	Möhren-Steinklee-Ges.	*Daucus carota* (Wilde Möhre) *Melilotus* (Steinklee)	
Artemisietalia (vulgaris)	Beifuß-Ruderalges	s. o.	4.17.2.3
Arction (lappae)	Kletten-Ges.	*Arctium lappa* (Große Klette)	
Rumicion alpini	Lägerfluren	*Rumex alpinus* (Alpen-Ampfer)	
Agropyretea intermedio-repentis (Agropyretalia intermedio-repentis) (Pott: → Artemisietea)	Halbruderale (Halb-)Trockenrasen [Kriechquecken-Rasen, Quecken-Ödland]	*Elymus [Agropyron] repens* (Gewöhnliche Quecke) *E. hispidus [A. intermedium]* (Graugrüne Qu.)	4.17.5

32. Galio-Urticetea	[Nitrophytische] Ruderalgesellschaften feuchter und nasser Standorte [Nitrophytische Säume und Uferstauden]	*Galium aparine* (Kleb-Labkraut) *Urtica dioica* (Große Brennnessel)	4.17.3
Glechometalia (hederaceae) [Lamio-Chenopodietalia boni-henrici] [Galio-Alliarietalia]	Nitrophytische Säume und Verlichtungsges.	*Glechoma hederacea* (Gundermann) *Lamium maculatum* (Gefleckte Taubnessel) *Chenopodium bonus-henricus* (Guter Heinrich) *Galium aparine* (Kleb-Labkraut) *Alliaria petiolata* (Knoblauchsrauke)	4.17.3.1
Aegopodion (podagrariae)	Giersch-Saumges.	*Aegopodium podagraria* (Geißfuß)	
(Galio-)Alliarion *[Geo (urbani)-Alliarion (petiolatae)]*	Knoblauchsrauken-Ges.	s. o. *Geum urbanum (Echte Nelkenwurz)*	
Convolvuletalia (sepium) [Calystegietalia (sepium)]	Uferstauden und Säume ± nasser Standorte	*Calystegia* [*Convolvulus*] *sepium (Zaunwinde)*	4.17.3.2
(Senecionion fluviatilis [Convolvulion bzw. *Calystegion]* s. l.)		*Senecio sarracenicus* [*S. fluviatilis*]	
33. Trifolio-Geranietea	Säume	*Trifolium medium* (Zickzack-Klee) *Geranium sanguineum* (Blutroter Storchschnabel)	4.10.1
Origanetalia	Säure meidende Säume	*Origanum vulgare* (Dost)	
Geranion (sanguinei)	Thermophile Säume	s. o.	4.10.1.2
Trifolion medii	Mesophile Säume	s. o.	4.10.1.3
Melampyro-Holcetalia (mollis)	Säume bodensaurer Standorte	*Melampyrum pratense* (Wiesen-Wachtelweizen) *Holcus mollis* (Weiches Honiggras)	
(Melampyrion pratensis)		s. o.	4.10.1.4
34. Epilobietea angustifolii	Schläge und Vorwaldges.	*Epilobium angustifolium* (Schmalblättriges Weidenröschen)	4.10.2
Atropetalia (belladonnae)	Schläge	*Atropa belladonna* (Tollkirsche)	
Atropion (belladonnae)	Basiphytische Schlagfluren	s. o.	
(Carici piluliferae-)Epilobion angustifolii	Schlagfluren bodensaurer Standorte	*Carex pilulifera* (Pillen-Segge) s. o.	
Sambucetalia racemosae (Pott: → Rhamno-Prunetea)	Vorwaldges. [Traubenholunder-Gebüsche]	*Sambucus racemosa* (Trauben-Holunder)	

Wissenschaftlich	Deutsch	Name von …	Kap.
IX Zwergstrauch-Ges. und Borstgras-Triften			
36. Nardo-Callunetea	Bodensaure Magerrasen und Zwergstrauchheiden	*Nardus stricta* (Borstgras) *Calluna vulgaris* (Besenheide)	4.6
Nardetalia	Borstgrasrasen	s. o.	
Nardion	subalpine Borstgrasrasen	s. o.	
Violion (caninae) *(inkl. Juncion squarrosi)*	Planar-montane Borstgrasrasen	*Viola canina* (Hunds-Veilchen) *Juncus squarrosus* (Sparrige Binse)	4.6.2
Calluno-Ulicetalia [Vaccinio-Genistetalia]	Zwergstrauchheiden	*Calluna vulgaris* (Besenheide) *Ulex europaeus* (Stechginster) *Vaccinium myrtillus* (Heidelbeere) *Genista* (Ginster)	
Genisto-Callunion [Genistion]	Sand-Ginsterheiden	s. o.	4.6.3
X Gebüsche und Vorwälder			
39. –	Anthropogene Gehölze		4.13.5
40. Franguletea (alni)	Faulbaum-Gebüsche	*Frangula alnus* (Faulbaum)	
Salicetalia auritae (→ Alnetea?)	Moorgebüsche	*Salix aurita* (Ohr-Weide)	
(Salicion cinereae)	Moorweiden-Gebüsche	*Salix cinerea* (Grau-Weide)	4.14.4
41. Salicetea purpureae (Salicetalia purpureae)	Ufer-Weidengebüsche	*Salix purpurea* (Purpur-Weide)	4.14.2
Salicion albae	Weichholz-Aue	*Salix alba* (Silber-Weide)	
Salicion eleagni	Lavendelweiden-Gebüsche	*Salix eleagnos* (Lavendel-Weide)	
42. Rhamno-Prunetea (→ Querco-Fagetea s. l.?)	Gebüsche trockener und mittlerer Standorte	*Rhamnus cathartica* (Echter Kreuzdorn) *Prunus spinosa* (Schlehe)	4.11
Prunetalia spinosae	Schlehengebüsche	s. o.	
Carpino-Prunion	Hainbuchen-Schlehen-Gebüsche	*Carpinus betulus* (Hainbuche) s. o.	4.11.2
Berberidion	Wärmeliebende Gebüsche	*Berberis vulgaris* (Berberitze)	4.11.4
Pruno-Rubetalia	Schlehen-Brombeer-Gebüsche	s. o. *Rubus* (Brombeere)	4.11.3

XI Waldgesellschaften			
43. Alnetea glutinosae (Alnetalia glutinosae)	Erlenbruchwälder	*Alnus glutinosa* (Schwarz-Erle)	
Alnion glutinosae		s. o.	4.14.3.1
44. Pulsatillo-Pinetea	Kiefern-Steppenwälder	*Pulsatilla patens* (Finger-Küchenschelle) *Pinus sylvestris* (Kiefer)	4.15.1
einzige Assoziation: Pyrolo-Pinetum [Peucedano-Pinetum]	Wintergrün-Kiefernwald	*Pyrola* s. l. (Wintergrün)	
45. Erico-Pinetea (Erico-Pinetalia/*Erico-Pinion*)	Schneeheide-Kiefernwälder	*Erica carnea* (Schneeheide) *Pinus sylvestris* (Kiefer)	4.15.1
46. Vaccinio-Piceetea (Vaccinio-Piceetalia)	Boreale Nadelwälder [Beerstrauch-Nadelwälder]	*Vaccinium myrtillus und V. vitis-idaea* (Heidel- und Preiselbeere) *Picea abies* (Fichte)	4.14.3.2
Vaccinio-Piceion [Piceion abietis, Piceion excelsae]	Mitteleuropäische Fichtenwälder	s. o.	4.15.2
Dicrano-Pinion	Sauerhumus- [Sand-]Kiefernwälder	*Dicranum (rugosum* u. a.) (Gabelzahnmoos) *Pinus sylvestris* (Kiefer)	4.15.1
Betulion pubescentis (→ Unterverband im *Dicrano-Pinion*?)	Birken- und Kiefernbruchwälder	*Betula pubescens* (Moor-Birke)	4.14.3.2
47. Quercetea robori-petraeae (Quercetalia roboris [Quercetalia robori-petraeae]) (→ Querco-Fagetea s. l.?)	Bodensaure Eichenwälder [Birken-Eichenwälder]	*Quercus robur* (Stiel-Eiche) *Quercus petraea* (Trauben-Eiche)	4.12.2

Wissenschaftlich	Deutsch	Name von …	Kap.
48. Querco-Fagetea s. str.	Sommergrüne Laubwälder	*Quercus* (Eiche)	
		Fagus sylvatica (Buche)	
Quercetalia pubescentis(-petraeae)	Thermophile Eichenwälder	*Quercus pubescens* (Flaum-Eiche)	4.12.1
		Qu. petraea (Trauben-Eiche)	
Fagetalia (sylvaticae)	Frische Laubwälder	*Fagus sylvatica* (Buche)	
Fagion	Buchenwälder	s. o.	4.13.2
Luzulo-Fagenion (→ Quercetea robori-petraeae?)	Hainsimsen-Buchenwälder [Bodensaure Buchenwälder]	*Luzula luzuloides* (Weiße Hainsimse)	4.13.2.1
Galio (odorati)-Fagenion	Waldmeister-Buchenwälder	*Galium odoratum* (Waldmeister)	4.13.2.2
Lonicero alpigenae-Fagenion (→ Galio-Fagenion?)	Präalpine Buchenwälder	*Lonicera alpigena* (Alpen-Heckenkirsche)	4.13.2.3
Galio (rotundifolii)-Abietenion	Buchen-Tannen-Wälder	*Galium rotundifolium* (Rundblättriges Labkraut)	4.13.2.3
		Abies alba (Tanne)	
Aceri-Fagenion	Ahorn-Buchenwälder	*Acer pseudoplatanus* (Berg-Ahorn)	4.13.2.3
Cephalanthero-Fagenion [Carici-Fagenion]	Orchideen-Buchenwälder [Kalk- oder Seggen-Buchenwälder]	*Cephalanthera* (Waldvögelein)	4.13.2.4
Carpinion (betuli)	Eichen-Hainbuchenwälder	*Carpinus betulus* (Hainbuche)	4.13.3
Tilio (platyphylli)-Acerion (pseudoplatani)	Edellaubwälder [Hang- und Schluchtwälder]	*Tilia platyphyllos* (Sommer-Linde)	4.13.4
		Acer pseudoplatanus (Berg-Ahorn)	
Alno-Ulmion (minoris) [Alnion incanae, Alno-Padion]	Hartholz-Aue	*Alnus glutinosa* (Schwarz-Erle)	4.14.1
		Ulmus minor (Feld-Ulme)	
		Alnus incana (Grau-Erle)	

7. Literaturverzeichnis

Reine Tabellenwerke sind nicht angeführt. Weiterführende Literatur zu einzelnen Formationen oder Gesellschaften (insbesondere zu deren Ökologie) kann man Ellenberg & Leuschner (2010) entnehmen. – Das Verzeichnis enthält keine Artikel aus wissenschaftlichen Zeitschriften (außer, sie sind über Internet abrufbar), weil nicht davon ausgegangen werden kann, dass der Leserkreis zu diesen Zeitschriften Zugang hat. Dass aktuelle Fortschritte der Vegetationskunde damit zuweilen nicht zur Sprache kommen, wird bei einer Einführung wie dieser billigend in Kauf genommen.

Nicht alle angeführten Bücher sind im Handel noch erhältlich, aber antiquarisch meist gut zu bekommen (z.B. über das ZVAB).

Bei Bestimmungsbüchern muss es nicht immer die neueste Auflage sein, wenn man nicht auf die aktuellste Nomenklatur zwingend angewiesen ist.

AG Naturschutz der Landesämter ... (2002): Systematik der Biotoptypen- und Nutzungstypenkartierung (Kartieranleitung). – Schriftenreihe für Landschaftspflege und Naturschutz **73**, 169 S. – Bonn-Bad Godesberg. Vgl. Dokumentation Natur und Landschaft - online (dnl-online.de)

Es handelt sich um ein Gemeinschaftswerk verschiedener Landesämter für Umwelt, Landschaftspflege usw. und dient als Arbeitsgrundlage für Biotopkartierungen und Umweltverträglichkeitsprüfungen in Naturschutz, Wasser- und Forstwirtschaft, Flurbereinigungen usw. Das System ist hierarchisch in 4 Ebenen gegliedert mit der Möglichkeit weiterer Zusatzangaben; die Angaben werden durch Zahlen kodiert. Beispiel: Innerhalb „2000 Binnengewässer" bedeutet *2511 200 2 05:* „Stillgewässer (25--), klein (251-), strukturreich (2511), mit Röhrichtvegetation (200), Bestand locker (2), innerhalb einer Aue (05). – Der Text (in deutsch und englisch) ist für den professionellen Einsatz gedacht, einige Anmerkungen zur Strukturierung einer Biotopkartierung und vor allem die Kurzdefinitionen der einzelnen Biotoptypen sind jedoch auch für den Laien hilfreich.

Dierschke, H. (1994): Pflanzensoziologie. Grundlagen und Methoden. 683 S. – Stuttgart

Umfassendes Handbuch. In unserem Zusammenhang von besonderem Interesse sind Ausführungen zur ökologischen Bedingtheit von Pflanzengesellschaften, zu Möglichkeiten, Vegetation(skomplexe) zu gliedern und zu kartieren, zur Vegetationsdynamik usw. – Eine systematische Beschreibung der einzelnen Pflanzengesellschaften (wie etwa in Pott) enthält das Buch – dem Untertitel entsprechend – nicht.

Dierschke, H. & Briemle, G. (2008): Kulturgrasland. 239 S. – Stuttgart

Aus der Reihe Ökosysteme Mitteleuropas, vgl. Pott (Hrsg.). – Wird gesondert erwähnt, weil hier die Zeigerwerte zur Resistenz gegen mechanische Störungen von Grünlandarten nachgeschlagen werden können; vgl. 4.5.

Dierssen, K. (1990): Einführung in die Pflanzensoziologie (Vegetationskunde). 241 S. – Darmstadt

Geht über eine Einführung in das formale Gerüst der Pflanzensoziologie „s. str." hinaus, z.B. durch Berücksichtigung struktureller, dynamischer und vor allem auch ökologischer Aspekte; insofern ist der Untertitel „Vegetationskunde" gerechtfertigt, obwohl er den falschen Eindruck erweckt, Pflanzensoziologie und Vegetationskunde seien Synonyme. Viele methodische Hinweise. Insgesamt eine Art „Kurzfassung" von Dierschke (1994).

Düll, R. & Kutzelnigg, H. (2011): Taschenlexikon der Pflanzen Deutschlands und angrenzender Länder. 7. Aufl., 932 S. – Wiebelsheim

Stellt in Foto und Beschreibung 620 Pflanzenarten vor. Hauptaugenmerk liegt dabei auf der Biologie der Pflanze (Vorkommen, Blüten- und Fruchtbiologie), es wird aber auch auf Nutzungsmöglichkeiten der betreffenden Pflanze und die Etymologie der Pflanzennamen eingegangen. – In ähnlicher Weise wie in diesem Buch werden neben den genannten 620 „Hauptarten" jeweils anhangsweise noch ca. 777 weitere Arten kurz erwähnt. – Ältere Auflagen erfüllen auch ihren Zweck, sind aber von deutlich geringerem Umfang.

Eggenberg, S. & Möhl, A. (2009): Flora Vegetativa. 2. Aufl. 680 S. – Bern usw.

Das Buch ist zwar primär ein Bestimmungsbuch nach vegetativen Merkmalen. Es enthält aber auch Listen kennzeichnender Arten für die einzelnen Syntaxa. Anhand von Strichzeichnungen (auch von Details) und Merkmalstabellen kann man sich dann sogleich ein Bild von diesen Pflanzen machen, was sehr hilfreich ist, wenn die Pflanze nur vegetativ vorliegt.

Ellenberg, H. & Leuschner, Ch. (2010): Vegetation Mitteleuropas mit den Alpen. 6. Aufl. 1334 S. – Stuttgart

Seit Jahrzehnten ein Standardwerk, gleichermaßen Lese- wie Handbuch. Die Vegetation wird hauptsächlich ökologisch und erst unter diesem Aspekt auch pflanzensoziologisch gegliedert. – In seiner umfassenden Detailfülle ist das Buch eher für den Fachmann.

Anm.: Auch die 2. bis 5. Auflage (1978 bis 1996, mit Ellenberg als einzigem Autor) ist in den meisten Fällen ausreichend, wenn man auf die neuere Literatur nicht angewiesen ist.

Ellenberg, H., Weber, H.E., Düll, R., Wirth, V. & Werner, W. (2001): Zeigerwerte von Pflanzen in Mitteleuropa. 3. Aufl. 262 S. – Göttingen

Tabellarische Zusammenstellung der Zeigerwerte von Gefäßpflanzen (ohne *Rubus*), der Brombeeren (*Rubus*), von Moosen und Flechten mit umfangreichen Ausführungen zur deren Verwendung. Vgl. Kap. 2.4. – Die Zeigerwerte der Gefäßpflanzen sind auch in Ellenberg (z. B. 1996) und teilweise auch in Rothmaler (z. B. 2016) nachzuschlagen. Sie liegen – außer M- und Ä-Zahl – auch als Datei vor (über www.utb-shop.de/9783825281045).

FloraWeb: http://www.floraweb.de/

Untertitel: „Daten und Informationen zu Wildpflanzen und zur Vegetation Deutschlands". – Sehr reichhaltige Datenbank, die zu jeder „Wildpflanze" stichwortartige Angaben zur Nomenklatur, Verbreitung, Gefährdung (auch regional), Lebensraum, Biologie usw. liefert. Die Verbreitungskarten entsprechen denen von Netzwerk Phytodiversität (2013). – Auch Literaturhinweise.

Haeupler, H. & Muer, Th. (2007): Bildatlas der Farn- und Blütenpflanzen Deutschlands

Sehr vollständige Übersicht (4200 Taxa) mit großenteils hervorragenden Fotos, kurzen Beschreibungen und Biotop-Angaben (zu diesen vgl. Kap. 6). Zahlreiche Detailzeichnungen sind vor allem für den direkten Vergleich zweier oder mehrerer Sippen wertvoll.

Landolt, E. (2010): Flora Indicativa. 376 S. – Bern usw.

Mit dem erläuternden Untertitel: „Ökologische Zeigerwerte und biologische Kennzeichen zur Flora der Schweiz und der Alpen". Also ähnlich wie Ellenberg & al., aber anderer Bezugsraum (mit den gesamten Alpen!) und mit wesentlich mehr Daten, vgl. Kap. 2.4.1.

Netzwerk Phytodiversität Deutschlands (Hrsg.) (2013): Verbreitungsatlas der Farn- und Blütenpflanzen Deutschlands. 912 S. Bonn-Bad Godesberg.

Hauptteil des Buches sind ca 3000 Verbreitungskarten. Sie geben einen halbquantitativen Überblick über die Verbreitung der Taxa; die Daten sind nach Zeithorizont unterteilt, sodass man auch einen Eindruck von der (potenziellen) Gefährdung erhält. Den Angaben liegt ein verfeinertes Messtischblatt-Raster zu Grunde. Ein QR-Code zu jeder Karte ermöglicht einen unmittelbaren Zugriff auf die entsprechenden Angaben in FloraWeb (vgl. dort). – Ein Vorgänger dieses Buches ist der Verbreitungsatlas für die ehemalige BRD von Haeupler & Schönfelder (1988), auf dessen Raster die M-Zahlen von Ellenberg & al. (2001) zurückgehen; vgl. Kap. 2.3.1.2

Oberdorfer, E. (2001): Pflanzensoziologische Exkursionsflora. 8. Auflage. 1051 S. – Stuttgart
Bestimmungsbuch (eher für den Fortgeschrittenen), hauptsächlich aber Standardwerk zum Nachschlagen der soziologischen Zuordnung eines Taxons (vgl. auch Schubert & al.); auch mit zahlreichen ökologischen Angaben. Mit einleitender Zusammenstellung der Syntaxa.

Pfadenhauer, J. (1997): Vegetationsökologie. Ein Skriptum. 2. Aufl. 448 S. – Eching
Zahlreiche – oft tabellarische – Angaben zur Ökologie der einheimischen Pflanzengesellschaften. Gliederungsprinzip ähnlich wie im vorliegenden Buch. Auch syntaxonomische Angaben. Der Telegrammstil ist gewöhnungsbedürftig.

Pott, R. (1995): Die Pflanzengesellschaften Deutschlands. 2. Aufl. 622 S. – Stuttgart (UTB)
Sehr vollständige Zusammenstellung der gut 1000 Syntaxa unserer Vegetation mit kurzen Beschreibungen. Wegen dieses eher enzyklopädischen Ansatzes sehr gut neben Wilmanns zu verwenden.

Pott, R. (Hrsg.) Ökosysteme Mitteleuropas aus geobotanischer Sicht.
Buchreihe – verschiedene Autoren – ca. 200-260 S., viele Abb., Artenlisten und weiterführende Literatur.
Bisher erschienen die Bände: Kulturgrasland (vgl. Dierschke & Briemle). Moore. Siedlungsvegetation. Gebüsche, Hecken, Krautsäume. Wälder des Tieflandes und der Mittelgebirge. Gewässer des Binnenlandes.

Rennwald, E. (Bearb.) (2000) Verzeichnis und Rote Liste der Pflanzengesellschaften Deutschlands. Schriftenreihe für Vegetationskunde Heft **35**. 820 S. – Bonn (BfN)
Dieses umfangreiche Werk besteht im Wesentlichen aus 2 Hauptteilen: (a) Einer umfassenden Auflistung aller Assoziationen und höherer syntaxonomischen Einheiten, inkl. Synonymie und deutscher Namen; auch ranglose Gesellschaften und nicht als eigenständig akzeptierte Syntaxa werden zitiert; allein das Register umfasst 150 Seiten. – Sowie (b) einer ausführlichen Roten Liste der Assoziationen und zitierten ranglosen Gesellschaften mit Angabe zur Gefährdungsursache, was das Buch für den landespflegerischen Einsatz interessant macht. Beide Listen – (a) und (b) – liegen auch als CD bei. Wertvoll sind auch fast 1300 „Diskussionsbeiträge" zu einzelnen Gesellschaften. – Insgesamt aber eine Zusammenstellung für den Fachmann (keine Pflanzenlisten!).

Rothmaler, W. (Begründer) bzw. Jäger, E. J. (Hrsg.) : Exkursionsflora. – Heidelberg
Gefäßpflanzen: Grundband (2016)
Das Buch ist die 21. Auflage des ehemaligen „Band 2" der Flora. In der jetzigen erweiterten Form ersetzt er den „Kritischen Band" (Band **4**). – Angaben zu Biologie, Ökologie und Wuchsform sowie der Syntaxa, aus denen die Art genannt wird, ohne diese Angaben zu bewerten.
Band **3**: Atlas der Gefäßpflanzen. 13. Aufl. 2017.
Sehr guter und vor allem – bezogen auf Deutschland – fast vollständiger Abbildungsband mit zahlreichen (leider oft stark verkleinerten) Habitus- und Detailzeichnungen (schwarz-weiß). Vgl. auch Haeupler & Muer.

Runge, F. (1994): Die Pflanzengesellschaften Mitteleuropas. 12./13. Auflage. 312 S. – Münster.
In seiner konzisen Kürze unübertroffene Zusammenstellung aller (vom Autor anerkannten) Assoziationen, jeweils mit selten über 10 dort regelmäßig verbreiteten Arten, dabei auch Berücksichtigung häufiger Begleiter (Pflanzennamen wissenschaftlich und deutsch) – insgesamt also ein übersichtliches und realistisches Abbild der Wirklichkeit, allerdings fast ohne weitere Informationen. Mit kurzem Bestimmungsschlüssel zu den Assoziationen. – Man sollte mindestens die 6./7. Auflage (1980) benutzen. – Vgl. auch Schubert & al. (2001).

Schmeil, O. & Fitschen, J. (Begründer)(2011): Flora von Deutschland und angrenzender Länder (Bearb. S. Seybold). 95. Aufl., 862 S. – Wiebelsheim
Mit seiner aktuellen sippensystematischen Gliederung nomenklatorische Vorlage für dieses Buch.

Hierzu:
FLORA MOBIL (2008)
Datenbank mit Abbildungen aller deutschen Pflanzenarten für Computer, Handy usw. Die meisten Bilder dieses Buches sind aus dieser Datenbank übernommen.

SCHUBERT, R., HILBIG, W. & KLOTZ, H. (2001, Nachdruck 2010): Bestimmungsbuch der Pflanzengesellschaften Deutschlands. 472 S. – München
Ähnlich RUNGE, aber viel ausführlicher (vor allem auch in den Bestimmungsschlüsseln), mit Abb., Gefährdungshinweisen usw. Auch Angaben zur Ökologie. Besonders wertvoll ist das Artenregister, das einen sofortigen Zugriff auf alle Syntaxa zulässt, in denen die Art eine diagnostische Rolle spielt (in allen anderen Büchern ± rein pflanzensoziologischen Inhalts findet sich nur ein Register der Syntaxa; vgl. aber OBERDORFER). Pflanzennamen wissenschaftlich und deutsch. In der Syntaxonomie gelegentlich stärker abweichend (z.B. 57 Klassen gegenüber 47-53 in anderen Quellen, starke Aufsplitterung in Assoziationen usw.).

STURM, P., ZEHM, A., BAUMBACH, H., VON BRACKEL, W., VERBÜCHELN, G., STOCK, M. & ZIMMERMANN, F. (2018): Grünlandtypen. 344 S. – Wiebelsheim
Eine vielseitige und zuverlässige Faktensammlung, die nicht nur das Grünland im Sinne dieses Buches (Kap. 4.4 bis 4.8), sondern auch Moore (*hier*: Kap. 4.3) und Säume (5.10.1) behandelt. Die syntaxonomische Gliederung entspricht nicht immer der dieses Buches (vgl. Kap. 6), ist aber stets problemlos zu parallelisieren. Jede Gesellschaft (zumeist ein Verband, seltener auch Ordnung oder Klasse) wird ausführlich vorgestellt, mit Kennzeichen, Artenliste (mit Zeigerwerten inkl. MZ und WZ), Standort, Verbreitung (mit Karte), Nutzung usw. Fragen des Naturschutzes (auf Bundes- und EU-Ebene) werden ausführlich behandelt. Detaillierte Bestimmungsschlüssel für die Gesellschaften sind sehr nützlich, zahlreiche Fotos von Biotopflächen und Einzelpflanzen fördern den Zugang zu den Themen. – Die streng standardisierte Gliederung der einzelnen Kapitel erleichtert den direkten Vergleich, erweckt aber zuweilen den Eindruck, als gäbe es keine offenen Fragen.

WILMANNS, O. (1998): Ökologische Pflanzensoziologie. 6. Auflage. 405 S. – Wiesbaden (UTB)
Überblick über alle Klassen, die meisten Verbände und zahlreiche Assoziationen unserer Vegetation mit Angaben kennzeichnender Arten und vielen Anmerkungen sowie exemplarischen Ausführungen zu ihrer Ökologie; insofern fast ein Lesebuch. Regionaler Schwerpunkt Süddeutschland (vgl. POTT). Mit kurzem Bestimmungsschlüssel (oft nur bis zur Klasse). Wichtig auch als Quelle für weiterführende Literatur. – Man sollte mindestens die 4. Auflage benutzen. Die letzte (6.) steht auch im Internet unter FreiDok plus - Ökologische Pflanzensoziologie: eine Einführung in die Vegetation Mitteleuropas - 6., neu bearb. Aufl. (uni-freiburg.de)

Einige nützliche Internet-Adressen:

Internet-Adressen haben oft eine kurze Lebendauer. Ein Großteil der Zitate in der 2. Aufl. dieses Buches ist nicht mehr abrufbar. Da man über Suchmaschinen und/oder Wikipedia rasch zu informativen Seiten, spezielle Themen betreffend, gelangt, begnügen wir uns hier deshalb auf einige wenige allgemeine und/oder exemplarische Angaben, die ihrerseits oft zahlreiche weiterführende Links enthalten. Einige weitere Adressen wurden hier auch im laufenden Text bereits genannt.

2 Adressen zum „Stöbern":
http://www.bfn.de
http://www2.ufz.de/biolflor

Zum Thema „Karten aus dem Internet":
Kartendienst | Landschaftsinformationssystem der Naturschutzverwaltung Rheinland-Pfalz (rlp.de)
OpenStreetMap

Zu einzelnen Biotopen:

Schutzwürdige Biotope in Nordrhein-Westfalen - Einleitung (nrw.de)

Rheinische Pflanzengesellschaften (schmitzens-botanikseite.de)

Bringt eine ausführliche Übersicht über „Rheinische Pflanzengesellschaften", ist aber auch für andere Regionen nutzbar. Kurzbeschreibungen, kennzeichnende Arten (mit Bild!), Angaben zur Verbreitung usw.

Europäische Naturschutzrichtlinien (baden-wuerttemberg.de), daraus:

Im Portrait - die Arten und Lebensraumtypen der FFH-Richtlinie (lubw.de) (62016)

EU-Liste der invasiven Arten: Erweiterte Fassung 2019 - NABU

Nomenklatorischer Anhang

Einige der hier von der 2. Auflage übernommene Namen werden aktuell meist durch andere ersetzt; sie werden in der jeweiligen Kopfzeile des Steckbriefs als [Synonym] behandelt und sind im Register aufgelistet:

Nr.		Neuer Name
15	(Polygonum amphibium)	**Persicaria amphibia**
21	(Sium erectum)	**Berula erecta**
24	(Plantago uniflora)	**Littorella uniflora**
59	(Polygonum UG Persicaria)	***Gattung* Persicaria**
122	(Selinum venosum)	**Selinum dubium**
156	(Polygonum bistorta)	**Bistorta officinalis**
169	(Hieracium lactucella)	**Pilosella lactucella**
221	(Clinopodium acinos)	**Acinos arvensis**
222	(Draba verna ssp. praecox)	**Draba praecox**
276	(Peucedanum cervaria)	**Cervaria rivini**
289	(Gnaphalium sylvaticum)	**Omalotheca sylvatica**
312	(Lithospermum purpurocaeruleum)	**Buglossoides purpurocaerulea**
329	(Lamium galeobdolon s.l.)	***Gattung* Galeobdolon**
420	(Centaurea cyanus)	**Cyanus segetum**
435	(Polygonum persicaria)	**Persicaria maculosa**
474	(Chenopodium bonus-henricus)	**Blitum bonus-henricus**
533	(Stachys officinalis)	**Betonica officinalis**
538	(Chamaespartium sagittale)	**Genista sagittalis**
543	(Hieracium pilosella)	**Pilosella officinarum**
564	(Spergularia salina)	**Spergularia marina**
585	(Fallopia japonica)	**Reynoutria japonica**

Register

Um das Register nicht zu überfrachten, wird in der Regel nur der Haupteintrag angegeben.

Bildnachweis

Die Nummern geben die Bildnummern an.

Dr. H. Baumann: 4, 15, 21, 22, 27, 28, 31, 32, 34, 35, 37, 38, 39, 40, 42, 45, 48, 49, 55, 57, 58, 59, 60, 61, 62, 63, 64, 65, 67, 68, 69, 70, 74, 75, 76, 77, 78, 79, 80, 84, 86, 87, 88, 89, 90, 92, 93, 94, 95, 97, 98, 101, 102, 103, 104, 105, 111, 114, 115, 116, 117, 118, 119, 121, 122, 123, 124, 126, 129, 131, 132re, 135, 138, 139, 148, 153, 154, 155, 156, 158, 159, 161, 165, 167, 169, 174, 175, 176, 177, 179, 180, 182, 184, 186, 192, 193, 195, 200, 202, 203, 204, 205, 206, 210, 212, 214, 220, 222, 224, 226, 227, 228, 230, 232, 233, 235, 237, 243, 246, 248, 250, 251, 252, 255, 257, 259, 261, 263, 264, 265, 269, 271, 272, 273, 274, 277, 278, 279, 282, 286, 288, 290, 292, 293, 294, 295, 296r, 297, 298, 299, 300, 301, 302, 303, 305, 307, 311, 313, 314, 320, 321, 322, 324, 325, 327, 328, 331, 332, 334, 339, 340, 341, 343, 344, 345, 346, 348, 351, 352, 355, 357, 360, 361, 362, 363, 364, 365, 366, 368, 369, 381, 382, 384, 389, 390, 391, 396, 397, 398, 399, 403, 404, 406, 407, 408, 411, 414, 415, 416, 417, 418, 419, 422, 426, 427, 428, 429, 434, 435, 436, 439, 440, 441, 443, 444, 445, 446, 447, 448, 450, 452, 453, 454, 455li, 456, 457, 459li, 468, 469, 472, 477, 483, 485, 489, 490, 492, 496, 498, 500, 503, 507, 509, 512, 513, 517, 518, 528, 530, 533, 534li, 537, 538, 539, 541, 542, 544, 546, 548, 549, 550, 552, 554, 557, 558, 562, 563, 564, 566, 569, 574, 578, 579, 586, 591, 594

Dr. H. Bellmann: 333

D. Bönsel: 86, 152, 350, 378

Prof. Dr. H. Bothe: 170

Prof. Dr. R. Düll: 9, 54, 72, 127, 421, 423, 425, 433, 481, 482li, 495, 499

Chr. Fischer/Wikipedia: 10

Dr. H. Frankenhäuser: 535

H.-J. Fünfstück: 208,

Dr. M. Hassler: 23, 354, 432, 488, 514

Prof. Dr. W. Hinz: 561

M. Hohla: 11, 30, 245, 536

K. Jäckel: 234

Dr. W. Licht: Coverfotos, 1, 5, 6, 8, 13, 14, 16, 19, 20, 25, 26, 33, 41, 43, 44, 46, 47, 53, 56, 66, 71, 73, 82, 91, 96, 99, 100, 106, 109, 110, 112, 113, 120, 125, 128, 132li, 133, 134, 136, 140, 141, 142, 143, 144, 145, 146, 147, 149, 150, 157, 160, 162, 163, 164, 166, 168, 171, 172, 173, 178, 181, 183, 185, 187, 188, 189, 190, 194, 196, 197, 198, 199, 201, 207, 209, 211, 213, 215, 216, 217, 218re, 221, 223, 225, 229, 231, 234, 236, 238, 240, 241, 242, 244, 247, 249, 253, 254, 256, 258, 260, 262, 267, 268, 270, 275, 276, 280, 281, 283, 284, 285, 287, 296li, 304, 306, 308, 309, 310, 312, 315, 316, 317, 318, 326, 329, 330, 335, 336, 337, 338, 342, 347, 349, 356, 359, 367, 370, 371, 372, 373, 374, 375, 376, 377, 379, 380, 383, 385, 386, 387, 388, 392, 393, 394, 395, 405, 409, 410,

412, 413, 420, 430, 437, 438, 442, 449, 451, 455re, 458, 459re, 460, 461, 462, 463, 464, 466, 467, 475, 476, 478, 479, 480, 484, 486, 487, 491, 492, 494, 497, 501, 502, 504, 505, 506, 508, 511, 515, 516, 519, 521, 522, 523, 524, 525, 526, 527, 529, 534, 540, 543, 545, 547, 551, 553, 555, 556, 559, 560, 565, 567, 568, 570, 571, 572, 573, 575, 576, 577, 580, 581, 584, 585, 588, 593, 595

H. Liebel: 289, 401

Dr. R. Lüder: 2, 3, 7, 402

Prof. Dr. D. Lüpnitz: 17, 291, 470

Th. Meyer: 219, 239, 493

Dr. G. Nitter: 85

Dr. B. Nowak: 107

D. Perez: 18

Dr. P. Schmidt: 323

G. Tubes: 151, 531

W. Willner: 266, 471, 474

Dr. Andreas Zehm: 12, 29, 36, 81, 130, 137, 191, 218li, 319, 424, 482re, 520, 582, 583, 587, 589, 590, 592

Wikimedia Commons: Public Domain: 83, 510; Ludwik Polak/CC BY-SA 4.0: 52; Jerzy Opioła/CC BY-SA 4.0: 108; Kristian Peters – Fabelfroh/CC BY-SA 3.0: 400; Len Worthington/CC BY-SA 2.0: 401; Harry Rose/CC BY 2.0: 431

Dr. Wolfgang Licht studierte in Mainz und Kiel Biologie und Chemie. Nach dem Referendariat für das Höhere Lehramt und der Promotion war er 35 Jahre an der Universität Mainz in Lehre und Forschung tätig, zuletzt als Leiter der Arbeitsgruppe Vegetationsökologie. Er war Fachgutachter für Botanik bei zahlreichen Maßnahmen zur Landespflege und viele Jahre in der Erwachsenenbildung tätig. Heute befasst er sich hauptsächlich mit der Flora und Vegetation Süd-Italiens.